高等职业教育新形态一体化教材

# 工科应用数学

（第三版） 下册

主　编　刘继杰　白淑岩
副主编　刘春光　于俊梅　刘　欣
孙晓琳　单国莉

GONGKE YINGYONG SHUXUE

高等教育出版社·北京

内容提要

本书以教育部《关于全面提高高等职业教育教学质量的若干意见》为指导,以"应用为目的,专业够用为度,学有所需,学有所用"的定位原则,在充分研究了当前我国高职教育现状的基础上修订而成。

全书分为上、下两册,共12章。上册主要内容为函数与极限、导数与微分、导数的应用、不定积分、定积分;下册主要内容为常微分方程、无穷级数、行列式与矩阵、向量与空间解析几何、拉普拉斯变换、离散数学基础、二元函数微积分学。上下册书末均附有数学文化阅读,书中的重要知识点配有讲解视频,读者可通过扫描书中二维码及时获取。

本书可作为高职高专院校理工类专业的数学基础课教材,也可作为成人高校及其他职业学校的参考教材或教学参考书。

图书在版编目（CIP）数据

工科应用数学. 下册 / 刘继杰, 白淑岩主编. -- 3版. -- 北京 : 高等教育出版社, 2021.3
ISBN 978-7-04-055719-0

Ⅰ.①工… Ⅱ.①刘… ②白… Ⅲ.①应用数学-高等职业教育-教材 Ⅳ.①O29

中国版本图书馆 CIP 数据核字(2021)第029980号

策划编辑 崔梅萍　责任编辑 崔梅萍　封面设计 张 志　版式设计 杨 树
插图绘制 李沛蓉　责任校对 刘 莉　责任印制 朱 琦

出版发行 高等教育出版社
社 址 北京市西城区德外大街4号
邮政编码 100120
印 刷 三河市骏杰印刷有限公司
开 本 787mm×1092mm 1/16
印 张 17
字 数 360千字
购书热线 010-58581118
咨询电话 400-810-0598
网 址 http://www.hep.edu.cn
http://www.hep.com.cn
网上订购 http://www.hepmall.com.cn
http://www.hepmall.com
http://www.hepmall.cn
版 次 2010年9月第1版
2021年3月第3版
印 次 2021年3月第1次印刷
定 价 37.00元


物 料 号 55719-00

# 第三版前言

根据教育部最新高职人才培养目标,结合高职教育发展现状以及信息化与高等数学教学融合的需要,我们对《工科应用数学》(第二版)做出修订。

此次修订,在书后加了"数学文化阅读"附录,使学生了解一些数学文化,特别是我国数学家在数学发展中的成就,激发学生的爱国热情,培养学生锲而不舍的钻研精神,从而提高学生的人文素养,起到数学课程与思政融合的作用。另外,增加了"微分中值定理"和"用定积分求旋转体的体积"两节,更新了 MATLAB 软件,对部分例题和习题做了调整,并为典型例题配了讲解视频,以二维码的形式放在书中,方便学生课前预习和课后复习。

由于水平所限,书中不当之处敬请读者和同仁给予批评指正。

编　者

2020 年 6 月

# 第一版前言

本教材编写时特别注重了以下几点：

一、通过教材优化教学内容和体系，加强应用性。从各专业后继课程的需要和社会的实际需求出发来考虑和确定教学内容和体系，强化应用意识和能力的培养，注重了数学思想和数学方法在实际生活中的应用，每章后面都设有数学应用实例，为培养学生理论联系实际、用数学思想去思考和解决实际问题的能力提供了生动的实例，从而拓宽知识面并激发学生学习数学的兴趣。

二、教材结构设计科学合理，适合高职高专人才培养目标和工科类专业学生的实际水平及专业需求。以学科体系序化，打破以往学科本位强调学科体系的完整性、系统性的思想，理论上适度够用，去除烦冗，理论推导和证明以解释清楚有关结论为度，知识点表达设计明确，课程内容设计理念新颖；深度适宜，便于教师教学和学生学习。另外在高职高专中有部分对口学生，有些知识在职高学校中没学，为此教材在第一章中编排了函数概念与性质、初等函数、反函数（含反三角函数）等内容为后继学习打好基础。

三、本书分上下两册，两个学期学完。上册包括函数与极限、导数与微分、导数的应用、不定积分、定积分，需要68学时左右。下册包括常微分方程、无穷级数、行列式与矩阵、向量与空间解析几何（制造类）、拉普拉斯变换（电气电子类）、离散数学基础（计算机类）、二元函数微积分学（选学），各专业学完全部内容需要72学时左右。第一学期重视高等数学的基础内容，着重培养学生分析问题解决问题的能力，第二学期课程内容体现专业特点，分制造类、电气电子类和计算机类，采用模块化教学，专业教学针对性更强。

四、重视数学实验，每章都有实验内容。注重培养学生用计算机和数学软件求解数学模型的实际应用能力，让学生充分认知现代工具的快捷性和实用性。

五、精选例题练习题，题型多样化，每节配有思考题、练习题，每章还配有综合练习题。考核形式和指标多元灵活。

本书上册由刘继杰、李少文任主编，张玉吉、王永旭、丁琳、闫海波、陈晖任副主编。下册由刘继杰、白淑岩任主编，刘春光、于俊梅、刘欣、孙晓琳、单国莉任副主编。具体编写任务：第1章 刘继杰；第2章 张玉吉；第3章 王永旭；第4章 闫海波；第5章 李少文；第6章 白淑岩；第7章 于俊梅；第8章 刘继杰；第9章 单国莉；第10章 刘春光；第11章 刘欣；第12章 孙晓琳。每章的应用实例由丁琳编写；每章的数学实验由陈晖编写。

全书的结构安排、总撰由刘继杰承担，全书统稿由刘继杰、李少文承担。本书编写得到了徐森林教授的指导，在此表示衷心感谢。

由于水平所限，书中不当之处敬请读者和同仁给予批评指正。

编　者

2010年6月

# 目　录

# 第6章 常微分方程

函数可以反映自然界中事物的运动规律,但在有些问题中,往往不能直接找出所需要的函数关系.当事物的运动规律与其变化的速度、加速度等联系在一起时,对应的数学模型就是微分方程.这时,我们可以通过建立函数与其导数或微分的关系式,来解出函数关系.本章主要介绍常微分方程的概念及其解法.

## 6.1 常微分方程的基本概念

### 6.1.1 实例

**例1** 求曲线的方程.

一曲线通过点(1,1),且该曲线上任一点 $M(x,y)$ 处的切线斜率为 $3x^2$,求该曲线的方程.

**解** 设所求曲线为 $y=f(x)$,由题意得

$$\begin{cases}\dfrac{\mathrm{d}y}{\mathrm{d}x}=3x^2, & (1)\\ f(1)=1. & (2)\end{cases}$$

方程(1)中含有未知函数的导数,变形为

$$\mathrm{d}y=3x^2\,\mathrm{d}x.$$

对方程两边积分得

$$y=\int 3x^2\,\mathrm{d}x=x^3+C, \tag{3}$$

其中 $C$ 为任意常数.

将(2)代入(3)得 $C=0$,故所求曲线方程为

$$y=x^3.$$

**例2** 确定运动规律.

在真空中,某物体由静止状态自由下落,求其运动规律.

**解** 设物体运动时的位移函数为 $s=s(t)$,速度函数为 $v=v(t)$,由牛顿第二定律及二阶导数的力学意义得

$$\begin{cases}\dfrac{d^2s}{dt^2}=g, & (4)\\ s\big|_{t=0}=0, & (5)\\ v\big|_{t=0}=\dfrac{ds}{dt}\Big|_{t=0}=0, & (6)\end{cases}$$

其中 $g$ 为重力加速度.

方程(4)中含有未知位移函数的二阶导数,将方程(4)两边积分得

$$\frac{ds}{dt}=gt+C_1, \tag{7}$$

其中 $C_1$ 为任意常数. 将上式两边再积分一次,得

$$s=\frac{1}{2}gt^2+C_1t+C_2, \tag{8}$$

其中 $C_1,C_2$ 为任意常数. 将条件(6)代入(7)得 $C_1=0$.

再将条件(5)代入(8)得 $C_2=0$. 于是所求位移函数为

$$s(t)=\frac{1}{2}gt^2,$$

这就是自由落体的运动方程.

### 6.1.2 微分方程的有关概念

微分方程的定义

**定义1** 含有未知函数的导数或微分的方程称为**微分方程**.

未知函数为一元函数的微分方程,称为**常微分方程**. 例如,上面两个例子中的方程(1)和(4)都是常微分方程.

应该指出,在常微分方程中,未知函数及其自变量可以不出现,但未知函数的导数(或微分)必须出现. 例如,$x^2+y=1$ 就不是常微分方程.

本章只讨论常微分方程及其解法. 为了方便,下面简称为**微分方程**或**方程**.

微分方程中所出现的未知函数的最高阶导数的阶数称为微分方程的**阶**.

例如,$y'=x^2$ 是一阶常微分方程,$s''=g$ 是二阶常微分方程.

微分方程的解

**定义2** 如果把某个函数代入微分方程中,能使该方程成为恒等式,则称这个函数为微分方程的**解**.

例如,$y=x^3+C$,$y=x^3$ 都是微分方程 $y'=3x^2$ 的解;而 $s(t)=\frac{1}{2}gt^2+C_1t+C_2$,$s(t)=\frac{1}{2}gt^2$ 都是微分方程 $s''=g$ 的解.

含有几个任意常数的表达式,如果它们不能合并而使得任意常数的总个数减少,则称该表达式中的这几个任意常数**相互独立**.

例如,$y=C_1x+C_2x+1$ 与 $y=Cx+1$($C_1,C_2,C$ 都是任意常数)所表示的函数族是相同的,而 $s=\frac{1}{2}gt^2+C_1t+C_2$ 中的 $C_1,C_2$ 是不能合并的,即 $C_1,C_2$ 是相互独立的.

如果微分方程的解中含有任意常数，且独立的任意常数的个数等于微分方程的阶数，则称此解为微分方程的**通解**.

如例 2 中的$\frac{d^2s}{dt^2}=g$是二阶的，所以 $s=\frac{1}{2}gt^2+C_1t+C_2$ 是其通解. 同理，例 1 中的$\frac{dy}{dx}=3x^2$ 是一阶的，所以 $y=x^3+C$ 是其通解.

在通解中，利用附加条件确定任意常数的取值，得到的不含任意常数的解称为**特解**，例如 $s=\frac{1}{2}gt^2+C_1t+C_2$ 是方程 $s''=g$ 的通解，而 $s(t)=\frac{1}{2}gt^2$ 是其特解.

用来确定特解的附加条件，称为**初始条件**. 如例 1 中的 $f(1)=1$ 是 $y'=3x^2$ 的初始条件；例 2 中的 $s\big|_{t=0}=0$，$\frac{ds}{dt}\bigg|_{t=0}=0$ 是$\frac{d^2s}{dt^2}=g$ 的初始条件. 求微分方程满足初始条件的特解的问题称为**初值问题**.

微分方程的特解的图形是一条曲线，称为微分方程的**积分曲线**，通解的图形是一族积分曲线. 例如，$y=x^3+C$ 表示一族积分曲线，而特解 $y=x^3$ 是过点(1,1)的一条积分曲线.

求微分方程的解的过程叫做**解微分方程**.

**例 3** 验证 $y=C_1\sin x-C_2\cos x$ 是微分方程 $y''+y=0$ 的通解.

**解** $y'=C_1\cos x+C_2\sin x$，$y''=-C_1\sin x+C_2\cos x$. 把 $y$，$y''$代入微分方程左边，得

$$y''+y=-C_1\sin x+C_2\cos x+C_1\sin x-C_2\cos x=0.$$

又 $y=C_1\sin x-C_2\cos x$ 中有两个独立的任意常数，而 $y''+y=0$ 是二阶的，所以 $y=C_1\sin x-C_2\cos x$ 是微分方程 $y''+y=0$ 的通解.

## 思考题 6.1

1. 微分方程的解、通解、特解之间有什么关系？
2. 怎样确定微分方程的阶数？

## 练习题 6.1

1. 确定 $y=C_1\sin(x-C_2)$ 所含的参数 $C_1$，$C_2$，使其满足初始条件 $y\big|_{x=\pi}=1$，$y'\big|_{x=\pi}=0$.
2. $y=x^2e^x$ 是否是 $y''-2y'+y=0$ 的特解？
3. 解下列微分方程.

(1) $\frac{dy}{dx}=\frac{1}{x}$；　　(2) $\frac{d^2y}{dx^2}=e^x$，$y\big|_{x=0}=-1$，$y'\big|_{x=0}=0$.

# 6.2 一阶微分方程

一阶微分方程的一般形式为 $F(x,y,y')=0$，本节将介绍三种一阶微分方程的解法.

分离变量法

### 6.2.1 $\frac{dy}{dx}=f(x)g(y)$ 型微分方程

方程$\frac{dy}{dx}=f(x)g(y)$的特点为等号右端的函数是关于 $x$ 的连续函数与关于 $y$ 的连续函数之积. 这类方程也称为**可分离变量的微分方程**,其解法为**分离变量法**. 即

当 $g(y)\neq 0$ 时,将方程分离变量,得

$$\frac{1}{g(y)}dy=f(x)dx,$$

两边积分,得

$$\int\frac{1}{g(y)}dy=\int f(x)dx,$$

即可求得微分方程的通解.

**例 1** 求微分方程$\frac{dy}{dx}=2xy$ 的通解.

**解** 将已知方程分离变量并两边积分得

$$\int\frac{dy}{y}=\int 2xdx,$$

即

$$\ln|y|=x^2+C_1,$$

于是

$$|y|=e^{x^2+C_1}=e^{C_1}e^{x^2},$$

即

$$y=\pm e^{C_1}e^{x^2}.$$

令 $C=\pm e^{C_1}$,则 $y=Ce^{x^2}(C\neq 0)$.

当 $C=0$ 时,$y=0$ 也是原方程的解,所以方程的通解为

$$y=Ce^{x^2},\quad C \text{ 是任意常数}.$$

**例 2** 求解初值问题 $\begin{cases}xdx+ye^{-x}dy=0,\\ y(0)=1.\end{cases}$

**解** 先求通解. 将已知方程变形为

$$ye^{-x}dy=-xdx,$$

分离变量得

$$ydy=-xe^{x}dx,$$

两边积分得通解为

$$\frac{y^2}{2}=-xe^{x}+e^{x}+C,$$

代入初始条件,即 $x=0$ 时 $y=1$,得

$$C=-\frac{1}{2},$$

所以原微分方程的特解为

$$y^2=2e^x(1-x)-1.$$

### 6.2.2 $\dfrac{dy}{dx}=f\left(\dfrac{y}{x}\right)$ 型微分方程

方程$\dfrac{dy}{dx}=f\left(\dfrac{y}{x}\right)$的特点为等号右端是一个关于$\dfrac{y}{x}$的连续函数,此类方程称为齐次微分方程.如$(x^2+y^2)\,dx-(y^2-x^2)\,dy=0$ 可以写成$\dfrac{dy}{dx}=\dfrac{1+\left(\dfrac{y}{x}\right)^2}{\left(\dfrac{y}{x}\right)^2-1}$.

这类齐次微分方程的解法为:作代换 $u=\dfrac{y}{x}$,将方程化为可分离变量的微分方程求解.

**例 3** 求 $y'=\dfrac{y}{x}+e^{\frac{y}{x}}$的通解.

**解** 令$\dfrac{y}{x}=u$,则

$$y=xu,\quad y'=u+x\frac{du}{dx}.$$

代入已知方程,化简得

$$x\frac{du}{dx}=e^u,$$

这是可分离变量的方程,分离变量得

$$e^{-u}du=\frac{1}{x}dx,$$

两边积分,得

$$-e^{-u}=\ln|x|+C_1,$$

将 $u=\dfrac{y}{x}$代入上式,得

$$\ln|x|=C-e^{-\frac{y}{x}}\,(C=-C_1).$$

上式即为所求微分方程的通解.

### 6.2.3 $\dfrac{dy}{dx}+P(x)y=Q(x)$ 型微分方程

方程$\dfrac{dy}{dx}+P(x)y=Q(x)$的特点为方程中的未知函数及其导数都是一次的,这类方程称为一阶线性微分方程,其中 $P(x)$和 $Q(x)$为 $x$ 的连续函数,$Q(x)$为自由项.

一阶线性微分方程

当 $Q(x)\equiv 0$ 时,方程$\dfrac{dy}{dx}+P(x)y=0$ 称为一阶线性齐次微分方程.

当 $Q(x)$不恒等于零时,方程 $\dfrac{dy}{dx}+P(x)y=Q(x)$ 称为一阶线性非齐次微分方程.

例如，$y'+2xy=e^x$ 及 $y'-\frac{y}{3x}=x\cos x$ 都是一阶线性非齐次微分方程，与它们对应的一阶线性齐次方程为 $y'+2xy=0$ 及 $y'-\frac{y}{3x}=0$；而 $y'+y^2=0$，$yy'+y=x$ 都不是一阶线性微分方程.

一阶线性齐次微分方程 $\frac{dy}{dx}+P(x)y=0$ 是可分离变量的方程，分离变量后得

$$\frac{dy}{y}=-P(x)dx,$$

两边积分，得

$$\ln|y|=-\int P(x)dx+C_1,$$

即

$$y=\pm e^{-\int P(x)dx+C_1}=Ce^{-\int P(x)dx}(C=\pm e^{C_1}\neq 0).$$

又因为 $C=0$ 时，$y=0$ 也是解，所以一阶线性齐次微分方程的通解为

$$y=Ce^{-\int P(x)dx}, C\text{ 是任意常数}. \tag{1}$$

现在求一阶线性非齐次微分方程的通解.

把方程

$$\frac{dy}{dx}+P(x)y=Q(x)$$

改写成

$$\frac{dy}{y}=\frac{Q(x)}{y}dx-P(x)dx.$$

由于 $y$ 是 $x$ 的函数，$\frac{Q(x)}{y}$ 也是 $x$ 的函数，两边积分，得

$$\ln|y|=-\int P(x)dx+\int\frac{Q(x)}{y}dx.$$

因此

$$y=\pm e^{\int\frac{Q(x)}{y}dx}\cdot e^{-\int P(x)dx}.$$

因为 $\pm e^{\int\frac{Q(x)}{y}dx}$ 也是 $x$ 的函数，可用 $C(x)$ 表示，所以

$$y=C(x)e^{-\int P(x)dx}.$$

也就是说，一阶线性非齐次微分方程的解，可以认为是将其相应的一阶线性齐次微分方程的通解中常数 $C$ 用一个特定的函数 $C(x)$ 来代替，只要求出 $C(x)$ 即可. 这种方法叫作常数变易法.

将 $y=C(x)e^{-\int P(x)dx}$ 及导数 $y'=C'(x)e^{-\int P(x)dx}-C(x)P(x)e^{-\int P(x)dx}$ 代入方程并化简，得

$$C'(x)e^{-\int P(x)dx}=Q(x),$$

即

$$C'(x)=Q(x)\mathrm{e}^{\int P(x)\mathrm{d}x},$$

两边积分,得

$$C(x)=\int Q(x)\mathrm{e}^{\int P(x)\mathrm{d}x}\mathrm{d}x+C.$$

因此,一阶线性非齐次微分方程的通解为

$$y=\mathrm{e}^{-\int P(x)\mathrm{d}x}\left[\int Q(x)\mathrm{e}^{\int P(x)\mathrm{d}x}\mathrm{d}x+C\right],C\text{ 是任意常数}. \quad (2)$$

将上式写成

$$y=C\mathrm{e}^{-\int P(x)\mathrm{d}x}+\mathrm{e}^{-\int P(x)\mathrm{d}x}\int Q(x)\mathrm{e}^{\int P(x)\mathrm{d}x}\mathrm{d}x,$$

可以看出,通解中的第一项是对应的线性齐次微分方程的通解,第二项是线性非齐次微分方程的一个特解((2)中取 $C=0$).

由此可知,一阶线性非齐次微分方程的通解,是对应的齐次方程的通解与非齐次方程的一个特解之和,这是一阶线性非齐次方程通解的结构.

**例 4** 求微分方程$\dfrac{\mathrm{d}y}{\mathrm{d}x}+y\cos x=0$ 的通解.

**解** 这是一阶线性齐次微分方程,且 $P(x)=\cos x$,代入公式(1)得

$$y=C\mathrm{e}^{-\int\cos x\mathrm{d}x}=C\mathrm{e}^{-\sin x}\quad(C\text{ 为任意常数}).$$

**例 5** 求方程 $xy'+y=\sin x$ 的通解.

**解** 解法一 公式法

将已知方程变形为

$$y'+\frac{1}{x}y=\frac{\sin x}{x},$$

这是一阶线性非齐次微分方程,且 $P(x)=\dfrac{1}{x}$,$Q(x)=\dfrac{\sin x}{x}$,代入公式(2)得所求方程的通解为

$$\begin{aligned}y&=\mathrm{e}^{-\int\frac{1}{x}\mathrm{d}x}\left[\int\frac{\sin x}{x}\mathrm{e}^{\int\frac{1}{x}\mathrm{d}x}\mathrm{d}x+C\right]\\&=\frac{1}{x}\left(\int\sin x\mathrm{d}x+C\right)\\&=\frac{-\cos x+C}{x}\quad(C\text{ 为任意常数}).\end{aligned}$$

解法二 常数变易法

先用公式(1)求出相应的齐次方程

$$y'+\frac{1}{x}y=0$$

的通解为

$$y=C\mathrm{e}^{-\int\frac{1}{x}\mathrm{d}x}=\frac{C}{x}.$$

设 $y=\dfrac{C(x)}{x}$为原方程的解,因为

$$y'=\frac{C'(x)x-C(x)}{x^2},$$

将 $y,y'$ 代入原方程,有

$$x\cdot\frac{xC'(x)-C(x)}{x^2}+\frac{C(x)}{x}=\sin x,$$

解得

$$C'(x)=\sin x,$$

两边积分,得

$$C(x)=-\cos x+C_1,$$

于是原方程的通解为

$$y=\frac{-\cos x+C_1}{x}.$$

**例 6** 设 $y>0$,求微分方程 $y\mathrm{d}x+(x-y^3)\mathrm{d}y=0$ 的通解.

**解** 如果将已知方程变形为 $y'+\dfrac{y}{x-y^3}=0$,这显然不是关于未知函数 $y$ 的一阶线性微分方程,但若将方程变形为

$$\frac{\mathrm{d}x}{\mathrm{d}y}+\frac{x-y^3}{y}=0,$$

即

$$\frac{\mathrm{d}x}{\mathrm{d}y}+\frac{1}{y}x=y^2,$$

这是关于 $x$ 的一阶线性非齐次微分方程,且 $P(y)=\dfrac{1}{y}$,$Q(y)=y^2$,由通解公式(2)得

$$\begin{aligned}x&=\mathrm{e}^{-\int\frac{1}{y}\mathrm{d}y}\left(\int y^2\mathrm{e}^{\int\frac{1}{y}\mathrm{d}y}\mathrm{d}y+C\right)=\mathrm{e}^{-\ln y}\left(\int y^2\mathrm{e}^{\ln y}\mathrm{d}y+C\right)\\&=\frac{1}{y}\left(\int y^3\mathrm{d}y+C\right)=\frac{1}{4}y^3+\frac{C}{y},\end{aligned}$$

或

$$4xy=y^4+C,$$

此为原方程的隐式通解.

## 思考题 6.2

1. 齐次微分方程有什么特点?
2. 一阶线性非齐次微分方程与相应的一阶线性齐次微分方程的通解之间有什么关系?

## 练习题 6.2

求下列微分方程的通解或特解.

(1) $\mathrm{e}^x y\mathrm{d}x-(1+\mathrm{e}^x)\mathrm{d}y=0$;　　(2) $y'=\mathrm{e}^{2x-y}$,$y\big|_{x=0}=0$;

(3) $(e^{x+y}-e^{x})dx+(e^{x+y}+e^{y})dy=0$;　　(4) $y'=\frac{y}{x}\ln\frac{y}{x}$;

(5) $y'-\frac{2}{x}y=\frac{x}{2}, y|_{x=1}=2$;　　(6) $y'-\frac{2}{x+1}y=(x+1)^{\frac{5}{2}}$.

## 6.3 可降阶的高阶微分方程

### 6.3.1 $y^{(n)}=f(x)$ 型的微分方程

可降阶的高阶微分方程

微分方程

$$y^{(n)}=f(x) \tag{1}$$

的右端仅含有一个变量 $x$,两端积分一次,就得到一个 $n-1$ 阶的微分方程,即

$$y^{(n-1)}=\int f(x)dx+C_1,$$

再积分一次就得

$$y^{(n-2)}=\int\left[\int f(x)dx+C_1\right]dx+C_2.$$

依此法继续进行,积分 $n$ 次,便得方程(1)的含有 $n$ 个相互独立的任意常数的通解.

例 1　求 $y'''=e^{2x}-\cos x$ 的通解.

解　对所给方程连续积分三次,得所给方程的通解:

$$y''=\frac{1}{2}e^{2x}-\sin x+C_1,$$

$$y'=\frac{1}{4}e^{2x}+\cos x+C_1x+C_2,$$

$$y=\frac{1}{8}e^{2x}+\sin x+C_3x^2+C_2x+C_4\left(C_3=\frac{C_1}{2}\right).$$

### 6.3.2 $y''=f(x,y')$ 型的微分方程

方程

$$y''=f(x,y') \tag{2}$$

的右端不显含未知函数 $y$,若令 $y'=P$, 则 $y''=\frac{dP}{dx}=P'$. 把 $y',y''$代入式(2)得

$$P'=f(x,P).$$

这是一个关于 $x,P$ 的一阶微分方程. 设其通解为

$$P=\varphi(x,C_1),$$

因为 $P=y'$,这样又得一个一阶方程

$$y'=\varphi(x,C_1),$$

对它进行积分,便得方程 (2)的通解为

$$y=\int\varphi(x,C_1)dx+C_2.$$

**例 2** 求方程 $y''+\frac{2}{x}y'=0$ 的通解.

**解** 令 $y'=P(x)$，则 $y''=P'(x)$，原方程变为

$$P'(x)+\frac{2}{x}P(x)=0,$$

分离变量后，解得

$$P(x)=\frac{C_1}{x^2},\quad 即\ \frac{\mathrm{d}y}{\mathrm{d}x}=\frac{C_1}{x^2}.$$

再积分一次，得所给方程的通解为

$$y=C_2-\frac{C_1}{x}.$$

**例 3** 求方程 $y''-y'=x$ 满足初始条件 $y|_{x=0}=0, y'|_{x=0}=0$ 的特解.

**解** 令 $y'=P(x)$，则 $y''=P'(x)$，原方程变为 $P'(x)-P(x)=x$，这是一阶线性微分方程，其通解为

$$P(x)=\mathrm{e}^{\int \mathrm{d}x}\left(\int x\mathrm{e}^{-\int \mathrm{d}x}\,\mathrm{d}x+C_1\right)=\mathrm{e}^{x}\left(\int x\mathrm{e}^{-x}\mathrm{d}x+C_1\right)=C_1\mathrm{e}^{x}-x-1,$$

即

$$y'=C_1\mathrm{e}^{x}-x-1,$$

由条件 $y'|_{x=0}=0$ 得 $C_1=1$，则

$$y'=\mathrm{e}^{x}-x-1,$$

再积分一次得

$$y=\mathrm{e}^{x}-\frac{1}{2}x^2-x+C_2,$$

由条件 $y|_{x=0}=0$ 得 $C_2=-1$，故所求的特解为

$$y=\mathrm{e}^{x}-\frac{1}{2}x^2-x-1.$$

### 6.3.3 $y''=f(y,y')$ 型的微分方程

方程

$$y''=f(y,y') \tag{3}$$

中不显含变量 $x$，为求出它的解，可令 $y'=P(y)=P$，则

$$y''=\frac{\mathrm{d}P}{\mathrm{d}x}=\frac{\mathrm{d}P}{\mathrm{d}y}\cdot\frac{\mathrm{d}y}{\mathrm{d}x}=P\frac{\mathrm{d}P}{\mathrm{d}y},$$

将 $y',y''$ 代入(3)中得

$$P\frac{\mathrm{d}P}{\mathrm{d}y}=f(y,P),$$

这是一个以 $P$ 为未知函数，$y$ 为自变量的一阶微分方程，若设其通解为

$$y'=P=\varphi(y,C_1),$$

分离变量并积分，便得方程(3)的通解为

$$\int \frac{\mathrm{d}y}{\varphi(y,C_1)} = x+C_2.$$

例 4 求方程 $2yy''+(y')^2=0$ 满足初始条件 $y|_{x=0}=1, y'|_{x=0}=1$ 的特解.

解 令 $y'=P(y)=P$, 则 $y''=P\frac{\mathrm{d}P}{\mathrm{d}y}$,于是所给方程变为

$$2yP\frac{\mathrm{d}P}{\mathrm{d}y}+P^2=0,$$

即

$$P\left(2y\frac{\mathrm{d}P}{\mathrm{d}y}+P\right)=0.$$

由初始条件 $y'|_{x=0}=1$ 知 $P\neq 0$. 所以,$2y\frac{\mathrm{d}P}{\mathrm{d}y}+P=0$,解得 $P=C_1y^{-\frac{1}{2}}$.

由初始条件 $y|_{x=0}=1, y'|_{x=0}=1$,即 $y=1$ 时 $P=1$ 代入,得 $C_1=1$,因此,我们有 $P=y^{-\frac{1}{2}}$,即

$$\frac{\mathrm{d}y}{\mathrm{d}x}=y^{-\frac{1}{2}},$$

分离变量,积分得

$$y^{\frac{3}{2}}=\frac{3}{2}x+C_2,$$

把初始条件 $y|_{x=0}=1$ 代入后可得 $C_2=1$,于是,所求方程的特解为

$$y=\left(\frac{3}{2}x+1\right)^{\frac{2}{3}}.$$

## 思考题 6.3

$y''=1+(y')^2$ 属于 $y''=f(x,y')$ 型的微分方程吗?

## 练习题 6.3

1. 求下列微分方程的通解.

(1) $y''=x+\sin x$;　　(2) $y''=1+(y')^2$;

(3) $(x^2+1)y''=2xy'$;　　(4) $yy''-y'^2=0$.

2. 求 $y''=\frac{3}{2}y^2$ 满足 $y(3)=1$, $y'(3)=1$ 的特解.

# 6.4 二阶常系数线性齐次微分方程

二阶常系数线性齐次微分方程

形如

$$y''+py'+qy=f(x) \quad (p,q \text{ 为常数}) \tag{1}$$

的方程,称为二阶常系数线性微分方程,其中,$f(x)$是 $x$ 的连续函数.

当 $f(x)\equiv 0$ 时,方程

$$y''+py'+qy=0 \tag{2}$$

称为二阶常系数线性齐次微分方程.

当 $f(x)$ 不恒等于零时,方程(1)称为二阶常系数线性非齐次微分方程.

下面主要讨论二阶常系数线性齐次微分方程的通解.

### 6.4.1 二阶常系数线性齐次微分方程解的性质

**定理** 如果 $y_1=y_1(x)$, $y_2=y_2(x)$ 均为方程(2)的两个解,则 $y=C_1y_1+C_2y_2$ 也是方程(2)的解,并且当 $\frac{y_1}{y_2}\neq$ 常数时, $y=C_1y_1+C_2y_2$ 是方程(2)的通解,其中 $C_1,C_2$ 为任意常数.

**证明** 因为 $y_1,y_2$ 为方程(2)的两个解,所以有

$$y_1''+py_1'+qy_1=0,\ y_2''+py_2'+qy_2=0,$$

又

$$y'=[C_1y_1+C_2y_2]'=C_1y_1'+C_2y_2',$$

$$y''=C_1y_1''+C_2y_2'',$$

将 $y_1,y_1',y_1'',y_2,y_2',y_2''$ 代入方程(2)左端,得

$$\begin{aligned}y''+py'+qy&=C_1y_1''+C_2y_2''+p(C_1y_1'+C_2y_2')+q(C_1y_1+C_2y_2)\\&=C_1(y_1''+py_1'+qy_1)+C_2(y_2''+py_2'+qy_2)\\&=C_1\cdot 0+C_2\cdot 0\\&=0,\end{aligned}$$

所以, $y=C_1y_1+C_2y_2$ 是方程(2)的解.

由 $\frac{y_1}{y_2}\neq$ 常数,可以证明 $y=C_1y_1+C_2y_2$ 中含有两个独立的任意常数,所以 $y=C_1y_1+C_2y_2$ 是(2)的通解.

事实上,如果 $\frac{y_1}{y_2}=k$($k$ 为常数),则有

$$y=C_1y_1+C_2y_2=C_1ky_2+C_2y_2=(C_1k+C_2)y_2=Cy_2\text{(记 } C=C_1k+C_2\text{)},$$

说明 $y$ 的表达式中只含有一个常数,因此不是通解.

由上面定理知,只要求出二阶线性齐次微分方程的两个不成比例的特解,即可得到其通解.

### 6.4.2 二阶常系数线性齐次微分方程通解的求法

为了求出方程 $y''+py'+qy=0$ 的两个特解 $y_1$ 和 $y_2$,且 $\frac{y_1}{y_2}\neq$ 常数,考虑到方程 $y''+py'+qy=0$ 的特点,要使函数与它的一阶导数、二阶导数之间只差常数因子,则它们应为同类函数. 不难想到,指数函数 $y=\mathrm{e}^{rx}$ 恰好具有这种性质.

将 $y=\mathrm{e}^{rx}$ 及 $y'=r\mathrm{e}^{rx}$, $y''=r^2\mathrm{e}^{rx}$ 代入方程(2),得

$$\mathrm{e}^{rx}(r^2+pr+q)=0,$$

因为 $e^{rx}\neq 0$，所以有

$$r^2+pr+q=0,\tag{3}$$

这说明，若 $r$ 是方程(3)的根，则 $y=e^{rx}$ 必是方程(2)的特解. 这样求方程(2)的解的问题，就变成了求方程(3)的根的问题了.

方程(3)称为方程(2)的**特征方程**，其根 $r_1,r_2$ 称为方程(2)的**特征根**.

由于方程(3)的根有三种不同的情形，所以方程(2)的通解相应地也有以下三种情形：

(1) 当 $r_1\neq r_2$(即 $p^2-4q>0$)时，$y_1=e^{r_1x}$，$y_2=e^{r_2x}$ 是方程(2)的两个特解，且满足

$$\frac{y_1}{y_2}=e^{(r_1-r_2)x}\neq 常数,$$

所以，方程(2)的通解为

$$y=C_1y_1+C_2y_2=C_1e^{r_1x}+C_2e^{r_2x}.$$

(2) 当 $r_1=r_2=r=-\frac{p}{2}$(即 $p^2-4q=0$)时，仅得到(2)的一个特解 $y_2=e^{rx}$，我们还需要再求出一个特解 $y_1$，且满足$\frac{y_1}{y_2}\neq$常数. 设$\frac{y_1}{y_2}=u(x)$，则 $y_1=u(x)y_2(x)$. 将 $y_1,y_1',y_1''$代入方程(2)并整理，得

$$e^{rx}[u''(x)+(2r+p)u'(x)+(r^2+pr+q)u(x)]=0,$$

因为 $e^{rx}\neq 0$，$r=-\frac{p}{2}$，且 $r^2+pr+q=0$，所以有 $u''(x)=0$，将其两边积分得

$$u(x)=C_1x+C_2,$$

取最简单的 $u(x)=x$，于是 $y_1=xe^{rx}$，可以看出$\frac{y_1}{y_2}\neq$常数. 从而方程(2)的通解为

$$y=C_1y_1+C_2y_2=C_1xe^{rx}+C_2e^{rx},$$

即

$$y=(C_1x+C_2)e^{rx}.$$

(3) 当 $r_{1,2}=\frac{-p\pm\sqrt{4q-p^2}\cdot i}{2}=\alpha\pm\beta i$(即 $p^2-4q<0$)时，根据欧拉公式，有

$$y_1=e^{(\alpha+\beta i)x}=e^{\alpha x}(\cos\beta x+i\sin\beta x),$$
$$y_2=e^{(\alpha-\beta i)x}=e^{\alpha x}(\cos\beta x-i\sin\beta x),$$

是方程(2)的两个复数特解. 不难得到

$$\frac{y_1+y_2}{2}=e^{\alpha x}\cos\beta x,$$

$$\frac{y_1-y_2}{2i}=e^{\alpha x}\sin\beta x,$$

由定理 1 知，$\frac{y_1+y_2}{2}$，$\frac{y_1-y_2}{2i}$也是方程(2)的解，并且是两个实值特解.

又因为

$$\frac{e^{\alpha x}\cos\beta x}{e^{\alpha x}\sin\beta x}=\cot\beta x\neq 0,$$

所以方程(2)的通解为

$$y=e^{\alpha x}(C_1\cos\beta x+C_2\sin\beta x).$$

综上所述,求二阶常系数线性齐次微分方程 $y''+py'+qy=0$ 的通解的步骤如下:

第一步:写出微分方程的特征方程 $r^2+pr+q=0$;

第二步:求出特征方程的两个特征根 $r_1,r_2$;

第三步:根据特征根的不同形式,写出微分方程的通解:

(1) 当 $\Delta>0, r_1\neq r_2$ 时,微分方程的通解为 $y=C_1e^{r_1x}+C_2e^{r_2x}$;

(2) 当 $\Delta=0, r_1=r_2$ 时,微分方程的通解为 $y=(C_1+C_2x)e^{rx}$;

(3) 当 $\Delta<0, r_{1,2}=\alpha\pm i\beta$ 时,微分方程的通解为 $y=e^{\alpha x}(C_1\cos\beta x+C_2\sin\beta x)$.

**例 1** 求微分方程 $y''-2y'-3y=0$ 的通解.

**解** 微分方程的特征方程为

$$r^2-2r-3=0,$$

解得特征根

$$r_1=-1,\quad r_2=3,$$

所以,原方程的通解为

$$y=C_1e^{-x}+C_2e^{3x}.$$

**例 2** 求方程 $s''-4s'+4s=0$ 的通解.

**解** 微分方程的特征方程为

$$r^2-4r+4=0,$$

解得特征根

$$r_1=r_2=2,$$

所以,原方程的通解为

$$s=(C_1+C_2t)e^{2t}.$$

**例 3** 求方程 $y''-4y'+13y=0$ 的通解.

**解** 微分方程的特征方程为

$$r^2-4r+13=0,$$

解得特征根

$$r_1=2+3i,\quad r_2=2-3i,$$

所以,原方程的通解为

$$y=e^{2x}(C_1\cos 3x+C_2\sin 3x).$$

## 思考题 6.4

若 $y_1,y_2$ 都是 $y''+py'+qy=0$ 的解,那么 $y=C_1y_1+C_2y_2$ 一定是其通解吗?

## 练习题 6.4

1. 求下列微分方程的通解.

(1) $y''-4y'=0$; (2) $y''-2y'+y=0$; (3) $y''+6y'+13y=0$.

2. 求下列微分方程满足初始条件的特解.

(1) $\begin{cases}4y''+4y'+y=0,\\ y(0)=4, y'(0)=5;\end{cases}$ (2) $\begin{cases}y''+4y'+29y=0,\\ y(0)=0, y'(0)=15.\end{cases}$

## 6.5 应用案例

例 1[国内生产总值] 2015 年我国的国内生产总值(GDP)为 67.67 万亿元,如果我国能保持每年 8% 的相对增长率,问到 2022 年我国的 GDP 是多少?

解 (1) 建立微分方程.

记 $t=0$ 代表 2015 年,并设第 $t$ 年我国的 GDP 为 $P(t)$. 由题意知,从 2015 年起,$P(t)$ 的相对增长率为 8%,即 $\dfrac{\frac{\mathrm{d}P(t)}{\mathrm{d}t}}{P(t)}=8\%$,得微分方程 $\dfrac{\mathrm{d}P(t)}{\mathrm{d}t}=0.08P(t)$.

(2) 求通解.

将上述所得微分方程分离变量得 $\dfrac{\mathrm{d}P(t)}{P(t)}=0.08\mathrm{d}t$,方程两边同时积分,得

$$\ln P(t)=0.08t+C, \text{即 } P(t)=C_1\mathrm{e}^{0.08t}\ (C_1=\mathrm{e}^C).$$

(3) 求特解.

将 $P(0)=67.67$ 代入通解,得 $C_1=67.67$,所以从 2015 年起第 $t$ 年我国的 GDP 为 $P(t)=67.67\mathrm{e}^{0.08t}$,将 $t=2022-2015=7$ 代入上式,得 2022 年我国的 GDP 的预测值为

$$P(7)=67.67\mathrm{e}^{0.08\times7}\approx118.47(\text{万亿元}).$$

例 2[环境污染问题] 某水塘原有 50 000 t 清水(不含有害杂质),从时间 $t=0$ 开始,含有有害杂质 5% 的浊水流入该水塘,流入的速度为 2 t/min,在塘中充分混合(不考虑沉淀)后,又以 2 t/min 的速度流出水塘. 问经过多长时间后塘中有害物质的浓度达到 4%?

解 (1) 建立微分方程.

设在时刻 $t$ 水塘中有害物质的含量为 $Q(t)$,此时塘中有害物质的浓度为 $\dfrac{Q(t)}{50\,000}$,于是,有 $\dfrac{\mathrm{d}Q}{\mathrm{d}t}$ = 单位时间内有害物质的变化量

=(单位时间内流进水塘的有害物质的量)-(单位时间内流出水塘的有害物质的量),

即

$$\begin{cases}\dfrac{\mathrm{d}Q}{\mathrm{d}t}=\dfrac{5}{100}\times2-\dfrac{Q(t)}{50\,000}\times2=\dfrac{1}{10}-\dfrac{Q(t)}{25\,000},\\ Q(0)=0.\end{cases}\tag{1}$$

(2) 求通解.

式(1) 是可分离变量的微分方程,分离变量得

$$\frac{\mathrm{d}Q}{2\,500-Q(t)}=\frac{\mathrm{d}t}{25\,000},$$

将上式两边积分,得

$$Q(t)-2\ 500=Ce^{-\frac{t}{25\ 000}},$$

即

$$Q(t)=2\ 500+Ce^{-\frac{t}{25\ 000}}. \tag{2}$$

(3) 求特解.

由初始条件 $t=0, Q=0$ 得 $C=-2\ 500$,故

$$Q(t)=2\ 500\left(1-e^{-\frac{t}{25\ 000}}\right).$$

当塘中有害物质浓度达到4%时,应有

$$Q=50\ 000\times 4\%=2\ 000(\mathrm{t}),$$

由此解得 $t\approx 670.6(\mathrm{min})$. 即经过 670.6 min 后,塘中有害物质浓度达到4%,由于 $\lim\limits_{t\to+\infty}Q(t)=2\ 500$,塘中有害物质的最终浓度为$\dfrac{2\ 500}{50\ 000}=5\%$.

**例3[刑事侦查中死亡时间的鉴定]** 当一次谋杀发生后,尸体的温度从原来的37 ℃按照牛顿冷却定律开始下降,如果两个小时后尸体温度变为35 ℃,并且假定周围空气的温度保持20 ℃不变,试求出尸体温度 $H$ 随时间 $t$ 的变化规律. 又如果尸体发现时的温度是30℃,时间是下午4点整,那么谋杀是何时发生的?(牛顿冷却定律指出:物体在空气中冷却的速度与物体温度和空气温度之差成正比,现将牛顿冷却定律应用于刑事侦查中死亡时间的判定.)

**解** (1) 建立微分方程.

设尸体的温度为 $H(t)$($t$ 从谋杀后计),根据题意,尸体的冷却速度$\dfrac{dH}{dt}$与尸体温度 $H$ 和空气温度20℃之差成正比. 即

$$\begin{cases}-\dfrac{dH}{dt}=k(H-20),\text{其中 } k>0 \text{ 是常数},\\ H(0)=37.\end{cases}$$

注:$-dH/dt$——物体的温度随时间下降的速度,负号表示物体的温度是下降的.

(2) 求通解.

将上述所得微分方程分离变量得

$$\frac{dH}{H-20}=-k\,dt,$$

将上式两边积分得

$$H-20=Ce^{-kt}.$$

(3) 求特解.

把初始条件 $H(0)=37$ 代入通解,求得 $C=17$. 于是该初值问题的解为

$$H=20+17e^{-kt},$$

为求出 $k$ 值,根据两小时后尸体温度为35℃这一条件,有 $35=20+17e^{-k\cdot 2}$,求得 $k\approx 0.063$,于是温度函数为 $H=20+17e^{-0.063t}$.

将 $H=30$ 代入上式有 $\frac{10}{17}=\mathrm{e}^{-0.063t}$，即得 $t\approx 8.4$(小时).

于是，可以判定谋杀发生在下午 4 点尸体被发现前的 8.4 小时，即 8 小时 24 分钟，所以谋杀是在上午 7 点 36 分发生的.

例 4［**RC 回路**］ 在一个包含有电阻 $R$（单位：Ω），电容 $C$（单位：F）和电源 $E$（单位：V）的 $RC$ 串联回路中，由回路电流定律，知电容上的电量 $q$（单位：C）满足以下微分方程 $\frac{\mathrm{d}q}{\mathrm{d}t}+\frac{1}{RC}q=\frac{E}{R}$，若回路中有电源 $400\cos 2t$ V，电阻 100 Ω，电容 0.01 F，电容上没有初始电量. 求任意时刻 $t$ 电路中的电流.

解 (1) 建立微分方程，我们先求电量 $q$.

因为 $E=400\cos 2t, R=100, C=0.01$，代入 $RC$ 回路中电量 $q$ 应满足的微分方程，得

$$\frac{\mathrm{d}q}{\mathrm{d}t}+q=4\cos 2t，初始条件为 q\big|_{t=0}=0.$$

(2) 求通解.

$\frac{\mathrm{d}q}{\mathrm{d}t}+q=4\cos 2t$ 是一阶线性微分方程，应用公式得

$$q=C\mathrm{e}^{-t}+\frac{8}{5}\sin 2t+\frac{4}{5}\cos 2t,$$

将 $t=0, q=0$ 代入上式，得 $0=C\mathrm{e}^{0}+\frac{8}{5}\sin 0+\frac{4}{5}\cos 0$，解得 $C=-\frac{4}{5}$. 于是，

$$q=-\frac{4}{5}\mathrm{e}^{-t}+\frac{8}{5}\sin 2t+\frac{4}{5}\cos 2t.$$

再由电流与电量的关系 $I=\frac{\mathrm{d}q}{\mathrm{d}t}$ 得

$$I=\frac{4}{5}\mathrm{e}^{-t}+\frac{16}{5}\cos 2t-\frac{8}{5}\sin 2t.$$

## 练习题 6.5

1. 据统计，2002 年北京的年人均收入为 12 464 元. 中国政府提出，到 2020 年，中国的新小康目标为年人均收入为 3 000 美元. 若按 1 美元 = 8.2 元（人民币）计，北京每年应保持多高的年相对增长率才能实现新小康？

2. 一个冬天的早晨开始下雪，雪花不停地以恒定速率下降，一台扫雪机从上午 8 点开始在公路上扫雪，到 9 点时前进了 2 km，到 10 点时前进了 3 km. 假定扫雪机每小时扫去雪的体积为常数，问何时开始下雪？

3. 地球对物体的引力 $F$ 与物体的质量 $m$、物体离地心的距离 $s$ 的关系为 $F=-\frac{mgR^2}{s^2}$，这里 $g$ 是重力加速度，$R$ 为地球半径. 验证：如果物体以 $v_0\geqslant\sqrt{2gR}$ 的初速度发射，则永远不会返回地球.

用 MATLAB 解常微分方程

# 6.6 用 MATLAB 解常微分方程

## 一、用 MATLAB 求解微分方程的运算函数 Dsolve

在 MATLAB 中,用大写字母 D 表示微分方程中未知函数的导数. D2,D3,…分别对应于二阶、三阶导数. 例如,D2y 表示的是$\frac{d^2y}{dt^2}$,把 $t$ 省略掉了,$t$ 是默认变量. 有了上述表示后,在 MATLAB 中实现微分方程运算的函数是 dsolve. 求解微分方程调用 dsolve 函数格式说明如下:

dsolve('Dy=f(y)','初始条件','积分变量'),

dsolve('Du=f(u,v),Dv=g(u,v)','初始条件','积分变量').

## 二、函数 Dsolve 的用法举例

**例 1** 求下列微分方程的通解.

(1) $dy=-ay$; (2) $y''-4y'+13y=0$; (3) $y''-5y'+6y=xe^{2x}$.

解 (1)

```
>> syms x  t  y
>> dsolve('Dy=-a*y','x')
ans=
C1*exp(-a*x)
```

(2)

```
>> dsolve('D2y-4*Dy+13*y=0','x')
ans=
exp(2*x)*(C1*sin(3*x)+C2*exp(2*x)*cos(3*x))
```

(3)

```
>> dsolve('D2y-5*Dy+6*y=x*exp(2*x)','x')
ans=
exp(2*x)*C2+exp(3*x)*C1-x*exp(2*x)-1/2*x^2*exp(2*x)
```

**例 2** 求下列微分方程的特解.

(1) 求方程 $y''=x-1$ 满足初始条件 $y\Big|_{x=1}=-\frac{1}{3}$和 $y'\Big|_{x=1}=\frac{1}{2}$的特解;

(2) 求方程 $y'''=x+1$ 满足初始条件 $y(0)=2,y'(0)=0,y''(0)=1$ 的特解;

(3) 求方程 $y''+4y'+29y=0$ 满足初始条件 $y(0)=0,y'(0)=15$ 的特解.

解 (1)

```
>> syms x y
>> dsolve('D2y=x-1','y(1)=-1/3,Dy(1)=1/2','x')
ans=
1/6*x^3-1/2*x^2+x-1
```

(2)

```
>> dsolve('D3y=x+1','y(0)=2,Dy(0)=0,D2y(0)=1','x')
ans =
1/24 * x^4+1/6 * x^3+1/2 * x^2+2
```

(3)

```
>> dsolve('D2y+4 * Dy+29 * y=0','y(0)=0,Dy(0)=15','x')
ans =
3 * exp(-2 * x) * sin(5 * x)
```

## 练习题 6.6

1. 求下列微分方程的通解.

(1) $y''-2y=10x$;　　(2) $y''+4y'=0$.

2. 求微分方程 $y'+2xy=xe^{-x^2}$ 满足初始条件 $y(0)=1$ 的特解.

3. 求微分方程 $(1+e^x)yy'=e^x$ 满足初始条件 $y(1)=1$ 的特解.

# 本章小结

### 一、微分方程的有关概念

微分方程、微分方程的阶、微分方程的解、微分方程的通解、微分方程的特解、初始条件等.

### 二、一阶微分方程的求解

1. 可分离变量的微分方程 $\frac{dy}{dx}=f(x)g(y)$ 的求解:

第一步:分离变量

$$\frac{1}{g(y)}dy=f(x)dx;$$

第二步:两边积分

$$\int\frac{1}{g(y)}dy=\int f(x)dx;$$

即可求出通解.

2. 齐次微分方程 $\frac{dy}{dx}=f\left(\frac{y}{x}\right)$ 的求解:

第一步:作代换 $u=\frac{y}{x}$,则

$$y=ux,\frac{dy}{dx}=u+x\frac{du}{dx},$$

方程变为

$$u+x\frac{\mathrm{d}u}{\mathrm{d}x}=f(u),$$

此为可分离变量的方程.

第二步:解 $u+x\frac{\mathrm{d}u}{\mathrm{d}x}=f(u)$,求出通解,再回代 $u=\frac{y}{x}$ 即可.

3. 一阶线性微分方程$\frac{\mathrm{d}y}{\mathrm{d}x}+P(x)y=Q(x)$的求解:

(1) 一阶线性齐次微分方程$\frac{\mathrm{d}y}{\mathrm{d}x}+P(x)y=0$ 的通解公式

$$y=C\mathrm{e}^{-\int P(x)\mathrm{d}x}.$$

(2) 一阶线性非齐次微分方程 $\frac{\mathrm{d}y}{\mathrm{d}x}+P(x)y=Q(x)$的求解:

**方法1** 公式法:通解 $y=\mathrm{e}^{-\int P(x)\mathrm{d}x}\left[\int Q(x)\mathrm{e}^{\int P(x)\mathrm{d}x}\mathrm{d}x+C\right]$.

**方法2** 常数变易法:

先求出相应的一阶线性齐次方程的通解

$$y=C\mathrm{e}^{-\int P(x)\mathrm{d}x},$$

再常数变易,设 $y=C(x)\mathrm{e}^{-\int P(x)\mathrm{d}x}$是非齐次方程的解,代入原微分方程,求出 $C(x)$即可.

### 三、二阶常系数线性齐次微分方程 $y''+py'+qy=0$ 的求解

求通解的步骤如下:

第一步:写出微分方程的特征方程 $r^2+pr+q=0$;

第二步:求出特征方程的特征根 $r_1,r_2$;

第三步:根据特征根的不同形式,写出微分方程的通解:

(1) 当 $\Delta>0,r_1\neq r_2$ 时,微分方程的通解为 $y=C_1\mathrm{e}^{r_1x}+C_2\mathrm{e}^{r_2x}$;

(2) 当 $\Delta=0,r_1=r_2$ 时,微分方程的通解为 $y=(C_1+C_2x)\mathrm{e}^{rx}$;

(3) 当 $\Delta<0,r_{1,2}=\alpha\pm\mathrm{i}\beta$ 时,微分方程的通解为 $y=\mathrm{e}^{\alpha x}(C_1\cos\beta x+C_2\sin\beta x)$.

## 综合练习题六

一、单项选择题.

1. 下列(　　)不是微分方程.

A. $\frac{\mathrm{d}^2s}{\mathrm{d}t^2}=\cos t$　　B. $x^2-3x+8=0$

C. $y'=2x+1$　　D. $xy'\sin y+(1-x)\cos y=0$

2. 下列(　　)属于可分离变量的微分方程.

A. $y'=y\tan x+x^2-\cos x$　　B. $\mathrm{e}^{xy}y'-y\ln y+1=0$

C. $y^2+x^2\frac{\mathrm{d}y}{\mathrm{d}x}=xy\frac{\mathrm{d}y}{\mathrm{d}x}$　　D. $xy'\sin y+\cos y(1-x)=0$

3. 下列(　　)属于一阶线性微分方程.

A. $y'+xy^2=2e^x-1$　　B. $3\ln x+\frac{1}{1+x^2}=x^3$

C. $x^2y'''=4xy''+2y=0$　　D. $x^3y'=y'+y-1$

4. 一阶线性非齐次微分方程 $x^2y'-2y-\sin x=0$ 中的 $P(x)$, $Q(x)$ 应为(　　).

A. $P(x)=-2, Q(x)=\sin x$　　B. $P(x)=-\frac{2}{x^2}, Q(x)=-\frac{\sin x}{x^2}$

C. $P(x)=-2, Q(x)=-\sin x$　　D. $P(x)=-\frac{2}{x^2}, Q(x)=\frac{\sin x}{x^2}$

5. 下列(　　)属于二阶常系数线性齐次微分方程.

A. $y''+xy'+2y=0$　　B. $xy''-x^2y'+y=3+x$

C. $y''-3y'=0$　　D. $(y')^2+y'=0$

6. 下列函数中(　　)是微分方程 $y''=x$ 的通解.

A. $y=\frac{1}{6}x^3+C_1x+C_2$　　B. $y=\frac{1}{6}x^3+Cx$

C. $y=\frac{1}{6}x^3$　　D. $y=\frac{1}{6}x^3+C$

7. 方程 $\frac{dy}{dx}=10^{x+y}$ 满足初始条件 $y\big|_{x=1}=0$ 的特解是(　　).

A. $10^x-10^y=11$　　B. $10^x+10^{-y}=11$

C. $10^{-x}-10^y=11$　　D. $10^{-x}+10^y=11$

8. 微分方程 $y'-2y=0$ 的通解是(　　).

A. $y=C\sin 2x$　　B. $y=4e^{2x}$

C. $y=Ce^{2x}$　　D. $y=Ce^x$

9. 函数 $y_1=e^{2x}$, $y_2=xe^{2x}$ 是微分方程(　　)的解.

A. $y''-2y'+2y=0$　　B. $y''-4y'+4y=0$

C. $y''+4y'-4y=0$　　D. $y''+4y=0$

10. 微分方程 $y''+4y=0$ 的通解为(　　).

A. $y=\cos 2x+\sin 2x$　　B. $y=C_1\cos 2x+\sin 2x$

C. $y=\cos 2x+C_1\sin 2x$　　D. $y=C_1\cos 2x+C_2\sin 2x$

11. 微分方程 $\frac{dy}{dx}=\frac{1+x^2}{2x^2y}$ 的通解为(　　).

A. $y^2=x-\frac{1}{x}+C$　　B. $y^2=x+\frac{1}{x}+C$

C. $y^2=x-\frac{1}{x}$　　D. $y^2=2x+\frac{1}{x}+C$

12. 微分方程 $(y+3)dx+\cot x dy=0$ 的通解为(　　).

A. $y=C\cos x-3$　　B. $y=C\cos x-3\sin x$

C. $y=C\cos x+3$　　D. $y=3\cos x+C$

二、判断题.

1. $y'''+8(y')^2+7xy^2=0$ 是三阶微分方程.　(　　)

2. 方程$\frac{dy}{dx}=x^2+y^2$ 是一阶线性微分方程.　(　　)

3. $xy'-y=x\tan\frac{y}{x}$是齐次方程.　(　　)

4. $\frac{dx}{dt}=tx+t$ 是可分离变量的微分方程.　(　　)

5. 若 $y_1$ 与 $y_2$ 是方程 $y''+py'+qy=0$ 的两个特解,则 $y=C_1y_1+C_2y_2$ 是其通解.(　　)

6. $\frac{dy}{dx}+y\cos x=0$ 的通解是 $y=Ce^{-\sin x}$.　(　　)

7. $y''+xy'-y=0$ 是二阶常系数线性齐次微分方程.　(　　)

8. $y''=e^x$ 的通解是 $y=Ce^x$.　(　　)

9. $y''-3y=0$ 的特征方程是 $r^2-3r=0$.　(　　)

10. $e^x$ 是 $y''-4y'+3y=0$ 的解.　(　　)

11. $(7x-6y)dx+(x+y)dy=0$ 不是微分方程.　(　　)

12. 对微分方程 $xy'=2y$, $y=5x^2$ 是其特解.　(　　)

三、填空题.

1. 某曲线经过坐标原点,且它的每一点处的切线的斜率均等于 $\cos x$,则所求曲线的方程是________________.

2. 微分方程 $xd^2y+ydx^2=0$ 是________阶微分方程.

3. 微分方程 $y'+y=e^{-x}$的通解是________.

4. 微分方程 $yy'=x^2$ 满足初始条件 $y(0)=2$ 的特解是________.

5. 微分方程 $y'=e^{x-y}$的通解是________________.

6. 微分方程$\frac{dy}{dx}+xy=0$ 的通解是________.

7. 微分方程 $y''+2y'+y=0$ 的通解是________.

8. 微分方程 $y''+y'=0$ 满足初始条件 $y(0)=0, y'(0)=1$ 的特解是________.

9. 以 $y=C_1e^{-x}+C_2e^x$ 为通解的二阶常系数线性齐次微分方程是________.

10. 若 $y=e^{-x}$ 为 $y''+ay'-2y=0$ 的一个解,则 $a=$________.

11. 二阶常系数线性齐次方程 $y''-3y'+2y=0$ 的特征方程为________,特征根为________,方程的通解为________.

12. 已知特征方程的根为 $r_1=1, r_2=3$,则相应的特征方程为________,相应的微分方程的通解为________.

四、求下列微分方程满足所给初始条件的特解.

1. $\cos x\sin y\,dy=\cos y\sin x\,dx, y(0)=\frac{\pi}{4}$;

2. $\begin{cases}(1+e^x)yy'=e^x,\\ y(1)=1;\end{cases}$

3. $\begin{cases}y''-4y'+3y=0,\\ y(0)=6, y'(0)=10;\end{cases}$

4. $\begin{cases}\frac{d^2s}{dt^2}+2\frac{ds}{dt}+s=0,\\ s(0)=4, s'(0)=-2.\end{cases}$

五、求下列微分方程的通解.

1. $y'+\frac{2}{x}y=\frac{1}{x}e^{-x^2}$;

2. $\frac{dy}{dx}=\frac{x-y}{x+y}$;

3. $y''-6y'+9y=0$;

4. $y''-4y'+13y=0$.

六、一平面曲线过点 $P(1,1)$，其上任意一点 $M(x,y)$ 处的切线与直线 $OM$ 垂直，求此曲线方程.

# 第7章 无穷级数

同微分、积分一样,无穷级数是高等数学的重要组成部分.无穷级数是数与函数的一种重要表达形式,也是微积分理论研究与实际应用中极其有力的工具.无穷级数在表达函数、研究函数的性质、计算函数值以及求解微分方程等方面都有着重要的应用.研究级数及其和,可以说是研究数列及其极限的另一种形式,但无论在研究极限的存在性还是在计算这种极限的时候,这种形式都显示出很大的优越性.本章先讨论数项级数,介绍无穷级数的一些基本内容,然后讨论函数项级数,并在此基础上,讨论幂级数、傅里叶级数.

## 7.1 数项级数的概念与性质

### 7.1.1 数项级数的概念

在实际问题中,经常遇到无限项相加的问题.例如

$$\frac{1}{3}=0.3+0.03+0.003+\cdots=\frac{3}{10}+\frac{3}{10^2}+\frac{3}{10^3}+\cdots.$$

这就是说,分数$\frac{1}{3}$可用无穷多个分数(小数)之和的形式表示.

**定义1** 给定一个无穷数列$\{u_n\}$:$u_1,u_2,u_3,\cdots,u_n,\cdots$,则由这个数列构成的表达式

$$u_1+u_2+u_3+\cdots+u_n+\cdots \tag{1}$$

称为**常数项无穷级数**,简称**数项级数**,记作$\sum\limits_{n=1}^{\infty}u_n$,即

$$\sum_{n=1}^{\infty}u_n=u_1+u_2+u_3+\cdots+u_n+\cdots.$$

其中,第$n$项$u_n$称为级数的**一般项**或**通项**.

数项级数的概念

如

$$\sum_{n=1}^{\infty}\frac{1}{2^{n-1}}=1+\frac{1}{2}+\frac{1}{4}+\frac{1}{8}+\cdots+\frac{1}{2^{n-1}}+\cdots,$$

$$\sum_{n=1}^{\infty}(-1)^{n-1}\frac{1}{n}=1-\frac{1}{2}+\frac{1}{3}-\frac{1}{4}+\cdots+(-1)^{n-1}\frac{1}{n}+\cdots,$$

$$\sum_{n=1}^{\infty}(-1)^{n-1}=1+(-1)+1+(-1)+\cdots+(-1)^{n-1}+\cdots$$

都是数项级数.

在数项级数的定义中,(1)式是形式上的和式. 事实上有限个数相加,其和是确定的. 无穷多个数相加就不一定有意义了. 为此,下面从有限项的和出发,再经过极限过程来讨论无限项的情形.

**定义 2** 级数(1)的前 $n$ 项之和 $S_n=u_1+u_2+u_3+\cdots+u_n$ 称为级数(1)的**前 $n$ 项部分和**.

当 $n$ 依次取 1,2,3,…时,则得到(1)的一个**部分和数列** $\{S_n\}$:

$$S_1=u_1,$$
$$S_2=u_1+u_2,$$
$$S_3=u_1+u_2+u_3,$$
$$\cdots\cdots$$
$$S_n=u_1+u_2+u_3+\cdots+u_n,$$
$$\cdots\cdots$$

**定义 3** 若级数(1)的部分和数列 $\{S_n\}$ 的极限存在,即存在常数 $S$,使 $\lim\limits_{n\to\infty}S_n=S$,则称级数(1)**收敛**,并称 $S$ 为该级数的**和**,即

$$S=\sum_{n=1}^{\infty}u_n \text{ 或 } S=u_1+u_2+u_3+\cdots+u_n+\cdots.$$

若 $\{S_n\}$ 的极限不存在,则称级数(1)**发散**,发散级数没有和.

**例 1** 判断级数 $\sum\limits_{n=1}^{\infty}\dfrac{1}{(2n-1)(2n+1)}$ 的敛散性,若收敛,求其和.

**解** 因为

$$u_n=\frac{1}{(2n-1)(2n+1)}=\frac{1}{2}\left(\frac{1}{2n-1}-\frac{1}{2n+1}\right),$$

所以

$$\begin{aligned}S_n&=\frac{1}{1\times3}+\frac{1}{3\times5}+\cdots+\frac{1}{(2n-1)(2n+1)}\\&=\frac{1}{2}\left[\left(1-\frac{1}{3}\right)+\left(\frac{1}{3}-\frac{1}{5}\right)+\cdots+\left(\frac{1}{2n-1}-\frac{1}{2n+1}\right)\right]\\&=\frac{1}{2}\left(1-\frac{1}{2n+1}\right).\end{aligned}$$

因此

$$\lim_{n\to\infty}S_n=\lim_{n\to\infty}\frac{1}{2}\left(1-\frac{1}{2n+1}\right)=\frac{1}{2},$$

故此级数收敛,其和 $S=\dfrac{1}{2}$.

例2 判断级数$\sum_{n=1}^{\infty}\ln\frac{n+1}{n}$的敛散性.

解 因为

$$u_n=\ln\frac{n+1}{n}=\ln(n+1)-\ln n,$$

所以

$$\begin{aligned}S_n&=u_1+u_2+\cdots+u_n\\&=[\ln 2-\ln 1]+[\ln 3-\ln 2]+\cdots+[\ln(n+1)-\ln n]\\&=\ln(n+1),\end{aligned}$$

因此

$$\lim_{n\to\infty}S_n=\lim_{n\to\infty}\ln(n+1)=\infty,$$

故此级数发散.

例3 讨论等比级数(也称几何级数)

$$\sum_{n=1}^{\infty}aq^{n-1}=a+aq+aq^2+\cdots+aq^{n-1}+\cdots \tag{2}$$

的敛散性,其中$a\neq 0$,$q$是级数的公比.

解 如果$|q|\neq 1$,则

$$S_n=a+aq+aq^2+\cdots+aq^{n-1}=\frac{a(1-q^n)}{1-q}.$$

当$|q|<1$时,$\lim\limits_{n\to\infty}q^n=0$,从而$\lim\limits_{n\to\infty}S_n=\frac{a}{1-q}$,所以级数(2)收敛,其和为$\frac{a}{1-q}$.

当$|q|>1$时,$\lim\limits_{n\to\infty}q^n=\infty$,从而$\lim\limits_{n\to\infty}S_n=\infty$,所以级数(2)发散.

当$|q|=1$时,若$q=1$,则$S_n=na$,从而$\lim\limits_{n\to\infty}S_n=\infty$,所以级数(2)发散.

若$q=-1$,则级数(2)成为

$$a-a+a-a+\cdots+(-1)^{n-1}a+\cdots,$$

其部分和

$$S_n=\begin{cases}0, & n=2k,\\ a, & n=2k-1\end{cases}\quad(k\in\mathbf{Z}).$$

由于$\lim\limits_{n\to\infty}S_n$不存在,故级数(2)发散.

综上所述,当$|q|<1$时,等比级数(2)收敛,且其和$S=\frac{a}{1-q}$;当$|q|\geqslant 1$时,等比级数(2)发散.

例4 证明调和级数$\sum_{n=1}^{\infty}\frac{1}{n}$是发散的.

证 假若级数$\sum_{n=1}^{\infty}\frac{1}{n}$收敛且其和为$S$,$S_n$是它的部分和.

显然有$\lim\limits_{n\to\infty}S_n=S$及$\lim\limits_{n\to\infty}S_{2n}=S$,则$\lim\limits_{n\to\infty}(S_{2n}-S_n)=0$.

但另一方面,由于

$$S_{2n}-S_n=\frac{1}{n+1}+\frac{1}{n+2}+\cdots+\frac{1}{2n}>\frac{1}{2n}+\frac{1}{2n}+\cdots+\frac{1}{2n}=\frac{1}{2},$$

故 $\lim\limits_{n\to\infty}(S_{2n}-S_n)\neq 0$，矛盾. 这矛盾说明级数 $\sum\limits_{n=1}^{\infty}\frac{1}{n}$ 必定发散.

### 7.1.2 级数的基本性质

数项级数的基本性质

根据级数收敛和发散的定义以及极限的运算法则，可得级数的下列性质：

**性质 1** 若级数 $\sum\limits_{n=1}^{\infty}u_n$ 收敛，其和为 $S$，则对任一常数 $c$，级数 $\sum\limits_{n=1}^{\infty}cu_n$ 也收敛，其和为 $cS$.

**证** 级数 $\sum\limits_{n=1}^{\infty}cu_n$ 的前 $n$ 项和

$$S_n'=\sum_{k=1}^{n}cu_k=c\sum_{k=1}^{n}u_k,\ S'=\lim_{n\to\infty}S_n'=\lim_{n\to\infty}\sum_{k=1}^{n}cu_k=c\lim_{n\to\infty}\sum_{k=1}^{n}u_k=cS.$$

**性质 2** 若级数 $\sum\limits_{n=1}^{\infty}u_n$ 与级数 $\sum\limits_{n=1}^{\infty}v_n$ 分别收敛于 $S_1,S_2$，则级数 $\sum\limits_{n=1}^{\infty}(u_n\pm v_n)$ 也收敛，其和为 $S_1\pm S_2$.

**证** 因为级数 $\sum\limits_{n=1}^{\infty}(u_n\pm v_n)$ 的前 $n$ 项和

$$S_n=\sum_{k=1}^{n}(u_k\pm v_k)=\sum_{k=1}^{n}u_k\pm\sum_{k=1}^{n}v_k,$$

故

$$\lim_{n\to\infty}S_n=\lim_{n\to\infty}\sum_{k=1}^{n}u_k\pm\lim_{n\to\infty}\sum_{k=1}^{n}v_k=S_1\pm S_2.$$

应注意：两个发散的级数的代数和未必发散. 如 $\sum\limits_{n=1}^{\infty}1$ 与 $\sum\limits_{n=1}^{\infty}(-1)$ 都是发散的，但是级数 $\sum\limits_{n=1}^{\infty}(1-1)=0$ 收敛.

**例 5** 判别级数 $\sum\limits_{n=1}^{\infty}\left(\frac{8^n}{9^n}-\frac{1}{6^n}\right)$ 的敛散性.

**解** 因为级数 $\sum\limits_{n=1}^{\infty}\frac{8^n}{9^n}$ 是首项 $a=\frac{8}{9}$，公比 $q=\frac{8}{9}$，且 $|q|<1$ 的等比级数，故级数 $\sum\limits_{n=1}^{\infty}\frac{8^n}{9^n}$ 收敛，且

$$\sum_{n=1}^{\infty}\frac{8^n}{9^n}=\frac{a}{1-q}=\frac{\frac{8}{9}}{1-\frac{8}{9}}=8.$$

同理，级数

$$\sum_{n=1}^{\infty}\frac{1}{6^n}=\frac{\frac{1}{6}}{1-\frac{1}{6}}=\frac{1}{5}$$

也收敛.

所以由性质2,级数 $\sum_{n=1}^{\infty}\left(\frac{8^n}{9^n}-\frac{1}{6^n}\right)$ 收敛,且

$$\sum_{n=1}^{\infty}\left(\frac{8^n}{9^n}-\frac{1}{6^n}\right)=8-\frac{1}{5}=\frac{39}{5}.$$

**性质3** 在级数中去掉、增加或改变有限项,不会改变级数的敛散性.

例如,级数

$$\frac{1}{1\cdot 2}+\frac{1}{2\cdot 3}+\frac{1}{3\cdot 4}+\cdots+\frac{1}{n(n+1)}+\cdots$$

是收敛的,级数

$$10\ 000+\frac{1}{1\cdot 2}+\frac{1}{2\cdot 3}+\frac{1}{3\cdot 4}+\cdots+\frac{1}{n(n+1)}+\cdots$$

与级数

$$\frac{1}{3\cdot 4}+\frac{1}{4\cdot 5}+\cdots+\frac{1}{n(n+1)}+\cdots$$

也都是收敛的.

**性质4** 如果级数 $\sum_{n=1}^{\infty}u_n$ 收敛,则对这个级数的项任意加括号后所成的级数仍收敛,且其和不变.

应注意:如果加括号后所成的级数收敛,不能断定原来的级数也收敛.

**推论1** 如果 $\sum_{n=1}^{\infty}u_n$ 收敛,$\sum_{n=1}^{\infty}v_n$ 发散,则 $\sum_{n=1}^{\infty}(u_n\pm v_n)$ 必定发散.

**推论2** 如果加括号后所成的级数发散,则原来级数必定发散.

**性质5(级数收敛的必要条件)** 如果级数 $\sum_{n=1}^{\infty}u_n$ 收敛,则 $\lim_{n\to\infty}u_n=0$.

**证** 设级数 $\sum_{n=1}^{\infty}u_n$ 的部分和为 $S_n$,且 $\lim_{n\to\infty}S_n=S$,则

$$\lim_{n\to\infty}u_n=\lim_{n\to\infty}(S_n-S_{n-1})=\lim_{n\to\infty}S_n-\lim_{n\to\infty}S_{n-1}=S-S=0.$$

应注意:若 $\lim_{n\to\infty}u_n=0$,则级数 $\sum_{n=1}^{\infty}u_n$ 不一定收敛.例如,调和级数 $\sum_{n=1}^{\infty}\frac{1}{n}$,有 $\lim_{n\to\infty}\frac{1}{n}=0$,但 $\sum_{n=1}^{\infty}\frac{1}{n}$ 发散.

**推论** 若 $\lim_{n\to\infty}u_n\neq 0$,则级数 $\sum_{n=1}^{\infty}u_n$ 发散.

我们经常用这个结论来判断某些级数是发散的.

**例6** 判别级数 $\sum_{n=1}^{\infty}\frac{2n}{n+1}$ 的敛散性.

**解** 因为

$$\lim_{n\to\infty}u_n=\lim_{n\to\infty}\frac{2n}{n+1}=2\neq 0,$$

所以级数 $\sum_{n=1}^{\infty}\frac{2n}{n+1}$ 是发散的.

## 思考题 7.1

1. 数项级数与无穷数列有什么区别?
2. 改变收敛级数的有限项而得到的新级数,其和是否收敛?
3. 如果 $\sum_{n=1}^{\infty}u_n$ 发散,则加括号后所成的新级数是否一定发散?
4. 如果 $\sum_{n=1}^{\infty}u_n$ 发散, $\sum_{n=1}^{\infty}v_n$ 也发散,则 $\sum_{n=1}^{\infty}(u_n \pm v_n)$ 是否一定发散?

## 练习题 7.1

1. 简答题.

(1) $\lim\limits_{n\to\infty}u_n=0$ 是 $\sum_{n=1}^{\infty}u_n$ 收敛的什么条件?

(2) 已知 $\sum_{n=0}^{\infty}\frac{1}{3^n+1}$,则级数的第 7 项是什么?

(3) 若级数 $\sum_{n=1}^{\infty}u_n$ 收敛,级数 $\sum_{n=1}^{\infty}(2+u_n)$ 也收敛吗?

2. 判断下列级数的敛散性.

(1) $\sum_{n=1}^{\infty}\frac{1}{n(n+1)}$;　　(2) $\sum_{n=1}^{\infty}(-2)^n$;　　(3) $\sum_{n=1}^{\infty}\frac{n}{3n+1}$;

(4) $\sum_{n=1}^{\infty}\frac{2^n}{n}$;　　(5) $\sum_{n=1}^{\infty}\left(\frac{n+1}{n}\right)^n$;　　(6) $\sum_{n=1}^{\infty}\frac{1}{3n}$;

(7) $\sum_{n=1}^{\infty}\frac{n-1}{n}$;　　(8) $\sum_{n=1}^{\infty}\frac{1}{(5n-4)(5n+1)}$;　　(9) $\sum_{n=1}^{\infty}\left(\frac{1}{2^n}-\frac{1\,000}{3^n}\right)$.

# 7.2 数项级数的审敛法

在一般情况下,要判断一个级数的敛散性,只用级数的定义和性质通常是很困难的,因此需要建立级数敛散性的审敛法.下面介绍数项级数敛散性的判别法.

## 7.2.1 正项级数的审敛法

**定义 1** 如果级数 $\sum_{n=1}^{\infty}u_n$ 的每一项都是非负数,即 $u_n \geqslant 0(n=1,2,3,\cdots)$,则称级数 $\sum_{n=1}^{\infty}u_n$ 为**正项级数**.

正项级数是比较简单而且重要的级数,在研究其他类型的级数时,常常要用到正项级数的有关结论. 下面给出正项级数的基本审敛法.

### 1. 正项级数收敛的充分必要条件

对于正项级数,由于 $u_n \geqslant 0$,因而它的部分和数列 $\{S_n\}$ 是单调增加的,如果数列 $\{S_n\}$ 有界,则根据单调有界数列必有极限的准则,得知正项级数 $\sum\limits_{n=1}^{\infty} u_n$ 收敛. 反之,如果正项级数 $\sum\limits_{n=1}^{\infty} u_n$ 收敛于 $S$,则根据收敛数列必有界的性质可知,数列 $\{S_n\}$ 有界. 因此,我们得到如下的定理:

**定理 1** 正项级数 $\sum\limits_{n=1}^{\infty} u_n$ 收敛的充分必要条件是它的部分和数列 $\{S_n\}$ 有界.

### 2. 比较审敛法

正项级数的比较审敛法

**定理 2(比较审敛法)** 设 $\sum\limits_{n=1}^{\infty} u_n$ 和 $\sum\limits_{n=1}^{\infty} v_n$ 均为正项级数,且 $u_n \leqslant v_n (n=1,2,3,\cdots)$.

(1) 如果级数 $\sum\limits_{n=1}^{\infty} v_n$ 收敛,则级数 $\sum\limits_{n=1}^{\infty} u_n$ 也收敛;

(2) 如果级数 $\sum\limits_{n=1}^{\infty} u_n$ 发散,则级数 $\sum\limits_{n=1}^{\infty} v_n$ 也发散.

**证明** 设正项级数 $\sum\limits_{n=1}^{\infty} u_n$ 和 $\sum\limits_{n=1}^{\infty} v_n$ 的前 $n$ 项部分和分别为 $S_n$ 和 $T_n$.

(1) 若级数 $\sum\limits_{n=1}^{\infty} v_n$ 收敛,则其前 $n$ 项部分和 $T_n$ 单调增加且有上界,不妨设其上界为 $T$. 由于有 $u_n \leqslant v_n (n=1,2,3,\cdots)$,所以 $S_n = u_1+u_2+\cdots+u_n \leqslant v_1+v_2+\cdots+v_n = T_n$,显然 $S_n$ 单调增加且 $S_n \leqslant T_n < T$,即数列 $\{S_n\}$ 单调增加且有上界,根据正项级数收敛的充分必要条件,得到 $\sum\limits_{n=1}^{\infty} u_n$ 收敛.

(2) 若级数 $\sum\limits_{n=1}^{\infty} u_n$ 发散,则 $S_n \to \infty\ (n\to\infty)$,由于 $u_n \leqslant v_n$,所以 $T_n \to \infty\ (n\to\infty)$. 由级数收敛的定义知,级数 $\sum\limits_{n=1}^{\infty} v_n$ 发散.

**例 1** 判别级数 $\sum\limits_{n=1}^{\infty} \left(\dfrac{n}{3n+1}\right)^n$ 的敛散性.

**解** 因为

$$\left(\frac{n}{3n+1}\right)^n < \left(\frac{n}{3n}\right)^n = \left(\frac{1}{3}\right)^n,$$

而等比级数 $\sum\limits_{n=1}^{\infty} \left(\dfrac{1}{3}\right)^n$ 是收敛的,所以,由比较审敛法知,级数 $\sum\limits_{n=1}^{\infty} \left(\dfrac{n}{3n+1}\right)^n$ 也收敛.

**例 2** 证明级数 $\sum\limits_{n=1}^{\infty}\frac{1}{\sqrt{n(n+1)}}$是发散的.

**证** 因为

$$\frac{1}{\sqrt{n(n+1)}}>\frac{1}{\sqrt{(n+1)^2}}=\frac{1}{n+1},$$

而级数

$$\sum_{n=1}^{\infty}\frac{1}{n+1}=\frac{1}{2}+\frac{1}{3}+\cdots+\frac{1}{n+1}+\cdots$$

是发散的,所以,根据比较审敛法可知,所给级数是发散的.

**例 3** 讨论 $p$-级数 $\sum\limits_{n=1}^{\infty}\frac{1}{n^p}$的敛散性,其中 $p>0$ 为常数.

**解** 当 $0<p\leqslant 1$ 时,$\frac{1}{n^p}\geqslant\frac{1}{n}$,由于调和级数 $\sum\limits_{n=1}^{\infty}\frac{1}{n}$发散,由比较审敛法知,级数 $\sum\limits_{n=1}^{\infty}\frac{1}{n^p}$是发散的.

当 $p>1$ 时,将原级数依下列形式添加括号,构成新级数

$$\begin{aligned}&\frac{1}{1^p}+\frac{1}{2^p}+\frac{1}{3^p}+\cdots+\frac{1}{n^p}+\cdots\\&=1+\left(\frac{1}{2^p}+\frac{1}{3^p}\right)+\left(\frac{1}{4^p}+\frac{1}{5^p}+\frac{1}{6^p}+\frac{1}{7^p}\right)+\left(\frac{1}{8^p}+\frac{1}{9^p}+\cdots+\frac{1}{15^p}\right)+\cdots\\&<1+\left(\frac{1}{2^p}+\frac{1}{2^p}\right)+\left(\frac{1}{4^p}+\frac{1}{4^p}+\frac{1}{4^p}+\frac{1}{4^p}\right)+\left(\frac{1}{8^p}+\frac{1}{8^p}+\cdots+\frac{1}{8^p}\right)+\cdots\\&=1+\frac{1}{2^{p-1}}+\left(\frac{1}{2^{p-1}}\right)^2+\left(\frac{1}{2^{p-1}}\right)^3+\cdots\\&=\sum_{n=1}^{\infty}\left(\frac{1}{2^{p-1}}\right)^{n-1}.\end{aligned}$$

因为 $p>1$,等比级数 $\sum\limits_{n=1}^{\infty}\left(\frac{1}{2^{p-1}}\right)^{n-1}$ 的公比$\frac{1}{2^{p-1}}<1$,故它收敛. 因此,由比较审敛法知,$p>1$ 时 $p$-级数收敛.

综合以上讨论,对于 $p$-级数 $\sum\limits_{n=1}^{\infty}\frac{1}{n^p}$,当 $0<p\leqslant 1$ 时发散;当 $p>1$ 时收敛.

以后用比较审敛法判断级数敛散性时,可将 $p$-级数作为基础级数,常作为基础级数的还有等比级数、调和级数,应熟记它们及它们的敛散性.

例如,级数 $\sum\limits_{n=1}^{\infty}\frac{1}{\sqrt{n}}$是 $p=\frac{1}{2}$的 $p$-级数,所以它发散;而级数 $\sum\limits_{n=1}^{\infty}\frac{1}{\sqrt[3]{n^4}}$是 $p=\frac{4}{3}$的 $p$-级数,所以它收敛.

**例 4** 判别级数 $\sum\limits_{n=1}^{\infty}\frac{1}{\sqrt{n+1}\,(n+4)}$的敛散性.

**解** 由于

$$\frac{1}{\sqrt{n+1}\,(n+4)}<\frac{1}{n^{\frac{3}{2}}}(n=1,2,\cdots),$$

级数 $\sum\limits_{n=1}^{\infty}\frac{1}{n^{\frac{3}{2}}}$ 是 $p=\frac{3}{2}$ 的 $p$-级数,它是收敛的,所以由比较审敛法知,原级数也是收敛的.

下面利用比较审敛法及极限的定义,导出一个更为实用的极限形式的比较审敛法.

**定理 3(极限形式的比较审敛法)** 设 $\sum\limits_{n=1}^{\infty}u_n$ 与 $\sum\limits_{n=1}^{\infty}v_n$ 都是正项级数,且 $\lim\limits_{n\to\infty}\frac{u_n}{v_n}=\rho$,则当 $0<\rho<+\infty$ 时,$\sum\limits_{n=1}^{\infty}u_n$ 与 $\sum\limits_{n=1}^{\infty}v_n$ 的敛散性相同.

**例 5** 判别级数 $\sum\limits_{n=1}^{\infty}\frac{1}{2^n-n}$ 的敛散性.

**解** 由于

$$\lim_{n\to\infty}\frac{\frac{1}{2^n-n}}{\frac{1}{2^n}}=\lim_{n\to\infty}\frac{2^n}{2^n-n}=\lim_{n\to\infty}\frac{1}{1-\frac{n}{2^n}}=1,$$

而级数 $\sum\limits_{n=1}^{\infty}\frac{1}{2^n}$ 是公比为 $\frac{1}{2}$ 的等比级数,它是收敛的,所以由极限形式的比较审敛法可知,级数 $\sum\limits_{n=1}^{\infty}\frac{1}{2^n-n}$ 收敛.

**例 6** 判别级数 $\sum\limits_{n=1}^{\infty}\sin\frac{1}{n}$ 的敛散性.

**解** 由于

$$\lim_{n\to\infty}\frac{\sin\frac{1}{n}}{\frac{1}{n}}=1,$$

而 $\sum\limits_{n=1}^{\infty}\frac{1}{n}$ 为发散级数,由极限形式的比较审敛法可知,级数 $\sum\limits_{n=1}^{\infty}\sin\frac{1}{n}$ 是发散的.

### 3. 比值审敛法

正项级数的比值审敛法

**定理 4(比值审敛法,达朗贝尔判别法)** 对于一个正项级数 $\sum\limits_{n=1}^{\infty}u_n$,如果 $\lim\limits_{n\to\infty}\frac{u_{n+1}}{u_n}=\rho$,则

(1) 当 $\rho<1$ 时,级数 $\sum\limits_{n=1}^{\infty}u_n$ 收敛;

(2) 当 $\rho>1$ 时,级数 $\sum\limits_{n=1}^{\infty}u_n$ 发散.

应当注意:当 $\rho=1$ 时,无法判断级数的敛散性,需要采用别的方法.

例 7 证明级数 $1+\frac{1}{1}+\frac{1}{1\cdot 2}+\frac{1}{1\cdot 2\cdot 3}+\cdots+\frac{1}{1\cdot 2\cdot 3\cdot\cdots\cdot(n-1)}+\cdots$ 是收敛的.

证 因为

$$\lim_{n\to\infty}\frac{u_{n+1}}{u_n}=\lim_{n\to\infty}\frac{1\cdot 2\cdot 3\cdot\cdots\cdot(n-1)}{1\cdot 2\cdot 3\cdot\cdots\cdot n}=\lim_{n\to\infty}\frac{1}{n}=0<1,$$

所以,根据比值审敛法可知,所给级数收敛.

例 8 判别级数 $\sum_{n=1}^{\infty}\frac{3^n}{n^2 2^n}$ 的敛散性.

解 由于

$$\lim_{n\to\infty}\frac{u_{n+1}}{u_n}=\lim_{n\to\infty}\left(\frac{3^{n+1}}{(n+1)^2 2^{n+1}}\cdot\frac{n^2 2^n}{3^n}\right)=\lim_{n\to\infty}\frac{3n^2}{2(n+1)^2}=\frac{3}{2}>1,$$

所以,根据比值审敛法可知,所给级数发散.

例 9 判别级数 $\sum_{n=1}^{\infty}\frac{1}{n!}$ 的敛散性.

解 因为

$$\lim_{n\to\infty}\frac{u_{n+1}}{u_n}=\lim_{n\to\infty}\frac{1}{(n+1)!}\times n! \ =\lim_{n\to\infty}\frac{1}{n+1}=0<1,$$

所以,由比值审敛法可知,级数 $\sum_{n=1}^{\infty}\frac{1}{n!}$ 是收敛的.

例 10 判别级数 $\sum_{n=1}^{\infty}\frac{1}{n(2n-1)}$ 的敛散性.

解 由于

$$\lim_{n\to\infty}\frac{u_{n+1}}{u_n}=\lim_{n\to\infty}\frac{n(2n-1)}{(n+1)(2n+1)}=1,$$

所以,不能用比值审敛法来判别该级数的敛散性,而采用极限形式的比较审敛法.

因为

$$\lim_{n\to\infty}\frac{\frac{1}{n(2n-1)}}{\frac{1}{n^2}}=\lim_{n\to\infty}\frac{n^2}{2n^2-n}=\frac{1}{2},$$

而级数 $\sum_{n=1}^{\infty}\frac{1}{n^2}$ 收敛,所以,由极限形式的比较审敛法可知,级数 $\sum_{n=1}^{\infty}\frac{1}{n(2n-1)}$ 收敛.

### 4. 根值审敛法

**定理 5(根值审敛法,柯西判别法)** 若正项级数 $\sum_{n=1}^{\infty}u_n$ 满足 $\lim_{n\to\infty}\sqrt[n]{u_n}=\rho$,则

(1) 当 $\rho<1$ 时,级数 $\sum_{n=1}^{\infty}u_n$ 收敛;

(2) 当 $\rho>1$ 时,级数 $\sum_{n=1}^{\infty}u_n$ 发散.

应当注意：当 $\rho=1$ 时，无法判断级数的敛散性，需要采用别的方法.

例 11 判别级数 $\sum\limits_{n=1}^{\infty}\left(\dfrac{n}{2n+1}\right)^{n}$ 的敛散性.

解 因为

$$\lim_{n\to\infty}\sqrt[n]{u_n}=\lim_{n\to\infty}\frac{n}{2n+1}=\frac{1}{2}<1,$$

所以，根据根值审敛法知，级数 $\sum\limits_{n=1}^{\infty}\left(\dfrac{n}{2n+1}\right)^{n}$ 收敛.

例 12 判别级数 $\sum\limits_{n=1}^{\infty}\dfrac{2+(-1)^{n}}{2^{n}}$的敛散性.

解 因为

$$\lim_{n\to\infty}\sqrt[n]{u_n}=\lim_{n\to\infty}\frac{1}{2}\sqrt[n]{2+(-1)^{n}}=\frac{1}{2},$$

所以，根据根值审敛法知，所给级数收敛.

### 7.2.2 交错级数及其审敛法

**定义 2** 设有级数 $\sum\limits_{n=1}^{\infty}u_n$，其中 $u_n(n=1,2,3,\cdots)$ 为任意实数，则称级数 $\sum\limits_{n=1}^{\infty}u_n$ 为任意项级数.

**定义 3** 形如 $\sum\limits_{n=1}^{\infty}(-1)^{n-1}u_n$（其中 $u_n>0,n=1,2,3,\cdots$）的级数称为交错级数.

交错级数具有下列重要结论：

**定理 6（莱布尼茨审敛法）** 如果交错级数 $\sum\limits_{n=1}^{\infty}(-1)^{n-1}u_n$（$u_n>0,n=1,2,3,\cdots$）满足条件：

（1）$u_n\geqslant u_{n+1}(n=1,2,\cdots)$；

（2）$\lim\limits_{n\to\infty}u_n=0$，

则级数 $\sum\limits_{n=1}^{\infty}(-1)^{n-1}u_n$ 收敛.

例 13 判别交错级数 $\sum\limits_{n=1}^{\infty}(-1)^{n-1}\dfrac{1}{n}$的敛散性.

解 因为交错级数满足条件：

（1）$u_n=\dfrac{1}{n}>\dfrac{1}{n+1}=u_{n+1}$； （2）$\lim\limits_{n\to\infty}u_n=\lim\limits_{n\to\infty}\dfrac{1}{n}=0$.

由莱布尼茨审敛法知，所给级数是收敛的.

例 14 判别交错级数 $\sum\limits_{n=1}^{\infty}(-1)^{n}\dfrac{1}{\ln(n+1)}$的敛散性.

解 在该交错级数中,$u_n=\dfrac{1}{\ln(n+1)}$,且它满足条件:

(1) $u_n=\dfrac{1}{\ln(n+1)}>\dfrac{1}{\ln(n+2)}=u_{n+1}$; (2) $\lim\limits_{n\to\infty}u_n=\lim\limits_{n\to\infty}\dfrac{1}{\ln(n+1)}=0$.

由莱布尼茨审敛法知,所给级数是收敛的.

### 7.2.3 绝对收敛与条件收敛

绝对收敛与条件收敛

对于一般的任意项级数没有判断其收敛性的通用方法,对于任意项级数 $\sum\limits_{n=1}^{\infty}u_n(u_n\in\mathbf{R})$ 的收敛性问题,通常是化为研究级数

$$\sum_{n=1}^{\infty}|u_n|=|u_1|+|u_2|+|u_3|+\cdots+|u_n|+\cdots \tag{1}$$

的敛散性问题,即转化为正项级数的敛散性问题.

下面讨论级数 $\sum\limits_{n=1}^{\infty}u_n$ 与 $\sum\limits_{n=1}^{\infty}|u_n|$ 的敛散性之间的关系.

**定理 7** 如果级数 $\sum\limits_{n=1}^{\infty}|u_n|$ 收敛,则级数 $\sum\limits_{n=1}^{\infty}u_n$ 必定收敛.

证 设级数 $\sum\limits_{n=1}^{\infty}|u_n|$ 收敛,令 $a_n=\dfrac{1}{2}(|u_n|+u_n)$,$b_n=\dfrac{1}{2}(|u_n|-u_n)$.

显然有 $a_n\geqslant 0$,$b_n\geqslant 0$,且有 $a_n\leqslant|u_n|$ 和 $b_n\leqslant|u_n|$. 由于级数(1)收敛,根据比较审敛法知,正项级数 $\sum\limits_{n=1}^{\infty}a_n$ 和 $\sum\limits_{n=1}^{\infty}b_n$ 均收敛,再根据级数的基本性质知,级数 $\sum\limits_{n=1}^{\infty}(a_n-b_n)$ 收敛. 又因为 $a_n-b_n=\dfrac{1}{2}(|u_n|+u_n)-\dfrac{1}{2}(|u_n|-u_n)=u_n$,所以级数 $\sum\limits_{n=1}^{\infty}u_n$ 收敛.

**定义 4** 如果级数 $\sum\limits_{n=1}^{\infty}u_n$ 的各项取绝对值所成的正项级数(1)收敛,则称级数 $\sum\limits_{n=1}^{\infty}u_n$ **绝对收敛**.

**定义 5** 如果级数 $\sum\limits_{n=1}^{\infty}u_n$ 收敛,而级数(1)发散,则称级数 $\sum\limits_{n=1}^{\infty}u_n$ **条件收敛**.

例如,交错级数 $\sum\limits_{n=1}^{\infty}(-1)^{n-1}\dfrac{1}{n}$ 收敛,而 $\sum\limits_{n=1}^{\infty}\left|(-1)^{n-1}\dfrac{1}{n}\right|=\sum\limits_{n=1}^{\infty}\dfrac{1}{n}$ 为调和级数,是发散的,所以级数 $\sum\limits_{n=1}^{\infty}(-1)^{n-1}\dfrac{1}{n}$ 是条件收敛的.

**例 15** 判别级数 $\sum\limits_{n=1}^{\infty}\dfrac{\sin na}{n^2}$ 的收敛性($a$ 是常数).

解 因为 $\left|\dfrac{\sin na}{n^2}\right|\leqslant\dfrac{1}{n^2}$,而级数 $\sum\limits_{n=1}^{\infty}\dfrac{1}{n^2}$ 是收敛的,所以,级数 $\sum\limits_{n=1}^{\infty}\left|\dfrac{\sin na}{n^2}\right|$ 也收敛,从而

级数$\sum_{n=1}^{\infty}\frac{\sin na}{n^2}$绝对收敛.

例16 判别级数$\sum_{n=1}^{\infty}(-1)^{n-1}\frac{n!}{n^n}$的敛散性.

解 对于级数

$$\sum_{n=1}^{\infty}\left|(-1)^{n-1}\frac{n!}{n^n}\right|=\sum_{n=1}^{\infty}\frac{n!}{n^n},$$

因为
$$\lim_{n\to\infty}\left|\frac{u_{n+1}}{u_n}\right|=\lim_{n\to\infty}\frac{(n+1)!}{(n+1)^{n+1}}\cdot\frac{n^n}{n!}=\lim_{n\to\infty}\left(\frac{n}{n+1}\right)^n=\frac{1}{\mathrm{e}}<1.$$

由正项级数的比值审敛法知,级数$\sum_{n=1}^{\infty}\left|(-1)^{n-1}\frac{n!}{n^n}\right|$收敛,故级数$\sum_{n=1}^{\infty}(-1)^{n-1}\frac{n!}{n^n}$绝对收敛.

## 思考题7.2

1. 设正项级数$\sum_{n=1}^{\infty}u_n$收敛,能否推得$\sum_{n=1}^{\infty}u_n^2$收敛?反之是否成立?
2. 比较审敛法是否适用于非正项级数?

## 练习题7.2

1. 简答题.

(1) $\sum_{n=1}^{\infty}u_n$收敛,则$\sum_{n=1}^{\infty}u_{n+900}$收敛吗?

(2) 级数$\sum_{n=1}^{\infty}\frac{3^n+1}{9^n}$的和是什么?

(3) 级数$1-\frac{1}{3^2}+\frac{1}{5^2}-\frac{1}{7^2}+\cdots$是绝对收敛的吗?

(4) 级数$\sum_{n=1}^{\infty}\left(\frac{(-1)^{n-1}}{2^n}+\frac{1}{3^n}\right)$是发散的吗?

2. 用比较审敛法判别下列级数的敛散性.

(1) $\sum_{n=1}^{\infty}\frac{1}{n^2+1}$;

(2) $\sum_{n=1}^{\infty}\frac{1}{2n-1}$;

(3) $\sum_{n=1}^{\infty}\frac{1}{\sqrt{n+2}}$;

(4) $\sum_{n=1}^{\infty}\frac{1}{(2n+1)^2}$;

(5) $\sum_{n=1}^{\infty}\sin\frac{\pi}{4^n}$;

(6) $\sum_{n=1}^{\infty}\frac{1}{n\sqrt{n+1}}$;

(7) $\sum_{n=1}^{\infty}\frac{1}{\sqrt{n(n+1)(n+2)}}$.

3. 用比值审敛法判别下列级数的敛散性.

(1) $\sum\limits_{n=1}^{\infty}\dfrac{2^n}{n}$;　　(2) $\sum\limits_{n=1}^{\infty}\dfrac{n^2}{5^n}$;

(3) $\sum\limits_{n=1}^{\infty}\dfrac{3^n}{n!}$;　　(4) $\sum\limits_{n=1}^{\infty}\dfrac{n^n}{3^n n!}$.

4. 用根值审敛法判别下列级数的敛散性.

(1) $\sum\limits_{n=1}^{\infty}\dfrac{1}{[\ln(n+2)]^n}$;　　(2) $\sum\limits_{n=1}^{\infty}\left(\dfrac{n}{2n-1}\right)^{2n-1}$.

5. 判别下列级数的敛散性,若收敛,指出是条件收敛还是绝对收敛.

(1) $\sum\limits_{n=1}^{\infty}(-1)^{n-1}\dfrac{1}{n(n+1)}$;　　(2) $\sum\limits_{n=1}^{\infty}(-1)^{n+1}\dfrac{1}{\sqrt{n}}$;

(3) $\sum\limits_{n=1}^{\infty}\dfrac{\cos nx}{n\sqrt{n}}$;　　(4) $\sum\limits_{n=1}^{\infty}(-1)^{n-1}\dfrac{2+(-1)^n}{n^2}$;

(5) $\sum\limits_{n=1}^{\infty}(-1)^{n-1}\dfrac{n}{3^{n-1}}$.

## 7.3 幂级数的概念与性质

前面我们讨论的是以“数”为项的级数. 下面我们来讨论每一项都是“函数”的级数,这就是函数项级数.

### 7.3.1 函数项级数的概念

**定义 1** 设 $u_n(x)(n=1,2,3,\cdots)$是定义在某个实数集 $X$ 上的函数,称级数

$$\sum_{n=1}^{\infty}u_n(x)=u_1(x)+u_2(x)+u_3(x)+\cdots \tag{1}$$

是定义在实数集 $X$ 上的函数项无穷级数,简称函数项级数.

若对 $X$ 中的一点 $x_0$,函数项级数 $\sum\limits_{n=1}^{\infty}u_n(x_0)$收敛,就称函数项级数(1)在点 $x_0$ 收敛,称 $x_0$ 是级数(1)的一个收敛点;如果级数 $\sum\limits_{n=1}^{\infty}u_n(x_0)$发散,就称级数(1)在点 $x_0$ 发散,$x_0$ 称为级数(1)的一个发散点. 函数项级数(1)的所有收敛点的全体称为它的收敛域,所有发散点的全体称为它的发散域.

对收敛域内的任何一点 $x$,函数项级数(1)成为一收敛的常数项级数,因而有一确定的和 S. 这样,在收敛域上,函数项级数 $\sum\limits_{n=1}^{\infty}u_n(x)$的和是 $x$ 的函数,记为 $S(x)$,通常称 $S(x)$是函数项级数的和函数,即 $\sum\limits_{n=1}^{\infty}u_n(x)=S(x)$,和函数的定义域就是函数项级数的收敛域.

幂级数的和函数

例如,等比级数

$$\sum_{n=0}^{\infty} x^n = 1+x+x^2+x^3+\cdots+x^{n-1}+\cdots$$

为区间$(-\infty,+\infty)$上的函数项级数,它的公比为 $x$. 由等比级数的敛散性知,当且仅当 $|x|<1$ 时,这个级数收敛;当 $|x|\geqslant 1$ 时,这个级数发散. 即当 $x\in(-1,1)$时,级数 $\sum\limits_{n=0}^{\infty} x^n$ 收敛,在区间$(-1,1)$以外的点处,级数都发散. 所以它的收敛域为区间$(-1,1)$,其和函数为

$$S(x)=\sum_{n=0}^{\infty} x^n = 1+x+x^2+x^3+\cdots+x^{n-1}+\cdots=\frac{1}{1-x}, x\in(-1,1).$$

把级数(1)的前 $n$ 项部分和记作 $S_n(x)$,即 $S_n(x)=\sum\limits_{k=1}^{n} u_k(x)$,在收敛域上有

$$\lim_{n\to\infty} S_n(x)=S(x).$$

函数项级数 $\sum\limits_{n=1}^{\infty} u_n(x)$的和函数 $S(x)$与部分和函数 $S_n(x)$的差 $r_n=S(x)-S_n(x)$叫作级数(1)的**余项**(只有 $x$ 在收敛域上,$r_n$ 才有意义),在收敛域上有 $\lim\limits_{n\to\infty} r_n(x)=\lim\limits_{n\to\infty}(S(x)-S_n(x))=0$.

幂级数是函数项级数中既简单又有广泛应用的一类级数. 这一节主要讨论幂级数.

### 7.3.2 幂级数的概念

**定义2** 形如

$$\sum_{n=0}^{\infty} a_n(x-x_0)^n = a_0+a_1(x-x_0)+a_2(x-x_0)^2+\cdots+a_n(x-x_0)^n+\cdots \qquad (2)$$

的级数称为 $x-x_0$ 的**幂级数**,其中 $x_0,a_1,a_2,\cdots,a_n,\cdots$都是常数,$a_1,a_2,\cdots,a_n,\cdots$叫作**幂级数的系数**.

对于级数(2),只要作代换 $t=x-x_0$,则(2)就可转化为特殊形式

$$\sum_{n=0}^{\infty} a_n x^n = a_0+a_1x+a_2x^2+\cdots+a_nx^n+\cdots, \qquad (3)$$

故我们主要讨论形如(3)的幂级数.

显然,幂级数 $\sum\limits_{n=0}^{\infty} a_n x^n$ 在 $x=0$ 处收敛. 但它的收敛域是否为一个区间,如何确定收敛域? 对此,给出下面的定理.

幂级数的收敛域

**定理1(阿贝尔定理)** 若级数 $\sum\limits_{n=0}^{\infty} a_n x^n$ 在 $x=x_0(x_0\neq 0)$处收敛,则对于所有满足 $|x|<|x_0|$ 的 $x$,幂级数 $\sum\limits_{n=0}^{\infty} a_n x^n$ 绝对收敛. 若幂级数 $\sum\limits_{n=0}^{\infty} a_n x^n$ 在 $x=x_0(x_0\neq 0)$处发散,则对于所有满足 $|x|>|x_0|$ 的点 $x$,幂级数 $\sum\limits_{n=0}^{\infty} a_n x^n$ 都发散.

定理 1 揭示了幂级数收敛点集的结构. 即如果幂级数 $\sum_{n=0}^{\infty} a_n x^n$ 在 $x=x_0$ 处收敛,则在区间 $(-|x_0|,|x_0|)$ 内绝对收敛;如果幂级数在 $x=x_1$ 处发散,则在区间 $[-|x_1|,|x_1|]$ 外的任何点 $x$ 处必定发散. 因此有

**推论** 如果幂级数 $\sum_{n=0}^{\infty} a_n x^n$ 不是仅在 $x=0$ 处收敛,也不是在 $(-\infty,+\infty)$ 内任一点处都收敛,则必有一个完全确定的正数 $R$ 存在,使得

(1) 当 $|x|<R$ 时, $\sum_{n=0}^{\infty} a_n x^n$ 绝对收敛;

(2) 当 $|x|>R$ 时, $\sum_{n=0}^{\infty} a_n x^n$ 发散;

(3) 当 $x=-R$ 与 $x=R$ 时, $\sum_{n=0}^{\infty} a_n x^n$ 可能收敛也可能发散.

我们称上述正数 $R$ 为幂级数 $\sum_{n=0}^{\infty} a_n x^n$ 的**收敛半径**,称区间 $(-R,R)$ 为幂级数 $\sum_{n=0}^{\infty} a_n x^n$ 的**收敛区间**. 图 7.1 为上述推论的几何说明.

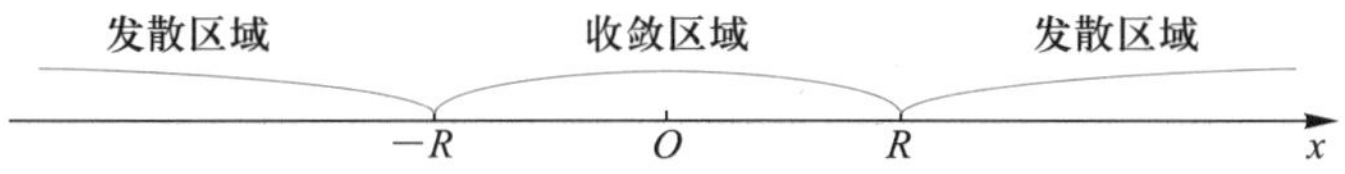


图 7.1

由以上讨论可知,幂级数的收敛域为一区间. 欲求幂级数的收敛域,只要求出收敛半径 $R$,就得到级数的收敛区间 $(-R,R)$,然后再判别端点 $x=\pm R$ 处的收敛性便可得出,即收敛域为 $(-R,R)$, $[-R,R)$, $(-R,R]$, $[-R,R]$ 之一. 如果幂级数(3)只在 $x=0$ 处收敛,这时收敛域只有一点 $x=0$,为了方便起见,我们规定这时的收敛半径 $R=0$;如果幂级数(3)对一切 $x$ 都收敛,则规定收敛半径 $R=+\infty$,这时的收敛域是 $(-\infty,+\infty)$. 这两种情况确实都是存在的,见下面的例 2、例 3.

下面给出确定幂级数 $\sum_{n=0}^{\infty} a_n x^n$ 的收敛半径 $R$ 的一个定理.

**定理 2** 对于幂级数 $\sum_{n=0}^{\infty} a_n x^n$,设系数 $a_n \neq 0 (n=0,1,2,\cdots)$,并满足 $\lim_{n\to\infty}\left|\frac{a_{n+1}}{a_n}\right|=\rho$,则

(1) 当 $0<\rho<+\infty$ 时,收敛半径 $R=\frac{1}{\rho}$;

(2) 当 $\rho=0$ 时,收敛半径 $R=+\infty$;

(3) 当 $\rho=+\infty$ 时,收敛半径 $R=0$.

**例 1** 求幂级数 $\sum_{n=1}^{\infty}(-1)^{n-1}\frac{x^n}{n}$ 的收敛区间、收敛半径及收敛域.

**解** 由于

$$\rho=\lim_{n\to\infty}\left|\frac{a_{n+1}}{a_n}\right|=\lim_{n\to\infty}\left|\frac{(-1)^n\frac{1}{n+1}}{(-1)^{n-1}\frac{1}{n}}\right|=\lim_{n\to\infty}\frac{n}{n+1}=1,$$

故收敛半径为 $R=\frac{1}{\rho}=1$，因此幂级数的收敛区间为$(-1,1)$.

当 $x=-1$ 时，幂级数成为 $\sum\limits_{n=1}^{\infty}\left(-\frac{1}{n}\right)$，它是调和级数，所以发散.

当 $x=1$ 时，幂级数成为 $\sum\limits_{n=1}^{\infty}(-1)^{n-1}\frac{1}{n}$，它是一个收敛的交错级数.

因此，级数 $\sum\limits_{n=1}^{\infty}(-1)^{n-1}\frac{x^n}{n}$的收敛域为$(-1,1]$.

例 2 求幂级数 $\sum\limits_{n=1}^{\infty}n^nx^n$ 的收敛半径.

解 由于

$$\rho=\lim_{n\to\infty}\left|\frac{a_{n+1}}{a_n}\right|=\lim_{n\to\infty}\left|\frac{(n+1)^{n+1}}{n^n}\right|=\lim_{n\to\infty}\left(1+\frac{1}{n}\right)^n(n+1)=+\infty,$$

所以，幂级数 $\sum\limits_{n=1}^{\infty}n^nx^n$ 的收敛半径为 $R=0$.

例 3 求幂级数 $\sum\limits_{n=0}^{\infty}\frac{1}{n!}x^n$ 的收敛半径和收敛域.

解 因为

$$\rho=\lim_{n\to\infty}\left|\frac{a_{n+1}}{a_n}\right|=\lim_{n\to\infty}\frac{\frac{1}{(n+1)!}}{\frac{1}{n!}}=\lim_{n\to\infty}\frac{n!}{(n+1)!}=0,$$

所以，收敛半径为 $R=+\infty$，从而收敛域为$(-\infty,+\infty)$.

例 4 求幂级数 $\sum\limits_{n=1}^{\infty}\frac{(x-1)^n}{2^nn}$的收敛半径和收敛域.

解 令 $t=x-1$，上述级数变为 $\sum\limits_{n=1}^{\infty}\frac{t^n}{2^nn}$. 因为

$$\rho=\lim_{n\to\infty}\left|\frac{a_{n+1}}{a_n}\right|=\lim_{n\to\infty}\frac{2^n\cdot n}{2^{n+1}\cdot(n+1)}=\frac{1}{2},$$

所以，收敛半径 $R=2$.

当 $t=2$ 时，级数成为 $\sum\limits_{n=1}^{\infty}\frac{1}{n}$，此级数发散；当 $t=-2$ 时，级数成为 $\sum\limits_{n=1}^{\infty}\frac{(-1)^n}{n}$，此级数收敛. 因此级数 $\sum\limits_{n=1}^{\infty}\frac{t^n}{2^nn}$的收敛域为$-2\leqslant t<2$，即$-2\leqslant x-1<2$，即$-1\leqslant x<3$，故原级数的收敛域为$[-1,3)$.

例 5 求幂级数 $\sum\limits_{n=0}^{\infty}\frac{x^{2n}}{3^n}$的收敛半径和收敛域.

解 解法一 所给级数为缺项情形，即系数 $a_{2n+1}=0(n=0,1,2,\cdots)$，不属于级数(3)的标准形式，不能直接用定理 2 来求收敛半径.

令 $x^2=t$，则 $\sum\limits_{n=0}^{\infty}\dfrac{x^{2n}}{3^n}=\sum\limits_{n=1}^{\infty}\dfrac{t^n}{3^n}$.

由于

$$\rho=\lim_{n\to\infty}\left|\frac{a_{n+1}}{a_n}\right|=\lim_{n\to\infty}\left|\frac{1}{3^{n+1}}\cdot 3^n\right|=\frac{1}{3},$$

所以，幂级数 $\sum\limits_{n=1}^{\infty}\dfrac{t^n}{3^n}$ 的收敛半径为 $R=\dfrac{1}{\rho}=3$.

故当 $-3<t<3$，即 $-3<x^2<3$ 时，所给级数 $\sum\limits_{n=0}^{\infty}\dfrac{x^{2n}}{3^n}$ 收敛. 由 $-3<x^2<3$，解得 $-\sqrt{3}<x<\sqrt{3}$，因此收敛半径 $R=\sqrt{3}$，原级数的收敛区间为 $(-\sqrt{3},\sqrt{3})$.

当 $x=\pm\sqrt{3}$ 时，级数 $\sum\limits_{n=0}^{\infty}\dfrac{(\pm\sqrt{3})^{2n}}{3^n}=\sum\limits_{n=0}^{\infty}\dfrac{3^n}{3^n}=\sum\limits_{n=0}^{\infty}1$ 发散，故原级数 $\sum\limits_{n=0}^{\infty}\dfrac{x^{2n}}{3^n}$ 的收敛域为 $(-\sqrt{3},\sqrt{3})$.

解法二 用比值审敛法，考察级数 $\sum\limits_{n=0}^{\infty}\left|\dfrac{x^{2n}}{3^n}\right|$ 的敛散性.

由于

$$\lim_{n\to\infty}\left|\frac{u_{n+1}}{u_n}\right|=\lim_{n\to\infty}\left|\frac{x^{2(n+1)}}{3^{n+1}}\cdot\frac{3^n}{x^{2n}}\right|=\lim_{n\to\infty}\frac{x^2}{3}=\frac{x^2}{3},$$

由此可知，当 $\dfrac{x^2}{3}<1$，即 $-\sqrt{3}<x<\sqrt{3}$ 时，所给级数绝对收敛；当 $|x|>\sqrt{3}$ 时级数发散. 因此收敛半径 $R=\sqrt{3}$，原级数的收敛区间为 $(-\sqrt{3},\sqrt{3})$.

当 $x=\pm\sqrt{3}$ 时，幂级数 $\sum\limits_{n=0}^{\infty}\dfrac{(\pm\sqrt{3})^{2n}}{3^n}=\sum\limits_{n=0}^{\infty}\dfrac{3^n}{3^n}=\sum\limits_{n=0}^{\infty}1$ 发散.

故原级数 $\sum\limits_{n=0}^{\infty}\dfrac{x^{2n}}{3^n}$ 的收敛域为 $(-\sqrt{3},\sqrt{3})$.

### 7.3.3 幂级数的运算和性质

#### 1. 幂级数的运算

设幂级数 $\sum\limits_{n=0}^{\infty}a_nx^n$ 及 $\sum\limits_{n=0}^{\infty}b_nx^n$ 分别在区间 $(-R_1,R_1)$ 及 $(-R_2,R_2)$ 内收敛，令 $R=\min(R_1,R_2)$，则在 $(-R,R)$ 内有

(1) 加法：$\sum\limits_{n=0}^{\infty}a_nx^n+\sum\limits_{n=0}^{\infty}b_nx^n=\sum\limits_{n=0}^{\infty}(a_n+b_n)x^n$；

(2) 减法：$\sum\limits_{n=0}^{\infty}a_nx^n-\sum\limits_{n=0}^{\infty}b_nx^n=\sum\limits_{n=0}^{\infty}(a_n-b_n)x^n$；

(3) 乘法：$\left(\sum_{n=0}^{\infty}a_nx^n\right)\cdot\left(\sum_{n=0}^{\infty}b_nx^n\right)=\sum_{n=0}^{\infty}\left(\sum_{k=0}^{n}a_kb_{n-k}\right)x^n$.

**2. 幂级数的性质**

设幂级数 $\sum_{n=0}^{\infty}a_nx^n$ 在收敛区间 $(-R,R)$ 内的和函数为 $S(x)$，则 $S(x)$ 具有下列性质.

**性质1(连续性)** 在区间 $(-R,R)$ 内，$S(x)$ 是连续函数. 即当 $x_0\in(-R,R)$ 时，有

$$\lim_{x\to x_0}S(x)=\lim_{x\to x_0}\left(\sum_{n=0}^{\infty}a_nx^n\right)=\sum_{n=0}^{\infty}(\lim_{x\to x_0}a_nx^n)=\sum_{n=0}^{\infty}a_nx_0^n=S(x_0).$$

**性质2(微分性)** 在区间 $(-R,R)$ 内，$S(x)$ 可导，且有逐项求导公式

$$S'(x)=\left(\sum_{n=0}^{\infty}a_nx^n\right)'=\sum_{n=0}^{\infty}(a_nx^n)'=\sum_{n=1}^{\infty}na_nx^{n-1}.$$

逐项求导后的幂级数与原幂级数有相同的收敛半径，但在收敛区间端点处，级数的敛散性可能会改变.

**性质3(积分性)** 在区间 $(-R,R)$ 内，$S(x)$ 可积，且有逐项积分公式

$$\int_0^x S(x)\mathrm{d}x=\int_0^x\left(\sum_{n=0}^{\infty}a_nx^n\right)\mathrm{d}x=\sum_{n=0}^{\infty}\left(\int_0^x a_nx^n\mathrm{d}x\right)=\sum_{n=0}^{\infty}\frac{a_n}{n+1}x^{n+1}.$$

逐项积分后的幂级数与原幂级数有相同的收敛半径，但在收敛区间端点处，级数的敛散性可能会改变.

**例6** 已知 $f(x)=\sum_{n=0}^{\infty}\frac{x^n}{n}$，$g(x)=\sum_{n=0}^{\infty}(-1)^n\frac{x^n}{n2^n}$，求 $f(x)+g(x)$ 及其收敛半径.

**解** 级数 $f(x)$ 和 $g(x)$ 的收敛半径分别为

$$R_1=\lim_{n\to\infty}\left|\frac{\frac{1}{n}}{\frac{1}{n+1}}\right|=\lim_{n\to\infty}\frac{n+1}{n}=1,$$

$$R_2=\lim_{n\to\infty}\left|\frac{(-1)^n\frac{1}{n2^n}}{(-1)^{n+1}\frac{1}{(n+1)2^{n+1}}}\right|=\lim_{n\to\infty}\frac{2(n+1)}{n}=2,$$

故

$$\begin{aligned}f(x)+g(x)&=\sum_{n=0}^{\infty}\frac{x^n}{n}+\sum_{n=0}^{\infty}(-1)^n\frac{x^n}{n2^n}\\&=\sum_{n=0}^{\infty}\left[\frac{x^n}{n}+(-1)^n\frac{x^n}{n2^n}\right]\\&=\sum_{n=0}^{\infty}\frac{1}{n}\left[1+(-1)^n\frac{1}{2^n}\right]x^n,\end{aligned}$$

其收敛半径 $R=\min(1,2)=1$.

**例7** 求下列级数的和函数.

(1) $\sum_{n=1}^{\infty}(-1)^{n-1}\frac{x^n}{n}$;　　(2) $\sum_{n=1}^{\infty}nx^{n-1}$.

解 (1) 容易求出级数 $\sum\limits_{n=1}^{\infty}(-1)^{n-1}\dfrac{x^n}{n}$ 的收敛区间为 $(-1,1)$，并设该级数在收敛区间内的和函数为 $S(x)$，即

$$S(x)=\sum_{n=1}^{\infty}(-1)^{n-1}\frac{x^n}{n},x\in(-1,1).$$

由级数的微分性质，得

$$S'(x)=\left[\sum_{n=1}^{\infty}(-1)^{n-1}\frac{x^n}{n}\right]'=\sum_{n=1}^{\infty}\left[(-1)^{n-1}\frac{x^n}{n}\right]'=\sum_{n=1}^{\infty}(-1)^{n-1}x^{n-1}.$$

$$=\frac{1}{1-(-x)}=\frac{1}{1+x},x\in(-1,1).$$

再由级数的积分性质，得

$$S(x)=\int_0^x S'(x)\,\mathrm{d}x=\int_0^x\frac{1}{1+x}\mathrm{d}x=\ln(1+x),x\in(-1,1).$$

当 $x=-1$ 时，级数 $\sum\limits_{n=1}^{\infty}(-1)^{n-1}\dfrac{(-1)^n}{n}=\sum\limits_{n=1}^{\infty}\left(-\dfrac{1}{n}\right)$，是发散的.

当 $x=1$ 时，级数 $\sum\limits_{n=1}^{\infty}(-1)^{n-1}\dfrac{1}{n}$ 是交错级数，收敛.

故原级数的和函数为 $\sum\limits_{n=1}^{\infty}(-1)^{n-1}\dfrac{x^n}{n}=\ln(1+x),x\in(-1,1]$.

(2) 易求出级数 $\sum\limits_{n=1}^{\infty}nx^{n-1}$ 的收敛区间为 $(-1,1)$，并设该级数在收敛区间内的和函数为 $S(x)$，即 $S(x)=\sum\limits_{n=1}^{\infty}nx^{n-1}$，由级数的积分性质，得

$$\int_0^x S(x)\,\mathrm{d}x=\int_0^x\left(\sum_{n=1}^{\infty}nx^{n-1}\right)\mathrm{d}x=\sum_{n=1}^{\infty}\left(\int_0^x nx^{n-1}\mathrm{d}x\right)=\sum_{n=1}^{\infty}x^n=\frac{x}{1-x},x\in(-1,1).$$

对上式两边求导数，得

$$S(x)=\left(\frac{x}{1-x}\right)'=\frac{1}{(1-x)^2},x\in(-1,1).$$

当 $x=-1$ 时，级数 $\sum\limits_{n=1}^{\infty}nx^{n-1}=\sum\limits_{n=1}^{\infty}(-1)^{n-1}n$，是发散的.

当 $x=1$ 时，级数 $\sum\limits_{n=1}^{\infty}nx^{n-1}=\sum\limits_{n=1}^{\infty}n$，也是发散的.

故原级数的和函数为 $\sum\limits_{n=1}^{\infty}nx^{n-1}=\dfrac{1}{(1-x)^2},x\in(-1,1)$.

例 8 求幂级数 $\sum\limits_{n=0}^{\infty}\dfrac{1}{n+1}x^n$ 的和函数.

解 易求得幂级数的收敛区间为 $(-1,1)$.

设和函数为 $S(x)$，即 $S(x)=\sum\limits_{n=0}^{\infty}\dfrac{1}{n+1}x^n,x\in(-1,1)$. 显然 $S(0)=0$.

当 $x\neq 0$ 时，对 $xS(x)=\sum_{n=0}^{\infty}\frac{1}{n+1}x^{n+1}$ 的两边求导得

$$[xS(x)]'=\sum_{n=0}^{\infty}\left(\frac{1}{n+1}x^{n+1}\right)'=\sum_{n=0}^{\infty}x^n=\frac{1}{1-x}.$$

对上式从0到 $x$ 积分，得

$$xS(x)=\int_0^x\frac{1}{1-x}\mathrm{d}x=-\ln(1-x).$$

于是，当 $x\neq 0$ 时，有 $S(x)=-\frac{1}{x}\ln(1-x)$.

当 $x=-1$ 时，级数 $\sum_{n=0}^{\infty}\frac{1}{n+1}x^n=\sum_{n=0}^{\infty}(-1)^n\frac{1}{n+1}$ 收敛.

当 $x=1$ 时，级数 $\sum_{n=0}^{\infty}\frac{1}{n+1}x^n=\sum_{n=0}^{\infty}\frac{1}{n+1}$，发散.

所以，

$$S(x)=\begin{cases}-\frac{1}{x}\ln(1-x), & x\in[-1,0)\cup(0,1),\\ 0, & x=0.\end{cases}$$

## 思考题 7.3

1. 幂级数的收敛区间与收敛域有什么区别？
2. 幂级数经逐项求导或逐项积分后，收敛半径不变，那么它的收敛域是否也不变？
3. 幂级数的和函数的定义域与幂级数的收敛域有什么关系？

## 练习题 7.3

1. 求下列幂级数的收敛半径和收敛域.

(1) $\sum_{n=1}^{\infty}(-1)^{n-1}\frac{x^n}{n^2}$；

(2) $\sum_{n=0}^{\infty}\frac{2^n}{n^2+1}x^n$；

(3) $\sum_{n=1}^{\infty}\frac{(x-5)^2}{\sqrt{n}}$；

(4) $\sum_{n=1}^{\infty}(-1)^{n-1}\frac{(x-3)^n}{n^2}$；

(5) $\sum_{n=0}^{\infty}(-1)^n\frac{x^{2n+1}}{2n+1}$；

(6) $\sum_{n=1}^{\infty}(n+1)!\ x^n$；

(7) $\sum_{n=1}^{\infty}\frac{(2n)!}{n!}x^{2n}$；

(8) $\sum_{n=1}^{\infty}(\ln x)^n$；

(9) $\sum_{n=1}^{\infty}\frac{(x-2)^n}{n^2}$.

2. 在区间 $(-1,1)$ 内，求下列幂级数的和函数.

(1) $\sum_{n=1}^{\infty}(n+1)x^n$；

(2) $\sum_{n=0}^{\infty}\frac{x^{2n+1}}{2n+1}$；

(3) $\sum_{n=1}^{\infty}\frac{n(n+1)}{2}x^{n-1}$；

(4) $\sum_{n=1}^{\infty}\frac{x^{n+1}}{n(n+1)}$.

# 7.4 函数展开成幂级数

前面我们讨论了幂级数的收敛域及其和函数.但在许多的实际问题中,还会遇到相反的问题,即对给定的函数 $f(x)$,能否在某个区间内表示成一个幂级数的形式.这就是本节要介绍的函数的幂级数展开.

幂级数的展开式

## 7.4.1 泰勒公式

设 $f(x)$ 是一个给定的函数,如果能找到一个幂级数,使得该幂级数在某个区间内收敛到 $f(x)$,即在该区间内此幂级数的和函数恰好是 $f(x)$,则称函数 $f(x)$ 在该区间内可以展开成幂级数,并称该幂级数为 $f(x)$ 的幂级数展开式.

**泰勒公式** 如果 $f(x)$ 在点 $x_0$ 的某邻域内具有直到 $n+1$ 阶导数,则对此邻域内任意一点 $x$,有

$$f(x)=f(x_0)+f'(x_0)(x-x_0)+\frac{f''(x_0)}{2!}(x-x_0)^2+\cdots+\frac{f^{(n)}(x_0)}{n!}(x-x_0)^n+R_n(x), \tag{1}$$

我们把(1)式称为**泰勒公式**,其中,$R_n(x)$ 称为 $f(x)$ 在点 $x=x_0$ 处的泰勒公式的**余项**.当 $x\to x_0$ 时,$R_n(x)$ 是 $(x-x_0)^n$ 的高阶无穷小.$R_n(x)$ 有多种表示形式,其中一种常用的形式为**拉格朗日型余项**,其表达式为

$$R_n(x)=\frac{f^{(n+1)}(\xi)}{(n+1)!}(x-x_0)^{n+1}(\xi\text{ 介于 }x\text{ 与 }x_0\text{ 之间}).$$

当 $x_0=0$ 时,有

$$f(x)=f(0)+f'(0)x+\frac{f''(0)}{2!}x^2+\cdots+\frac{f^{(n)}(0)}{n!}x^n+R_n(x), \tag{2}$$

(2)式称为**麦克劳林公式**,其中 $R_n(x)=\dfrac{f^{(n+1)}(\xi)}{(n+1)!}x^{n+1}(\xi$ 介于 0 与 $x$ 之间).

**例 1** 写出 $f(x)=\sin x$ 的 $n$ 阶麦克劳林公式.

**解** 因为

$$f^{(n)}(x)=\sin\left(x+n\cdot\frac{\pi}{2}\right)\quad(n=1,2,3,\cdots),$$

所以

$$f(0)=\sin 0=0;$$

$$f'(0)=\sin\left(0+1\cdot\frac{\pi}{2}\right)=1;$$

$$f''(0)=\sin\left(0+2\cdot\frac{\pi}{2}\right)=0;$$

$$f'''(0)=\sin\left(0+3\cdot\frac{\pi}{2}\right)=-1;$$

…………

$$f^{(n)}(0)=\begin{cases}0, & n=2k,\\ (-1)^{k-1}, & n=2k-1\end{cases}\quad (k=1,2,\cdots).$$

代入(2)式,得

$$\sin x=x-\frac{1}{3!}x^3+\frac{1}{5!}x^5-\cdots+(-1)^{n-1}\frac{x^{2n-1}}{(2n-1)!}+$$

$$\frac{\sin\left[\xi+\frac{(2n+1)\pi}{2}\right]}{(2n+1)!}x^{2n+1}(\xi\text{ 介于 }0\text{ 与 }x\text{ 之间}).$$

图 7.2 给出了 $k=1,2,3$ 的近似多项式的图形,由图可见,$k$ 越大,在原点附近近似程度越好.

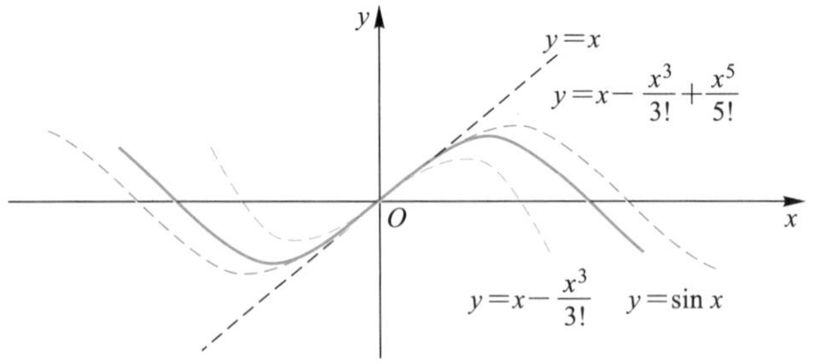


**图 7.2**

### 7.4.2 泰勒级数与麦克劳林级数

**定义** 设函数 $f(x)$ 在点 $x_0$ 的某邻域内任意阶可导,那么幂级数

$$f(x_0)+\frac{f'(x_0)}{1!}(x-x_0)+\frac{f''(x_0)}{2!}(x-x_0)^2+\cdots+\frac{f^{(n)}(x_0)}{n!}(x-x_0)^n+\cdots \tag{3}$$

称为函数 $f(x)$ 在点 $x_0$ 处的**泰勒级数**.

当 $x_0=0$ 时,有

$$f(0)+\frac{f'(0)}{1!}x+\frac{f''(0)}{2!}x^2+\cdots+\frac{f^{(n)}(0)}{n!}x^n+\cdots, \tag{4}$$

(4)式称为**麦克劳林级数**.

显然,当 $x=x_0$ 时,$f(x)$ 的泰勒级数收敛于 $f(x_0)$. 但除了 $x=x_0$ 点外,这个泰勒级数是否收敛? 如果收敛,是否收敛于 $f(x)$? 这些问题需要从下面的分析中得到解决.

由于

$$R_n(x)=f(x)-\left[f(x_0)+\frac{f'(x_0)}{1!}x+\frac{f''(x_0)}{2!}x^2+\cdots+\frac{f^{(n)}(x_0)}{n!}x^n\right],$$

因此,在含有点 $x=x_0$ 的邻域上,若 $\lim\limits_{n\to\infty}R_n(x)=0$,则有

$$f(x)=\lim_{n\to\infty}\left[f(x_0)+\frac{f'(x_0)}{1!}x+\frac{f''(x_0)}{2!}x^2+\cdots+\frac{f^{(n)}(x_0)}{n!}x^n\right],$$

说明泰勒级数收敛,反之亦然.

综上所述,我们可以得到如下重要结论:

**定理** 若函数$f(x)$在点$x=x_0$的某个邻域内具有任意阶导数,则函数$f(x)$的泰勒级数收敛于$f(x)$的充要条件是$\lim\limits_{n\to\infty} R_n(x)=0$.

如果函数$f(x)$在点$x_0$处的泰勒级数收敛于$f(x)$,则称

$$f(x)=f(x_0)+\frac{f'(x_0)}{1!}(x-x_0)+\frac{f''(x_0)}{2!}(x-x_0)^2+\cdots+\frac{f^{(n)}(x_0)}{n!}(x-x_0)^n+\cdots$$

为$f(x)$在$x=x_0$处的泰勒级数的展开式.

当$x_0=0$时,则称

$$f(x)=f(0)+\frac{f'(0)}{1!}x+\frac{f''(0)}{2!}x^2+\cdots+\frac{f^{(n)}(0)}{n!}x^n+\cdots$$

为$f(x)$的麦克劳林级数的展开式.

以上的讨论解决了函数$f(x)$在什么条件下可以表示成幂级数的问题,那么剩下的一个问题就是函数$f(x)$的幂级数表示法是否唯一. 这一结论是肯定的,也就是说,如果$f(x)$能展开成$x$的幂级数,那么这种展式是唯一的,它一定与$f(x)$的麦克劳林级数一致. 这是因为,如果函数$f(x)$可展开为$x$的幂级数,即

$$f(x)=a_0+a_1x+a_2x^2+\cdots+a_nx^n+\cdots, \tag{5}$$

将其在收敛域内逐项求导,得

$$f'(x)=a_1+2a_2x+\cdots+na_nx^{n-1}+\cdots,$$

$$f''(x)=2\cdot 1a_2+3\cdot 2a_3x+\cdots+n(n-1)a_nx^{n-2}+\cdots,$$

$$\cdots\cdots\cdots\cdots$$

$$f^{(n)}(x)=n!a_n+(n+1)n(n-1)\cdots 2a_{n+1}x+\cdots,$$

将$x=0$代入以上各式,得

$$a_0=f(0),a_1=f'(0),a_2=\frac{f''(0)}{2!},\cdots,a_n=\frac{f^{(n)}(0)}{n!}.$$

说明(5)式中的幂级数的系数恰好是麦克劳林级数的系数. 但是,反过来如果$f(x)$的麦克劳林级数在点$x_0=0$的某邻域内收敛,它却不一定收敛到$f(x)$.

如果在点$x_0=0$处的某一阶导数不存在,那么$f(x)$就不能展开为麦克劳林级数.

### 7.4.3 函数展开成幂级数

#### 1. 直接展开法

直接展开法是指先利用公式$a_n=\dfrac{f^{(n)}(0)}{n!}(n=1,2,3,\cdots)$计算出幂级数的系数,写出对应的麦克劳林级数$\sum\limits_{n=0}^{\infty}\dfrac{f^{(n)}(0)}{n!}x^n$,然后由$R_n(x)=\dfrac{f^{(n+1)}(\xi)}{(n+1)!}x^{n+1}$,讨论是否有$\lim\limits_{n\to\infty}R_n(x)=0$,若$\lim\limits_{n\to\infty}R_n(x)=0$,则有$f(x)=\sum\limits_{n=0}^{\infty}\dfrac{f^{(n)}(0)}{n!}x^n$.

例 2 将 $f(x)=e^x$ 展开成 $x$ 的幂级数.

解 因为 $f(x)=e^x$,所以 $f(x)=f'(x)=f''(x)=\cdots=e^x$,故

$$f(0)=f'(0)=f''(0)=\cdots=f^{(n)}(0)=\cdots=e^0=1(n=1,2,3,\cdots).$$

于是,$e^x$ 的麦克劳林级数为

$$f(x)=\sum_{n=0}^{\infty}\frac{f^{(n)}(0)}{n!}x^n=\sum_{n=0}^{\infty}\frac{1}{n!}x^n=1+x+\frac{1}{2!}x^2+\frac{1}{3!}x^3+\cdots+\frac{1}{n!}x^n+\cdots.$$

易知其收敛区间为 $(-\infty,+\infty)$. 任取 $x$,则对于介于 0 与 $x$ 之间的 $\xi$,有

$$|R_n(x)|=\left|\frac{f^{(n+1)}(\xi)}{(n+1)!}x^{n+1}\right|=\left|\frac{e^{\xi}}{(n+1)!}x^{n+1}\right|.$$

因为 $|\xi|<|x|$,$e^{|\xi|}<e^{|x|}$,对任意给定的 $x\in(-\infty,+\infty)$,

$$|R_n(x)|=\left|\frac{e^{\xi}}{(n+1)!}x^{n+1}\right|<\frac{e^{|x|}}{(n+1)!}|x|^{n+1},$$

$e^{|x|}$ 是有限值,$\frac{|x|^{n+1}}{(n+1)!}$ 是收敛级数 $\sum\limits_{n=1}^{\infty}\frac{|x|^{n+1}}{(n+1)!}$ 的通项,故 $\lim\limits_{n\to\infty}\frac{|x|^{n+1}}{(n+1)!}=0$,所以 $\lim\limits_{n\to\infty}R_n(x)=0$.

由上面定理知,$e^x$ 可以展开成 $x$ 的幂级数,即

$$e^x=\sum_{n=0}^{\infty}\frac{1}{n!}x^n=1+x+\frac{1}{2!}x^2+\frac{1}{3!}x^3+\cdots+\frac{1}{n!}x^n+\cdots,x\in(-\infty,+\infty).$$

用以上方法,可以求得

$$(1+x)^{\alpha}=1+\alpha x+\frac{\alpha(\alpha-1)}{2!}x^2+\cdots+\frac{\alpha(\alpha-1)\cdots(\alpha-n+1)}{n!}x^n+\cdots,x\in(-1,1),$$

此式称为二项展开式. 下面列出当 $\alpha=-1,\frac{1}{2},-\frac{1}{2}$ 时的二项式级数:

$$\frac{1}{1+x}=1-x+x^2-x^3+\cdots+(-1)^nx^n+\cdots,x\in(-1,1);$$

$$\sqrt{1+x}=1+\frac{1}{2}x-\frac{1}{2\cdot4}x^2+\frac{1\cdot3}{2\cdot4\cdot6}x^3-\frac{1\cdot3\cdot5}{2\cdot4\cdot6\cdot8}x^4+\cdots,x\in[-1,1];$$

$$\frac{1}{\sqrt{1+x}}=1-\frac{1}{2}x+\frac{1\cdot3}{2\cdot4}x^2-\frac{1\cdot3\cdot5}{2\cdot4\cdot6}x^3+\frac{1\cdot3\cdot5\cdot7}{2\cdot4\cdot6\cdot8}x^4-\cdots,x\in(-1,1].$$

**2. 间接展开法**

间接展开法,就是借助于已知的幂级数展开式,利用幂级数在收敛区间上的性质,例如两个幂级数可逐项加、减,幂级数在收敛区间内可以逐项求导、逐项求积分等,将所给函数展开为幂级数.

例 3 将 $f(x)=\cos x$ 展开成 $x$ 的幂级数.

解 因为 $\cos x=(\sin x)'$,所以根据 $\sin x$ 的幂级数展开式,用逐项求导的方法得到 $\cos x$ 的展开式

$$\begin{aligned}\cos x=(\sin x)'&=\left[x-\frac{x^3}{3!}+\frac{x^5}{5!}-\cdots+(-1)^n\frac{x^{2n+1}}{(2n+1)!}+\cdots\right]'\\&=1-\frac{x^2}{2!}+\frac{x^4}{4!}-\frac{x^6}{6!}+\cdots+(-1)^n\frac{x^{2n}}{(2n)!}+\cdots,x\in(-\infty,+\infty).\end{aligned}$$

例 4 将函数 $f(x)=\dfrac{1}{1+x^2}$ 展开成 $x$ 的幂级数.

解 因为

$$\frac{1}{1-x}=1+x+x^2+\cdots+x^n+\cdots\quad(-1<x<1),$$

把 $x$ 换成 $-x^2$,得

$$\frac{1}{1+x^2}=1-x^2+x^4-\cdots+(-1)^n x^{2n}+\cdots\quad(-1<x<1).$$

例 5 将函数 $f(x)=\ln(1+x)$ 展开成 $x$ 的幂级数.

解 因为

$$[\ln(1+x)]'=\frac{1}{1+x},$$

而 $\dfrac{1}{1+x}$ 是收敛的等比级数 $\sum\limits_{n=0}^{\infty}(-1)^n x^n(-1<x<1)$ 的和函数,即

$$\frac{1}{1+x}=1-x+x^2-x^3+\cdots+(-1)^n x^n+\cdots,$$

所以将上式从 0 到 $x$ 逐项积分,得

$$\begin{aligned}\ln(1+x)&=\int_0^x[\ln(1+x)]'\mathrm{d}x=\int_0^x\frac{1}{1+x}\mathrm{d}x\\&=\int_0^x\left[\sum_{n=0}^{\infty}(-1)^n x^n\right]\mathrm{d}x=\sum_{n=0}^{\infty}(-1)^n\frac{x^{n+1}}{n+1}\\&=x-\frac{x^2}{2}+\frac{x^3}{3}-\frac{x^4}{4}+\cdots+(-1)^n\frac{x^{n+1}}{n+1}+\cdots\quad(-1<x\leqslant 1).\end{aligned}$$

上述展开式对 $x=1$ 也成立,这是因为上式右端的幂级数当 $x=1$ 时收敛,而 $\ln(1+x)$ 在 $x=1$ 处有定义且连续.

例 6 将 $f(x)=\arctan x$ 展开成 $x$ 的幂级数.

解 因为

$$\frac{1}{1+x}=1-x+x^2-x^3+\cdots,-1<x<1,$$

用 $x^2$ 代替上式中的 $x$ 得

$$\frac{1}{1+x^2}=1-x^2+x^4-x^6+\cdots,-1<x<1,$$

将上式从 0 到 $x$ 逐项积分可得

$$\int_0^x\frac{1}{1+x^2}\mathrm{d}x=x-\frac{x^3}{3}+\frac{x^5}{5}-\frac{x^7}{7}+\cdots,-1<x<1,$$

即

$$\arctan x=x-\frac{x^3}{3}+\frac{x^5}{5}-\frac{x^7}{7}+\cdots,-1<x<1.$$

例 7 将 $f(x)=\ln(1+x)$ 展开成 $x-1$ 的幂级数.

解 由于

$$f(x)=\ln(1+x)=\ln[2+(x-1)]=\ln\left[2\left(1+\frac{x-1}{2}\right)\right]=\ln 2+\ln\left(1+\frac{x-1}{2}\right),$$

根据例5的结果,得

$$\ln(1+x)=\ln 2+\frac{x-1}{2}-\frac{1}{2}\left(\frac{x-1}{2}\right)^2+\frac{1}{3}\left(\frac{x-1}{2}\right)^3-\cdots+\frac{(-1)^n}{n+1}\left(\frac{x-1}{2}\right)^{n+1}+\cdots,$$

即

$$\ln(1+x)=\ln 2+\sum_{n=0}^{\infty}\frac{(-1)^n}{2^{n+1}(n+1)}(x-1)^{n+1}.$$

这里$-1<\frac{x-1}{2}\leqslant 1$,即$-1<x\leqslant 3$.

**例8** 将函数$f(x)=\frac{1}{x^2+4x+3}$展开成$x-1$的幂级数.

**解**

$$\begin{aligned}f(x)&=\frac{1}{x^2+4x+3}=\frac{1}{(x+1)(x+3)}=\frac{1}{2(1+x)}-\frac{1}{2(3+x)}\\&=\frac{1}{4\left(1+\frac{x-1}{2}\right)}-\frac{1}{8\left(1+\frac{x-1}{4}\right)}\\&=\frac{1}{4}\sum_{n=0}^{\infty}(-1)^n\frac{(x-1)^n}{2^n}-\frac{1}{8}\sum_{n=0}^{\infty}(-1)^n\frac{(x-1)^n}{4^n}\\&=\sum_{n=0}^{\infty}(-1)^n\left(\frac{1}{2^{n+2}}-\frac{1}{2^{2n+3}}\right)(x-1)^n,\end{aligned}$$

这里$-1<x<3$.

## 思考题7.4

1. 写出$f(x)$的泰勒级数与将$f(x)$展成幂级数有什么区别?
2. 函数的幂级数展开式一定是此函数的麦克劳林级数吗?

## 练习题7.4

1. 将下列函数展开成$x$的幂级数,并写出其收敛区间.

(1) $x^2e^{x^2}$;　　(2) $\sin\frac{x}{2}$;

(3) $\ln(2+x)$;　　(4) $\cos^2 x$;

(5) $(1+x)\ln(1+x)$;　　(6) $\frac{x}{1+x-2x^2}$.

2. 将下列函数展开成$x-2$的幂级数.

(1) $f(x)=\frac{1}{1-x}$;　　(2) $f(x)=\ln(1+x)$.

3. 将函数$f(x)=\sin x$展开成$x-\frac{\pi}{4}$的幂级数.

4. 将函数 $f(x)=\dfrac{1}{x^2+3x+2}$ 展开成 $x+4$ 的幂级数.

## 7.5 傅里叶级数

**定义1** 函数项级数

$$\frac{a_0}{2}+\sum_{n=1}^{\infty}(a_n\cos nx+b_n\sin nx) \tag{1}$$

称为三角级数,其中常数 $a_0,a_n,b_n(n=1,2,\cdots)$ 称为此三角级数的系数.

级数理论在数学理论、其他科学和技术中都非常重要,例如在声学、电动力学、光学、热力学中为了研究周期运动常借助于三角级数. 在电气工程问题中,诸如开关元件的频率性态或脉冲的传输问题也可以借助于三角级数解决. 潮汐预报和水文预报的仪器也是借助于三角级数的理论而构造的.

三角级数

我们仅讨论三角级数中常用的一种——傅里叶级数. 我们研究把一个函数表示成三角级数所需要的条件,以及在条件满足以后如何展开成三角级数的问题.

### 7.5.1 三角函数系的正交性

**定义2** 函数系

$$1,\sin x,\cos x,\sin 2x,\cos 2x,\cdots,\sin nx,\cos nx,\cdots \tag{2}$$

称为三角函数系.

它在区间 $[-\pi,\pi]$ 上具有正交性,即在三角函数系(2)中,任何两个不同的函数的乘积在区间 $[-\pi,\pi]$ 上的积分等于零. 用式子表示即

$$\int_{-\pi}^{\pi}\cos nx\mathrm{d}x=0\quad(n=1,2,\cdots),$$

$$\int_{-\pi}^{\pi}\sin nx\mathrm{d}x=0\quad(n=1,2,\cdots),$$

$$\int_{-\pi}^{\pi}\sin kx\cos nx\mathrm{d}x=0\quad(k,n=1,2,\cdots),$$

$$\int_{-\pi}^{\pi}\sin kx\sin nx\mathrm{d}x=0\quad(k,n=1,2,\cdots,k\neq n),$$

$$\int_{-\pi}^{\pi}\cos kx\cos nx\mathrm{d}x=0\quad(k,n=1,2,\cdots,k\neq n);$$

而三角函数系中任何两个相同的函数的乘积在区间 $[-\pi,\pi]$ 上的积分不等于零,即

$$\int_{-\pi}^{\pi}1^2\mathrm{d}x=2\pi,\int_{-\pi}^{\pi}\cos^2 nx\mathrm{d}x=\pi\quad(n=1,2,\cdots),\int_{-\pi}^{\pi}\sin^2 nx\mathrm{d}x=\pi\quad(n=1,2,\cdots).$$

### 7.5.2 周期为 $2\pi$ 的函数展开成傅里叶级数

周期为 $2\pi$ 的函数展成傅里叶级数

如果 $f(x)$ 是周期为 $2\pi$ 的周期函数,且能展开成三角级数

$$f(x)=\frac{a_0}{2}+\sum_{n=1}^{\infty}(a_n\cos nx+b_n\sin nx),\tag{3}$$

那么系数 $a_0,a_n,b_n(n=1,2,\cdots)$ 与函数 $f(x)$ 之间存在着怎样的关系？能否由 $f(x)$ 得到这些系数呢？

设(3)式两边可以从 $-\pi$ 到 $\pi$ 积分，得

$$\int_{-\pi}^{\pi}f(x)\mathrm{d}x=\int_{-\pi}^{\pi}\frac{a_0}{2}\mathrm{d}x+\sum_{n=1}^{\infty}\left[a_n\int_{-\pi}^{\pi}\cos nx\mathrm{d}x+b_n\int_{-\pi}^{\pi}\sin nx\mathrm{d}x\right],$$

由三角函数系的正交性，右端除第一项外，其余各项均为零，所以

$$\int_{-\pi}^{\pi}f(x)\mathrm{d}x=\frac{a_0}{2}\cdot 2\pi=a_0\pi,\text{即 }a_0=\frac{1}{\pi}\int_{-\pi}^{\pi}f(x)\mathrm{d}x.$$

为求 $a_n$，先用 $\cos nx$ 乘(3)式两端后，再积分，得

$$\begin{aligned}&\int_{-\pi}^{\pi}f(x)\cos kx\mathrm{d}x\\&=\int_{-\pi}^{\pi}\frac{a_0}{2}\cos kx\mathrm{d}x+\sum_{k=1}^{\infty}\left[a_n\int_{-\pi}^{\pi}\cos nx\cos kx\mathrm{d}x+b_n\int_{-\pi}^{\pi}\cos kx\sin nx\mathrm{d}x\right]\\&=a_n\int_{-\pi}^{\pi}\cos^2 nx\mathrm{d}x=a_n\pi,\end{aligned}$$

于是得

$$a_n=\frac{1}{\pi}\int_{-\pi}^{\pi}f(x)\cos nx\mathrm{d}x(n=1,2,3,\cdots).$$

类似地，用 $\sin kx$ 乘(3)式两端后，再积分，得

$$b_n=\frac{1}{\pi}\int_{-\pi}^{\pi}f(x)\sin nx\mathrm{d}x(n=1,2,3,\cdots).$$

总结以上结果，我们得到下面一组公式

$$\begin{cases}a_0=\dfrac{1}{\pi}\displaystyle\int_{-\pi}^{\pi}f(x)\mathrm{d}x,\\a_n=\dfrac{1}{\pi}\displaystyle\int_{-\pi}^{\pi}f(x)\cos nx\mathrm{d}x\quad(n=1,2,3,\cdots),\\b_n=\dfrac{1}{\pi}\displaystyle\int_{-\pi}^{\pi}f(x)\sin nx\mathrm{d}x\quad(n=1,2,3,\cdots).\end{cases}\tag{4}$$

(4)式称为**傅里叶公式**，由(4)式所确定的系数 $a_0,a_n,b_n(n=1,2,\cdots)$，称为 $f(x)$ 的**傅里叶系数**，由傅里叶系数所确定的三角级数

$$\frac{a_0}{2}+\sum_{n=1}^{\infty}(a_n\cos nx+b_n\sin nx)\tag{5}$$

称为 $f(x)$ 的**傅里叶级数**.

如果 $f(x)$ 是 $[-\pi,\pi]$ 上的周期为 $2\pi$ 的奇函数，则它的傅里叶系数为

$$\begin{aligned}&a_0=0,\\&a_n=\frac{1}{\pi}\int_{-\pi}^{\pi}f(x)\cos nx\mathrm{d}x=0(n=1,2,3,\cdots),\\&b_n=\frac{1}{\pi}\int_{-\pi}^{\pi}f(x)\sin nx\mathrm{d}x=\frac{2}{\pi}\int_{0}^{\pi}f(x)\sin nx\mathrm{d}x(n=1,2,3,\cdots).\end{aligned}$$

由此所确定的傅里叶级数 $\sum_{n=1}^{\infty} b_n \sin nx$ 称为**正弦级数**.

如果 $f(x)$ 是 $[-\pi,\pi]$ 上的周期为 $2\pi$ 的偶函数,它的傅里叶系数为

$$a_0=\frac{1}{\pi}\int_{-\pi}^{\pi} f(x)\,\mathrm{d}x=\frac{2}{\pi}\int_0^{\pi} f(x)\,\mathrm{d}x,$$

$$a_n=\frac{1}{\pi}\int_{-\pi}^{\pi} f(x)\cos nx\mathrm{d}x=\frac{2}{\pi}\int_0^{\pi} f(x)\cos nx\mathrm{d}x(n=1,2,3,\cdots),$$

$$b_n=\frac{1}{\pi}\int_{-\pi}^{\pi} f(x)\sin nx\mathrm{d}x=0(n=1,2,3,\cdots).$$

由此所确定的傅里叶级数 $\frac{a_0}{2}+\sum_{n=1}^{\infty} a_n\cos nx$ 称为**余弦级数**.

一个定义在区间 $(-\infty,+\infty)$ 上周期为 $2\pi$ 的函数 $f(x)$,如果它在区间 $[-\pi,\pi]$ 上可积,则一定可以做出 $f(x)$ 的傅里叶级数. 然而,函数 $f(x)$ 的傅里叶级数是否一定收敛?如果它收敛,它是否一定收敛于函数 $f(x)$? 我们不加证明地介绍下面的重要定理.

**定理(收敛定理,狄利克雷(Dirichlet)收敛准则)** 设 $f(x)$ 是周期为 $2\pi$ 的周期函数,如果它满足

(1) 在一个周期内连续或只有有限个第一类间断点;

(2) 在一个周期内至多只有有限个极值点;

则 $f(x)$ 的傅里叶级数收敛,并且当 $x$ 是 $f(x)$ 的连续点时,级数收敛于 $f(x)$;当 $x$ 是 $f(x)$ 的间断点时,级数收敛于 $\frac{1}{2}[f(x-0)+f(x+0)]$.

根据上面的收敛定理,容易得出,在 $x=\pm\pi+2k\pi(k=0,1,2,\cdots)$ 处,$f(x)$ 的傅里叶级数收敛到 $\frac{1}{2}[f(\pi-0)+f(\pi+0)]$.

从定理可以看出,对于一个周期为 $2\pi$ 的函数 $f(x)$,如果可以将区间 $[-\pi,\pi]$ 分成有限个小区间,使 $f(x)$ 在每一个小区间内都有界、单调、连续,那么它的傅里叶级数在函数 $f(x)$ 的连续点处,收敛到该点的函数值;在函数 $f(x)$ 的间断点处,收敛到 $f(x)$ 在该点左极限和右极限的算术平均值. 可见,函数展成傅里叶级数的条件比展成幂级数的条件低得多,这使得傅里叶级数得到了广泛的应用.

**例 1** 设 $f(x)$ 是周期为 $2\pi$ 的周期函数,它在 $[-\pi,\pi)$ 上的表达式为

$$f(x)=\begin{cases}-1, & -\pi\leqslant x<0,\\ 1, & 0\leqslant x<\pi,\end{cases}$$

将 $f(x)$ 展开成傅里叶级数.

**解** 所给函数满足收敛定理的条件,它在点 $x=k\pi(k=0,\pm1,\pm2,\cdots)$ 处不连续,在其他点处连续,从而由收敛定理知道 $f(x)$ 的傅里叶级数收敛,并且当 $x=k\pi$ 时收敛于

$$\frac{1}{2}[f(\pi-0)+f(-\pi+0)]=\frac{1}{2}(-1+1)=0.$$

当 $x\neq k\pi$ 时,级数收敛于 $f(x)$,和函数的图形如图 7.3 所示.

傅里叶系数计算如下：

$$a_n=\frac{1}{\pi}\int_{-\pi}^{\pi}f(x)\cos nx\mathrm{d}x=\frac{1}{\pi}\int_{-\pi}^{0}(-1)\cos nx\mathrm{d}x+\frac{1}{\pi}\int_{0}^{\pi}1\cdot\cos nx\mathrm{d}x=0(n=0,1,2,\cdots),$$

$$\begin{aligned}b_n&=\frac{1}{\pi}\int_{-\pi}^{\pi}f(x)\sin nx\mathrm{d}x=\frac{1}{\pi}\int_{-\pi}^{0}(-1)\sin nx\mathrm{d}x+\frac{1}{\pi}\int_{0}^{\pi}1\cdot\sin nx\mathrm{d}x\\&=\frac{1}{n\pi}[1-\cos n\pi-\cos n\pi+1]=\frac{2}{n\pi}[1-(-1)^n]\\&=\begin{cases}\dfrac{4}{n\pi}, & n=1,3,5,\cdots,\\0, & n=2,4,6,\cdots.\end{cases}\end{aligned}$$

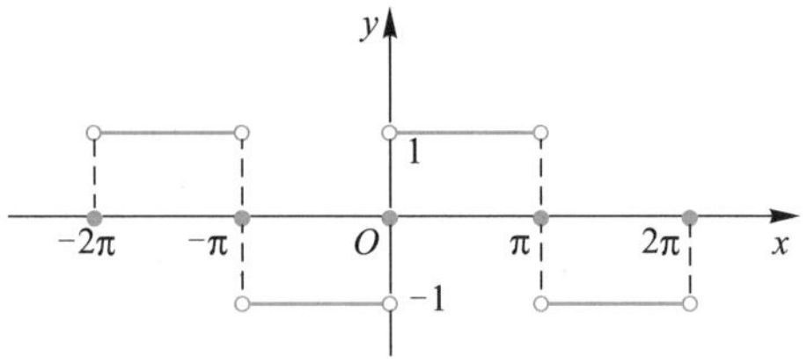


图 7.3

于是，$f(x)$的傅里叶级数展开式为

$$f(x)=\frac{4}{\pi}\left[\sin x+\frac{1}{3}\sin 3x+\cdots+\frac{1}{2k-1}\sin(2k-1)x+\cdots\right]$$

$$x\in(-\infty,+\infty),x\neq0,\pm\pi,\pm2\pi,\cdots.$$

例 2 设$f(x)$是周期为$2\pi$的周期函数，它在区间$[-\pi,\pi)$上的表达式为

$$f(x)=\begin{cases}x, & -\pi\leqslant x<0,\\0, & 0\leqslant x<\pi,\end{cases}$$

将$f(x)$展开成傅里叶级数.

解 所给函数满足收敛定理的条件，它在点$x=(2k+1)\pi,(k=0,\pm1,\pm2,\cdots)$处不连续，因此，$f(x)$的傅里叶级数在$x=(2k+1)\pi$处收敛于

$$\frac{1}{2}[f(\pi-0)+f(\pi+0)]=\frac{1}{2}(0-\pi)=-\frac{\pi}{2},$$

在连续点$x(x\neq(2k+1)\pi)$处级数收敛于$f(x)$.

傅里叶系数计算如下：

$$a_0=\frac{1}{\pi}\int_{-\pi}^{\pi}f(x)\mathrm{d}x=\frac{1}{\pi}\int_{-\pi}^{0}x\mathrm{d}x=-\frac{\pi}{2};$$

$$a_n=\frac{1}{\pi}\int_{-\pi}^{\pi}f(x)\cos nx\mathrm{d}x=\frac{1}{\pi}\int_{-\pi}^{0}x\cos nx\mathrm{d}x=\frac{1}{n^2\pi}(1-\cos n\pi)=\begin{cases}\dfrac{2}{n^2\pi}, & n=1,3,5,\cdots,\\0, & n=2,4,6,\cdots;\end{cases}$$

$$b_n=\frac{1}{\pi}\int_{-\pi}^{\pi}f(x)\sin nx\mathrm{d}x=\frac{1}{\pi}\int_{-\pi}^{0}x\sin nx\mathrm{d}x=-\frac{\cos n\pi}{n}=\frac{(-1)^{n+1}}{n},n=1,2,\cdots.$$

$f(x)$的傅里叶级数展开式为

$$f(x)=-\frac{\pi}{4}+\left(\frac{2}{\pi}\cos x+\sin x\right)-\frac{1}{2}\sin 2x+\left(\frac{2}{3^2\pi}\cos 3x+\frac{1}{3}\sin 3x\right)$$

$$-\frac{1}{4}\sin 4x+\left(\frac{2}{5^2\pi}\cos 5x+\frac{1}{5}\sin 5x\right)-\cdots$$

$$(-\infty<x<+\infty, x\neq\pm\pi,\pm3\pi,\cdots).$$

设 $f(x)$ 只在 $[-\pi,\pi]$ 上有定义，并且满足收敛定理的条件我们可以在函数定义区间外补充函数 $f(x)$ 的定义，使它拓展成周期为 $2\pi$ 的周期函数 $F(x)$，按这种方式拓展函数定义域的过程称为周期延拓. 延拓后可将 $F(x)$ 展开成傅里叶级数. 最后限制在 $(-\pi,\pi)$ 内，此时 $F(x)\equiv f(x)$，这样就得到函数 $f(x)$ 的傅里叶级数展开式. 根据收敛定理，该级数在区间端点 $x=\pm\pi$ 处收敛于 $\frac{f(\pi-0)+f(-\pi+0)}{2}$.

例 3　将函数 $f(x)=\begin{cases}-x, & -\pi\leqslant x<0,\\ x, & 0\leqslant x\leqslant\pi\end{cases}$ 展开成傅里叶级数.

解　所给函数在区间 $[-\pi,\pi]$ 上满足收敛定理的条件，并且拓展为周期函数时，它在每一点 $x$ 处都是连续的，因此拓展的周期函数的傅里叶级数在 $[-\pi,\pi]$ 上收敛于 $f(x)$. 因为 $f(x)$ 是偶函数，故傅里叶系数为

$$a_0=\frac{1}{\pi}\int_{-\pi}^{\pi}f(x)\,\mathrm{d}x=\frac{1}{\pi}\int_{-\pi}^{0}(-x)\,\mathrm{d}x+\frac{1}{\pi}\int_{0}^{\pi}x\,\mathrm{d}x=\pi;$$

$$a_n=\frac{1}{\pi}\int_{-\pi}^{\pi}f(x)\cos nx\,\mathrm{d}x=\frac{1}{\pi}\int_{-\pi}^{0}(-x)\cos nx\,\mathrm{d}x+\frac{1}{\pi}\int_{0}^{\pi}x\cos nx\,\mathrm{d}x$$

$$=\frac{2}{n^2\pi}(\cos n\pi-1)=\begin{cases}-\frac{4}{n^2\pi}, & n=1,3,5,\cdots,\\ 0, & n=2,4,6,\cdots;\end{cases}$$

$$b_n=0\quad(n=1,2,\cdots).$$

于是，$f(x)$ 的傅里叶级数是余弦级数，展开式为

$$f(x)=\frac{\pi}{2}-\frac{4}{\pi}\left(\cos x+\frac{1}{3^2}\cos 3x+\frac{1}{5^2}\cos 5x+\cdots\right)\quad(-\pi\leqslant x\leqslant\pi).$$

### 7.5.3　周期为 2l 的函数展开成傅里叶级数

设 $f(x)$ 是以 $2l$（$l$ 是任意正数）为周期的周期函数，函数 $f(x)$ 满足收敛定理的条件，作变量代换 $x=\frac{l}{\pi}t$，就可化为以 $2\pi$ 为周期的函数.

事实上，令 $x=\frac{l}{\pi}t$，则 $t=\frac{\pi}{l}x$，于是当 $-l\leqslant x\leqslant l$ 时，就有 $-\pi\leqslant t\leqslant\pi$，且

$$f(x)=f\left(\frac{l}{\pi}t\right)=\varphi(t),$$

则 $\varphi(t)$ 就是以 $2\pi$ 为周期的函数，并且它满足收敛定理的条件，将 $\varphi(t)$ 展开为傅里叶级数的傅里叶系数为

$$a_0=\frac{1}{\pi}\int_{-\pi}^{\pi}\varphi(t)\,\mathrm{d}t=\frac{1}{l}\int_{-l}^{l}f(x)\,\mathrm{d}x,$$

$$a_n=\frac{1}{\pi}\int_{-\pi}^{\pi}\varphi(t)\cos nt\,\mathrm{d}t=\frac{1}{l}\int_{-l}^{l}f(x)\cos\frac{n\pi}{l}x\,\mathrm{d}x\quad(n=1,2,3,\cdots),$$

$$b_n=\frac{1}{\pi}\int_{-\pi}^{\pi}\varphi(t)\sin nt\mathrm{d}t=\frac{1}{l}\int_{-l}^{l}f(x)\sin\frac{n\pi}{l}x\mathrm{d}x\quad(n=1,2,3,\cdots),$$

于是,便得到$f(x)$的傅里叶级数展开式为

$$\frac{a_0}{2}+\sum_{n=1}^{\infty}\left(a_n\cos\frac{n\pi}{l}x+b_n\sin\frac{n\pi}{l}x\right).$$

类似地,若$f(x)$是以$2l$为周期的奇函数,则它的傅里叶级数是正弦级数,即

$$f(x)=\sum_{n=1}^{\infty}b_n\sin\frac{n\pi}{l}x,$$

其中

$$b_n=\frac{2}{l}\int_0^l f(x)\sin\frac{n\pi}{l}x\mathrm{d}x\quad(n=1,2,3,\cdots).$$

若$f(x)$是以$2l$为周期的偶函数,则它的傅里叶级数是余弦级数,即

$$f(x)=\frac{a_0}{2}+\sum_{n=1}^{\infty}a_n\cos\frac{n\pi}{l}x,$$

其中

$$a_0=\frac{2}{l}\int_0^l f(x)\mathrm{d}x,$$

$$a_n=\frac{2}{l}\int_0^l f(x)\cos\frac{n\pi}{l}x\mathrm{d}x\quad(n=1,2,3,\cdots).$$

注意　根据收敛定理的结论,在$f(x)$的连续点$x$处,$f(x)$的傅里叶级数收敛于$f(x)$;在$f(x)$的间断点$x$处,$f(x)$的傅里叶级数收敛于$\frac{1}{2}[f(x-0)+f(x+0)]$.

例4　设$f(x)$是周期为4的周期函数,它在区间$[-2,2)$上的表达式为

$$f(x)=\begin{cases}0, & -2\leqslant x<0,\\ k, & 0\leqslant x<2\end{cases}\text{(常数 }k\neq0\text{)},$$

将$f(x)$展开成傅里叶级数.

解　这里$l=2$,傅里叶系数为

$$a_0=\frac{1}{2}\int_{-2}^{0}0\mathrm{d}x+\frac{1}{2}\int_0^2 k\mathrm{d}x=k,$$

$$a_n=\frac{1}{2}\int_0^2 k\cos\frac{n\pi}{2}x\mathrm{d}x=0\quad(n\neq0),$$

$$b_n=\frac{1}{2}\int_0^2 k\sin\frac{n\pi}{2}x\mathrm{d}x=\frac{k}{n\pi}(1-\cos n\pi)=\begin{cases}\frac{2k}{n\pi}, & n=1,3,5,\cdots,\\ 0, & n=2,4,6,\cdots.\end{cases}$$

于是

$$f(x)=\frac{k}{2}+\frac{2k}{\pi}\left(\sin\frac{\pi}{2}x+\frac{1}{3}\sin\frac{3\pi}{2}x+\frac{1}{5}\sin\frac{5\pi}{2}x+\cdots\right)$$

$\left(-\infty<x<+\infty,x\neq0,\pm2,\pm4,\cdots;\text{在 }x=0,\pm2,\pm4,\cdots\text{处},f(x)\text{收敛于}\frac{k}{2}\right)$.

## 思考题 7.5

1. 任意一个以 $2\pi$ 为周期的函数 $f(x)$ 是否可以展成正弦函数或余弦函数？
2. 函数 $f(x)$ 的傅里叶级数一定收敛于 $f(x)$ 吗？

## 练习题 7.5

1. 将下列以 $2\pi$ 为周期的函数展开为傅里叶级数.

(1) $f(x)=x \quad (-\pi\leqslant x<\pi)$；　　(2) $f(x)=\begin{cases}0, & -\pi\leqslant x<0,\\ x, & 0\leqslant x<\pi;\end{cases}$

(3) $f(x)=2\sin\dfrac{x}{3} \quad (-\pi\leqslant x\leqslant\pi)$.

2. 将周期为 1 的函数 $f(x)=1-x^2\left(-\dfrac{1}{2}\leqslant x\leqslant\dfrac{1}{2}\right)$ 展开为傅里叶级数.

# 7.6 应用案例

例 1[e 是无理数]　证明 e 是无理数.

证明　用反证法. 我们知道

$$\mathrm{e}=\sum_{n=0}^{\infty}\frac{1}{n!}=1+\frac{1}{1!}+\frac{1}{2!}+\frac{1}{3!}+\cdots.$$

假设 e 是有理数，那么它可以记作 $\mathrm{e}=\dfrac{p}{q}$（$p,q$ 为互质正整数）. 把上式两边同乘 $q!$，得

$$p(q-1)!=q!\left(1+\frac{1}{1!}+\frac{1}{2!}+\cdots+\frac{1}{q!}\right)+q!\left[\frac{1}{(q+1)!}+\frac{1}{(q+2)!}+\cdots\right],$$

上式的左边是整数，右边第一部分也是整数，所以右边第二部分

$$R=q!\left[\frac{1}{(q+1)!}+\frac{1}{(q+2)!}+\cdots\right]$$

应该也是整数. 可是

$$\begin{aligned}R&=\frac{1}{q+1}+\frac{1}{(q+1)(q+2)}+\frac{1}{(q+1)(q+2)(q+3)}+\\&\quad\frac{1}{(q+1)(q+2)(q+3)(q+4)}+\cdots\\&<\frac{1}{q+1}+\frac{1}{(q+1)^2}+\frac{1}{(q+1)^3}+\frac{1}{(q+1)^4}+\cdots=\frac{1}{q}.\end{aligned}$$

因为 $q$ 是正整数，所以 $R$ 不能是整数，与假设矛盾，得出 e 为无理数.

例 2[Koch 雪花]　如图 7.4，首先画一条线段，然后把它平分成三段，去掉中间那一段并用两条等长的线段代替. 这样，原来的一条线段就变成了四条小的线段. 用相同的方法把每一条小的线段的中间三分之一替换为等边三角形的两边，得到了 16 条更小的线段.

然后继续对16条线段进行相同的操作,并无限地迭代下去.图7.4是这个图形前五次迭代的过程,可以看到这样的分辨率下已经不能显示出第五次迭代后图形的所有细节了.这样的图形可以用Logo语言很轻松地画出来.

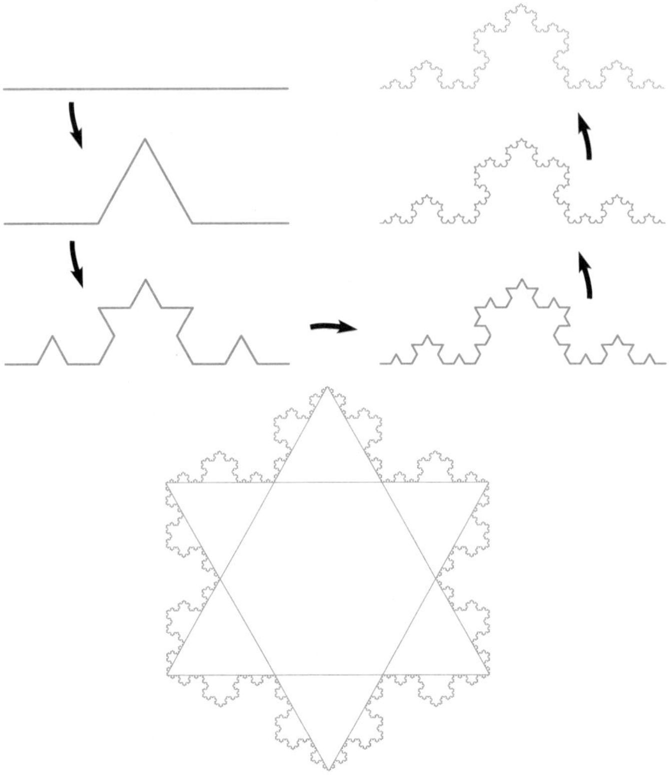

图7.4

你可能注意到一个有趣的事实:整个线条的长度每一次都变成了原来的$\frac{4}{3}$.如果最初的线段长为一个单位,那么第一次操作后总长度变成了$\frac{4}{3}$,第二次操作后总长增加到$\frac{16}{9}$,第$n$次操作后长度为$\left(\frac{4}{3}\right)^n$.毫无疑问,操作无限地进行下去,这条曲线将达到无限长.难以置信的是这条无限长的曲线却"始终只有那么大".

当把三条这样的曲线头尾相接组成一个封闭图形时,有趣的事情发生了.这个雪花一样的图形有着无限长的边界,但是它的总面积却是有限的.换句话说,无限长的曲线围住了一块有限的面积.有人可能会问为什么面积是有限的.虽然从上面的图7.4上看结论很显然,但这里我们还是要给出一个简单的证明.

三条曲线中每一条的第$n$次迭代前有$4^{n-1}$个长为$\left(\frac{1}{3}\right)^{n-1}$的线段,迭代后多出的面积为$4^{n-1}$个边长为$\left(\frac{1}{3}\right)^{n-1}$的等边三角形.把$4^{n-1}$扩大到$4^n$,再把所有边长为$\left(\frac{1}{3}\right)^n$的等

边三角形扩大为同样边长的正方形,总面积仍是有限的,因为无穷级数 $\sum_{n=1}^{\infty}\left(\frac{4}{3}\right)^{n}$ 显然收敛.

这个神奇的雪花图形叫作 Koch 雪花,其中那条无限长的曲线就叫做 Koch 曲线.它是由瑞典数学家 Heige Von Koch 最先提出来的.

## 7.7 用 MATLAB 进行级数运算

### 一、MATLAB 级数运算函数 symsum

在 MATLAB 中,当符号变量的和(有限项或者无限项)存在时,可以用 symsum 函数进行求和.也就是求级数的解.symsum 的格式说明如下(其中 s 是符号变量的表达式):

MATLAB 求解级数

symsum(s):关于默认的变量求和.

symsum(s,v):关于指定的变量 v 求和.

symsum(s,a,b)或者 symsum(s,v,a,b):表示从 $a$ 项到 $b$ 项的有限项求和.

### 二、函数 symsum 的用法举例

例 求下列数列或级数的和.

1. $\sum_{i=1}^{n} i$;　　2. $\sum_{i=1}^{n}\frac{1}{k\cdot(k+1)}$;　　3. $\sum_{i=1}^{\infty}\frac{1}{k\cdot(k+1)}$;

4. $\sum_{n=1}^{\infty}\frac{1}{n}$;　　5. $\sum_{n=1}^{\infty}\left(\frac{1}{2^{n}}+\frac{1}{3^{n}}\right)$;　　6. $\sum_{n=1}^{\infty}\sin\frac{1}{2n}$.

1. 解

```
≫ syms k n
   symsum(k, 1, n)
ans=
1/2*n^2-1/2*n-1/2
```

2. 解

```
syms k n
≫ symsum(1/(k*(k+1)),1,n)
ans=
-1/(n+1)+1
```

3. 解

```
syms k n
≫ symsum(1/(k*(k+1)),1,inf)
ans=
1
```

4. 解

```
syms k n
≫ symsum(1/n,1,inf)
```

```
ans=
Inf            %调和级数发散,值为无穷.
```

**5. 解**

```
syms k n
≫ symsum(1/2^n+1/3^n,1,inf)
ans=
3/2
```

**6. 解**

```
syms k n
≫ symsum(sin (1/(2*n)),1,inf)
ans=
sum(sin (1/2/n),n=1..Inf)          %级数发散,返回级数原式.
```

## 练习题 7.7

求下列级数的和.

(1) $\sum\limits_{n=0}^{\infty}(n+1)x^n$;  (2) $\sum\limits_{n=1}^{\infty}\dfrac{x^{2n-1}}{2n-1}$;  (3) $\sum\limits_{n=0}^{\infty}(-1)^n(n+1)x^n$.

# 本章小结

本章的基本内容是无穷级数的概念、数项级数收敛性判别法、幂级数及初等函数展为泰勒级数、周期函数的傅里叶级数.

### 一、无穷级数的概念

1. 数项级数的和是一个极限

$$\lim_{n\to\infty} S_n=\sum_{n=1}^{\infty}u_n,$$

其中 $S_n$ 是 $\sum\limits_{n=1}^{\infty}u_n$ 的前 $n$ 项部分和,若 $\lim\limits_{n\to\infty}S_n$ 存在,则称 $\sum\limits_{n=1}^{\infty}u_n$ 收敛,否则称 $\sum\limits_{n=1}^{\infty}u_n$ 发散.

2. 数项级数的性质

(1) 若级数 $\sum\limits_{n=1}^{\infty}u_n$ 收敛,其和为 $S$,则对任一常数 $c$,级数 $\sum\limits_{n=1}^{\infty}cu_n$ 也收敛,其和为 $cS$.

(2) 若级数 $\sum\limits_{n=1}^{\infty}u_n$ 与级数 $\sum\limits_{n=1}^{\infty}v_n$ 分别收敛于 $S_1$ 与 $S_2$,则级数 $\sum\limits_{n=1}^{\infty}(u_n\pm v_n)$ 也收敛,其和为 $S_1\pm S_2$.

(3) 在级数中去掉、加上或改变有限项,不会改变级数的收敛性.

(4) 如果级数 $\sum\limits_{n=1}^{\infty}u_n$ 收敛,则对这个级数的项任意加括号后所成的级数仍收敛,且其和不变.

(5)(级数收敛的必要条件)如果 $\sum\limits_{n=1}^{\infty} u_n$ 收敛,则 $\lim\limits_{n\to\infty} u_n=0$.

## 二、数项级数收敛性判别法

1. 比较审敛法:设 $\sum\limits_{n=1}^{\infty} u_n$ 和 $\sum\limits_{n=1}^{\infty} v_n$ 均为正项级数,且 $u_n\leqslant v_n(n=1,2,3,\cdots)$,如果级数 $\sum\limits_{n=1}^{\infty} v_n$ 收敛,则级数 $\sum\limits_{n=1}^{\infty} u_n$ 也收敛;如果级数 $\sum\limits_{n=1}^{\infty} u_n$ 发散,则级数 $\sum\limits_{n=1}^{\infty} v_n$ 也发散.

极限形式的比较审敛法:设 $\sum\limits_{n=1}^{\infty} u_n$ 与 $\sum\limits_{n=1}^{\infty} v_n$ 都是正项级数,且 $\lim\limits_{n\to\infty}\dfrac{u_n}{v_n}=\rho$,则当 $0<\rho<+\infty$ 时,$\sum\limits_{n=1}^{\infty} u_n$ 与 $\sum\limits_{n=1}^{\infty} v_n$ 的敛散性相同.

2. 比值审敛法(达朗贝尔判别法) 对于一个正项级数 $\sum\limits_{n=1}^{\infty} u_n$,如果 $\lim\limits_{n\to\infty}\dfrac{u_{n+1}}{u_n}=\rho$,则当 $\rho<1$ 时,级数 $\sum\limits_{n=1}^{\infty} u_n$ 收敛;当 $\rho>1$ 时,级数 $\sum\limits_{n=1}^{\infty} u_n$ 发散.

3. 根值审敛法(柯西判别法) 正项级数 $\sum\limits_{n=1}^{\infty} u_n$ 满足 $\lim\limits_{n\to\infty}\sqrt[n]{u_n}=\rho$,则当 $\rho<1$ 时,级数 $\sum\limits_{n=1}^{\infty} u_n$ 收敛;当 $\rho>1$ 时,级数 $\sum\limits_{n=1}^{\infty} u_n$ 发散.

4. 莱布尼茨审敛法 如果交错级数 $\sum\limits_{n=1}^{\infty}(-1)^{n-1}u_n(u_n>0,n=1,2,3,\cdots)$ 满足条件:$u_n\geqslant u_{n+1}(n=1,2,\cdots)$,$\lim\limits_{n\to\infty} u_n=0$,则级数 $\sum\limits_{n=1}^{\infty}(-1)^{n-1}u_n$ 收敛.

前三个判别法只适用于正项级数,第四个判别法只适用于交错级数.

5. 绝对收敛和条件收敛

如果级数 $\sum\limits_{n=1}^{\infty}|u_n|$ 收敛,则级数 $\sum\limits_{n=1}^{\infty} u_n$ 必定收敛,称级数 $\sum\limits_{n=1}^{\infty} u_n$ 绝对收敛.

如果级数 $\sum\limits_{n=1}^{\infty} u_n$ 收敛,而级数 $\sum\limits_{n=1}^{\infty}|u_n|$ 发散,则称级数 $\sum\limits_{n=1}^{\infty} u_n$ 条件收敛.

## 三、幂级数及初等函数的泰勒级数

1. 幂级数的收敛区间和收敛半径

幂级数 $\sum\limits_{n=0}^{\infty} a_nx^n$,当 $|x|<R$ 时,$\sum\limits_{n=0}^{\infty} a_nx^n$ 绝对收敛,当 $|x|>R$ 时,$\sum\limits_{n=0}^{\infty} a_nx^n$ 发散,当 $x=-R$ 与 $x=R$ 时,$\sum\limits_{n=0}^{\infty} a_nx^n$ 可能收敛也可能发散,$(-R,R)$ 称为幂级数 $\sum\limits_{n=0}^{\infty} a_nx^n$ 的收敛区间,$R$ 称为收敛半径,$R$ 可由极限 $\lim\limits_{n\to\infty}\left|\dfrac{a_n}{a_{n+1}}\right|$ 求出.

2. 幂级数的和函数的性质

幂级数 $\sum_{n=0}^{\infty} a_n x^n$ 的和函数在其收敛区间内连续,且有

$$\left(\sum_{n=0}^{\infty} a_n x^n\right)' = \sum_{n=0}^{\infty} (a_n x^n)',$$

$$\int_0^x \left(\sum_{n=0}^{\infty} a_n x^n\right) \mathrm{d}x = \sum_{n=0}^{\infty} \left(\int_0^x a_n x^n \mathrm{d}x\right).$$

3. 初等函数展开为泰勒级数

利用间接展开法,记住 $\mathrm{e}^x, \sin x, \cos x, \ln(1+x), (1-x)^{-1}$ 的展开式.

## 四、周期函数的傅里叶级数

1. 以 $2\pi$ 为周期的函数的傅里叶级数

满足狄利克雷条件的以 $2\pi$ 为周期的函数 $f(x)$ 的傅里叶级数为

$$\frac{a_0}{2} + \sum_{n=1}^{\infty} (a_n \cos nx + b_n \sin nx),$$

其中

$$a_0 = \frac{1}{\pi}\int_{-\pi}^{\pi} f(x)\mathrm{d}x,$$

$$a_n = \frac{1}{\pi}\int_{-\pi}^{\pi} f(x)\cos nx\mathrm{d}x \quad (n=1,2,3,\cdots),$$

$$b_n = \frac{1}{\pi}\int_{-\pi}^{\pi} f(x)\sin nx\mathrm{d}x \quad (n=1,2,3,\cdots).$$

当 $x$ 是 $f(x)$ 的连续点时,级数收敛于 $f(x)$;

当 $x$ 是 $f(x)$ 的间断点时,级数收敛于 $\frac{1}{2}[f(x-0)+f(x+0)]$.

2. 正弦级数与余弦级数

当 $f(x)$ 为奇函数时,它的傅里叶级数是正弦级数,此时 $f(x) = \sum_{n=1}^{\infty} b_n \sin nx$,其中

$$b_n = \frac{1}{\pi}\int_{-\pi}^{\pi} f(x)\sin nx\mathrm{d}x = \frac{2}{\pi}\int_0^{\pi} f(x)\sin nx\mathrm{d}x \quad (n=1,2,3,\cdots).$$

当 $f(x)$ 为偶函数时,它的傅里叶级数是余弦级数,此时 $f(x) = \frac{a_0}{2} + \sum_{n=1}^{\infty} a_n \cos nx$,其中

$$a_0 = \frac{1}{\pi}\int_{-\pi}^{\pi} f(x)\mathrm{d}x = \frac{2}{\pi}\int_0^{\pi} f(x)\mathrm{d}x,$$

$$a_n = \frac{1}{\pi}\int_{-\pi}^{\pi} f(x)\cos nx\mathrm{d}x = \frac{2}{\pi}\int_0^{\pi} f(x)\cos nx\mathrm{d}x \quad (n=1,2,3,\cdots).$$

3. 以 $2l$ 为周期的函数的傅里叶级数

函数 $f(x)$ 满足收敛定理的条件,是以 $2l$($l$ 是任意正数)为周期的周期函数,则 $f(x)$ 的傅里叶级数展开式为

$$\frac{a_0}{2} + \sum_{n=1}^{\infty} \left(a_n \cos \frac{n\pi}{l}x + b_n \sin \frac{n\pi}{l}x\right).$$

# 综合练习题七

一、单项选择题.

1. 正项级数 $\sum_{n=1}^{\infty} u_n$ 满足条件(　　)必收敛.

A. $\lim_{n\to\infty} u_n=0$　　B. $\lim_{n\to\infty}\frac{u_n}{u_{n+1}}=\rho<1$　　C. $\lim_{n\to\infty}\frac{u_{n+1}}{u_n}=\rho\leqslant 1$　　D. $\lim_{n\to\infty}\frac{u_n}{u_{n+1}}=\rho>1$

2. 如果级数 $\sum_{n=1}^{\infty} u_n$ 收敛,且 $u_n\neq 0(n=1,2,3,\cdots)$,其和为 $S$,则级数 $\sum_{n=1}^{\infty}\frac{1}{u_n}$(　　).

A. 收敛且其和为$\frac{1}{S}$　　B. 收敛但其和不一定为 $S$

C. 发散　　D. 敛散性不能判定

3. 设正项级数 $\sum_{n=1}^{\infty} a_n$ 与 $\sum_{n=1}^{\infty} b_n$ 满足 $a_n<b_n$　$(n=1,2,\cdots)$,则下列正确的是(　　).

A. 若 $\sum_{n=1}^{\infty} b_n$ 收敛,则 $\sum_{n=1}^{\infty} a_n$ 必收敛　　B. 若 $\sum_{n=1}^{\infty} b_n$ 发散,则 $\sum_{n=1}^{\infty} a_n$ 必发散

C. 若 $\sum_{n=1}^{\infty} a_n$ 收敛,则 $\sum_{n=1}^{\infty} b_n$ 必收敛　　D. 以上都不正确

4. 下列级数发散的是(　　).

A. $\sum_{n=1}^{\infty}(-1)^{n-1}\frac{1}{n}$　　B. $\sum_{n=1}^{\infty}(-1)^{n-1}\left(\frac{1}{n}+\frac{1}{n+1}\right)$

C. $\sum_{n=1}^{\infty}(-1)^{n}\frac{1}{\sqrt{n}}$　　D. $\sum_{n=1}^{\infty}\left(-\frac{1}{n}\right)$

5. 设 $0\leqslant u_n\leqslant\frac{1}{n}$,则下列级数中肯定收敛的是(　　).

A. $\sum_{n=1}^{\infty} u_n$　　B. $\sum_{n=1}^{\infty}(-1)^n u_n$　　C. $\sum_{n=1}^{\infty}\sqrt{u_n}$　　D. $\sum_{n=1}^{\infty}(-1)^n u_n^2$

6. 级数 $\sum_{n=1}^{\infty}\frac{\sin 5n}{n}$是(　　).

A. 交错级数　　B. 正项级数

C. 任意项级数　　D. 负项级数(每一项均为负值)

7. 设幂级数 $\sum_{n=1}^{\infty}\frac{(x-a)^n}{n}$在点 $x=2$ 处收敛,则 $a$ 的取值范围为(　　).

A. $1<a<3$　　B. $1\leqslant a<3$　　C. $1<a\leqslant 3$　　D. $1\leqslant a\leqslant 3$

8. 幂级数 $\sum_{n=1}^{\infty}\frac{2^n}{n\sqrt{n}}x^n$ 的收敛半径 $R=$(　　).

A. 0　　B. $\frac{1}{2}$　　C. 2　　D. $+\infty$

9. 关于级数$\sum_{n=1}^{\infty}\frac{x^n}{n}$的结论正确的是(　　).

A. 当且仅当$|x|<1$时收敛　　B. 当$|x|\leqslant 1$时收敛

C. 当$-1\leqslant x<1$时收敛　　D. 当$-1<x\leqslant 1$时收敛

10. 级数$\sum_{n=1}^{\infty}\frac{(-1)^n}{n^p}(p>0)$的敛散情况是(　　).

A. 当$p>1$时绝对收敛,$p\leqslant 1$时条件收敛

B. 当$p<1$时绝对收敛,$p\geqslant 1$时条件收敛

C. 当$p>1$时收敛,$p\leqslant 1$时发散

D. 对任意的$p>0$,级数绝对收敛

11. 设幂级数$\sum_{n=1}^{\infty}a_nx^n$在$x=2$处收敛,则在$x=-1$处(　　).

A. 绝对收敛　　B. 发散

C. 条件收敛　　D. 敛散性不能判定

12. $f(x)=x+1(0\leqslant x<1)$,它的以2为周期的余弦函数在$x=-\frac{1}{2}$处收敛于(　　).

A. $-\frac{1}{2}$　　B. $\frac{1}{2}$　　C. $-\frac{3}{2}$　　D. $\frac{3}{2}$

二、判断题.

1. 若级数$\sum_{n=1}^{\infty}u_n$发散,则$\lim\limits_{n\to\infty}u_n\neq 0$.　(　　)

2. 若级数$\sum_{n=1}^{\infty}u_n$收敛,则$\lim\limits_{n\to\infty}u_n=0$.　(　　)

3. 因为$\lim\limits_{n\to\infty}u_n=0$,所以正项级数$\sum_{n=1}^{\infty}u_n$收敛.　(　　)

4. 若$\sum_{n=1}^{\infty}u_n$收敛,$\sum_{n=1}^{\infty}v_n$发散,则$\sum_{n=1}^{\infty}(u_n+v_n)$必发散.　(　　)

5. 交错级数$\sum_{n=1}^{\infty}(-1)^{n-1}u_n$,若$\lim\limits_{n\to\infty}u_n=0$,则$\sum_{n=1}^{\infty}u_n$收敛.　(　　)

6. 若$\sum_{n=1}^{\infty}u_n$收敛,则必有$\lim\limits_{n\to\infty}\left|\frac{u_{n+1}}{u_n}\right|=r<1$.　(　　)

7. 若$\sum_{n=1}^{\infty}u_n$收敛,且$\lim\limits_{n\to\infty}\frac{u_n}{v_n}=1$,则$\sum_{n=1}^{\infty}v_n$必收敛.　(　　)

8. 若$\sum_{n=1}^{\infty}u_n$发散,则加括号后所得的新级数亦发散.　(　　)

9. 若正项级数$\sum_{n=1}^{\infty}u_n$发散,则$u_n\geqslant\frac{1}{n}$.　(　　)

10. 若$\sum_{n=1}^{\infty}a_nx^n$的收敛半径为$R$,则$\sum_{n=1}^{\infty}a_nx^{2n}$的收敛半径为$\sqrt{R}$.　(　　)

11. 若$f(x)$是奇(偶)函数,则$f(x)$的泰勒级数中必不含有偶(奇)次项.　(　　)

12. 函数的幂级数展开式一定是此函数的麦克劳林级数. （ ）

三、填空题.

1. 正项级数 $\sum_{n=1}^{\infty} u_n$、$\sum_{n=1}^{\infty} v_n$ 满足 $u_n > v_n$ $(n=1,2,\cdots)$，则当 $\sum_{n=1}^{\infty} u_n$________时，$\sum_{n=1}^{\infty} v_n$ 收敛.

2. 若级数 $\sum_{n=1}^{\infty} u_n$ 收敛，则 $\lim_{n\to\infty} u_n =$________.

3. 当________时，级数 $\sum_{n=0}^{\infty} \frac{a}{q^n}(a\neq 0)$ 收敛.

4. 若级数的前 $n$ 项和 $S_n = \frac{1}{2} - \frac{1}{2(2n+1)}$，则 $u_n =$________，$\sum_{n=1}^{\infty} u_n =$________.

5. 级数 $\sum_{n=0}^{\infty} \frac{(\ln 3)^n}{2^n}$ 的和是________.

6. 级数 $\sum_{n=1}^{\infty} n\sin\frac{1}{n}$ 是发散的，因为________.

7. $\sum_{n=0}^{\infty} a_n x^n$ 在 $x=x_0$ 时发散，则 $\sum_{n=0}^{\infty} a_n x^n$ 在点 $x_1$（其中 $|x_1|>|x_0|$）的收敛性是________.

8. 若幂级数 $\sum_{n=0}^{\infty} a_n x^n$ 的收敛半径为 $R_1: 0<R_1<+\infty$；$\sum_{n=0}^{\infty} b_n x^n$ 的收敛半径为 $R_2: 0<R_2<+\infty$，则幂级数 $\sum_{n=0}^{\infty}(a_n+b_n)x^n$ 的收敛半径至少为________.

9. 幂级数 $\sum_{n=0}^{\infty} a_n x^n$ 的收敛半径为 3，则幂级数 $\sum_{n=0}^{\infty} a_n (x-1)^n$ 的收敛区间为________.

10. 把 $f(x) = \frac{1}{(1-2x)(1-3x)}$ 展开为 $x$ 的幂级数，收敛半径 $R$ 为________.

11. $f(x) = \frac{e^x}{1-x}$ 的麦克劳林展开式为________，展开的区间是________.

12. 设 $f(x) = \begin{cases} -1, & -\pi<x\leqslant 0, \\ 1+x^2, & 0<x\leqslant \pi, \end{cases}$ 其以 $2\pi$ 为周期的傅里叶级数在点 $x=\pi$ 处收敛于________.

四、判定下列级数的敛散性.

1. $\sum_{n=1}^{\infty} \frac{1}{2^n+3}$；

2. $\sum_{n=0}^{\infty} \frac{\ln^n 3}{2^n}$；

3. $\sum_{n=1}^{\infty} \frac{1}{(3n-2)(3n+1)}$；

4. $\sum_{n=0}^{\infty} \frac{1+n}{1+n^2}$；

5. $\sum_{n=1}^{\infty} \log_2\left(1+\frac{1}{n}\right)$；

6. $\sum_{n=1}^{\infty} 3^n \sin\frac{\pi}{3^n}$；

7. $\sum_{n=1}^{\infty} \frac{2^n n!}{n^n}$.

五、级数 $\sum_{n=1}^{\infty}\frac{(-1)^n n}{2^n}$ 是否收敛？若收敛，是绝对收敛还是条件收敛？

六、求下列幂级数的收敛半径和收敛域.

1. $\sum_{n=1}^{\infty}\frac{1}{n}\left(\frac{x}{5}\right)^n$；　2. $\sum_{n=1}^{\infty}\frac{(\sqrt{n}x)^n}{n!}$；　3. $\sum_{n=1}^{\infty}\frac{(-1)^{n-1}}{n}(x-1)^n$.

七、将下列级数展成麦克劳林级数.

1. $f(x)=\cos\sqrt{x}$；　2. $f(x)=\ln(2x+4)$.

八、设 $f(x)$ 是以 $2\pi$ 为周期的周期函数，且当 $-\pi\leqslant x\leqslant\pi$ 时，$f(x)=x^3$，将 $f(x)$ 展开成傅里叶级数.

九、将函数 $f(x)=x^2$ 在 $[-1,1]$ 上展开成傅里叶级数.

# 第 8 章　行列式与矩阵

在自然科学、工程技术以及现代管理科学中,有很多问题的数学模型是线性方程组,线性方程组的理论和解法又是线性代数研究的重要对象之一,而行列式与矩阵是研究线性方程组的一种重要工具.

本章主要介绍行列式的概念、基本性质,计算方法以及用 $n$ 阶行列式解 $n$ 元线性方程组的克拉默法则;介绍矩阵的概念、运算、矩阵的初等变换、逆矩阵和矩阵求秩的方法等.

## 8.1　行列式的概念

### 8.1.1　二阶行列式与三阶行列式

给出二元线性方程组,它的一般形式为

$$\begin{cases} a_{11}x_1+a_{12}x_2=b_1, \\ a_{21}x_1+a_{22}x_2=b_2. \end{cases} \tag{1}$$

用加减消元法解方程组(1),当 $a_{11}a_{22}-a_{12}a_{21}\neq 0$ 时,方程组(1)有唯一解

$$x_1=\frac{a_{22}b_1-a_{12}b_2}{a_{11}a_{22}-a_{12}a_{21}},\quad x_2=\frac{a_{11}b_2-a_{21}b_1}{a_{11}a_{22}-a_{12}a_{21}}.$$

如果引进二阶行列式,则上述解可以用行列式来表示,下面给出二阶行列式的定义.

**定义 1**　称记号 $\begin{vmatrix} a_{11} & a_{12} \\ a_{21} & a_{22} \end{vmatrix}$ 为**二阶行列式**,它表示代数和 $a_{11}a_{22}-a_{12}a_{21}$,即

$$\begin{vmatrix} a_{11} & a_{12} \\ a_{21} & a_{22} \end{vmatrix}=a_{11}a_{22}-a_{12}a_{21}. \tag{2}$$

其中,$a_{ij}(i=1,2;j=1,2)$ 称为二阶行列式的**元素**,下标 $i$ 表示元素所在的行,$j$ 表示元素所在的列. 按 4 个元素构成的正方形,横排称为**行**,纵排称为**列**.

行列式的定义

(2) 式也可用下面的对角线展开法则,记为

$$\begin{vmatrix} a_{11} & a_{12} \\ a_{21} & a_{22} \end{vmatrix}=a_{11}a_{22}-a_{12}a_{21}.$$

即实线(称为主对角线)连接的两个元素的乘积减去虚线(称为副对角线)连接的两个

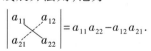

元素的乘积，于是，方程组(2)的解可用二阶行列式表示成

$$x_1=\frac{\begin{vmatrix} b_1 & a_{12} \\ b_2 & a_{22} \end{vmatrix}}{\begin{vmatrix} a_{11} & a_{12} \\ a_{21} & a_{22} \end{vmatrix}},\quad x_2=\frac{\begin{vmatrix} a_{11} & b_1 \\ a_{21} & b_2 \end{vmatrix}}{\begin{vmatrix} a_{11} & a_{12} \\ a_{21} & a_{22} \end{vmatrix}}\quad \left(\begin{vmatrix} a_{11} & a_{12} \\ a_{21} & a_{22} \end{vmatrix}\neq 0\right).$$

**例 1** 计算 $\begin{vmatrix} 4 & -1 \\ 3 & 2 \end{vmatrix}$.

**解** $\begin{vmatrix} 4 & -1 \\ 3 & 2 \end{vmatrix}=4\times2-(-1)\times3=11.$

**例 2** 用行列式法解线性方程组

$$\begin{cases} 3x_1-4x_2=2, \\ 2x_1+3x_2=7. \end{cases}$$

**解** 因为 $\begin{vmatrix} 3 & -4 \\ 2 & 3 \end{vmatrix}=9+8=17$，$\begin{vmatrix} 2 & -4 \\ 7 & 3 \end{vmatrix}=34$，$\begin{vmatrix} 3 & 2 \\ 2 & 7 \end{vmatrix}=17$，所以，

$$x_1=\frac{34}{17}=2,\quad x_2=\frac{17}{17}=1.$$

同理，由解三元一次线性方程组引进三阶行列式的概念.

**定义 2** 记号 $\begin{vmatrix} a_{11} & a_{12} & a_{13} \\ a_{21} & a_{22} & a_{23} \\ a_{31} & a_{32} & a_{33} \end{vmatrix}$ 称为**三阶行列式**，它表示**代数和**

$$a_{11}a_{22}a_{33}+a_{12}a_{23}a_{31}+a_{13}a_{21}a_{32}-a_{11}a_{23}a_{32}-a_{12}a_{21}a_{33}-a_{13}a_{22}a_{31},$$

即

$$\begin{vmatrix} a_{11} & a_{12} & a_{13} \\ a_{21} & a_{22} & a_{23} \\ a_{31} & a_{32} & a_{33} \end{vmatrix}=a_{11}\begin{vmatrix} a_{22} & a_{23} \\ a_{32} & a_{33} \end{vmatrix}-a_{12}\begin{vmatrix} a_{21} & a_{23} \\ a_{31} & a_{33} \end{vmatrix}+a_{13}\begin{vmatrix} a_{21} & a_{22} \\ a_{31} & a_{32} \end{vmatrix}$$

$$=a_{11}a_{22}a_{33}+a_{12}a_{23}a_{31}+a_{13}a_{21}a_{32}-a_{11}a_{23}a_{32}-a_{12}a_{21}a_{33}-a_{13}a_{22}a_{31},$$

其中 $a_{ij}$ 表示第 $i$ 行第 $j$ 列的元素. 例如，$a_{32}$ 是第三行第二列的元素.

三阶行列式有三行三列，由 $3^2$ 个数组成，共有 $3!=6$ 项(其中三项为正项，三项为负项)，它表示六项(每项都是位于行列式的不同行不同列的三个元素相乘)的代数和.

三阶行列式的展开式，可以用图 8.1 所示的对角线展开法则求出. 其中，主对角线及平行于主对角线的线(即实线)连接的三个元素的乘积前冠以“+”号，副对角线及其平行线(即虚线)连接的三个元素的乘积前均冠以“-”号.

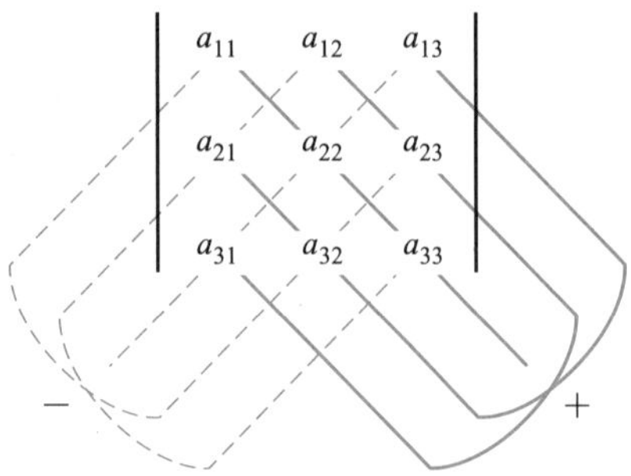


图 8.1

**例 3** 计算三阶行列式

$$\begin{vmatrix} 3 & 3 & -2 \\ 1 & 5 & 0 \\ -1 & 2 & 1 \end{vmatrix}.$$

**解** 应用对角线法则,有

$$\begin{vmatrix} 3 & 3 & -2 \\ 1 & 5 & 0 \\ -1 & 2 & 1 \end{vmatrix} = 3\times5\times1 + 1\times2\times(-2) + 3\times0\times(-1) - (-2)\times5\times(-1) - 3\times1\times1 - 0\times2\times3 = -2.$$

结合二阶行列式的定义,将三阶行列式按第一行元素整理写成

$$\begin{vmatrix} a_{11} & a_{12} & a_{13} \\ a_{21} & a_{22} & a_{23} \\ a_{31} & a_{32} & a_{33} \end{vmatrix} = a_{11}a_{22}a_{33} + a_{12}a_{23}a_{31} + a_{13}a_{21}a_{32} - a_{11}a_{23}a_{32} - a_{12}a_{21}a_{33} - a_{13}a_{22}a_{31}$$

$$= a_{11}\begin{vmatrix} a_{22} & a_{23} \\ a_{32} & a_{33} \end{vmatrix} - a_{12}\begin{vmatrix} a_{21} & a_{23} \\ a_{31} & a_{33} \end{vmatrix} + a_{13}\begin{vmatrix} a_{21} & a_{22} \\ a_{31} & a_{32} \end{vmatrix}.$$

记 $M_{11} = \begin{vmatrix} a_{22} & a_{23} \\ a_{32} & a_{33} \end{vmatrix}$, $A_{11} = (-1)^{1+1}M_{11}$; $M_{12} = \begin{vmatrix} a_{21} & a_{23} \\ a_{31} & a_{33} \end{vmatrix}$, $A_{12} = (-1)^{1+2}M_{12}$;

$M_{13} = \begin{vmatrix} a_{21} & a_{22} \\ a_{31} & a_{32} \end{vmatrix}$, $A_{13} = (-1)^{1+3}M_{13}$.

将元素 $a_{1j}(j=1,2,3)$ 所在的第一行第 $j$ 列划去后剩下的元素按原来顺序组成的二阶行列式,称为元素 $a_{1j}$ 的**余子式**,记做 $M_{1j}(j=1,2,3)$. 称 $A_{1j}=(-1)^{1+j}M_{1j}(j=1,2,3)$ 为元素 $a_{1j}$ 的**代数余子式**. 因此,三阶行列式就可以写成

$$\begin{vmatrix} a_{11} & a_{12} & a_{13} \\ a_{21} & a_{22} & a_{23} \\ a_{31} & a_{32} & a_{33} \end{vmatrix} = a_{11}A_{11} + a_{12}A_{12} + a_{13}A_{13}.$$

也就是说,一个三阶行列式可以表示为它的第一行的元素分别与它们的代数余子式的乘积的和. 上式称为三阶行列式按**第一行展开的展开式**.

**例 4** 写出三阶行列式 $\begin{vmatrix} 1 & 2 & 3 \\ b & 0 & 1 \\ -1 & 0 & a \end{vmatrix}$ 中元素 $b$ 和 $a$ 的余子式和代数余子式.

**解** $b$ 的余子式和代数余子式为 $M_{21} = \begin{vmatrix} 2 & 3 \\ 0 & a \end{vmatrix} = 2a$, $A_{21} = (-1)^{1+2}M_{21} = -2a$;

$a$ 的余子式和代数余子式为 $M_{33} = \begin{vmatrix} 1 & 2 \\ b & 0 \end{vmatrix} = -2b$, $A_{33} = (-1)^{3+3}M_{33} = -2b$.

### 8.1.2 $n$ 阶行列式的定义

由二阶和三阶行列式的定义及关系，现在我们来定义 $n$ 阶行列式.

**定义 3** 由 $n^2$ 个数 $a_{ij}(i,j=1,2,\cdots,n)$ 排成 $n$ 行 $n$ 列的数表

$$\begin{vmatrix} a_{11} & a_{12} & \cdots & a_{1n} \\ a_{21} & a_{22} & \cdots & a_{2n} \\ \vdots & \vdots & & \vdots \\ a_{n1} & a_{n2} & \cdots & a_{nn} \end{vmatrix}$$

称为 $n$ **阶行列式**. 一般记为 $D_n$ 或 $D$，它的值等于第一行所有元素与其代数余子式的乘积之和，即

$$\begin{aligned} D_n &= a_{11}(-1)^{1+1}M_{11}+a_{12}(-1)^{1+2}M_{12}+\cdots+a_{1n}(-1)^{1+n}M_{1n} \\ &= a_{11}A_{11}+a_{12}A_{12}+\cdots+a_{1n}A_{1n}. \end{aligned}$$

其中数 $a_{ij}(i,j=1,2,\cdots,n)$ 为 $n$ 阶行列式第 $i$ 行第 $j$ 列的元素；行列式左上角到右下角的对角线称为主对角线（右上角到左下角的对角线称为副对角线），位于主对角线上的元素称为主对角元. 在 $n$ 阶行列式中划去元素 $a_{ij}$ 所在的第 $i$ 行第 $j$ 列上的元素后剩下的元素按原来顺序组成的 $n-1$ 阶行列式，称为元素 $a_{ij}$ 的余子式，记作 $M_{ij}$；而将 $(-1)^{i+j}M_{ij}$ 称为元素 $a_{ij}$ 的代数余子式，记作 $A_{ij}$，即 $A_{ij}=(-1)^{i+j}M_{ij}$.

特别地，$n=2$ 时，得到二阶行列式；$n=3$ 时，就得到三阶行列式. 规定一阶行列式 $|a_{11}|=a_{11}$.

$n$ 阶行列式有 $n$ 行 $n$ 列，展开后共有 $n!$ 项（其中一半为正项，一半为负项），且每项都是 $n$ 个元素相乘，这 $n$ 个元素位于 $D_n$ 中不同行和不同的列. 这 $n!$ 项的代数和叫作行列式的值. 按这种方式计算行列式的方法通常称作 $n$ **阶行列式按第一行展开**.

由 $n$ 阶行列式的定义知，$n$ 阶行列式可以降阶成 $n-1$ 阶行列式来计算. 于是，我们可以由三阶行列式的值来计算四阶行列式的值，以此类推，便可以计算出任意 $n$ 阶行列式的值.

**例 5** 计算四阶行列式

$$D=\begin{vmatrix} 2 & -3 & 1 & 0 \\ 1 & 3 & 6 & 7 \\ 3 & -5 & 4 & 5 \\ -1 & 1 & 2 & 2 \end{vmatrix}.$$

**解** 由定义，有

$$\begin{aligned} D &= 2\cdot(-1)^{1+1}M_{11}+(-3)(-1)^{1+2}M_{12}+1\cdot(-1)^{1+3}M_{13}+0\cdot(-1)^{1+4}M_{14} \\ &= 2\times\begin{vmatrix} 3 & 6 & 7 \\ -5 & 4 & 5 \\ 1 & 2 & 2 \end{vmatrix}-(-3)\times\begin{vmatrix} 1 & 6 & 7 \\ 3 & 4 & 5 \\ -1 & 2 & 2 \end{vmatrix}+ \\ & 1\times\begin{vmatrix} 1 & 3 & 7 \\ 3 & -5 & 5 \\ -1 & 1 & 2 \end{vmatrix}-0\times\begin{vmatrix} 1 & 3 & 6 \\ 3 & -5 & 4 \\ -1 & 1 & 2 \end{vmatrix} \end{aligned}$$

$=2\times(-14)+3\times2+(-62)+0=-84.$

例 6 求下列行列式的值：

$$D=\begin{vmatrix} a_{11} & 0 & \cdots & 0 \\ a_{21} & a_{22} & \cdots & 0 \\ \vdots & \vdots & & \vdots \\ a_{n1} & a_{n2} & \cdots & a_{nn} \end{vmatrix}.$$

（这个行列式称为下三角形行列式，它的特点是当 $i<j$ 时，$a_{ij}=0$，或者说这个行列式的主对角线上方的元素都为零.）

解

$$D=\begin{vmatrix} a_{11} & 0 & \cdots & 0 \\ a_{21} & a_{22} & \cdots & 0 \\ \vdots & \vdots & & \vdots \\ a_{n1} & a_{n2} & \cdots & a_{nn} \end{vmatrix}=a_{11}\begin{vmatrix} a_{22} & 0 & \cdots & 0 \\ a_{32} & a_{33} & \cdots & 0 \\ \vdots & \vdots & & \vdots \\ a_{n2} & a_{n3} & \cdots & a_{nn} \end{vmatrix}$$

$$=a_{11}a_{22}\begin{vmatrix} a_{33} & 0 & \cdots & 0 \\ a_{43} & a_{44} & \cdots & 0 \\ \vdots & \vdots & & \vdots \\ a_{n3} & a_{n4} & \cdots & a_{nn} \end{vmatrix}=\cdots$$

$$=a_{11}a_{22}\cdots a_{n-2,n-2}\begin{vmatrix} a_{n-1,n-1} & 0 \\ a_{n,n-1} & a_{nn} \end{vmatrix}$$

$$=a_{11}a_{22}\cdots a_{nn},$$

即下三角形行列式等于其主对角线上所有元素的乘积.

行列式的主对角线下方元素均为零时，称为上三角形行列式. 同理，上三角形行列式也等于其主对角线上所有元素的乘积.

上三角形行列式和下三角形行列式统称为三角形行列式.

主对角线两侧都是零的行列式，叫作对角形行列式，显然有

$$\begin{vmatrix} a_{11} & 0 & \cdots & 0 \\ 0 & a_{22} & \cdots & 0 \\ \vdots & \vdots & & \vdots \\ 0 & 0 & \cdots & a_{nn} \end{vmatrix}=a_{11}a_{22}\cdots a_{nn}.$$

由以上几例可看出，对角线展开法只适用于二阶、三阶行列式的计算，不能用来计算四阶和四阶以上的行列式.

## 思考题 8.1

1. 元素 $a_{ij}$ 的余子式与代数余子式有何关系？它们是不同的概念，在任何时候所表示的数值也不同吗？

2. $n$ 阶对角形行列式的值与主对角线上的元素之积有何关系？三角形行列式的值与其主对角线上的元素之积有何关系？

## 练习题 8.1

1. 计算下列行列式.

(1) $\begin{vmatrix} 8 & 9 \\ 6 & 12 \end{vmatrix}$; (2) $\begin{vmatrix} 1 & 1 & 1 \\ 1 & 2 & 3 \\ 1 & 3 & 6 \end{vmatrix}$; (3) $\begin{vmatrix} 1 & 2 & -1 \\ 4 & 0 & 3 \\ 5 & 2 & 1 \end{vmatrix}$.

2. 计算.

(1) 求行列式 $\begin{vmatrix} 1 & 2 & 3 & 4 \\ 2 & 3 & 4 & 1 \\ 3 & 4 & 1 & 2 \\ 4 & 1 & 2 & 3 \end{vmatrix}$ 中第1行第4列元素的代数余子式的值;

(2) 如果行列式 $D=\begin{vmatrix} 2 & a & 5 \\ 1 & -4 & 3 \\ 3 & 2 & -1 \end{vmatrix}$ 中第二行第一列的代数余子式 $A_{21}=5$,求 $a$ 的值.

3. 利用行列式的定义计算下列各式.

(1) $\begin{vmatrix} 3 & 0 & 1 & -2 \\ 5 & 2 & 7 & 8 \\ 4 & 0 & -1 & 0 \\ 6 & 0 & 6 & 0 \end{vmatrix}$; (2) $\begin{vmatrix} 0 & 0 & 0 & a \\ 0 & 0 & b & 0 \\ 0 & c & 0 & 0 \\ d & 0 & 0 & 0 \end{vmatrix}$;

(3) $\begin{vmatrix} a_{11} & a_{12} & 0 & 0 & 0 \\ a_{21} & a_{22} & 0 & 0 & 0 \\ a_{31} & a_{32} & 0 & 0 & 0 \\ a_{41} & a_{42} & a_{43} & a_{44} & a_{45} \\ a_{51} & a_{52} & a_{53} & a_{54} & a_{55} \end{vmatrix}$.

# 8.2 行列式的性质与计算

行列式的性质

当行列式的阶数较高时直接用定义计算行列式的值,是比较麻烦的.为简化计算和理论研究的需要,必须掌握行列式的性质,以便使用这些性质把复杂的行列式转化为较简单的行列式来计算.在研究行列式的性质之前,首先介绍转置行列式的概念.

设 $D$ 为一个 $n$ 阶行列式,将 $D$ 的行列互换后得到的行列式,称为 $D$ 的**转置行列式**,记作 $D^{\mathrm{T}}$.即

$$若\ D=\begin{vmatrix} a_{11} & a_{12} & \cdots & a_{1n} \\ a_{21} & a_{22} & \cdots & a_{2n} \\ \vdots & \vdots & & \vdots \\ a_{n1} & a_{n2} & \cdots & a_{nn} \end{vmatrix},\quad 则\ D^{\mathrm{T}}=\begin{vmatrix} a_{11} & a_{21} & \cdots & a_{n1} \\ a_{12} & a_{22} & \cdots & a_{n2} \\ \vdots & \vdots & & \vdots \\ a_{1n} & a_{2n} & \cdots & a_{nn} \end{vmatrix}.$$

下面介绍行列式的基本性质,为了简便起见,略去性质的证明.

**性质 1** 行列式转置后的值不变,即 $D=D^{\mathrm{T}}$.

例如,行列式 $D=\begin{vmatrix}1&0&2\\-1&1&0\\0&1&1\end{vmatrix}=1-2=-1$,其转置行列式 $D^{\mathrm{T}}=\begin{vmatrix}1&-1&0\\0&1&1\\2&0&1\end{vmatrix}=1+(-2)=-1$,显然 $D^{\mathrm{T}}=D$.

性质 1 表明:行列式对行成立的性质,对列也成立.

**性质 2** 把行列式的某两行(列)互换,行列式的值只改变符号.

例如,$\begin{vmatrix}2&-1&0\\0&3&1\\1&2&-1\end{vmatrix}=-\begin{vmatrix}0&3&1\\2&-1&0\\1&2&-1\end{vmatrix}=-11.$

**推论** 若行列式中某两行(列)的对应元素相同,则该行列式的值为零.

因为将行列式 $D$ 中具有相同元素的两行(列)进行互换,行列式的值未变,结果仍为 $D$. 另由性质 2 知,结果应为 $-D$,所以 $D=-D$,即 $D=0$.

例如,行列式 $D=\begin{vmatrix}1&2&1\\3&4&1\\1&2&1\end{vmatrix}$ 的第一行与第三行相同,因此有 $D=0$.

**性质 3** 用数 $k$ 乘行列式的某一行(列)的所有元素,等于用数 $k$ 乘此行列式,即

$$D=\begin{vmatrix}a_{11}&a_{12}&\cdots&a_{1n}\\\vdots&\vdots&&\vdots\\ka_{i1}&ka_{i2}&\cdots&ka_{in}\\\vdots&\vdots&&\vdots\\a_{n1}&a_{n2}&\cdots&a_{nn}\end{vmatrix}=k\begin{vmatrix}a_{11}&a_{12}&\cdots&a_{1n}\\\vdots&\vdots&&\vdots\\a_{i1}&a_{i2}&\cdots&a_{in}\\\vdots&\vdots&&\vdots\\a_{n1}&a_{n2}&\cdots&a_{nn}\end{vmatrix}.$$

这个性质就是,如果行列式的某一行(列)的元素有公因子 $k$,可以把公因子 $k$ 提到行列式符号的外面.

例如,$\begin{vmatrix}3\times2&3\times(-1)&3\times0\\0&3&1\\1&2&-1\end{vmatrix}=3\begin{vmatrix}2&-1&0\\0&3&1\\1&2&-1\end{vmatrix}=3\times(-11)=-33.$

**推论 1** 若行列式的某两行(列)的对应元素成比例,则此行列式的值为零.

例如,$\begin{vmatrix}3&1&1\\6&2&2\\2&1&5\end{vmatrix}=2\begin{vmatrix}3&1&1\\3&1&1\\2&1&5\end{vmatrix}=2\times0=0.$

**推论 2** 若行列式的某一行(列)的元素全为零,则这个行列式的值等于零.

例如,$\begin{vmatrix}3&1&1\\0&0&0\\2&1&5\end{vmatrix}=0.$

**性质 4** 若行列式中某一行(列)的元素都是两项之和,则该行列式等于两个行列式之和,即

$$D=\begin{vmatrix} a_{11} & a_{12} & \cdots & a_{1n} \\ \vdots & \vdots & & \vdots \\ b_{i1}+c_{i1} & b_{i2}+c_{i2} & \cdots & b_{in}+c_{in} \\ \vdots & \vdots & & \vdots \\ a_{n1} & a_{n2} & \cdots & a_{nn} \end{vmatrix}$$

$$=\begin{vmatrix} a_{11} & a_{12} & \cdots & a_{1n} \\ \vdots & \vdots & & \vdots \\ b_{i1} & b_{i2} & \cdots & b_{in} \\ \vdots & \vdots & & \vdots \\ a_{n1} & a_{n2} & \cdots & a_{nn} \end{vmatrix}+\begin{vmatrix} a_{11} & a_{12} & \cdots & a_{1n} \\ \vdots & \vdots & & \vdots \\ c_{i1} & c_{i2} & \cdots & c_{in} \\ \vdots & \vdots & & \vdots \\ a_{n1} & a_{n2} & \cdots & a_{nn} \end{vmatrix}.$$

此性质可推广到行列式某一行(列)的元素都是 $m$ 项和的情形.

例如, $\begin{vmatrix} 1 & 1+\sqrt{2} & 5 \\ 0 & 3-2 & 7 \\ 2 & -1-\sqrt{2} & -1 \end{vmatrix}=\begin{vmatrix} 1 & 1 & 5 \\ 0 & 3 & 7 \\ 2 & -1 & -1 \end{vmatrix}+\begin{vmatrix} 1 & \sqrt{2} & 5 \\ 0 & -2 & 7 \\ 2 & -\sqrt{2} & -1 \end{vmatrix}$.

**性质 5** 将行列式的某一行(列)的元素都乘以一个常数 $k$ 加到另一行(列)的对应元素上去,行列式的值不变,即

$$\begin{vmatrix} a_{11} & a_{12} & \cdots & a_{1n} \\ \vdots & \vdots & & \vdots \\ a_{i1} & a_{i2} & \cdots & a_{in} \\ \vdots & \vdots & & \vdots \\ ka_{i1}+a_{j1} & ka_{i2}+a_{j2} & \cdots & ka_{in}+a_{jn} \\ \vdots & \vdots & & \vdots \\ a_{n1} & a_{n2} & \cdots & a_{nn} \end{vmatrix}=\begin{vmatrix} a_{11} & a_{12} & \cdots & a_{1n} \\ \vdots & \vdots & & \vdots \\ a_{i1} & a_{i2} & \cdots & a_{in} \\ \vdots & \vdots & & \vdots \\ a_{j1} & a_{j2} & \cdots & a_{jn} \\ \vdots & \vdots & & \vdots \\ a_{n1} & a_{n2} & \cdots & a_{nn} \end{vmatrix}.$$

例如, $\begin{vmatrix} 2 & -1 & 0 \\ 0 & 3 & 1 \\ 1 & 2 & -1 \end{vmatrix} \xlongequal{②+①\cdot 3} \begin{vmatrix} 2 & -1 & 0 \\ 0+3\times 2 & 3+3\times(-1) & 1+3\times 0 \\ 1 & 2 & -1 \end{vmatrix}=\begin{vmatrix} 2 & -1 & 0 \\ 6 & 0 & 1 \\ 1 & 2 & -1 \end{vmatrix}=-11$,

其中②+①·3 表示行列式中的第二行各元素加上第一行对应元素的 3 倍,做列变换时则采用圆括号. 例如,(2)↔(3)表示第 2 列各元素与第 3 列对应元素互换位置,其他类似.

**例 1** 计算行列式

$$D=\begin{vmatrix} 2 & 1 & -1 \\ 4 & -1 & 1 \\ 201 & 102 & -99 \end{vmatrix}.$$

行列式的计算

**解** 先利用行列式的性质将 $D$ 化简后再计算:

$$D=\begin{vmatrix}2&1&-1\\4&-1&1\\201&102&-99\end{vmatrix}\xlongequal{\text{由性质 4}}\begin{vmatrix}2&1&-1\\4&-1&1\\200&100&-100\end{vmatrix}+\begin{vmatrix}2&1&-1\\4&-1&1\\1&2&1\end{vmatrix}$$

$$=0+\begin{vmatrix}2&1&-1\\4&-1&1\\1&2&1\end{vmatrix}\xlongequal{①\leftrightarrow③}-\begin{vmatrix}1&2&1\\4&-1&1\\2&1&-1\end{vmatrix}$$

$$\xlongequal[③+①\cdot(-2)]{②+①\cdot(-4)}-\begin{vmatrix}1&2&1\\0&-9&-3\\0&-3&-3\end{vmatrix}\xlongequal{②\leftrightarrow③}\begin{vmatrix}1&2&1\\0&-3&-3\\0&-9&-3\end{vmatrix}$$

$$\xlongequal{③+②\cdot(-3)}\begin{vmatrix}1&2&1\\0&-3&-3\\0&0&6\end{vmatrix}=-18.$$

例 2　计算行列式

$$D=\begin{vmatrix}-2&3&-8&-1\\1&-2&5&0\\3&1&-2&4\\\frac{1}{2}&2&1&-\frac{5}{2}\end{vmatrix}.$$

解　$D\xlongequal{\text{由性质 3}}\frac{1}{2}\begin{vmatrix}-2&3&-8&-1\\1&-2&5&0\\3&1&-2&4\\1&4&2&-5\end{vmatrix}\xlongequal{①\leftrightarrow②}-\frac{1}{2}\begin{vmatrix}1&-2&5&0\\-2&3&-8&-1\\3&1&-2&4\\1&4&2&-5\end{vmatrix}$

$$\xlongequal{②+①\cdot 2;③+①\cdot(-3);④+①\cdot(-1)}-\frac{1}{2}\begin{vmatrix}1&-2&5&0\\0&-1&2&-1\\0&7&-17&4\\0&6&-3&-5\end{vmatrix}$$

$$\xlongequal[④+②\cdot 6]{③+②\cdot 7}-\frac{1}{2}\begin{vmatrix}1&-2&5&0\\0&-1&2&-1\\0&0&-3&-3\\0&0&9&-11\end{vmatrix}\xlongequal{④+③\cdot 3}-\frac{1}{2}\begin{vmatrix}1&-2&-5&0\\0&-1&2&-1\\0&0&-3&-3\\0&0&0&-20\end{vmatrix}$$

$$=-\frac{1}{2}\times1\times(-1)\times(-3)\times(-20)=30.$$

例 3　计算五阶行列式 $D=\begin{vmatrix}3&1&1&1\\1&3&1&1\\1&1&3&1\\1&1&1&3\end{vmatrix}$.

解 $D=$原式$=\begin{vmatrix}6&1&1&1\\6&3&1&1\\6&1&3&1\\6&1&1&3\end{vmatrix}=6\begin{vmatrix}1&1&1&1\\0&2&0&0\\0&0&2&0\\0&0&0&2\end{vmatrix}=6\times8=48.$

**例 4** 计算行列式

$$D=\begin{vmatrix}1&2&3&4\\1&0&1&2\\3&-1&-1&0\\1&2&0&-5\end{vmatrix}.$$

解 $D\xlongequal[④+③\cdot2]{①+③\cdot2}\begin{vmatrix}7&0&1&4\\1&0&1&2\\3&-1&-1&0\\7&0&-2&-5\end{vmatrix}=(-1)^{3+2}(-1)\begin{vmatrix}7&1&4\\1&1&2\\7&-2&-5\end{vmatrix}$

$$\xlongequal[②+①\cdot(-1)]{③+2\cdot①}\begin{vmatrix}7&1&4\\-6&0&-2\\21&0&3\end{vmatrix}=(-1)^{1+2}\cdot1\cdot\begin{vmatrix}-6&-2\\21&3\end{vmatrix}=-(-18+42)=-24.$$

根据行列式的定义,行列式可按第一行展开,再根据性质 1,行列式也可按第一列展开,下面将说明,行列式可以按任意一行(列)展开.

**性质 6** $n$ 阶行列式 $D$ 等于它的任意一行(列)所有元素与其对应的代数余子式的乘积之和,即

$$D=a_{i1}A_{i1}+a_{i2}A_{i2}+\cdots+a_{in}A_{in}\quad(i=1,2,\cdots,n) \tag{1}$$

或

$$D=a_{1j}A_{1j}+a_{2j}A_{2j}+\cdots+a_{nj}A_{nj}\quad(j=1,2,\cdots,n). \tag{2}$$

(1)式是行列式 $D$ 按第 $i$ 行展开;(2)式是行列式 $D$ 按第 $j$ 列展开. 该性质在行列式理论和计算中有非常重要的作用.

性质 6 说明可按行列式 $D$ 的任意一行(列)展开计算行列式的值,而且计算结果是唯一的. 因此,在计算行列式的值时,应选择 0 元素最多的那一行(列)将行列式展开.

**性质 7** 行列式 $D$ 的某一行(列)的元素与另外一行(列)的对应元素的代数余子式的乘积之和等于零. 即

$$a_{i1}A_{s1}+a_{i2}A_{s2}+\cdots+a_{in}A_{sn}=0(i\neq s)$$

或

$$a_{1j}A_{1t}+a_{2j}A_{2t}+\cdots+a_{nj}A_{nt}=0(j\neq t).$$

**例 5** 设四阶行列式

$$D=\begin{vmatrix}1&0&-3&7\\0&1&2&1\\-3&4&0&3\\1&-2&2&-1\end{vmatrix},$$

求(1) $A_{11}-2A_{12}+2A_{13}-A_{14}$;(2) $7A_{14}+A_{24}+3A_{34}-A_{44}$.

解 (1) $A_{11}-2A_{12}+2A_{13}-A_{14}$是 $D$ 的第四行元素乘第一行的对应元素的代数余子式之和,故 $A_{11}-2A_{12}+2A_{13}-A_{14}=0$.

(2) $7A_{14}+A_{24}+3A_{34}-A_{44}$是 $D$ 的第四列元素与其对应的代数余子式的乘积之和,所以,

$$7A_{14}+A_{24}+3A_{34}-A_{44}=D=\begin{vmatrix}1&0&-3&7\\0&1&2&1\\-3&4&0&3\\1&-2&2&-1\end{vmatrix}=-78.$$

由以上例题可以看出,计算行列式的方法可以归纳如下:

(1) 二、三阶行列式用对角线展开法直接计算(三阶行列式也可用后面的方法计算);

(2) 对某些特殊的行列式可以应用行列式的定义及其性质计算;

(3) 将所给行列式设法化为三角形行列式后进行计算;

(4) 利用降阶法将高阶行列式化为低阶行列式进行计算.

由于行列式的形态各异,在实际运算中可以不必拘泥于上述步骤,其原则是尽可能多地使行列式的某一行(列)的元素变为零,从而能将行列式"降阶处理",较快地算出行列式的值.

## 思考题 8.2

1. 若一个行列式中某行的元素全为零,问该行列式的值一定为零吗?为什么?
2. 一个 $n$ 阶行列式的每个元素都扩大 10 倍,问该行列式的值扩大多少倍?
3. 能用"按某行展开"法计算二阶行列式吗?问一阶行列式如何定义?

## 练习题 8.2

1. 利用行列式的性质,计算以下各行列式.

(1) $\begin{vmatrix}1&1&1&1\\-1&1&1&1\\-1&-1&1&1\\-1&-1&-1&1\end{vmatrix}$;　　(2) $\begin{vmatrix}1&2&3&4\\2&3&4&1\\3&4&1&2\\4&1&2&3\end{vmatrix}$;

(3) $\begin{vmatrix}0&1&1&1\\1&0&1&1\\1&1&0&1\\1&1&1&0\end{vmatrix}$;　　(4) $\begin{vmatrix}1&1&1\\a&b&c\\b+c&c+a&a+b\end{vmatrix}$.

2. 利用行列式的性质证明下列等式.

(1) $\begin{vmatrix}a_1+kb_1&b_1+c_1&c_1\\a_2+kb_2&b_2+c_2&c_2\\a_3+kb_3&b_3+c_3&c_3\end{vmatrix}=\begin{vmatrix}a_1&b_1&c_1\\a_2&b_2&c_2\\a_3&b_3&c_3\end{vmatrix}$;　　(2) $\begin{vmatrix}1&a&b&c+d\\1&b&c&d+a\\1&c&d&a+b\\1&d&a&b+c\end{vmatrix}=0$.

3. 计算以下 $n$ 阶行列式.

(1) $\begin{vmatrix} x & y & 0 & \cdots & 0 \\ 0 & x & y & \cdots & 0 \\ 0 & 0 & x & \cdots & 0 \\ \vdots & \vdots & \vdots & & \vdots \\ y & 0 & 0 & \cdots & x \end{vmatrix}$;　　(2) $\begin{vmatrix} x & a & a & \cdots & a \\ a & x & a & \cdots & a \\ a & a & x & \cdots & a \\ \vdots & \vdots & \vdots & & \vdots \\ a & a & a & \cdots & x \end{vmatrix}$.

4. 已知 $n$ 阶行列式 $D=\begin{vmatrix} 1 & 1 & 1 & \cdots & 1 \\ 1 & 2 & 0 & \cdots & 0 \\ 1 & 0 & 3 & \cdots & 0 \\ \vdots & \vdots & \vdots & & \vdots \\ 1 & 0 & 0 & \cdots & n \end{vmatrix}$,求其代数余子式之和 $A_{11}+A_{12}+\cdots+A_{1n}$.

## 8.3 克拉默(Cramer)法则

克拉默法则

前面我们介绍了 $n$ 阶行列式的定义及计算方法,作为行列式的应用,本节介绍用行列式解 $n$ 元线性方程组的方法——克拉默法则,它是8.1节中二、三元线性方程组求解公式的推广.

设 $n$ 元线性方程组的一般形式为

$$\begin{cases} a_{11}x_1+a_{12}x_2+\cdots+a_{1n}x_n=b_1, \\ a_{21}x_1+a_{22}x_2+\cdots+a_{2n}x_n=b_2, \\ \cdots\cdots\cdots\cdots \\ a_{n1}x_1+a_{n2}x_2+\cdots+a_{nn}x_n=b_n. \end{cases} \tag{1}$$

方程组(1)中 $n$ 个未知数的系数构成一个 $n$ 阶行列式

$$D=\begin{vmatrix} a_{11} & a_{12} & \cdots & a_{1n} \\ a_{21} & a_{22} & \cdots & a_{2n} \\ \vdots & \vdots & & \vdots \\ a_{n1} & a_{n2} & \cdots & a_{nn} \end{vmatrix},$$

它称为方程组(1)的系数行列式.

**定理(克拉默法则)** 对于 $n$ 个未知数及 $n$ 个方程组成的线性方程组

$$\begin{cases} a_{11}x_1+a_{12}x_2+\cdots+a_{1n}x_n=b_1, \\ a_{21}x_1+a_{22}x_2+\cdots+a_{2n}x_n=b_2, \\ \cdots\cdots\cdots\cdots \\ a_{n1}x_1+a_{n2}x_2+\cdots+a_{nn}x_n=b_n, \end{cases}$$

若其系数行列式 $D\neq0$,则方程组存在唯一解

$$x_1=\frac{D_1}{D},\ x_2=\frac{D_2}{D},\ \cdots,\ x_n=\frac{D_n}{D}.$$

其中 $D_k(k=1,2,\cdots,n)$ 是将 $D$ 中第 $k$ 列位置上的元素对应地换为常数项 $b_1,b_2,\cdots,b_n$ 后得到的 $n$ 阶行列式.

如果线性方程组(1)的常数项均为零,即

$$\begin{cases}a_{11}x_1+a_{12}x_2+\cdots+a_{1n}x_n=0,\\ a_{21}x_1+a_{22}x_2+\cdots+a_{2n}x_n=0,\\ \cdots\cdots\cdots\cdots\\ a_{n1}x_1+a_{n2}x_2+\cdots+a_{nn}x_n=0,\end{cases}$$

则它称为齐次线性方程组,否则常数项不全为零的方程组称为非齐次线性方程组.

由克拉默法则可得到下面的结论:

**推论** 如果齐次线性方程组的系数行列式 $D\neq0$,则它只有零解,即 $x_1=x_2=\cdots=x_n=0$. 换句话说,如果齐次线性方程组有非零解,则其系数行列式 $D$ 必等于零.

**例 1** 用克拉默法则求解下列线性方程组

$$\begin{cases}2x_1+3x_2+5x_3=2,\\ x_1+2x_2\qquad\quad=5,\\ \qquad 3x_2+5x_3=4.\end{cases}$$

**解** $D=\begin{vmatrix}2&3&5\\1&2&0\\0&3&5\end{vmatrix}=20\neq0,\qquad D_1=\begin{vmatrix}2&3&5\\5&2&0\\4&3&5\end{vmatrix}=-20,$

$$D_2=\begin{vmatrix}2&2&5\\1&5&0\\0&4&5\end{vmatrix}=60,\qquad D_3=\begin{vmatrix}2&3&2\\1&2&5\\0&3&4\end{vmatrix}=-20,$$

所以,由克拉默法则,有

$$x_1=\frac{D_1}{D}=-1,\quad x_2=\frac{D_2}{D}=3,\quad x_3=\frac{D_3}{D}=-1.$$

**例 2** 问 $\lambda$ 为何值时,方程组 $\begin{cases}(1-\lambda)x-2y=0,\\ -3x+(2-\lambda)y=0\end{cases}$ 有非零解?

**解** 由 $D=\begin{vmatrix}1-\lambda&-2\\-3&2-\lambda\end{vmatrix}=0$,解得 $\lambda=4$ 或 $\lambda=-1$. 所以当 $\lambda=4$ 或 $\lambda=-1$ 时,方程组有非零解.

应用克拉默法则解线性方程组,必须满足两个条件:一是方程组中未知数的个数与方程的个数相等;二是系数行列式不为零. 如果未知数的个数与方程的个数不相等或系数行列式 $D$ 等于零,克拉默法则就无法使用.

## 思考题 8.3

当线性方程组的系数行列式为零时,能否用克拉默法则解方程组?为什么?此时方程组的解如何求?

## 练习题 8.3

1. 用克拉默法则解下列线性方程组.

(1) $\begin{cases}5x_1-7x_2=1,\\ x_1-2x_2=0;\end{cases}$

(2) $\begin{cases}x_1+2x_2+4x_3=31,\\ 5x_1+x_2+2x_3=29,\\ 3x_1-x_2+x_3=10;\end{cases}$

(3) $\begin{cases}2x_1+x_2-5x_3+x_4=8,\\ x_1-3x_2-6x_4=9,\\ 2x_2-x_3+2x_4=-5,\\ x_1+4x_2-7x_3+6x_4=0.\end{cases}$

2. 判断齐次线性方程组

$$\begin{cases}2x_1+2x_2-x_3=0,\\ x_1-2x_2+4x_3=0,\\ 5x_1+8x_2-2x_3=0\end{cases}$$

是否仅有零解.

3. 问 $\lambda$ 为何值时,方程组$\begin{cases}(3-\lambda)x+4y=0,\\ 5x+(2-\lambda)y=0\end{cases}$ 有非零解?

# 8.4 矩阵的概念和矩阵的运算

## 8.4.1 矩阵的概念

从上一节看到,方程组的求解只与其系数及常数项有关,而与表示未知量的字母无关. 因此,我们若将其系数及常数项保持原来的顺序排列成长方形数表,那么方程组就可以用这张数表来表示. 例如,三元线性方程组

$$\begin{cases}x_1+2x_2-4x_3=-1,\\ 2x_1-x_2+5x_3=0,\\ -x_1+3x_2-7x_3=2\end{cases}$$

可与数表

$$\begin{bmatrix}1 & 2 & -4 & -1\\ 2 & -1 & 5 & 0\\ -1 & 3 & -7 & 2\end{bmatrix}$$

一一对应.

我们可以通过数表的运算来求得方程组的解. 数学上抽象地称这种数表为**矩阵**.

**定义 1** 由 $m\times n$ 个数 $a_{ij}(i=1,2,\cdots,m;j=1,2,\cdots,n)$ 排列成的 $m$ 行 $n$ 列的数表

$$\begin{bmatrix} a_{11} & a_{12} & \cdots & a_{1n} \\ a_{21} & a_{22} & \cdots & a_{2n} \\ \vdots & \vdots & & \vdots \\ a_{m1} & a_{m2} & \cdots & a_{mn} \end{bmatrix}$$

称为 $m$ 行 $n$ 列矩阵,简称 $m\times n$ 矩阵. 称 $a_{ij}$ 为矩阵的第 $i$ 行第 $j$ 列的元素.

矩阵通常用大写的粗体(黑体)英文字母 $\boldsymbol{A}$、$\boldsymbol{B}$、$\boldsymbol{C}$、$\cdots$ 表示,当需要指明一个矩阵的行数和列数时,也常写作 $\boldsymbol{A}_{m\times n}$ 或 $\boldsymbol{A}=(a_{ij})_{m\times n}$.

矩阵的概念

矩阵有以下几种特殊情况:

当 $m=n$ 时,$\boldsymbol{A}=(a_{ij})_{n\times n}$ 称为 $n$ 阶方阵. 由 $n$ 阶方阵 $\boldsymbol{A}$ 的元素按原来的顺序排列成的 $n$ 阶行列式,叫作方阵 $\boldsymbol{A}$ 的行列式,记作 $|\boldsymbol{A}|$.

如方阵 $\boldsymbol{A}=\begin{bmatrix} 3 & 0 & 0 \\ 2 & 5 & 4 \\ 0 & 2 & 2 \end{bmatrix}$ 的行列式为 $|\boldsymbol{A}|=\begin{vmatrix} 3 & 0 & 0 \\ 2 & 5 & 4 \\ 0 & 2 & 2 \end{vmatrix}=6$.

当 $m=1$ 时,$\boldsymbol{A}=(a_{11},a_{12},\cdots,a_{1n})$ 叫作行矩阵.

当 $n=1$ 时,$\boldsymbol{A}=\begin{bmatrix} a_{11} \\ a_{21} \\ \vdots \\ a_{m1} \end{bmatrix}$ 叫作列矩阵.

只有一个元素 $a$ 的矩阵称为一阶矩阵,记作 $(a)$.

所有元素都是零的矩阵,称为零矩阵,记作 $\boldsymbol{O}_{m\times n}$.

主对角线上的元素都是 1,其他元素都是零的 $n$ 阶方阵称为 $n$ 阶单位矩阵,记作 $\boldsymbol{E}$,即

$$\boldsymbol{E}=\begin{bmatrix} 1 & 0 & \cdots & 0 \\ 0 & 1 & \cdots & 0 \\ \vdots & \vdots & & \vdots \\ 0 & 0 & \cdots & 1 \end{bmatrix}.$$

如果一个矩阵 $(a_{ij})_{m\times n}$ 满足如下条件:

(1) 若有零行,都在矩阵的下方;

(2) 每一行第一个非零元素的下方均为零;

则称此矩阵为阶梯形矩阵,即具有如下形式:

$$\begin{bmatrix} a_{11} & a_{12} & \cdots & \cdots & \cdots & a_{1n} \\ 0 & a_{22} & \cdots & \cdots & \cdots & a_{2n} \\ \vdots & \vdots & & & & \vdots \\ 0 & 0 & \cdots & a_{rr} & \cdots & a_{rn} \\ \vdots & \vdots & & \vdots & & \vdots \\ 0 & 0 & \cdots & 0 & \cdots & 0 \end{bmatrix}_{m\times n}.$$

如矩阵

$$\begin{bmatrix}1&2&3&4&5\\0&-2&3&8&9\\0&0&10&3&5\\0&0&0&8&6\end{bmatrix},\quad\begin{bmatrix}5&0&3&2&-1\\0&8&7&6&2\\0&0&0&1&3\\0&0&0&0&0\end{bmatrix}$$

都是阶梯形矩阵.

在一个阶梯形矩阵中,如果满足:

(1) 各非零行的第一个非零元素都是1;

(2) 每个首非零元素所在列的其余元素都是零,

则称此矩阵为行简化阶梯形矩阵.

例如,

$$\begin{bmatrix}1&0&0&0&2\\0&1&0&0&-1\\0&0&1&0&3\\0&0&0&1&2\end{bmatrix},\quad\begin{bmatrix}1&-2&0&3&0&4\\0&0&1&-2&0&5\\0&0&0&0&1&0\\0&0&0&0&0&0\end{bmatrix}$$

都是行简化阶梯形矩阵.

类似于行列式,矩阵也有三角矩阵、对角矩阵等.

如果两个矩阵 $\boldsymbol{A}$、$\boldsymbol{B}$ 有相同的行数和相同的列数,并且对应位置上的元素都相等,则称矩阵 $\boldsymbol{A}$ 与 $\boldsymbol{B}$ 相等,记为 $\boldsymbol{A}=\boldsymbol{B}$;否则记为 $\boldsymbol{A}\neq\boldsymbol{B}$.

应当注意的是,矩阵和行列式是完全不同的两个概念. 它们不但记法不同,而且实质也不同. 行列式是一个算式,其结果是一个数值,并且行数必须等于列数;而矩阵仅是一个数表,其行数和列数不一定相等. 例如矩阵 $\begin{bmatrix}1&0\\2&3\end{bmatrix}\neq\begin{bmatrix}1&0\\4&3\end{bmatrix}$,但相应的行列式 $\begin{vmatrix}1&0\\2&3\end{vmatrix}=\begin{vmatrix}1&0\\4&3\end{vmatrix}=3$.

### 8.4.2 矩阵的运算

#### 1. 矩阵的加法与减法

矩阵的运算(一)

矩阵的加法是数的加法的直接推广.

**定义2** 设 $\boldsymbol{A}=(a_{ij})$,$\boldsymbol{B}=(b_{ij})$ 都是 $m\times n$ 矩阵,把它们对应位置上的元素相加(减)而得到的矩阵,叫作 $\boldsymbol{A}$ 与 $\boldsymbol{B}$ 的和(差),记作 $\boldsymbol{A}\pm\boldsymbol{B}$,即

$$\boldsymbol{A}\pm\boldsymbol{B}=(a_{ij}\pm b_{ij})_{m\times n}.$$

必须指出,两个矩阵只有在行数和列数分别相同时才能进行加(减)法运算. 此时称 $\boldsymbol{A}$ 与 $\boldsymbol{B}$ 是可加(减)的.

矩阵的加法满足以下运算规律:

(1) 交换律 $\boldsymbol{A}+\boldsymbol{B}=\boldsymbol{B}+\boldsymbol{A}$;

(2) 结合律 $(\boldsymbol{A}+\boldsymbol{B})+\boldsymbol{C}=\boldsymbol{A}+(\boldsymbol{B}+\boldsymbol{C})$;

(3) 零矩阵满足 $\boldsymbol{O}+\boldsymbol{A}=\boldsymbol{A}$.

**2. 数与矩阵相乘**

**定义 3** 以实数 $k$ 乘矩阵 $\boldsymbol{A}=(a_{ij})_{m\times n}$ 的每个元素所得的矩阵,称为数 $k$ 与矩阵 $\boldsymbol{A}$ 的乘积,记为 $k\boldsymbol{A}$,即

$$k\boldsymbol{A}=k\begin{bmatrix} a_{11} & a_{12} & \cdots & a_{1n} \\ a_{21} & a_{22} & \cdots & a_{2n} \\ \vdots & \vdots & & \vdots \\ a_{m1} & a_{m2} & \cdots & a_{mn} \end{bmatrix}=\begin{bmatrix} ka_{11} & ka_{12} & \cdots & ka_{1n} \\ ka_{21} & ka_{22} & \cdots & ka_{2n} \\ \vdots & \vdots & & \vdots \\ ka_{m1} & ka_{m2} & \cdots & ka_{mn} \end{bmatrix}.$$

设 $k$、$l$ 都是实数,$\boldsymbol{A}$、$\boldsymbol{B}$ 都是 $m\times n$ 矩阵,则由定义不难验证,数与矩阵相乘满足下列运算规律:

(1) 矩阵对数的分配律 $(k+l)\boldsymbol{A}=k\boldsymbol{A}+l\boldsymbol{A}$;

(2) 数对矩阵的分配律 $k(\boldsymbol{A}+\boldsymbol{B})=k\boldsymbol{A}+k\boldsymbol{B}$;

(3) 数与矩阵的结合律 $(kl)\boldsymbol{A}=k(l\boldsymbol{A})=l(k\boldsymbol{A})$;

(4) $0\boldsymbol{A}=\boldsymbol{O}$.

**例 1** 已知

$$\boldsymbol{A}=\begin{bmatrix} 3 & 1 & 0 \\ -1 & 2 & 1 \\ 3 & 4 & 2 \end{bmatrix},\quad \boldsymbol{B}=\begin{bmatrix} 1 & 0 & 2 \\ -1 & 1 & 1 \\ 2 & 1 & 1 \end{bmatrix},$$

求(1) $\frac{1}{2}\boldsymbol{A}$;(2) 满足方程 $\boldsymbol{A}-2\boldsymbol{X}=\boldsymbol{B}$ 中的矩阵 $\boldsymbol{X}$.

**解** (1) $\frac{1}{2}\boldsymbol{A}=\frac{1}{2}\begin{bmatrix} 3 & 1 & 0 \\ -1 & 2 & 1 \\ 3 & 4 & 2 \end{bmatrix}=\begin{bmatrix} \frac{3}{2} & \frac{1}{2} & 0 \\ -\frac{1}{2} & 1 & \frac{1}{2} \\ \frac{3}{2} & 2 & 1 \end{bmatrix}$;

(2) 由 $\boldsymbol{A}-2\boldsymbol{X}=\boldsymbol{B}$,得 $\boldsymbol{X}=\frac{1}{2}(\boldsymbol{A}-\boldsymbol{B})$,即

$$\boldsymbol{X}=\frac{1}{2}\left(\begin{bmatrix} 3 & 1 & 0 \\ -1 & 2 & 1 \\ 3 & 4 & 2 \end{bmatrix}-\begin{bmatrix} 1 & 0 & 2 \\ -1 & 1 & 1 \\ 2 & 1 & 1 \end{bmatrix}\right)=\frac{1}{2}\begin{bmatrix} 2 & 1 & -2 \\ 0 & 1 & 0 \\ 1 & 3 & 1 \end{bmatrix}=\begin{bmatrix} 1 & \frac{1}{2} & -1 \\ 0 & \frac{1}{2} & 0 \\ \frac{1}{2} & \frac{3}{2} & \frac{1}{2} \end{bmatrix}.$$

**3. 矩阵的乘法**

下面要定义的矩阵的乘法是矩阵运算中最复杂也是最重要的一种运算,矩阵乘法的概念是人们从实践中抽象出来的.

矩阵的运算(二)

**定义 4** 设有 $m\times k$ 矩阵 $\boldsymbol{A}=(a_{ij})_{m\times k}$，$k\times n$ 矩阵 $\boldsymbol{B}=(b_{ij})_{k\times n}$，那么矩阵 $\boldsymbol{A}$ 与 $\boldsymbol{B}$ 的乘积 $\boldsymbol{AB}$ 是一个 $m\times n$ 矩阵 $\boldsymbol{C}=(c_{ij})_{m\times n}$. 其中 $c_{ij}$ 是 $\boldsymbol{A}$ 的第 $i$ 行元素与 $\boldsymbol{B}$ 的第 $j$ 列对应元素乘积的和，即

$$c_{ij}=a_{i1}b_{1j}+a_{i2}b_{2j}+\cdots+a_{in}b_{nj}(i=1,2,\cdots,m;j=1,2,\cdots,n).$$

必须指出，只有当左矩阵 $\boldsymbol{A}$ 的列数等于右矩阵 $\boldsymbol{B}$ 的行数时，两个矩阵才能相乘，此时称 $\boldsymbol{A}$ 与 $\boldsymbol{B}$ 是可乘的. 得到的积矩阵 $\boldsymbol{AB}$ 的行数等于 $\boldsymbol{A}$ 的行数，列数等于 $\boldsymbol{B}$ 的列数.

**例 2** 已知

$$\boldsymbol{A}=\begin{bmatrix}3&2&-1\\2&-3&5\end{bmatrix},\quad \boldsymbol{B}=\begin{bmatrix}1&3\\-5&4\\3&6\end{bmatrix},$$

求 $\boldsymbol{AB}$ 与 $\boldsymbol{BA}$.

**解** 因为 $\boldsymbol{A}$ 的列数等于 $\boldsymbol{B}$ 的行数，所以 $\boldsymbol{A}$ 与 $\boldsymbol{B}$ 可以相乘，同理 $\boldsymbol{B}$ 与 $\boldsymbol{A}$ 也可以相乘.

$$\boldsymbol{AB}=\begin{bmatrix}3&2&-1\\2&-3&5\end{bmatrix}\begin{bmatrix}1&3\\-5&4\\3&6\end{bmatrix}=\begin{bmatrix}-10&11\\32&24\end{bmatrix},$$

$$\boldsymbol{BA}=\begin{bmatrix}1&3\\-5&4\\3&6\end{bmatrix}\begin{bmatrix}3&2&-1\\2&-3&5\end{bmatrix}=\begin{bmatrix}9&-7&14\\-7&-22&25\\21&-12&27\end{bmatrix}.$$

由上例看出，$\boldsymbol{AB}$ 有意义时，$\boldsymbol{BA}$ 不一定有意义；即使 $\boldsymbol{AB}$ 与 $\boldsymbol{BA}$ 都有意义，也可能 $\boldsymbol{AB}\neq\boldsymbol{BA}$. 这说明一般情况下，矩阵乘法不满足交换律. 有时为了强调顺序，$\boldsymbol{AB}$ 称为 $\boldsymbol{A}$ 左乘 $\boldsymbol{B}$ 或 $\boldsymbol{B}$ 右乘 $\boldsymbol{A}$.

**例 3** 已知

$$\boldsymbol{A}=\begin{bmatrix}2&4\\-3&-6\end{bmatrix},\quad \boldsymbol{B}=\begin{bmatrix}-2&4\\1&-2\end{bmatrix},$$

求 $\boldsymbol{AB}$.

**解** $\boldsymbol{AB}=\begin{bmatrix}2&4\\-3&-6\end{bmatrix}\begin{bmatrix}-2&4\\1&-2\end{bmatrix}=\begin{bmatrix}0&0\\0&0\end{bmatrix}$.

由上例看出，两个非零矩阵的乘积可能是零矩阵. 这与数的乘积不同，两个非零数的乘积绝不会等于零. 因此，若 $\boldsymbol{AB}=\boldsymbol{O}$，不能推出 $\boldsymbol{A}=\boldsymbol{O}$ 或 $\boldsymbol{B}=\boldsymbol{O}$.

**例 4** 已知

$$\boldsymbol{A}=\begin{bmatrix}2&3&0\\1&2&0\end{bmatrix},\quad \boldsymbol{B}=\begin{bmatrix}1&0\\0&2\\3&0\end{bmatrix},\boldsymbol{C}=\begin{bmatrix}1&0\\0&2\\4&0\end{bmatrix},$$

求 $\boldsymbol{AB}$，$\boldsymbol{AC}$.

解

$$\boldsymbol{AB}=\begin{bmatrix}2&3&0\\1&2&0\end{bmatrix}\begin{bmatrix}1&0\\0&2\\3&0\end{bmatrix}=\begin{bmatrix}2&6\\1&4\end{bmatrix},\quad \boldsymbol{AC}=\begin{bmatrix}2&3&0\\1&2&0\end{bmatrix}\begin{bmatrix}1&0\\0&2\\4&0\end{bmatrix}=\begin{bmatrix}2&6\\1&4\end{bmatrix}.$$

由上例看出，若 $\boldsymbol{AB}=\boldsymbol{AC}$，一般不能推出 $\boldsymbol{B}=\boldsymbol{C}$. 这说明矩阵乘法不满足消去律.

**例 5** 已知

$$\boldsymbol{A}=\begin{bmatrix}a_{11}&a_{12}&a_{13}\\a_{21}&a_{22}&a_{23}\\a_{31}&a_{32}&a_{33}\end{bmatrix},\quad \boldsymbol{E}=\begin{bmatrix}1&0&0\\0&1&0\\0&0&1\end{bmatrix},$$

求 $\boldsymbol{AE},\boldsymbol{EA}$.

解

$$\boldsymbol{AE}=\begin{bmatrix}a_{11}&a_{12}&a_{13}\\a_{21}&a_{22}&a_{23}\\a_{31}&a_{32}&a_{33}\end{bmatrix}\begin{bmatrix}1&0&0\\0&1&0\\0&0&1\end{bmatrix}=\begin{bmatrix}a_{11}&a_{12}&a_{13}\\a_{21}&a_{22}&a_{23}\\a_{31}&a_{32}&a_{33}\end{bmatrix},$$

$$\boldsymbol{EA}=\begin{bmatrix}1&0&0\\0&1&0\\0&0&1\end{bmatrix}\begin{bmatrix}a_{11}&a_{12}&a_{13}\\a_{21}&a_{22}&a_{23}\\a_{31}&a_{32}&a_{33}\end{bmatrix}=\begin{bmatrix}a_{11}&a_{12}&a_{13}\\a_{21}&a_{22}&a_{23}\\a_{31}&a_{32}&a_{33}\end{bmatrix}.$$

由上例看出，$\boldsymbol{AE}=\boldsymbol{EA}$. 即单位矩阵 $\boldsymbol{E}$ 在矩阵乘法中的作用相当于代数中的数 1 在数的乘法中起的作用.

矩阵的乘法满足下列运算规律：

(1) 结合律 $(\boldsymbol{AB})\boldsymbol{C}=\boldsymbol{A}(\boldsymbol{BC})$；

(2) 分配律 $(\boldsymbol{A}+\boldsymbol{B})\boldsymbol{C}=\boldsymbol{AC}+\boldsymbol{BC},\boldsymbol{C}(\boldsymbol{A}+\boldsymbol{B})=\boldsymbol{CA}+\boldsymbol{CB}$；

(3) 数乘结合律 $k(\boldsymbol{AB})=(k\boldsymbol{A})\boldsymbol{B}=\boldsymbol{A}(k\boldsymbol{B})$，其中 $k$ 为任意常数.

以上等式都假定在乘法运算可行的条件下成立.

有了矩阵的乘法，我们就可以定义**方阵的幂**. 设 $\boldsymbol{A}$ 是 $n$ 阶方阵，$k$ 是正整数，则

$$\boldsymbol{A}^k=\overbrace{\boldsymbol{AA}\cdots\boldsymbol{A}}^{k\text{个}}$$

称为**方阵 $\boldsymbol{A}$ 的 $k$ 次幂**.

由于矩阵乘法满足结合律，所以对任意非负整数 $s,t$，方阵的幂满足：

(1) $\boldsymbol{A}^s\cdot\boldsymbol{A}^t=\boldsymbol{A}^{s+t}$；

(2) $(\boldsymbol{A}^s)^t=\boldsymbol{A}^{st}$.

又因为矩阵的乘法不满足交换律，所以对于两个 $n$ 阶方阵 $\boldsymbol{A}$、$\boldsymbol{B}$，一般地，有

$$(\boldsymbol{AB})^k\neq\boldsymbol{A}^k\boldsymbol{B}^k.$$

根据矩阵的乘法，我们可以把线性方程组用矩阵表示出来.

设有线性方程组

$$\begin{cases}a_{11}x_1+a_{12}x_2+\cdots+a_{1n}x_n=b_1,\\a_{21}x_1+a_{22}x_2+\cdots+a_{2n}x_n=b_2,\\\cdots\cdots\cdots\cdots\\a_{m1}x_1+a_{m2}x_2+\cdots+a_{mn}x_n=b_m.\end{cases}$$

由方程组的系数组成的 $m\times n$ 矩阵

$$\boldsymbol{A}=\begin{bmatrix} a_{11} & a_{12} & \cdots & a_{1n} \\ a_{21} & a_{22} & \cdots & a_{2n} \\ \vdots & \vdots & & \vdots \\ a_{m1} & a_{m2} & \cdots & a_{mn} \end{bmatrix}$$

称为方程组的系数矩阵；

由方程组的常数项、未知量分别组成的 $m\times 1$、$n\times 1$ 列矩阵

$$\boldsymbol{B}=\begin{bmatrix} b_1 \\ b_2 \\ \vdots \\ b_m \end{bmatrix}, \quad \boldsymbol{X}=\begin{bmatrix} x_1 \\ x_2 \\ \vdots \\ x_m \end{bmatrix}$$

分别称为方程组的常数项矩阵和未知量矩阵. 于是方程组可以表示为

$$\boldsymbol{AX}=\boldsymbol{B},$$

即

$$\begin{bmatrix} a_{11} & a_{12} & \cdots & a_{1n} \\ a_{21} & a_{22} & \cdots & a_{2n} \\ \vdots & \vdots & & \vdots \\ a_{m1} & a_{m2} & \cdots & a_{mn} \end{bmatrix}\begin{bmatrix} x_1 \\ x_2 \\ \vdots \\ x_n \end{bmatrix}=\begin{bmatrix} b_1 \\ b_2 \\ \vdots \\ b_m \end{bmatrix}.$$

**4. 矩阵的转置**

矩阵的转置与行列式的转置定义相类似.

**定义 5** 把矩阵 $\boldsymbol{A}=(a_{ij})_{m\times n}$ 的各行依次变为相应的列之后所得的 $n\times m$ 矩阵，称为 $\boldsymbol{A}$ 的转置矩阵，记为 $\boldsymbol{A}^{\mathrm{T}}$. 即若

$$\boldsymbol{A}=\begin{bmatrix} a_{11} & a_{12} & \cdots & a_{1n} \\ a_{21} & a_{22} & \cdots & a_{2n} \\ \vdots & \vdots & & \vdots \\ a_{m1} & a_{m2} & \cdots & a_{mn} \end{bmatrix},$$

则 $\boldsymbol{A}^{\mathrm{T}}=\begin{bmatrix} a_{11} & a_{21} & \cdots & a_{m1} \\ a_{12} & a_{22} & \cdots & a_{m2} \\ \vdots & \vdots & & \vdots \\ a_{1n} & a_{2n} & \cdots & a_{mn} \end{bmatrix}.$

例如，若矩阵 $\boldsymbol{A}=\begin{bmatrix} -1 & 0 & 2 \\ 4 & -3 & 0 \end{bmatrix}$，则 $\boldsymbol{A}^{\mathrm{T}}=\begin{bmatrix} -1 & 4 \\ 0 & -3 \\ 2 & 0 \end{bmatrix}$.

矩阵的转置运算满足下列运算规律：

(1) $(\boldsymbol{A}^{\mathrm{T}})^{\mathrm{T}}=\boldsymbol{A}$；

(2) $(\boldsymbol{A}+\boldsymbol{B})^{\mathrm{T}}=\boldsymbol{A}^{\mathrm{T}}+\boldsymbol{B}^{\mathrm{T}}$;

(3) $(k\boldsymbol{A})^{\mathrm{T}}=k\boldsymbol{A}^{\mathrm{T}}$;

(4) $(\boldsymbol{AB})^{\mathrm{T}}=\boldsymbol{B}^{\mathrm{T}}\boldsymbol{A}^{\mathrm{T}}$.

其中 $\boldsymbol{A}$ 和 $\boldsymbol{B}$ 是矩阵,$k$ 是常数.

例 6　设有矩阵 $\boldsymbol{A}=\begin{bmatrix}2&4&0\\1&0&3\end{bmatrix}$,$\boldsymbol{B}=\begin{bmatrix}6&1\\7&2\\3&0\end{bmatrix}$,求 $\boldsymbol{A}^{\mathrm{T}}$,$\boldsymbol{B}^{\mathrm{T}}$,$(\boldsymbol{AB})^{\mathrm{T}}$,$\boldsymbol{B}^{\mathrm{T}}\boldsymbol{A}^{\mathrm{T}}$.

解　$\boldsymbol{A}^{\mathrm{T}}=\begin{bmatrix}2&1\\4&0\\0&3\end{bmatrix}$,$\boldsymbol{B}^{\mathrm{T}}=\begin{bmatrix}6&7&3\\1&2&0\end{bmatrix}$,

$$\boldsymbol{AB}=\begin{bmatrix}2&4&0\\1&0&3\end{bmatrix}\begin{bmatrix}6&1\\7&2\\3&0\end{bmatrix}=\begin{bmatrix}40&10\\15&1\end{bmatrix},$$

$$(\boldsymbol{AB})^{\mathrm{T}}=\begin{bmatrix}40&15\\10&1\end{bmatrix},$$

$$\boldsymbol{B}^{\mathrm{T}}\boldsymbol{A}^{\mathrm{T}}=\begin{bmatrix}6&7&3\\1&2&0\end{bmatrix}\begin{bmatrix}2&1\\4&0\\0&3\end{bmatrix}=\begin{bmatrix}40&15\\10&1\end{bmatrix}.$$

显然,$(\boldsymbol{AB})^{\mathrm{T}}=\boldsymbol{B}^{\mathrm{T}}\boldsymbol{A}^{\mathrm{T}}$.

对于 $n$ 阶方阵 $\boldsymbol{A}$、$\boldsymbol{B}$,有下面的性质:

(1) $|\boldsymbol{A}^{\mathrm{T}}|=|\boldsymbol{A}|$;

(2) $|k\boldsymbol{A}|=k^n|\boldsymbol{A}|$;

(3) $|\boldsymbol{AB}|=|\boldsymbol{A}||\boldsymbol{B}|$.

上式表明,对于同阶方阵 $\boldsymbol{A}$、$\boldsymbol{B}$,虽然 $\boldsymbol{AB}$ 与 $\boldsymbol{BA}$ 不一定相等,但必有 $|\boldsymbol{AB}|=|\boldsymbol{A}||\boldsymbol{B}|$.

例 7　设矩阵 $\boldsymbol{A}=\begin{bmatrix}1&0&-1\\2&1&0\\3&2&-1\end{bmatrix}$,$\boldsymbol{B}=\begin{bmatrix}-2&1&0\\0&3&1\\0&0&2\end{bmatrix}$,验证 $|\boldsymbol{AB}|=|\boldsymbol{A}||\boldsymbol{B}|$.

证　因为

$$\boldsymbol{AB}=\begin{bmatrix}1&0&-1\\2&1&0\\3&2&-1\end{bmatrix}\begin{bmatrix}-2&1&0\\0&3&1\\0&0&2\end{bmatrix}=\begin{bmatrix}-2&1&-2\\-4&5&1\\-6&9&0\end{bmatrix},$$

所以

$$|\boldsymbol{AB}|=\begin{vmatrix}-2&1&-2\\-4&5&1\\-6&9&0\end{vmatrix}=24.$$

而

$$|\boldsymbol{A}|=\begin{vmatrix}1&0&-1\\2&1&0\\3&2&-1\end{vmatrix}=-2,\quad |\boldsymbol{B}|=\begin{vmatrix}-2&1&0\\0&3&1\\0&0&2\end{vmatrix}=-12,$$

于是

$$|\boldsymbol{A}||\boldsymbol{B}|=(-2)\times(-12)=24,$$

所以

$$|\boldsymbol{AB}|=|\boldsymbol{A}||\boldsymbol{B}|.$$

## 思考题 8.4

1. 主对角线下(上)方的元素全为零的方阵称为上(下)三角矩阵. 写出 $n$ 阶三角矩阵,并说明与同阶三角形行列式有何区别?

2. 任意矩阵都有行列式吗? 单位矩阵的行列式等于什么?

3. 若 $\boldsymbol{A}=\boldsymbol{A}^{\mathrm{T}}$,则称 $\boldsymbol{A}$ 为对称矩阵,问对称矩阵的元素有何规律? 下面的矩阵哪个是对称矩阵?

$$\boldsymbol{A}=\begin{bmatrix}3&0&-1\\0&3&0\\-1&0&1\end{bmatrix},\quad \boldsymbol{B}=\begin{bmatrix}4&1&2\\2&-1&2\\1&1&5\end{bmatrix}.$$

## 练习题 8.4

1. 计算.

(1) $3\begin{bmatrix}1&3\\-1&1\end{bmatrix}$;　　(2) $3\begin{bmatrix}1&2\\0&-1\end{bmatrix}-2\begin{bmatrix}\frac{1}{2}&1\\0&-1\end{bmatrix}$.

2. 设

$$\boldsymbol{A}=\begin{bmatrix}3&1&1\\2&1&2\\1&2&3\end{bmatrix},\quad \boldsymbol{B}=\begin{bmatrix}1&1&1\\2&1&0\\1&0&1\end{bmatrix},$$

(1) 求 $2\boldsymbol{A}+\boldsymbol{B}$;　　(2) 若 $\boldsymbol{X}$ 满足 $(2\boldsymbol{A}-\boldsymbol{X})-2(\boldsymbol{B}-\boldsymbol{X})=\boldsymbol{O}$,求 $\boldsymbol{X}$.

3. 计算.

(1) $\begin{pmatrix}2&3&-1\end{pmatrix}\begin{bmatrix}1\\-1\\-1\end{bmatrix}$;　　(2) $\begin{bmatrix}1\\-1\\-1\end{bmatrix}\begin{pmatrix}2&3&-1\end{pmatrix}$;

(3) $\begin{bmatrix}2&5\\1&0\end{bmatrix}\begin{bmatrix}1&4\\0&2\end{bmatrix}$;　　(4) $\begin{bmatrix}0&1&-1&3\\-1&2&1&0\end{bmatrix}\begin{bmatrix}1&1\\-1&4\\3&0\\1&2\end{bmatrix}$.

4. 计算.

(1) $\begin{bmatrix} a_1 & 0 & 0 \\ 0 & a_2 & 0 \\ 0 & 0 & a_3 \end{bmatrix}^5$;　　(2) $\begin{bmatrix} 0 & 1 & 0 \\ 0 & 0 & 1 \\ 0 & 0 & 0 \end{bmatrix}^3$.

5. 设 $\boldsymbol{A}=\begin{bmatrix} 1 & 1 \\ 0 & 2 \end{bmatrix}$, $\boldsymbol{B}=\begin{bmatrix} 2 & 0 \\ 1 & 1 \end{bmatrix}$,试验证 $(\boldsymbol{AB})^{\mathrm{T}}=\boldsymbol{B}^{\mathrm{T}}\boldsymbol{A}^{\mathrm{T}}$.

## 8.5 逆 矩 阵

前面我们讨论了矩阵的加、减、数乘与矩阵的乘法等运算,那么,矩阵有没有"除法"运算? 这就是本节要讲述的逆矩阵问题. 由于矩阵是比数更复杂的代数体系,因此矩阵的"除法"也要比数的除法复杂得多,我们只考虑矩阵是方阵时的"除法". 因此,这一节讲到的矩阵如无特别说明都是指方阵.

### 8.5.1 逆矩阵的概念

**定义 1** 对于 $n$ 阶方阵 $\boldsymbol{A}$,如果存在 $n$ 阶方阵 $\boldsymbol{B}$,使得 $\boldsymbol{AB}=\boldsymbol{BA}=\boldsymbol{E}$,则称方阵 $\boldsymbol{A}$ 是可逆矩阵(或称 $\boldsymbol{A}$ 是可逆的),称 $\boldsymbol{B}$ 是 $\boldsymbol{A}$ 的逆矩阵(简称逆阵),记作 $\boldsymbol{B}=\boldsymbol{A}^{-1}$.

可逆矩阵又称为非奇异矩阵;否则称为奇异矩阵.

当 $\boldsymbol{B}$ 是 $\boldsymbol{A}$ 的逆矩阵时,$\boldsymbol{A}$ 也是 $\boldsymbol{B}$ 的逆矩阵,即 $\boldsymbol{A}$ 与 $\boldsymbol{B}$ 互为逆矩阵.

由定义可知,单位矩阵一定可逆,且 $\boldsymbol{E}^{-1}=\boldsymbol{E}$;零矩阵一定不可逆;如果一个矩阵不是方阵,则一定不可逆.

逆矩阵

### 8.5.2 逆矩阵的性质

**性质 1** 可逆矩阵 $\boldsymbol{A}$ 的逆矩阵是唯一的.

**证** 设 $\boldsymbol{B}_1$、$\boldsymbol{B}_2$ 都是方阵 $\boldsymbol{A}$ 的逆矩阵,则

$$\boldsymbol{B}_1\boldsymbol{A}=\boldsymbol{AB}_1=\boldsymbol{E},\quad \boldsymbol{B}_2\boldsymbol{A}=\boldsymbol{AB}_2=\boldsymbol{E},$$

于是

$$\boldsymbol{B}_1=\boldsymbol{B}_1\boldsymbol{E}=\boldsymbol{B}_1(\boldsymbol{AB}_2)=(\boldsymbol{B}_1\boldsymbol{A})\boldsymbol{B}_2=\boldsymbol{EB}_2=\boldsymbol{B}_2,$$

即 $\boldsymbol{A}$ 的逆矩阵是唯一的.

**性质 2** 若方阵 $\boldsymbol{A}$ 可逆,则 $\boldsymbol{A}^{-1}$ 也可逆,且 $(\boldsymbol{A}^{-1})^{-1}=\boldsymbol{A}$.

**性质 3** 若方阵 $\boldsymbol{A}$ 与 $\boldsymbol{B}$ 都可逆,则乘积 $\boldsymbol{AB}$ 也可逆,且 $(\boldsymbol{AB})^{-1}=\boldsymbol{B}^{-1}\boldsymbol{A}^{-1}$.

一般地,$\boldsymbol{A}_1,\boldsymbol{A}_2,\cdots,\boldsymbol{A}_m$ 为可逆矩阵,则 $\boldsymbol{A}_1\boldsymbol{A}_2\cdots\boldsymbol{A}_m$ 也可逆,且

$$(\boldsymbol{A}_1\boldsymbol{A}_2\cdots\boldsymbol{A}_m)^{-1}=\boldsymbol{A}_m^{-1}\boldsymbol{A}_{m-1}^{-1}\cdots\boldsymbol{A}_1^{-1}.$$

**性质 4** 若方阵 $\boldsymbol{A}$ 可逆,则 $\boldsymbol{A}^{\mathrm{T}}$ 也可逆,且 $(\boldsymbol{A}^{\mathrm{T}})^{-1}=(\boldsymbol{A}^{-1})^{\mathrm{T}}$.

**性质 5** 若 $\boldsymbol{A}$ 可逆,数 $\lambda\neq 0$,则 $\lambda\boldsymbol{A}$ 也可逆,且 $(\lambda\boldsymbol{A})^{-1}=\dfrac{1}{\lambda}\boldsymbol{A}^{-1}$.

**性质 6** 若 $\boldsymbol{A}$ 可逆，则 $|\boldsymbol{A}^{-1}|=\dfrac{1}{|\boldsymbol{A}|}$.

### 8.5.3 可逆矩阵的判定及其求法

**定义 2** 设 $\boldsymbol{A}=(a_{ij})$ 是 $n$ 阶方阵，$A_{ij}$ 是行列式 $|\boldsymbol{A}|$ 中元素 $a_{ij}$ 的代数余子式 $(i,j=1,2,\cdots,n)$，则称 $n$ 阶方阵 $(A_{ij})^{\mathrm{T}}$ 为 $\boldsymbol{A}$ 的**伴随矩阵**，记作 $\boldsymbol{A}^*$，即

$$\boldsymbol{A}^*=\begin{bmatrix} A_{11} & A_{21} & \cdots & A_{n1} \\ A_{12} & A_{22} & \cdots & A_{n2} \\ \vdots & \vdots & & \vdots \\ A_{1n} & A_{2n} & \cdots & A_{nn} \end{bmatrix}.$$

**定理** 方阵 $\boldsymbol{A}$ 可逆的充分必要条件是 $|\boldsymbol{A}|\neq 0$，且当 $\boldsymbol{A}$ 可逆时，$\boldsymbol{A}^{-1}=\dfrac{1}{|\boldsymbol{A}|}\boldsymbol{A}^*$.

证 （必要性）

因为 $\boldsymbol{A}$ 可逆，所以存在逆矩阵 $\boldsymbol{A}^{-1}$ 满足 $\boldsymbol{A}\boldsymbol{A}^{-1}=\boldsymbol{E}$，从而，$|\boldsymbol{A}\boldsymbol{A}^{-1}|=|\boldsymbol{E}|=1$，即 $|\boldsymbol{A}||\boldsymbol{A}^{-1}|=1$. 所以，$|\boldsymbol{A}|\neq 0$，且 $|\boldsymbol{A}^{-1}|=\dfrac{1}{|\boldsymbol{A}|}$.

（充分性）

根据逆矩阵的定义，只要证明 $\boldsymbol{A}\dfrac{1}{|\boldsymbol{A}|}\boldsymbol{A}^*=\dfrac{1}{|\boldsymbol{A}|}\boldsymbol{A}^*\boldsymbol{A}=\boldsymbol{E}$ 即可.

$$\boldsymbol{A}\frac{1}{|\boldsymbol{A}|}\boldsymbol{A}^*=\frac{1}{|\boldsymbol{A}|}\boldsymbol{A}\boldsymbol{A}^*=\frac{1}{|\boldsymbol{A}|}\begin{bmatrix} a_{11} & a_{12} & \cdots & a_{1n} \\ a_{21} & a_{22} & \cdots & a_{2n} \\ \vdots & \vdots & & \vdots \\ a_{n1} & a_{n2} & \cdots & a_{nn} \end{bmatrix}\begin{bmatrix} A_{11} & A_{21} & \cdots & A_{n1} \\ A_{12} & A_{22} & \cdots & A_{n2} \\ \vdots & \vdots & & \vdots \\ A_{1n} & A_{2n} & \cdots & A_{nn} \end{bmatrix}$$

$$=\frac{1}{|\boldsymbol{A}|}\begin{bmatrix} |\boldsymbol{A}| & 0 & \cdots & 0 \\ 0 & |\boldsymbol{A}| & \cdots & 0 \\ \vdots & \vdots & & \vdots \\ 0 & 0 & \cdots & |\boldsymbol{A}| \end{bmatrix}=\begin{bmatrix} 1 & 0 & \cdots & 0 \\ 0 & 1 & \cdots & 0 \\ \vdots & \vdots & & \vdots \\ 0 & 0 & \cdots & 1 \end{bmatrix}=\boldsymbol{E},$$

同理可证

$$\frac{1}{|\boldsymbol{A}|}\boldsymbol{A}^*\boldsymbol{A}=\boldsymbol{E},$$

所以，

$$\boldsymbol{A}^{-1}=\frac{1}{|\boldsymbol{A}|}\boldsymbol{A}^*.$$

必须指出，矩阵 $\boldsymbol{A}$ 的伴随矩阵 $\boldsymbol{A}^*$ 是 $|\boldsymbol{A}|$ 中元素 $a_{ij}$ 的代数余子式 $A_{ij}$ 代入矩阵 $\boldsymbol{A}$ 中 $a_{ij}(i,j=1,2,\cdots,n)$ 的位置，然后转置而得到的.

**例 1** 判断 $\boldsymbol{A}=\begin{bmatrix} 1 & 1 & -1 \\ 1 & 2 & -3 \\ 0 & 1 & 1 \end{bmatrix}$ 是否可逆，若可逆，求 $\boldsymbol{A}^{-1}$.

解　由于 $|\boldsymbol{A}|=\begin{vmatrix}1&1&-1\\1&2&-3\\0&1&1\end{vmatrix}=3\neq 0$，所以 $\boldsymbol{A}$ 可逆.

又由于 $A_{11}=(-1)^{1+1}\begin{vmatrix}2&-3\\1&1\end{vmatrix}=5$，　$A_{12}=(-1)^{1+2}\begin{vmatrix}1&-3\\0&1\end{vmatrix}=-1$，

$A_{13}=(-1)^{1+3}\begin{vmatrix}1&2\\0&1\end{vmatrix}=1$，　$A_{21}=(-1)^{2+1}\begin{vmatrix}1&-1\\1&1\end{vmatrix}=-2$，

$A_{22}=(-1)^{2+2}\begin{vmatrix}1&-1\\0&1\end{vmatrix}=1$，　$A_{23}=(-1)^{2+3}\begin{vmatrix}1&1\\0&1\end{vmatrix}=-1$，

$A_{31}=(-1)^{3+1}\begin{vmatrix}1&-1\\2&-3\end{vmatrix}=-1$，　$A_{32}=(-1)^{3+2}\begin{vmatrix}1&-1\\1&-3\end{vmatrix}=2$，

$A_{33}=(-1)^{3+3}\begin{vmatrix}1&1\\1&2\end{vmatrix}=1$，

故

$$\boldsymbol{A}^{-1}=\frac{1}{|\boldsymbol{A}|}\boldsymbol{A}^{*}=\frac{1}{3}\begin{bmatrix}5&-2&-1\\-1&1&2\\1&-1&1\end{bmatrix}=\begin{bmatrix}\frac{5}{3}&-\frac{2}{3}&-\frac{1}{3}\\-\frac{1}{3}&\frac{1}{3}&\frac{2}{3}\\\frac{1}{3}&-\frac{1}{3}&\frac{1}{3}\end{bmatrix}.$$

例 2　用逆矩阵解线性方程组

$$\begin{cases}2x_1+2x_2+3x_3=2,\\x_1-x_2=2,\\-x_1+2x_2+x_3=4.\end{cases}$$

解　方程组的矩阵形式是

$$\begin{bmatrix}2&2&3\\1&-1&0\\-1&2&1\end{bmatrix}\begin{bmatrix}x_1\\x_2\\x_3\end{bmatrix}=\begin{bmatrix}2\\2\\4\end{bmatrix}.$$

因为系数矩阵的行列式不等于零，所以逆矩阵存在，因而有

$$\begin{bmatrix}x_1\\x_2\\x_3\end{bmatrix}=\begin{bmatrix}2&2&3\\1&-1&0\\-1&2&1\end{bmatrix}^{-1}\begin{bmatrix}2\\2\\4\end{bmatrix}=\begin{bmatrix}1&-4&-3\\1&-5&-3\\-1&6&4\end{bmatrix}\begin{bmatrix}2\\2\\4\end{bmatrix}=\begin{bmatrix}-18\\-20\\26\end{bmatrix}.$$

根据矩阵相等的定义，得方程组的解为

$$x_1=-18,x_2=-20,x_3=26.$$

## 思考题 8.5

1. 任何矩阵都有逆矩阵吗？判断下面矩阵是否可逆.

(1) $\boldsymbol{A}=\begin{bmatrix}1&-1\\-1&1\end{bmatrix}$；　(2) $\boldsymbol{B}=\begin{bmatrix}8&-4\\-5&3\end{bmatrix}$.

2. 方阵 $\boldsymbol{A}$ 的伴随矩阵 $\boldsymbol{A}^*$ 是 $\boldsymbol{A}$ 的元素 $a_{ij}$ 被其代数余子式取代后所得的方阵,对吗?

## 练习题 8.5

1. 判断下列矩阵是否可逆,如果可逆,求其逆矩阵.

(1) $\begin{bmatrix} 1 & 2 \\ 3 & 4 \end{bmatrix}$;　　(2) $\begin{bmatrix} \cos\theta & \sin\theta \\ -\sin\theta & \cos\theta \end{bmatrix}$;

(3) $\begin{bmatrix} 1 & 2 & -3 \\ 0 & 1 & 2 \\ 0 & 0 & 1 \end{bmatrix}$;　　(4) $\begin{bmatrix} 1 & 4 & 2 \\ 1 & 2 & 4 \\ 0 & 2 & -2 \end{bmatrix}$.

2. 已知矩阵 $\boldsymbol{A}=\begin{bmatrix} 0 & 1 & 0 \\ -1 & 1 & 1 \\ -1 & 0 & 3 \end{bmatrix}$,求 $(\boldsymbol{E}-\boldsymbol{A})^{-1}$.

3. 解矩阵方程 $\boldsymbol{X}\begin{bmatrix} 1 & 2 \\ 3 & 5 \end{bmatrix}=\begin{bmatrix} 1 & -1 \\ 2 & 0 \end{bmatrix}$.

# 8.6 矩阵的初等变换

用伴随矩阵法求逆矩阵,要计算很多行列式,比较麻烦. 现在我们介绍利用初等变换的方法求逆矩阵,这种方法应用广泛.

初等变换及初等矩阵(一)

## 8.6.1 初等变换和初等矩阵

**定义 1** 对矩阵进行以下三种变换,称为矩阵的**初等变换**.

(1) 交换矩阵的两行(列)(若交换 $i,j$ 行,记作 ⓘ↔ⓙ);

(2) 用一个非零数 $k$ 乘矩阵的某一行(列)(若数 $k$ 乘第 $i$ 行,记作 $k$ⓘ);

(3) 把矩阵的某一行(列)的所有元素的 $k$ 倍加到另一行(列)的对应元素上(若把矩阵的 $j$ 行所有元素的 $k$ 倍加到 $i$ 行上,记作 ⓘ$+k$ⓙ).

上述对矩阵的行进行的变换称为**初等行变换**;对列所进行的变换称为**初等列变换**.

矩阵的初等行变换和初等列变换,统称为初等变换. 本书主要介绍初等行变换.

任意一个非零矩阵经过适当的初等行变换,可以化为阶梯形矩阵,进而化为行简化阶梯形矩阵.

**例 1** $\boldsymbol{A}=\begin{bmatrix} 2 & -3 & 1 & 6 \\ 1 & -1 & 2 & 1 \\ 1 & -2 & -1 & 5 \end{bmatrix} \xrightarrow{①\leftrightarrow②} \begin{bmatrix} 1 & -1 & 2 & 1 \\ 2 & -3 & 1 & 6 \\ 1 & -2 & -1 & 5 \end{bmatrix}$

$\xrightarrow{②+(-2)①,③+(-1)①} \begin{bmatrix} 1 & -1 & 2 & 1 \\ 0 & -1 & -3 & 4 \\ 0 & -1 & -3 & 4 \end{bmatrix}$

$$\xrightarrow{③+(-1)②}\begin{bmatrix}1&-1&2&1\\0&-1&-3&4\\0&0&0&0\end{bmatrix}(\text{阶梯形矩阵})$$

$$\xrightarrow{①+(-1)②}\begin{bmatrix}1&0&5&-3\\0&-1&-3&4\\0&0&0&0\end{bmatrix}\xrightarrow{(-1)②}\begin{bmatrix}1&0&5&-3\\0&1&3&-4\\0&0&0&0\end{bmatrix}(\text{行简化阶梯形矩阵}).$$

**例 2** 
$$A=\begin{bmatrix}2&3&-4\\1&2&3\\2&-1&2\end{bmatrix}\xrightarrow{①\leftrightarrow②}\begin{bmatrix}1&2&3\\2&3&-4\\2&-1&2\end{bmatrix}$$

$$\xrightarrow{②+(-2)①,③+(-2)①}\begin{bmatrix}1&2&3\\0&-1&-10\\0&-5&-4\end{bmatrix}\xrightarrow{(-1)②}\begin{bmatrix}1&2&3\\0&1&10\\0&-5&-4\end{bmatrix}$$

$$\xrightarrow{③+5②}\begin{bmatrix}1&2&3\\0&1&10\\0&0&46\end{bmatrix}\xrightarrow{\frac{1}{46}③}\begin{bmatrix}1&2&3\\0&1&10\\0&0&1\end{bmatrix}\xrightarrow{②+(-10)③,①+(-3)③}\begin{bmatrix}1&2&0\\0&1&0\\0&0&1\end{bmatrix}$$

$$\xrightarrow{①+(-2)②}\begin{bmatrix}1&0&0\\0&1&0\\0&0&1\end{bmatrix}.$$

由此可见,可逆矩阵经过一系列初等行变换,可以化为单位矩阵.

**定义 2** 由单位矩阵经过一次初等行变换得到的矩阵,称为**初等矩阵**.

与初等变换相对应,初等矩阵有以下三种类型:

(1) 交换单位矩阵 $\boldsymbol{E}$ 的第 $i$、$j$ 行,即对 $\boldsymbol{E}$ 进行一次第一种初等行变换得到的矩阵,称为**第一种初等矩阵**,记为 $\boldsymbol{E}_{(i,j)}$,即

$$\boldsymbol{E}_{(i,j)}=\begin{bmatrix}1&&&&&&&\\&\ddots&&&&&&\\&&0&\cdots&\cdots&\cdots&1&&\\&&\vdots&1&&&\vdots&&\\&&\vdots&&\ddots&&\vdots&&\\&&\vdots&&&1&\vdots&&\\&&1&\cdots&\cdots&\cdots&0&&\\&&&&&&&\ddots&\\&&&&&&&&1\end{bmatrix}\begin{matrix}\\\\i\text{ 行}\\\\\\\\j\text{ 行}\\\\\\\end{matrix}.$$

$\qquad\qquad\qquad\qquad i$ 列 $\qquad\qquad\qquad j$ 列

(2) 以非零数 $k$ 乘单位矩阵的第 $i$ 行,即对 $\boldsymbol{E}$ 进行一次第二种初等行变换得到的矩阵,称为**第二种初等矩阵**,记为 $\boldsymbol{E}_{(i(k))}$,即

$$\boldsymbol{E}_{(i(k))}=\begin{bmatrix}1 & & & & \\ & \ddots & & & \\ & & k & & \\ & & & \ddots & \\ & & & & 1\end{bmatrix} i\text{ 行}\ (k\neq 0).$$

(3) 以数 $k$ 乘单位矩阵 $\boldsymbol{E}$ 的第 $j$ 行加到第 $i$ 行上，即对 $\boldsymbol{E}$ 进行第三种初等行变换得到的矩阵，称为第三种初等矩阵，记为 $\boldsymbol{E}_{(i+j(k))}$，即

$$\boldsymbol{E}_{(i+j(k))}=\begin{bmatrix}1 & & & & & & \\ & \ddots & & & & & \\ & & 1 & \cdots & \cdots & k & & \\ & & & \ddots & & \vdots & & \\ & & & & \ddots & \vdots & & \\ & & & & & 1 & & \\ & & & & & & \ddots & \\ & & & & & & & 1\end{bmatrix}\begin{matrix} \\ \\ i\text{ 行} \\ \\ \\ j\text{ 行} \\ \\ \\ \end{matrix}.$$

以上三种初等矩阵都是可逆的，其逆矩阵也是同自身类型相同的初等矩阵.

**定义 3** 矩阵的左上角或左侧是一个单位矩阵，其余元素都是零的矩阵称为**标准形矩阵**.

例如，

$$\begin{bmatrix}0 & 0\\ 0 & 0\end{bmatrix},\begin{bmatrix}1 & 0\\ 0 & 1\\ 0 & 0\end{bmatrix},\begin{bmatrix}1 & 0 & 0\\ 0 & 1 & 0\\ 0 & 0 & 1\end{bmatrix},\begin{bmatrix}1 & 0 & 0 & 0\\ 0 & 1 & 0 & 0\\ 0 & 0 & 0 & 0\\ 0 & 0 & 0 & 0\end{bmatrix}$$

都是标准形矩阵.

显然，任何矩阵都可经过初等行变换化为标准形矩阵. 而且一个矩阵如果是可逆的，那么，它的标准形矩阵一定是单位矩阵.

### 8.6.2 用初等行变换求逆矩阵

初等变换及初等矩阵（二）

初等矩阵有如下重要性质：

**定理 1** 对矩阵 $\boldsymbol{A}$ 作一次初等行变换，就相当于对 $\boldsymbol{A}$ 左乘一个相应的初等矩阵.

下面用一个具体的例子来说明上述的结论.

例如，设矩阵 $\boldsymbol{A}=\begin{bmatrix}a_{11} & a_{12} & a_{13}\\ a_{21} & a_{22} & a_{23}\\ a_{31} & a_{32} & a_{33}\end{bmatrix}$，则

$$A \xrightarrow{②\leftrightarrow③} \begin{bmatrix} a_{11} & a_{12} & a_{13} \\ a_{31} & a_{32} & a_{33} \\ a_{21} & a_{22} & a_{23} \end{bmatrix} = \begin{bmatrix} 1 & 0 & 0 \\ 0 & 0 & 1 \\ 0 & 1 & 0 \end{bmatrix} \begin{bmatrix} a_{11} & a_{12} & a_{13} \\ a_{21} & a_{22} & a_{23} \\ a_{31} & a_{32} & a_{33} \end{bmatrix} = \boldsymbol{E}_{(2,3)}\boldsymbol{A},$$

$$A \xrightarrow{k②} \begin{bmatrix} a_{11} & a_{12} & a_{13} \\ ka_{21} & ka_{22} & ka_{23} \\ a_{31} & a_{32} & a_{33} \end{bmatrix} = \begin{bmatrix} 1 & 0 & 0 \\ 0 & k & 0 \\ 0 & 0 & 1 \end{bmatrix} \begin{bmatrix} a_{11} & a_{12} & a_{13} \\ a_{21} & a_{22} & a_{23} \\ a_{31} & a_{32} & a_{33} \end{bmatrix} = \boldsymbol{E}_{(2(k))}\boldsymbol{A},$$

$$A \xrightarrow{①+k②} \begin{bmatrix} a_{11}+ka_{21} & a_{12}+ka_{22} & a_{13}+ka_{23} \\ a_{21} & a_{22} & a_{23} \\ a_{31} & a_{32} & a_{33} \end{bmatrix} = \begin{bmatrix} 1 & k & 0 \\ 0 & 1 & 0 \\ 0 & 0 & 1 \end{bmatrix} \begin{bmatrix} a_{11} & a_{12} & a_{13} \\ a_{21} & a_{22} & a_{23} \\ a_{31} & a_{32} & a_{33} \end{bmatrix}$$
$$= \boldsymbol{E}_{(1+2(k))}\boldsymbol{A}.$$

由矩阵可逆的条件和定理 1 知，对方阵 $\boldsymbol{A}$ 施行初等行变换，不改变矩阵的可逆性，即原来可逆的矩阵经过初等行变换后仍然可逆，原来不可逆的矩阵经初等行变换后仍然是不可逆的.

由上面的讨论可知，若 $\boldsymbol{A}$ 是一个 $n$ 阶可逆矩阵，则经过一系列的初等行变换，可以化为单位矩阵.

**定理 2** 可逆方阵 $\boldsymbol{A}$ 的逆矩阵 $\boldsymbol{A}^{-1}$ 等于一组初等矩阵的乘积.

证 因为可逆矩阵 $\boldsymbol{A}$ 总可以经过一系列的初等行变换化为单位矩阵，所以存在初等矩阵 $\boldsymbol{P}_1,\boldsymbol{P}_2,\cdots,\boldsymbol{P}_m$，使得

$$(\boldsymbol{P}_m\boldsymbol{P}_{m-1}\cdots\boldsymbol{P}_1)\boldsymbol{A}=\boldsymbol{E}, \tag{1}$$

将上式两边同时右乘 $\boldsymbol{A}^{-1}$，得

$$(\boldsymbol{P}_m\boldsymbol{P}_{m-1}\cdots\boldsymbol{P}_1)\boldsymbol{A}\boldsymbol{A}^{-1}=\boldsymbol{E}\boldsymbol{A}^{-1},$$

即

$$(\boldsymbol{P}_m\boldsymbol{P}_{m-1}\cdots\boldsymbol{P}_1)\boldsymbol{E}=\boldsymbol{A}^{-1}, \tag{2}$$

即

$$\boldsymbol{A}^{-1}=\boldsymbol{P}_m\boldsymbol{P}_{m-1}\cdots\boldsymbol{P}_1.$$

由式(1)和(2)可以看出，如果用一系列初等行变换把可逆方阵 $\boldsymbol{A}$ 变成单位矩阵 $\boldsymbol{E}$，那么用同样的初等行变换就把单位矩阵 $\boldsymbol{E}$ 变成 $\boldsymbol{A}^{-1}$. 于是得到用初等行变换求逆矩阵的方法：

$$(\boldsymbol{A} \mid \boldsymbol{E}) \xrightarrow{\text{一系列初等行变换}} (\boldsymbol{E} \mid \boldsymbol{A}^{-1}).$$

**例 3** 用初等行变换，求矩阵 $\boldsymbol{A}$ 的逆矩阵，其中

$$\boldsymbol{A}=\begin{bmatrix} 1 & 2 & 3 \\ 2 & 2 & 1 \\ 3 & 4 & 3 \end{bmatrix}.$$

解 $$(\boldsymbol{A},\boldsymbol{E})=\left[\begin{array}{ccc:ccc} 1 & 2 & 3 & 1 & 0 & 0 \\ 2 & 2 & 1 & 0 & 1 & 0 \\ 3 & 4 & 3 & 0 & 0 & 1 \end{array}\right]$$

$$\xrightarrow[③+(-3)①]{②+(-2)①}\left[\begin{array}{ccc:ccc}1&2&3&1&0&0\\0&-2&-5&-2&1&0\\0&-2&-6&-3&0&1\end{array}\right]$$

$$\xrightarrow[③+(-1)②]{①+②}\left[\begin{array}{ccc:ccc}1&0&-2&-1&1&0\\0&-2&-5&-2&1&0\\0&0&-1&-1&-1&1\end{array}\right]$$

$$\xrightarrow[②+(-5)③]{①+(-2)③}\left[\begin{array}{ccc:ccc}1&0&0&1&3&-2\\0&-2&0&3&6&-5\\0&0&-1&-1&-1&1\end{array}\right]$$

$$\xrightarrow[(-1)③]{\left(-\frac{1}{2}\right)②}\left[\begin{array}{ccc:ccc}1&0&0&1&3&-2\\0&1&0&-\frac{3}{2}&-3&\frac{5}{2}\\0&0&1&1&1&-1\end{array}\right],$$

所以

$$A^{-1}=\begin{bmatrix}1&3&-2\\-\frac{3}{2}&-3&\frac{5}{2}\\1&1&-1\end{bmatrix}.$$

### 8.6.3 矩阵的秩

秩是线性代数的重要概念之一,矩阵的秩反映了矩阵内在的重要特性,在矩阵的理论与应用中都有重要意义,在线性方程组理论中起着重要作用.

**1. 矩阵的秩的定义**

**定义 4** 在矩阵 $A_{m\times n}$ 中,任取 $k$ 行 $k$ 列($1\leqslant k\leqslant \min(m,n)$),位于它们交叉点上的 $k^2$ 个元素按原来顺序构成一个 $k$ 阶行列式,称此行列式为矩阵 $A$ 的 $k$ 阶子式.

例如,矩阵

$$A=\begin{bmatrix}1&-3&5&9\\0&4&7&2\\0&0&-6&8\\0&0&0&0\\0&0&0&0\end{bmatrix},$$

取 $A$ 的第一、二、三行,第一、二、四列,得 $A$ 的一个三阶子式

$$\begin{vmatrix}1&-3&9\\0&4&2\\0&0&8\end{vmatrix}=32;$$

取 $A$ 的第一、二、三、四行,第一、二、三、四列,得到 $A$ 的一个四阶子式

$$\begin{vmatrix} 1 & -3 & 5 & 9 \\ 0 & 4 & 7 & 2 \\ 0 & 0 & -6 & 8 \\ 0 & 0 & 0 & 0 \end{vmatrix}=0.$$

因为 $\boldsymbol{A}$ 共有五行,其中有两个零行,所以任取四行必有一行为零,于是 $\boldsymbol{A}$ 的任意一个四阶子式都是零.

矩阵的秩

**定义 5** 矩阵 $\boldsymbol{A}_{m\times n}$ 的不等于零的子式的最高阶数 $r$ 称为**矩阵的秩**,记为 $R(\boldsymbol{A})=r$.

规定零矩阵的秩为 0,因此 $0\leqslant r\leqslant \min\{m,n\}$. 当 $R(\boldsymbol{A})=\min\{m,n\}$ 时,称 $\boldsymbol{A}$ 为满秩矩阵.

根据定义,显然上面例子中的矩阵 $\boldsymbol{A}$ 的秩为 3,即 $\boldsymbol{R}(\boldsymbol{A})=3$.

**例 4** 求矩阵 $\boldsymbol{A}$ 的秩,其中

$$\boldsymbol{A}=\begin{bmatrix} 1 & 2 & 3 & 4 \\ 1 & -2 & 4 & 5 \\ 1 & 10 & 1 & 2 \end{bmatrix}.$$

**解** 矩阵 $\boldsymbol{A}$ 共有四个三阶子式,均为 0. 即

$$\begin{vmatrix} 1 & 2 & 3 \\ 1 & -2 & 4 \\ 1 & 10 & 1 \end{vmatrix}=0,\ \begin{vmatrix} 1 & 2 & 4 \\ 1 & -2 & 5 \\ 1 & 10 & 2 \end{vmatrix}=0,\ \begin{vmatrix} 1 & 3 & 4 \\ 1 & 4 & 5 \\ 1 & 1 & 2 \end{vmatrix}=0,\ \begin{vmatrix} 2 & 3 & 4 \\ -2 & 4 & 5 \\ 10 & 1 & 2 \end{vmatrix}=0,$$

但在 $\boldsymbol{A}$ 中至少有一个二阶子式不为零,如 $\begin{vmatrix} 1 & 2 \\ 1 & -2 \end{vmatrix}=-4\neq 0$,所以矩阵 $\boldsymbol{A}$ 的秩是 2,即 $R(\boldsymbol{A})=2$.

**定理 3** 矩阵 $\boldsymbol{A}$ 的秩为 $r$ 的充分必要条件是 $\boldsymbol{A}$ 有一个 $r$ 阶子式不为零,而所有的 $r+1$ 阶子式全为零.

**例 5** 求标准形矩阵 $\boldsymbol{A}$ 的秩,其中

$$\boldsymbol{A}=\begin{bmatrix} 1 & 0 & 0 & 0 \\ 0 & 1 & 0 & 0 \\ 0 & 0 & 0 & 0 \end{bmatrix}.$$

**解** $\boldsymbol{A}$ 有一个二阶子式 $\begin{vmatrix} 1 & 0 \\ 0 & 1 \end{vmatrix}\neq 0$,而 $\boldsymbol{A}$ 的三阶子式显然都等于零,因此 $R(\boldsymbol{A})=2$ .

显然求标准形矩阵的秩很简单,就等于 $\boldsymbol{A}$ 中单位矩阵 $\boldsymbol{E}$ 的阶数,也可以说,标准形矩阵的秩就等于它的非零行的行数.

用定义 5 或定理 3 求一般矩阵的秩,从高阶子式入手,在确定最高阶非零子式的阶数 $k$ 时,要查遍所有的 $k+1$ 阶子式,均应为零,显然计算量是很大的. 下面我们介绍一种较为简便的方法.

**2. 利用初等变换求矩阵的秩**

**定理 4** 对矩阵使用初等变换,不改变矩阵的秩.

例如,设交换 $\boldsymbol{A}$ 的两行后得矩阵 $\boldsymbol{B}$,则 $\boldsymbol{A}$ 与 $\boldsymbol{B}$ 的同阶子式或者相等,或者只差一个符号(因为交换行列式的两行变号),因此 $\boldsymbol{A}$ 与 $\boldsymbol{B}$ 的秩相等. 对矩阵使用其他两种初等变换,也用类似的方法可以证明,不再赘述.

定理 4 告诉我们,任何矩阵与其标准形矩阵有相同的秩. 因此我们就可用初等变换的方法将给定的矩阵化为标准形矩阵,而其标准形矩阵的秩就是给定的矩阵的秩.

例 6 用初等行变换求矩阵 $\boldsymbol{A}$ 的秩,其中

$$\boldsymbol{A}=\begin{bmatrix}1&-1&1&2\\2&3&3&2\\1&1&2&1\end{bmatrix}.$$

解 $$\boldsymbol{A}=\begin{bmatrix}1&-1&1&2\\2&3&3&2\\1&1&2&1\end{bmatrix}\rightarrow\begin{bmatrix}1&-1&1&2\\0&5&1&-2\\0&2&1&-1\end{bmatrix}\rightarrow\begin{bmatrix}1&-1&1&2\\0&1&-1&0\\0&2&1&-1\end{bmatrix}$$

$$\rightarrow\begin{bmatrix}1&0&0&2\\0&1&-1&0\\0&0&3&-1\end{bmatrix}\rightarrow\begin{bmatrix}1&0&0&2\\0&1&-1&0\\0&0&1&-\frac{1}{3}\end{bmatrix}\rightarrow\begin{bmatrix}1&0&0&2\\0&1&0&-\frac{1}{3}\\0&0&1&-\frac{1}{3}\end{bmatrix},$$

所以,$R(\boldsymbol{A})=3$(矩阵 $\boldsymbol{A}$ 是满秩矩阵.)

其实,在具体求矩阵的秩时,通常使用初等行变换将已知矩阵化为阶梯形矩阵,所得阶梯形矩阵的非零行的行数即为已知矩阵的秩(因为阶梯形矩阵中非零行的行数正是已知矩阵化为标准形后,标准形矩阵中的单位矩阵的主对角线上 1 的个数),因此有下面的结论:

矩阵 $\boldsymbol{A}$ 的秩等于它的阶梯形矩阵或行简化阶梯形矩阵的非零行的行数.

综上所述,用初等行变换求矩阵 $\boldsymbol{A}$ 的秩的方法可表述如下:

$$\boldsymbol{A}\xrightarrow{\text{初等行变换}}\boldsymbol{B}\text{(阶梯形或行简化阶梯形矩阵)},R(\boldsymbol{A})=R(\boldsymbol{B})=r,$$

其中 $r$ 为 $\boldsymbol{B}$ 中非零行的行数.

例 7 用初等行变换求矩阵 $\boldsymbol{A}$ 的秩,其中

$$\boldsymbol{A}=\begin{bmatrix}1&3&-1&-2\\2&-1&2&3\\1&-4&3&5\end{bmatrix}.$$

解 $$\boldsymbol{A}=\begin{bmatrix}1&3&-1&-2\\2&-1&2&3\\1&-4&3&5\end{bmatrix}\rightarrow\begin{bmatrix}1&3&-1&-2\\0&-7&4&7\\0&-7&4&7\end{bmatrix}\rightarrow\begin{bmatrix}1&3&-1&-2\\0&-7&4&7\\0&0&0&0\end{bmatrix},$$

故 $R(\boldsymbol{A})=2$.

## 思考题 8.6

1. 用矩阵的初等列变换可以求一个可逆方阵 $\boldsymbol{A}$ 的逆矩阵 $\boldsymbol{A}^{-1}$ 吗?
2. 求矩阵的秩可以交叉使用矩阵的初等行变换和矩阵的初等列变换吗?

## 练习题 8.6

1. 用初等行变换法求下列矩阵的逆矩阵.

(1) $\begin{bmatrix}1&1&1&1\\1&1&-1&-1\\1&-1&1&-1\\1&-1&-1&1\end{bmatrix}$； (2) $\begin{bmatrix}1&3&-5&7\\0&1&2&-3\\0&0&1&2\\0&0&0&1\end{bmatrix}$.

2. 解下列矩阵方程.

(1) $\begin{bmatrix}2&5\\1&3\end{bmatrix}\boldsymbol{X}=\begin{bmatrix}4&-6\\2&1\end{bmatrix}$； (2) $\boldsymbol{X}\begin{bmatrix}1&1&-1\\2&1&0\\1&-1&1\end{bmatrix}=\begin{bmatrix}1&-1&3\\4&3&2\\1&-2&5\end{bmatrix}$.

3. 求下列矩阵的秩.

(1) $\begin{bmatrix}1&2&3&4\\4&3&2&1\end{bmatrix}$； (2) $\begin{bmatrix}1&2&1\\-2&1&3\\-1&3&4\end{bmatrix}$； (3) $\begin{bmatrix}1&0&2&4\\3&1&0&1\\5&4&1&2\\-2&0&-4&8\end{bmatrix}$.

# 8.7 应用案例

**例 1**［对策问题］ 有两个围棋队要进行团体比赛. 甲队的成员有两种组队方案，分别用 $\alpha_1$（刘、王、李），$\alpha_2$（李、赵、刘）表示. 乙队有三种组队方案，分别用 $\beta_1$（吴、宋、叶），$\beta_2$（宋、吴、叶），$\beta_3$（叶、张、吴）表示. 根据双方以往的比赛情况，通常有以下结果，用矩阵表示为

$$\begin{array}{c} \\ \alpha_1 \\ \alpha_2 \end{array}\begin{array}{c}\begin{matrix}\beta_1 & \beta_2 & \beta_3\end{matrix}\\ \begin{bmatrix}5&-6&-4\\-1&2&-2\end{bmatrix}\end{array},$$

其中的数字，表示比赛结束时，甲方的赢得结果，正数表示甲队赢的单位数，负数表示甲队输乙队赢的单位数. 此矩阵也称为甲队的赢得矩阵. 试根据此矩阵找出甲乙两队比赛的最佳方案.

**解** 由于双方明智，所以甲队只能从每一个 $\alpha_i\,(i=1,2)$ 中考虑最差的结果，然后再从中选取一个较好的结果.

对于甲方，

$$\alpha_1\text{ 中的最小者}:\min(5,-6,-4)=-6,$$
$$\alpha_2\text{ 中的最小者}:\min(-1,2,-2)=-2,$$

再从最小者中选取最大的，即 $\max(-6,-2)=-2$.

同理，乙队只能从 $\beta_j\,(j=1,2,3)$ 中找最大的数（即输得最多的），然后从最大者中找最小的，即

$\beta_1$ 中的最大者：$\max(5,-1)=5$，

$\beta_2$ 中的最大者：$\max(-6,2)=2$，

$\beta_3$ 中的最大者：$\max(-4,-2)=-2$.

所以 $\min(5,2,-2)=-2$.

因此，对甲方来说，其最优选择是 $\alpha_2$；对乙方来说，其最佳方案是选取 $\beta_3$. 我们称 $(\alpha_2,\beta_3)$ 是这个对策的解，它是对策双方在不承担风险的情况下都乐意接受的结果.

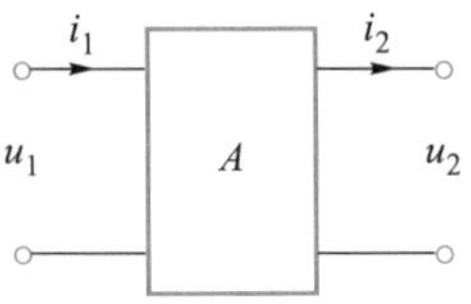

图 8.2

例 2[电路设计]　在电路设计中，经常要把复杂的电路分割为局部电路，每一个电路都用一个网络"黑盒子"来表示. 黑盒子的输入为 $u_1,i_1$，输出为 $u_2,i_2$，其输入输出关系用一个矩阵 $\boldsymbol{A}$ 来表示(如图 8.2 所示)：

$$\begin{bmatrix}u_2\\i_2\end{bmatrix}=\boldsymbol{A}\begin{bmatrix}u_1\\i_1\end{bmatrix}$$

$\boldsymbol{A}$ 是 2×2 矩阵，称为该局部电路的**传输矩阵**.

把复杂的电路分成许多串接局部电路，分别求出它们的传输矩阵，再相乘起来，得到总的传输矩阵，可以使分析电路的工作简化.

以图 8.3 为例，把两个电阻组成的分压电路分成两个串接的子网络. 第一个子网络只包含电阻 $R_1$，第二个子网络只包含电阻 $R_2$，列出第一个子网络的电路方程为

$$i_2=i_1,\quad u_2=u_1-i_1R_1.$$

写成矩阵方程为

$$\begin{bmatrix}u_2\\i_2\end{bmatrix}=\begin{bmatrix}1&-R_1\\0&1\end{bmatrix}\cdot\begin{bmatrix}u_1\\i_1\end{bmatrix}=\boldsymbol{A}_1\begin{bmatrix}u_1\\i_1\end{bmatrix}.$$

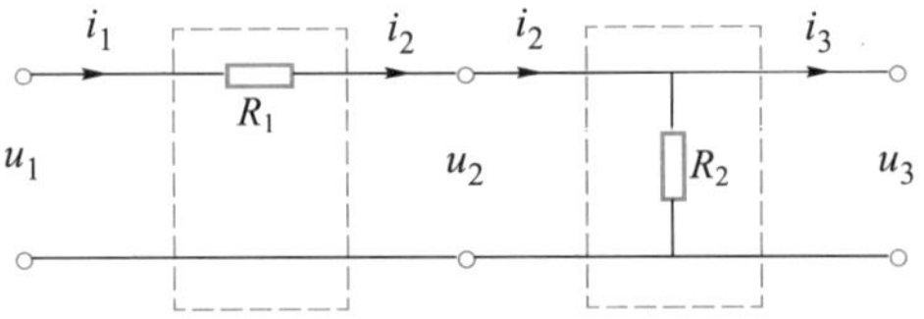

图 8.3

同样可列出第二个子网络的电路方程，

$$i_3=i_2-\frac{u_2}{R_2},\quad u_3=u_2.$$

写成矩阵方程为：

$$\begin{bmatrix}u_3\\i_3\end{bmatrix}=\begin{bmatrix}1&0\\-\dfrac{1}{R_2}&1\end{bmatrix}\begin{bmatrix}u_2\\i_2\end{bmatrix}=\boldsymbol{A}_2\begin{bmatrix}u_2\\i_2\end{bmatrix}.$$

由以上公式分别得到两个子网络的传输矩阵

$$A_1=\begin{bmatrix}1 & -R_1\\0 & 1\end{bmatrix},\quad A_2=\begin{bmatrix}1 & 0\\-\dfrac{1}{R_2} & 1\end{bmatrix}.$$

整个电路的传输矩阵为两者的乘积

$$A=A_2A_1=\begin{bmatrix}1 & 0\\-\dfrac{1}{R_2} & 1\end{bmatrix}\begin{bmatrix}1 & -R_1\\0 & 1\end{bmatrix}=\begin{bmatrix}1 & -R_1\\-\dfrac{1}{R_2} & 1+\dfrac{R_1}{R_2}\end{bmatrix}.$$

实际中通常对比较复杂的网络进行分段,对于这样简单的电路是不需要分段的,这里只是一个示例.

例 3[缉毒船的速度] 一艘载有毒品的船以 63 nmile/h(nmile/h:海里,1 nmile≈1.852 km)的速度离开港口,由于得到举报,24 分钟后一缉毒船以 75 nmile/h 的速度从港口出发追赶毒品走私船,问当缉毒船追上载有毒品的船时,它们各行驶了多长时间?

解 设当缉毒船追上载有毒品的船时,载有毒品的船和缉毒船各行驶了 $x_1,x_2$ 小时,由题意知,它们满足

$$\begin{cases}63x_1=75x_2,\\x_1-\dfrac{24}{60}=x_2,\end{cases}$$

即

$$\begin{cases}63x_1-75x_2=0,\\x_1-x_2=0.4.\end{cases}$$

记 $A=\begin{bmatrix}63 & -75\\1 & -1\end{bmatrix}$,$X=\begin{bmatrix}x_1\\x_2\end{bmatrix}$,$B=\begin{bmatrix}0\\0.4\end{bmatrix}$,方程 $AX=B$ 两边同时左乘 $A^{-1}$,得

$$X=A^{-1}B.$$

由初等行变换,可以得到 $A$ 的逆矩阵为 $A^{-1}=\dfrac{1}{12}\begin{bmatrix}-1 & 75\\-1 & 63\end{bmatrix}$.

所以,

$$X=A^{-1}B=\frac{1}{12}\begin{bmatrix}-1 & 75\\-1 & 63\end{bmatrix}\begin{bmatrix}0\\0.4\end{bmatrix}=\begin{bmatrix}2.5\\2.1\end{bmatrix},$$

即当缉毒船追上载有毒品的船时,载有毒品的船和缉毒船各行驶了 2.5 h 和 2.1 h.

例 4[配料问题] 某工厂检验室有甲、乙两种不同的化学原料,甲种原料含锌 10% 含镁 20%,乙种原料含锌 10% 含镁 30%,现在要用这两种原料分别配制 A、B 两种试剂,A 试剂需含锌、镁各 2 g、5 g,B 试剂需含锌、镁各 1 g、2 g. 问配制 A、B 两种试剂分别需要甲、乙两种化学原料各多少克?

解 设配制 A 试剂需要甲、乙两种化学原料分别为 $x$ g,$y$ g,配制 B 试剂需要甲、乙两种化学原料分别为 $s$ g,$t$ g. 根据题意,得矩阵方程

$$\begin{bmatrix}0.1 & 0.1\\0.2 & 0.3\end{bmatrix}\begin{bmatrix}x & s\\y & t\end{bmatrix}=\begin{bmatrix}2 & 1\\5 & 2\end{bmatrix}.$$

令 $A=\begin{bmatrix}0.1 & 0.1\\0.2 & 0.3\end{bmatrix}$,$X=\begin{bmatrix}x & s\\y & t\end{bmatrix}$,$B=\begin{bmatrix}2 & 1\\5 & 2\end{bmatrix}$,则 $X=A^{-1}B$.

下面用初等行变换求 $\boldsymbol{A}^{-1}$：

$$\left[\begin{array}{cc:cc}0.1&0.1&1&0\\0.2&0.3&0&1\end{array}\right]\xrightarrow[10②]{10①}\left[\begin{array}{cc:cc}1&1&10&0\\2&3&0&10\end{array}\right]\xrightarrow{②+(-2)①}\left[\begin{array}{cc:cc}1&1&10&0\\0&1&-20&10\end{array}\right]$$

$$\xrightarrow{①+(-1)②}\left[\begin{array}{cc:cc}1&0&30&-10\\0&1&-20&10\end{array}\right],$$

即

$$\boldsymbol{A}^{-1}=\begin{bmatrix}30&-10\\-20&10\end{bmatrix},$$

所以，

$$\boldsymbol{X}=\begin{bmatrix}x&s\\y&t\end{bmatrix}=\begin{bmatrix}30&-10\\-20&10\end{bmatrix}\begin{bmatrix}2&1\\5&2\end{bmatrix}=\begin{bmatrix}10&10\\10&0\end{bmatrix},$$

即配制 A 试剂分别需要甲、乙两种化学原料各 10 g，配制 B 试剂分别需要甲、乙两种化学原料 10 g、0 g.

## 练习题 8.7

1. 在军事通讯中，常将字符（信号）与数字对应，如：

| a | b | c | d | e | f | g | … | x | y | z |
|---|---|---|---|---|---|---|---|---|---|---|
| 1 | 2 | 3 | 4 | 5 | 6 | 7 | … | 24 | 25 | 26 |

例如，are 对应一矩阵 $\boldsymbol{B}=(1,18,5)$，但如果按这种方式传输，则很容易被敌方破译. 于是，必须采取加密，即用一个约定的加密矩阵 $\boldsymbol{A}$ 乘以原信号 $\boldsymbol{B}$，传输信号为 $\boldsymbol{C}=\boldsymbol{A}\boldsymbol{B}^{\mathrm{T}}$，收到信号的一方再将信号还原（破译）为 $\boldsymbol{B}^{\mathrm{T}}=\boldsymbol{A}^{-1}\boldsymbol{C}$. 如果敌方不知道加密矩阵，则很难破译. 设收到的信号为 $\boldsymbol{C}=(21,27,31)^{\mathrm{T}}$，并已知加密矩阵为 $\boldsymbol{A}=\begin{bmatrix}-1&0&1\\0&1&1\\1&1&1\end{bmatrix}$，问原信号 $\boldsymbol{B}$ 是什么？

2. 某人用 60 万元投资 A、B 两个项目，其中项目 A 的收益率为 7%，项目 B 的收益率为 12%，最终总收益为 5.6 万元. 问他在 A、B 项目上各投资了多少万元？

3. 我国某地方为避开高峰期用电，实行分时段计费，鼓励夜间用电. 某地白天（AM8:00—PM11:00）与夜间（PM11:00—AM8:00）的电费标准为 $\boldsymbol{P}$，若某宿舍两户人家某月的用电情况如下：$\begin{matrix}\\ 一\\ 二\end{matrix}\begin{matrix}白天 & 夜间\\ \begin{bmatrix}120&150\\132&174\end{bmatrix}\end{matrix}$，所交电费 $\boldsymbol{F}=(90.29,101.41)$，问如何用矩阵的运算表示当地的电费？

# 8.8 用 MATLAB 计算行列式和矩阵

### 一、MATLAB 行列式运算函数 det

行列式是和矩阵并列的数学概念. 把一个方阵看作一个行列式，并对其按行列式的规则求值，这个值就称为矩阵所对应的行列式的值. 在 MATLAB 中，我们用 det(*A*) 求方

阵 **A** 所对应的行列式的值. 用 A′求行列式的转置行列式.

二、函数 det 的用法举例

例 1 求下列行列式的值.

(1) $\begin{vmatrix} 2 & 1 & -1 \\ 4 & -1 & 1 \\ 201 & 102 & -99 \end{vmatrix}$;  (2) $\begin{vmatrix} -2 & 3 & -8 & -1 \\ 1 & -2 & 5 & 0 \\ 3 & 1 & -2 & 4 \\ \frac{1}{2} & 2 & 1 & -\frac{5}{2} \end{vmatrix}$;

(3) $\begin{vmatrix} 1 & a & a^2 \\ 1 & b & b^2 \\ 1 & c & c^2 \end{vmatrix}$;  (4) $\begin{vmatrix} 1 & 2 & 3 & 4 \\ 1 & 0 & 1 & 2 \\ 3 & -1 & -1 & 0 \\ 1 & 2 & 0 & -5 \end{vmatrix}$;

(5) $\begin{vmatrix} x & a & a & a \\ a & x & a & a \\ a & a & x & a \\ a & a & a & x \end{vmatrix}$.

解 (1)

```
≫ D=[2 1 -1;4 -1 1;201 102 -99]
D =
    2     1     -1
    4    -1      1
  201   102    -99
≫ det(D)
ans =
-18
```

(2)

```
≫ D=[-2 3 -8 -1 ;1 -2 5 0;3 1 -2 4;1/2 2 1 -5/2]
D=
   -2.0000    3.0000    -8.0000    -1.0000
    1.0000   -2.0000     5.0000     0
    3.0000    1.0000    -2.0000     4.0000
    0.5000    2.0000     1.0000    -2.5000
≫ D=sym(D)                   %用 sym 命令将数值矩阵 D 转换为符号矩阵 D
D =
[ -2,    3,    -8,    -1]
[  1,   -2,     5,     0]
[  3,    1,    -2,     4]
[1/2,    2,     1,  -5/2]
≫ det(D)
ans =
```

```
30
```

(3)

```
>> syms a b c
>> A=[1 a a^2;1 b b^2;1 c c^2]
 A=
[  1,   a, a^2]
[  1,   b, b^2]
[  1,   c, c^2]
>> det(A)
ans=
b*c^2-b^2*c-a*c^2+a^2*c+a*b^2-a^2*b
>> simple(ans)
ans=
-(-c+b)*(a-c)*(a-b)
>> simple(ans)
ans=
(c-b)*(a-c)*(a-b)
```

(4)

```
>> D=[1 2 3 4 ;1 0 1 2;3 -1 -1 0;1 2 0 -5]
D=
  1   2   3   4
  1   0   1   2
  3  -1  -1   0
  1   2   0  -5
>> det(D)
ans=
-24
```

(5)

```
>> syms  x a
>> D=[x a a a ;a x a a;a a x a; a a a x]
D=
[ x, a, a, a]
[ a, x, a, a]
[ a, a, x, a]
[ a, a, a, x]
>> det(D)
ans=
```

```
x^4-6*x^2*a^2+8*x*a^3-3*a^4
>> simple(ans)
ans =
-(3*a+x)*(a-x)^3
```

### 三、MATLAB 矩阵运算

#### 1. 矩阵的转置

矩阵的转置用“'”实现,A'为矩阵 $\boldsymbol{A}$ 的转置矩阵. 如果 $\boldsymbol{A}$ 是复数矩阵,则 A'就是矩阵 $\boldsymbol{A}$ 的复共轭转置.

#### 2. 矩阵的四则运算

(1) 矩阵的加减

同阶矩阵的加减用“+”和“-”运算实现. 即用 A+B 实现矩阵 $\boldsymbol{A}$ 与 $\boldsymbol{B}$ 的加法运算;同理用$A-B$实现矩阵 $\boldsymbol{A}$ 与 $\boldsymbol{B}$ 的减法运算.

(2) 矩阵的乘法

矩阵 $\boldsymbol{A}$ 与 $\boldsymbol{B}$ 的乘法运算用 A*B 实现. 同时,向量的内积运算也可以用矩阵的乘法实现. 这时向量可以看成行矩阵或列矩阵.

(3) 矩阵的除法

矩阵 $\boldsymbol{A}$ 与 $\boldsymbol{B}$ 的除法运算分为左除和右除两种,分别用运算符“/”和“\”表示. 假设矩阵 $\boldsymbol{A}$ 与 $\boldsymbol{B}$ 都是 $n$ 阶方阵,并且矩阵 $\boldsymbol{A}$ 是非奇异的,那么 A\B 表示 $\boldsymbol{A}^{-1}\boldsymbol{B}$,B/A 表示 $\boldsymbol{B}\boldsymbol{A}^{-1}$. 一般来说矩阵的左除和右除的结果不相等.

(4) 矩阵的乘方

方阵 $\boldsymbol{A}$ 的乘方运算用“^”实现.

当 $p>0$ 时,A^p 是 $\boldsymbol{A}$ 的 $p$ 次幂;

当 $p=0$ 时,A^0 是单位阵;

当 $p<0$ 时,则只有 $\boldsymbol{A}$ 是非奇异矩阵时才有意义.

(5) 逆矩阵的运算函数 inv(A)

在 MATLAB 中用 inv(A)实现求矩阵 $\boldsymbol{A}$ 的逆矩阵.

(6) 矩阵的秩的运算函数

在 MATLAB 中用 rank(A)实现求矩阵 $\boldsymbol{A}$ 的秩.

### 四、矩阵运算举例

**例 2** 已知矩阵 $\boldsymbol{A}=\begin{bmatrix}1&0&-1\\2&1&0\\3&2&-1\end{bmatrix}$,$\boldsymbol{B}=\begin{bmatrix}-2&1&0\\0&3&1\\0&0&2\end{bmatrix}$,求 $\boldsymbol{A}^{\mathrm{T}}$,$\boldsymbol{A}+\boldsymbol{B}$,$\boldsymbol{AB}$,$\boldsymbol{A}$ 的秩,$\boldsymbol{A}$ 的逆矩阵.

**解**

```
>> A=[1 0 -1;2 1 0;3 2 -1]
A =
    1   0   -1
    2   1    0
    3   2   -1
```

```
>> B=[-2 1 0 ;0 3 1 ;0 0 2]
B=
    -2   1   0
     0   3   1
     0   0   2
>> A'
ans=
     1   2    3
     0   1    2
    -1   0   -1
>> A+B
ans=
    -1   1   -1
     2   4    1
     3   2    1
>> A*B
ans=
    -2   1   -2
    -4   5    1
    -6   9    0
>> A=sym(A)                  % 用 sym 命令将数值矩阵 A 转换为符号矩阵.
A=
[1,  0, -1]
[2,  1,  0]
[3,  2, -1]
>> inv(A)                    % 求矩阵 A 的逆矩阵.
ans=
[ 1/2,   1,  -1/2]
[  -1,  -1,     1]
[-1/2,   1,  -1/2]
>> rank(A)                   % 求矩阵 A 的秩.
ans=
3
```

## 练习题 8.8

1. 已知 $\boldsymbol{A}=\begin{bmatrix}2 & -1\\ -4 & 0\\ 3 & 5\end{bmatrix}$，$\boldsymbol{B}=\begin{bmatrix}9 & -8\\ -7 & 10\end{bmatrix}$，求 $\boldsymbol{AB}$.

2. 求矩阵 $\begin{bmatrix}2 & 2 & 3\\ 1 & -1 & 0\\ -1 & 2 & 1\end{bmatrix}$ 的逆矩阵.

3. 求矩阵 $\begin{bmatrix} 1 & -2 & 3 & 5 \\ 0 & 1 & 2 & 1 \\ 1 & -1 & 5 & 6 \end{bmatrix}$ 的秩.

## 本章小结

### 一、行列式的定义

行列式的实质是一个数值,它是由一大堆数字经过一种特殊运算规则而得出的数,这堆数排列成相当规范的 $n$ 行 $n$ 列的数表形式.所以我们可以把行列式当成一个数值来进行加减乘除等运算.

对于行列式的这个概念,仅仅是给出了行列式的一种通用定义,它能用来求特殊行列式(比如三角形行列式、对角形行列式等)的值和做一些证明,而真正要来求行列式的值,需要依据行列式的性质和展开法则.

### 二、行列式的性质

1. 行列式转置后值不变.这条性质说明行列式的行、列等价,凡是对行成立的,对列也成立.

2. 互换行列式的两行(列),行列式变号.

3. 若行列式两行(列)相等,则行列式为0.

4. 数乘行列式等于该数与行列式某一行(列)所有元素相乘.

5. 若行列式两行(列)对应成比例,则行列式为0.

6. 行列式的加法运算:若行列式某一行(列)的每个元素都可以看成两项的和的话,可以将行列式展开成两个同阶行列式的和.

7. 某行(列)所有元素同乘一个数加到另外一行(列)对应元素上,行列式的值不变.

这七条性质往往组合使用来求行列式的值.尤其第7条性质,一定要会熟练运用.

### 三、行列式的行(列)展开法则

行列式的行(列)展开法则其实是一种降阶求行列式值的方法.

运用行列式的行(列)展开法则时一定注意一点,即一定是某行(列)每个元素同乘以自己对应的代数余子式.

如果是某行(列)每个元素同乘以另外一行(列)对应元素的代数余子式,则行列式的值为零.

### 四、克拉默法则

克拉默法则是用来求线性方程组的解的一种方法.

1. 非齐次线性方程组当系数行列式不等于零时有唯一解.

2. 齐次线性方程组当系数行列式不等于零时有唯一的零解.

3. 非齐次线性方程组当系数行列式等于零时有两种可能:无穷解或无解.

4. 齐次线性方程组当系数行列式等于零时有无穷多解.

### 五、矩阵的运算

1. 矩阵的相等

注意两个矩阵相等满足两个条件:① 具有相同的行数和列数,② 对应位置上的元素完全相同.

2. 矩阵的加法

矩阵的加法就是将两个同型矩阵对应位置上的元素相加得到的矩阵.

3. 数与矩阵相乘

以数 $k$ 乘矩阵 $\boldsymbol{A}=(a_{ij})_{m\times n}$ 的每个元素所得的矩阵.

4. 矩阵的乘法

矩阵相乘需注意几点:

(1) $\boldsymbol{A}$ 的列数等于 $\boldsymbol{B}$ 的行数时,$\boldsymbol{AB}$ 才有意义.

(2) $\boldsymbol{C}=(c_{ij})$ 为 $\boldsymbol{A}$ 的第 $i$ 行元素与 $\boldsymbol{B}$ 的第 $j$ 列对应元素的乘积的和.

(3) $\boldsymbol{C}$ 的行数等于 $\boldsymbol{A}$ 的行数,$\boldsymbol{C}$ 的列数等于 $\boldsymbol{B}$ 的列数.

(4) 矩阵乘法一般不满足交换律,即 $\boldsymbol{AB}\neq\boldsymbol{BA}$.

(5) 由 $\boldsymbol{AB}=\boldsymbol{O}$,一般不能推出 $\boldsymbol{A}=\boldsymbol{O}$ 或 $\boldsymbol{B}=\boldsymbol{O}$.

(6) $m$ 个方阵连乘,得到方阵的幂,记作 $\boldsymbol{A}^m$.

5. 矩阵的转置

注意转置运算中,$(\boldsymbol{AB})^{\mathrm{T}}=\boldsymbol{B}^{\mathrm{T}}\boldsymbol{A}^{\mathrm{T}}$.

## 六、逆矩阵

1. 方阵 $\boldsymbol{A}$ 有逆矩阵的充分必要条件是 $|\boldsymbol{A}|\neq 0$,且 $\boldsymbol{A}^{-1}=\dfrac{1}{|\boldsymbol{A}|}\boldsymbol{A}^*$.

2. 用初等变换求逆矩阵.

## 七、矩阵的秩

1. 秩的定义;求矩阵的秩的方法:根据初等变换不改变矩阵的秩,而任意矩阵都可由初等变换化成阶梯形矩阵,可以得到阶梯形矩阵的非零行的行数即为矩阵的秩.

2. $n$ 阶矩阵 $\boldsymbol{A}$ 可逆的充要条件是 $R(\boldsymbol{A})=n$.

# 综合练习题八

一、单项选择题.

1. 当 $\lambda\neq 1$ 时,$\lambda=($　　$)$时,$\begin{vmatrix}\lambda & 1 & 1\\ 1 & \lambda & 1\\ 1 & 1 & \lambda\end{vmatrix}=0$.

A. $-1$　　B. $-2$　　C. $-3$　　D. $-4$

2. 如果 $D=\begin{vmatrix}a_{11} & a_{12} & a_{13}\\ a_{21} & a_{22} & a_{23}\\ a_{31} & a_{32} & a_{33}\end{vmatrix}=M\neq 0$,$D_1=\begin{vmatrix}2a_{11} & 2a_{12} & 2a_{13}\\ 2a_{31} & 2a_{32} & 2a_{33}\\ 2a_{21} & 2a_{22} & 2a_{23}\end{vmatrix}$,那么 $D_1=($　　$)$.

A. $2M$　　B. $-2M$　　C. $8M$　　D. $-8M$

3. 将 $n$ 阶行列式 $|a_{ij}|=M$ 的所有元素变号后的值为(　　).

A. $M$　　B. $-M$　　C. $(-1)^nM$　　D. $(-1)^{n-1}M$

4. 设 $A_{ij}(i,j=1,2,3)$ 是三阶行列式中元素 $a_{ij}(i,j=1,2,3)$ 的代数余子式,则当

(　　)时,必有 $a_{13}A_{1j}+a_{23}A_{2j}+a_{33}A_{3j}=0$.

A. $j=3$　　B. $j=1$ 或 $j=3$　　C. $j=2$ 或 $j=3$　　D. $j=1$ 或 $j=2$

5. 设 $n$ 阶行列式 $|a_{ij}|=M$,现将第一行移到最后一行的位置而其余各行保持原来的次序,此时行列式的值为(　　).

A. $M$　　B. $-M$　　C. $(-1)^nM$　　D. $(-1)^{n-1}M$

6. 如果方程组 $\begin{cases}3x_1+kx_2-x_3=0,\\ 4x_2+x_3=0,\\ kx_1-5x_2-x_3=0\end{cases}$ 有非零解,则(　　).

A. $k=0$　　B. $k=-1$

C. $k=1$　　D. $k=-3$ 或 $k=-1$

7. 当 $k=$(　　)时,方程组 $\begin{cases}x_1+2kx_3=0,\\ x_1+kx_2+5x_3=0,\\ x_1-2kx_2+kx_3=0\end{cases}$ 仅有零解.

A. $k=2$　　B. $k=0$

C. $k\neq0$ 且 $k\neq2$　　D. $k=0$ 或 $k=2$

8. 矩阵 $\boldsymbol{A}=\begin{bmatrix}1&3\\3&6\end{bmatrix}$,$\boldsymbol{B}=\begin{bmatrix}6&-3\\-3&1\end{bmatrix}$,则 $\boldsymbol{B}$ 是 $\boldsymbol{A}$ 的(　　).

A. 转置矩阵　　B. 伴随矩阵

C. 负矩阵　　D. 逆矩阵

9. 已知矩阵 $\boldsymbol{A}=\begin{bmatrix}3&1&-2\\2&3&5\end{bmatrix}$,$\boldsymbol{B}=\begin{bmatrix}1&-3\\5&4\\2&7\end{bmatrix}$,则 $\boldsymbol{AB}$ 是(　　)矩阵.

A. 3 行 2 列　　B. 3 行 3 列

C. 2 行 2 列　　D. 2 行 3 列

10. 方阵 $\boldsymbol{A}$ 与其伴随矩阵 $\boldsymbol{A}^*$ 的关系是(　　).

A. $\boldsymbol{AA}^*\neq\boldsymbol{A}^*\boldsymbol{A}$　　B. $\boldsymbol{AA}^*=\boldsymbol{A}^*\boldsymbol{A}=\boldsymbol{E}$

C. $\boldsymbol{AA}^*=\boldsymbol{E}$　　D. $\boldsymbol{AA}^*=\boldsymbol{A}^*\boldsymbol{A}=|\boldsymbol{A}|\boldsymbol{E}$

11. 设 $\boldsymbol{A}$,$\boldsymbol{B}$ 为同阶方阵,则下列命题正确的是(　　).

A. 若 $\boldsymbol{AB}=\boldsymbol{O}$,则必有 $\boldsymbol{A}=\boldsymbol{O}$ 或 $\boldsymbol{B}=\boldsymbol{O}$.

B. 若 $\boldsymbol{AB}\neq\boldsymbol{O}$,则必有 $\boldsymbol{A}\neq\boldsymbol{O}$,$\boldsymbol{B}\neq\boldsymbol{O}$.

C. 若 $R(\boldsymbol{A})\neq0$,$R(\boldsymbol{B})\neq0$,则 $R(\boldsymbol{AB})\neq0$.

D. $(\boldsymbol{AB})^{-1}=\boldsymbol{A}^{-1}\boldsymbol{B}^{-1}$.

12. $n$ 元齐次线性方程组 $\boldsymbol{AX}=\boldsymbol{O}$ 有非零解的充分必要条件是(　　).

A. $R(\boldsymbol{A})=n$　　B. $R(\boldsymbol{A})<n$

C. $R(\boldsymbol{A})>n$　　D. $R(\boldsymbol{A})$ 与 $n$ 无关

二、判断题.

1. 行列式与其转置后的值互为相反数,即 $D=-D^{\mathrm{T}}$.　　(　　)

2. $\begin{vmatrix}ka_{11}&ka_{12}&ka_{13}\\ka_{21}&ka_{22}&ka_{23}\\ka_{31}&ka_{32}&ka_{33}\end{vmatrix}=k\begin{vmatrix}a_{11}&a_{12}&a_{13}\\a_{21}&a_{22}&a_{23}\\a_{31}&a_{32}&a_{33}\end{vmatrix}$.　　(　　)

3. $\begin{vmatrix} -1 & 2 & 0.1 \\ 0 & 0 & 0 \\ 3 & 0.2 & -5 \end{vmatrix}=0$. ( )

4. $\begin{vmatrix} a_{11}+b_{11} & a_{12}+b_{12} \\ a_{21}+b_{21} & a_{22}+b_{22} \end{vmatrix}=\begin{vmatrix} a_{11} & a_{12} \\ a_{21} & a_{22} \end{vmatrix}+\begin{vmatrix} b_{11} & b_{12} \\ b_{21} & b_{22} \end{vmatrix}$. ( )

5. 所有的零矩阵都相等. ( )

6. 若矩阵 $\boldsymbol{AC}=\boldsymbol{BC}$，且 $\boldsymbol{C}\neq\boldsymbol{O}$，则 $\boldsymbol{A}=\boldsymbol{B}$. ( )

7. 矩阵 $\begin{bmatrix} ka & kc \\ kb & kd \end{bmatrix}=k\begin{bmatrix} a & c \\ b & d \end{bmatrix}$. ( )

8. 若 $n$ 阶矩阵 $\boldsymbol{A},\boldsymbol{B}$ 都可逆，则 $(\boldsymbol{AB})^{-1}=\boldsymbol{A}^{-1}\boldsymbol{B}^{-1}$. ( )

9. 设 $\boldsymbol{A},\boldsymbol{B}$ 为同阶可逆矩阵，则 $(\boldsymbol{AB})^{\mathrm{T}}=\boldsymbol{B}^{\mathrm{T}}\boldsymbol{A}^{\mathrm{T}}$ 成立. ( )

10. 设 $\boldsymbol{A}$ 是 $n$ 阶可逆矩阵，$k$ 是不为 0 的常数，则 $(k\boldsymbol{A})^{-1}=\frac{1}{k}\boldsymbol{A}^{-1}$. ( )

11. 若矩阵 $\boldsymbol{A}$ 的秩为 $r$，则 $\boldsymbol{A}$ 中任一 $m(m>r)$ 阶子式全为零. ( )

12. 设 $\boldsymbol{A}$ 是四阶方阵，若 $R(\boldsymbol{A})=3$，则 $\boldsymbol{A}$ 化为阶梯形矩阵后有一个零行. ( )

三、填空题.

1. $\begin{vmatrix} 1 & \log_a b \\ \log_b a & 1 \end{vmatrix}=$________，$\begin{vmatrix} \cos\alpha & -\sin\alpha \\ \sin\alpha & \cos\alpha \end{vmatrix}=$________.

2. 当 $k=$________时，$\begin{vmatrix} k & 3 & 4 \\ -1 & k & 0 \\ 0 & k & 1 \end{vmatrix}=0$.

3. 行列式 $D=\begin{vmatrix} -1 & -2 & -3 \\ 2 & 3 & 4 \\ 3 & 4 & 5 \end{vmatrix}$，其转置行列式 $D^T=$________.

4. 已知三阶行列式 $\begin{vmatrix} a_{11} & a_{12} & a_{13} \\ a_{21} & a_{22} & a_{23} \\ a_{31} & a_{32} & a_{33} \end{vmatrix}$，元素 $a_{22}$ 的余子式是________，$a_{31}$ 的代数余子式是________，按第 3 列的展开式为________.

5. $\begin{vmatrix} 1 & x & y & z \\ x & 1 & 0 & 0 \\ y & 0 & 1 & 0 \\ z & 0 & 0 & 1 \end{vmatrix}=$________.

6. $\begin{vmatrix} a & b & c \\ b & c & a \\ c & a & b \end{vmatrix}=$________.

7. 行列式 $D_4=\begin{vmatrix} a_1 & a_2 & a_3 & x \\ b_1 & b_2 & b_3 & x \\ c_1 & c_2 & c_3 & x \\ d_1 & d_2 & d_3 & x \end{vmatrix}$ 中第一列各元素的代数余子式和 $A_{11}+A_{21}+A_{31}+A_{41}=$

________.

8. 若 $A=\begin{bmatrix}1&2&3\\-1&2&4\end{bmatrix}$，$B=\begin{bmatrix}2&0&-1\\1&3&-5\end{bmatrix}$，则 $A-2B=$________.

9. 设 $A=\begin{bmatrix}1&2\\2&1\\3&0\end{bmatrix}$，则 $AA^{T}=$________.

10. 设 $A=\begin{bmatrix}1&2&3\\0&1&2\\0&0&1\end{bmatrix}$，则 $A^{-1}=$________.

11. 设 $A=\begin{bmatrix}0&1&1\\1&0&1\\1&1&0\end{bmatrix}$，则 $A$ 的秩 $R(A)=$________.

12. 当 $\lambda=$________时，矩阵 $\begin{bmatrix}1&2&3&4\\-1&-1&-5&-4\\0&2&-4&\lambda\end{bmatrix}$ 的秩最小.

四、完成下列各题.

1. 计算下列行列式.

(1) $\begin{vmatrix}0&1&1&a\\1&0&1&b\\1&1&0&c\\a&b&c&d\end{vmatrix}$；

(2) $\begin{vmatrix}246&427&327\\1\,014&543&443\\-342&721&621\end{vmatrix}$；

(3) $\begin{vmatrix}1&4&9&16\\4&9&16&25\\9&16&25&36\\16&25&36&49\end{vmatrix}$；

(4) $\begin{vmatrix}1&2&2&\cdots&2&2\\2&2&2&\cdots&2&2\\2&2&3&\cdots&2&2\\\vdots&\vdots&\vdots&&\vdots&\vdots\\2&2&2&\cdots&2&n\end{vmatrix}$.

2. 计算题.

(1) $\begin{bmatrix}2\\1\\-1\\3\end{bmatrix}\begin{bmatrix}-2&1&0\end{bmatrix}$；

(2) 求矩阵 $A=\begin{bmatrix}1&0&0&0\\2&2&0&0\\3&3&3&0\\4&4&4&4\\5&8&9&12\end{bmatrix}$ 的秩；

(3) 求 $A=\begin{bmatrix}0&1&2\\1&1&4\\2&-1&0\end{bmatrix}$ 的逆矩阵.

# 第9章　向量与空间解析几何

## 9.1　空间直角坐标系与向量的概念

### 9.1.1　空间点的直角坐标

为了研究空间图形与数的关系，我们需要建立空间的点与有序数组之间的联系，为此我们通过引进空间直角坐标系来实现.

**定义1**　过定点 $O$，作三条互相垂直的数轴，它们都以 $O$ 为原点，且具有相同的长度单位. 这三条数轴分别叫作 $x$ 轴（横轴）、$y$ 轴（纵轴）、$z$ 轴（竖轴），统称坐标轴. 通常把 $x$ 轴和 $y$ 轴配置在水平面上，而 $z$ 轴则是铅垂线；它们的正方向要符合右手规则，即以右手握住 $z$ 轴，当右手的四指从正向 $x$ 轴以 $\frac{\pi}{2}$ 角度转向正向 $y$ 轴时，大拇指的指向就是 $z$ 轴的正向，这样的三条坐标轴就组成了一个空间直角坐标系，点 $O$ 叫作坐标原点（如图9.1）.

三条坐标轴中的任意两条可以确定一个平面，这样确定出的三个平面统称坐标面.

取定了空间直角坐标系后，就可以建立起空间的点与有序数组之间的对应关系.

向量的坐标表示（一）

设点 $M$ 为空间中任一点，过点 $M$ 作三个平面分别垂直于 $x$ 轴、$y$ 轴、$z$ 轴，它们与 $x$ 轴、$y$ 轴、$z$ 轴的交点依次为 $P, Q, R$，这三点在 $x$ 轴、$y$ 轴、$z$ 轴的坐标依次为 $x, y, z$. 于是空间的点 $M$ 就唯一的确定了一个有序数组 $x, y, z$. 这组数 $x, y, z$ 就叫作点 $M$ 的坐标，并依次称 $x, y, z$ 为点 $M$ 的横坐标，纵坐标和竖坐标（如图9.2）.

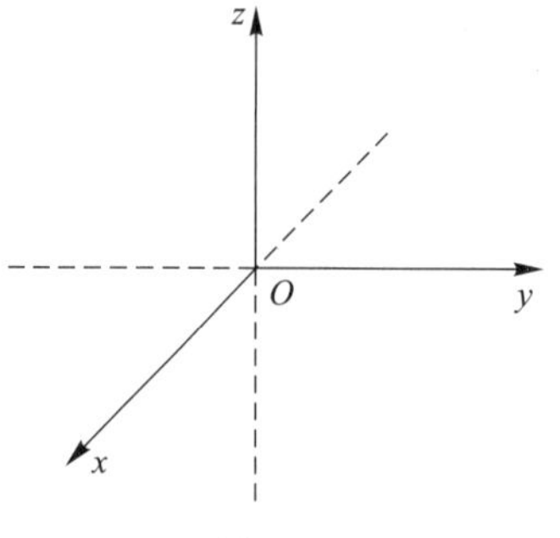

图9.1

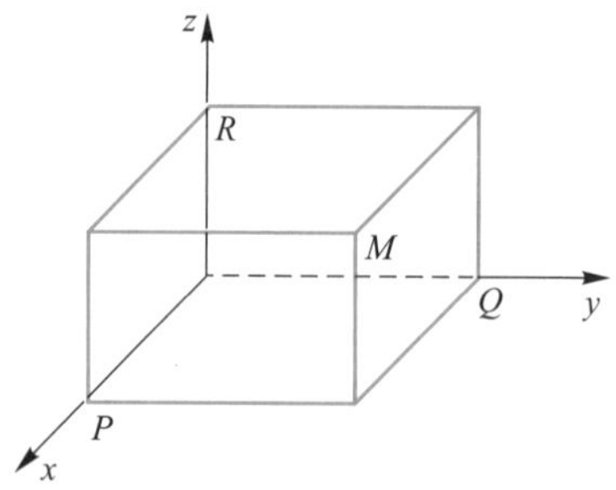

图9.2

坐标为 $x, y, z$ 的点 $M$ 通常记为 $M(x, y, z)$.

这样，通过空间直角坐标系，我们就建立了空间的点 $M$ 和有序数组 $x, y, z$ 之间的一一对应关系.

注 坐标面上和坐标轴上的点,其坐标各有一定的特征.

例如,如果点 $M$ 在 $yOz$ 平面上,则 $x=0$;同样,$zOx$ 面上的点,$y=0$;若点 $M$ 在 $x$ 轴上,则 $y=z=0$;如果点 $M$ 是原点,则 $x=y=z=0$ 等.

三个坐标平面把空间划分成八个区域,每个区域称为卦限,如图 9.3,在每个卦限内,点的坐标符号是固定的.八个卦限中坐标的符号依次为:

Ⅰ(+,+,+),Ⅱ(-,+,+),

Ⅲ(-,-,+),Ⅳ(+,-,+),

Ⅴ(+,+,-),Ⅵ(-,+,-),

Ⅶ(-,-,-),Ⅷ(+,-,-).

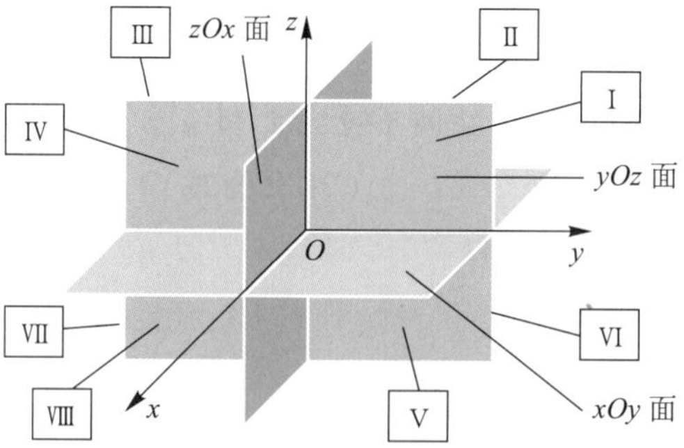


图 9.3

### 9.1.2 空间两点间的距离

设 $P_1(x_1,y_1,z_1)$,$P_2(x_2,y_2,z_2)$ 为空间中任意两点,则这两点间的距离为

$$|P_1P_2|=\sqrt{(x_2-x_1)^2+(y_2-y_1)^2+(z_2-z_1)^2}.$$

**例 1** 证明以 $A(4,3,1)$,$B(7,1,2)$,$C(5,2,3)$ 为顶点的 $\triangle ABC$ 是一等腰三角形.

**解** 由两点间的距离公式得

$$|AB|=\sqrt{(7-4)^2+(1-3)^2+(2-1)^2}=\sqrt{14},$$

$$|BC|=\sqrt{(5-7)^2+(2-1)^2+(3-2)^2}=\sqrt{6},$$

$$|CA|=\sqrt{(4-5)^2+(3-2)^2+(1-3)^2}=\sqrt{6},$$

由于 $|BC|=|CA|=\sqrt{6}$,所以 $\triangle ABC$ 是一等腰三角形.

**例 2** 在 $y$ 轴上求与点 $M_1(1,2,3)$ 和 $M_2(2,3,2)$ 等距离的点的坐标.

**解** 设所求点为 $M(0,y,0)$,则有

$$|M_1M|^2=|M_2M|^2,$$

即

$$1^2+(2-y)^2+3^2=2^2+(3-y)^2+2^2,$$

解得 $y=\dfrac{3}{2}$,所求点 $M$ 为 $\left(0,\dfrac{3}{2},0\right)$.

### 9.1.3 向量及运算

向量的概念

**定义2** 既有大小又有方向的量称为**向量**.

通常用一条有向线段来表示向量.有向线段的长度表示向量的大小,有向线段的方向表示向量的方向.

向量的表示方法有两种:$\boldsymbol{a}$ 或$\overrightarrow{AB}$(如图9.4);其中,$A$ 表示始点,$B$ 表示终点.

向量的模:向量的大小称作**向量的模**.向量 $\boldsymbol{a}$、$\overrightarrow{AB}$的模分别记为 $|\boldsymbol{a}|$、$|\overrightarrow{AB}|$.

单位向量:模等于1的向量称作**单位向量**.

零向量:模等于0的向量称作**零向量**,记作 $\mathbf{0}$.规定:$\mathbf{0}$ 的方向可以看作是任意的.

相等向量:方向相同大小相等的向量称为**相等向量**.

平行向量(亦称共线向量):已知两个非零向量 $\boldsymbol{a},\boldsymbol{b}$,如果它们的方向相同或相反,就称这两个**向量平行**,记作 $\boldsymbol{a}/\!/\boldsymbol{b}$.

规定:零向量与任何向量都平行.

向量的运算

**向量的运算:**

(1) 向量的加法

设有两个向量 $\boldsymbol{a}$ 与 $\boldsymbol{b}$,平移向量 $\boldsymbol{b}$,使 $\boldsymbol{b}$ 的起点与 $\boldsymbol{a}$ 的终点重合,此时从 $\boldsymbol{a}$ 的起点到 $\boldsymbol{b}$ 的终点的向量 $\boldsymbol{c}$ 称为**向量 $\boldsymbol{a}$ 与 $\boldsymbol{b}$ 的和**,记作 $\boldsymbol{a}+\boldsymbol{b}$,即 $\boldsymbol{c}=\boldsymbol{a}+\boldsymbol{b}$(如图9.5).

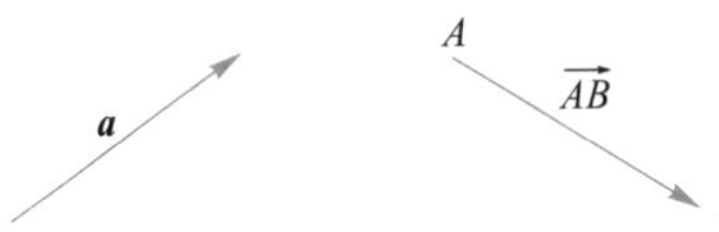


图9.4

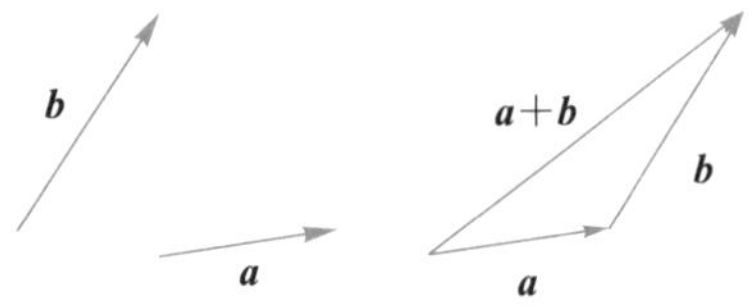


图9.5

当向量 $\boldsymbol{a}$ 与 $\boldsymbol{b}$ 不平行时,平移向量使 $\boldsymbol{a}$ 与 $\boldsymbol{b}$ 的起点重合,以 $\boldsymbol{a},\boldsymbol{b}$ 为邻边作一平行四边形,从公共起点到对角的向量即为向量 $\boldsymbol{a}$ 与 $\boldsymbol{b}$ 的和 $\boldsymbol{c}=\boldsymbol{a}+\boldsymbol{b}$(如图9.6).

向量的加法满足下列运算规律:

① 交换律 $\boldsymbol{a}+\boldsymbol{b}=\boldsymbol{b}+\boldsymbol{a}$;

② 结合律 $(\boldsymbol{a}+\boldsymbol{b})+\boldsymbol{c}=\boldsymbol{a}+(\boldsymbol{b}+\boldsymbol{c})$.

(2) 向量的减法

设有两个向量 $\boldsymbol{a}$ 与 $\boldsymbol{b}$,平移向量使 $\boldsymbol{b}$ 的起点与 $\boldsymbol{a}$ 的起点重合,此时连接两向量终点且指向被减数的向量就是两向量的差 $\boldsymbol{a}-\boldsymbol{b}$(如图9.7).

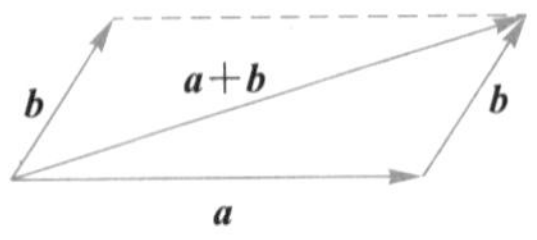


图9.6

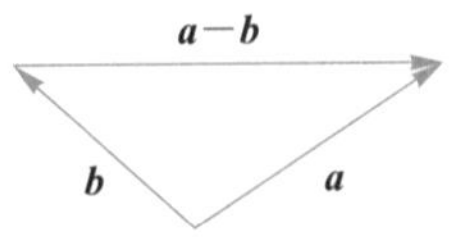


图9.7

(3) 向量与数的乘法

向量 $\boldsymbol{a}$ 与实数 $\lambda$ 的乘积记作 $\lambda\boldsymbol{a}$,规定 $\lambda\boldsymbol{a}$ 是一个向量,它的模 $|\lambda\boldsymbol{a}|=|\lambda|\,|\boldsymbol{a}|$;它

的方向当$\lambda>0$时与 $\boldsymbol{a}$ 相同，当 $\lambda<0$ 时与 $\boldsymbol{a}$ 相反.

向量的数乘运算满足下列运算规律：

① 结合律 $\lambda(\mu\boldsymbol{a})=\mu(\lambda\boldsymbol{a})=(\lambda\mu)\boldsymbol{a}$；

② 分配律 $(\lambda+\mu)\boldsymbol{a}=\lambda\boldsymbol{a}+\mu\boldsymbol{a}$（向量对数的分配律）；

$\lambda(\boldsymbol{a}+\boldsymbol{b})=\lambda\boldsymbol{a}+\lambda\boldsymbol{b}$（数对向量的分配律）.

例 3 在平行四边形 $ABCD$ 中，设$\overrightarrow{AB}=\boldsymbol{a}$，$\overrightarrow{AD}=\boldsymbol{b}$. 试用 $\boldsymbol{a}$ 和 $\boldsymbol{b}$ 表示向量$\overrightarrow{MA}$、$\overrightarrow{MB}$、$\overrightarrow{MC}$、$\overrightarrow{MD}$，其中 $M$ 是平行四边形对角线的交点（如图 9.8）.

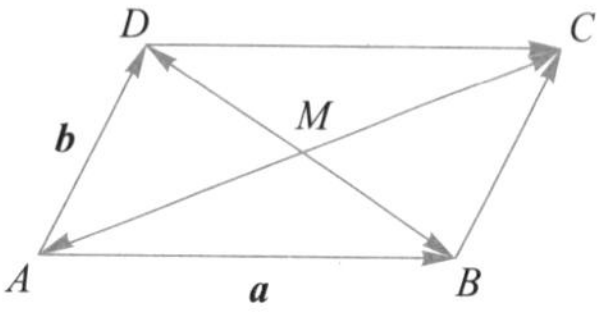

图 9.8

解 $\boldsymbol{a}+\boldsymbol{b}=\overrightarrow{AC}=2\overrightarrow{AM}$，于是$\overrightarrow{MA}=-\dfrac{1}{2}(\boldsymbol{a}+\boldsymbol{b})$.

因为$\overrightarrow{MC}=-\overrightarrow{MA}$，所以$\overrightarrow{MC}=\dfrac{1}{2}(\boldsymbol{a}+\boldsymbol{b})$.

又因$-\boldsymbol{a}+\boldsymbol{b}=\overrightarrow{BD}=2\overrightarrow{MD}$，所以$\overrightarrow{MD}=\dfrac{1}{2}(-\boldsymbol{a}+\boldsymbol{b})$.

由于$\overrightarrow{MB}=-\overrightarrow{MD}$，所以$\overrightarrow{MB}=\dfrac{1}{2}(\boldsymbol{a}-\boldsymbol{b})$.

**定理** 设向量 $\boldsymbol{a}\neq\boldsymbol{0}$，那么，向量 $\boldsymbol{b}$ 平行于向量 $\boldsymbol{a}$ 的充分必要条件是存在唯一的实数 $\lambda$ 使 $\boldsymbol{b}=\lambda\boldsymbol{a}$；且 $\lambda>0$ 时，$\boldsymbol{a}$ 与 $\boldsymbol{b}$ 同向；$\lambda<0$ 时，$\boldsymbol{a}$ 与 $\boldsymbol{b}$ 反向.

若 $\boldsymbol{a}\neq\boldsymbol{0}$，则 $\boldsymbol{a}^0=\dfrac{1}{|\boldsymbol{a}|}\boldsymbol{a}$ 是与 $\boldsymbol{a}$ 同向的单位向量，因此 $\boldsymbol{a}=|\boldsymbol{a}|\boldsymbol{a}^0$.

### 9.1.4 向量的坐标表示

在空间直角坐标系下，任意向量 $\boldsymbol{r}$ 可用向径$\overrightarrow{OM}$表示.（如图 9.9）.

向量的坐标表示（二）

如图 9.9，设点 $M$ 的坐标为 $M(x,y,z)$，则

$$\overrightarrow{OM}=\overrightarrow{ON}+\overrightarrow{NM}=\overrightarrow{OA}+\overrightarrow{OB}+\overrightarrow{OC};$$

故
$$\overrightarrow{OA}=x\boldsymbol{i},\overrightarrow{OB}=y\boldsymbol{j},\overrightarrow{OC}=z\boldsymbol{k};$$

$$\boldsymbol{r}=x\boldsymbol{i}+y\boldsymbol{j}+z\boldsymbol{k}.$$

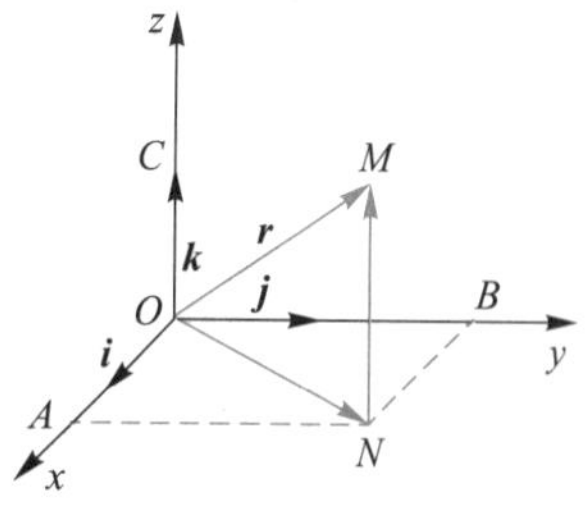

图 9.9

此式称为向量的坐标分解式，$x\boldsymbol{i}$，$y\boldsymbol{j}$，$z\boldsymbol{k}$ 称为向量 $\boldsymbol{r}$ 沿三个坐标轴方向的分向量. 因此，向量$\overrightarrow{OM}$与唯一一组有序数组 $(x,y,z)$ 建立了一一对应关系，则这组有序实数即为空间向量$\overrightarrow{OM}$的坐标，记作$\overrightarrow{OM}=(x,y,z)$.

向量的模：$|\boldsymbol{r}|=|\overrightarrow{OM}|=\sqrt{x^2+y^2+z^2}$.

设 $\boldsymbol{a}=(a_x,a_y,a_z)$，$\boldsymbol{b}=(b_x,b_y,b_z)$，$\lambda$ 为实数，则

$$\boldsymbol{a}\pm\boldsymbol{b}=(a_x\pm b_x,a_y\pm b_y,a_z\pm b_z),\lambda\boldsymbol{a}=(\lambda a_x,\lambda a_y,\lambda a_z).$$

因此，有如下结论：

当 $\boldsymbol{a}\neq\boldsymbol{0}$ 时，$\boldsymbol{b}/\!/\boldsymbol{a}\Leftrightarrow\boldsymbol{b}=\lambda\boldsymbol{a}\Leftrightarrow\dfrac{b_x}{a_x}=\dfrac{b_y}{a_y}=\dfrac{b_z}{a_z}$.

### 9.1.5 方向角与方向余弦

设有两非零向量 $\boldsymbol{a}$,$\boldsymbol{b}$,任取空间一点 $O$,作$\overrightarrow{OA}=\boldsymbol{a}$,$\overrightarrow{OB}=\boldsymbol{b}$(如图9.10),称 $\varphi=\angle AOB$ $(0\leqslant\varphi\leqslant\pi)$为向量 $\boldsymbol{a}$ 与 $\boldsymbol{b}$ 的夹角,记作$\langle\boldsymbol{a},\boldsymbol{b}\rangle=\varphi$,或$(\widehat{\boldsymbol{a},\boldsymbol{b}})=\varphi$.

类似地可定义向量与 $x$ 轴,$y$ 轴及 $z$ 轴的夹角.

给定 $\boldsymbol{r}=(x,y,z)\neq\boldsymbol{0}$,称 $\boldsymbol{r}$ 与三坐标轴的夹角 $\alpha,\beta,\gamma$ 为其方向角(如图9.11).方向角的余弦称为方向余弦,且

$$\cos\alpha=\frac{x}{|\boldsymbol{r}|}=\frac{x}{\sqrt{x^2+y^2+z^2}},$$

$$\cos\beta=\frac{y}{|\boldsymbol{r}|}=\frac{y}{\sqrt{x^2+y^2+z^2}},$$

$$\cos\gamma=\frac{z}{|\boldsymbol{r}|}=\frac{z}{\sqrt{x^2+y^2+z^2}}.$$

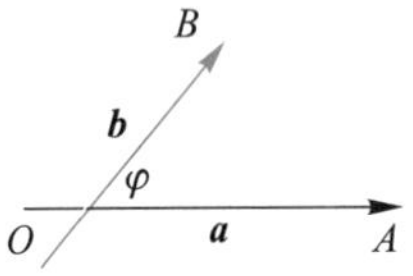


图9.10

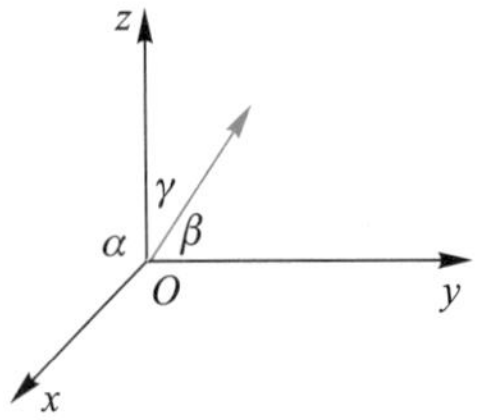


图9.11

根据上面的式子可以推出:$\cos^2\alpha+\cos^2\beta+\cos^2\gamma=1$.

$\boldsymbol{r}^0=\dfrac{\boldsymbol{r}}{|\boldsymbol{r}|}=(\cos\alpha,\cos\beta,\cos\gamma)$是与 $\boldsymbol{r}$ 同向的单位向量.

例4 已知两点 $M_1(2,2,\sqrt{2})$,$M_2(1,3,0)$,计算向量$\overrightarrow{M_1M_2}$的模、方向余弦和方向角.

解 $\overrightarrow{M_1M_2}=(1-2,3-2,0-\sqrt{2})=(-1,1,-\sqrt{2})$,

$$|\overrightarrow{M_1M_2}|=\sqrt{(-1)^2+1^2+(-\sqrt{2})^2}=2,$$

$$\cos\alpha=-\frac{1}{2},\quad \cos\beta=\frac{1}{2},\quad \cos\gamma=-\frac{\sqrt{2}}{2},$$

故

$$\alpha=\frac{2\pi}{3},\quad \beta=\frac{\pi}{3},\quad \gamma=\frac{3\pi}{4}.$$

例5 设点 $A$ 位于第一卦限,向径$\overrightarrow{OA}$与 $x$ 轴,$y$ 轴的夹角依次为$\dfrac{\pi}{3}$,$\dfrac{\pi}{4}$,且$|\overrightarrow{OA}|=6$,求点 $A$ 的坐标.

解 已知 $\alpha=\dfrac{\pi}{3}$,$\beta=\dfrac{\pi}{4}$,则 $\cos^2\gamma=1-\cos^2\alpha-\cos^2\beta=\dfrac{1}{4}$.

因点 $A$ 在第一卦限,故

$$\cos\gamma=\frac{1}{2}.$$

于是

$$\overrightarrow{OA}=|\overrightarrow{OA}|\overrightarrow{OA}^0=6\left(\frac{1}{2},\frac{\sqrt{2}}{2},\frac{1}{2}\right)=(3,3\sqrt{2},3),$$

故点 $A$ 的坐标为$(3,3\sqrt{2},3)$.

## 思考题 9.1

1. 向量能比较大小吗?
2. 模相等且互相平行的两个向量相等吗?
3. 任何向量都有单位向量吗?

## 练习题 9.1

1. 在空间直角坐标系中,指出下列各点所在的卦限:

A $(1,-5,3)$;　　B $(2,4,-1)$;　　C $(1,-5,-6)$;　　D $(-1,-2,1)$.

2. 在 $z$ 轴上,求与点 $A(-4,1,7)$,点 $B(3,5,-2)$等距离的点.

3. 下列说法是否正确,为什么?

(1) $\boldsymbol{i}+\boldsymbol{j}+\boldsymbol{k}$ 是单位向量;(2) $-\boldsymbol{i}$ 是单位向量;(3) 与三坐标轴的正向夹角相等的向量,其方向角为$\left(\frac{\pi}{3},\frac{\pi}{3},\frac{\pi}{3}\right)$.

4. 已知$\overrightarrow{OA}=(2,2,1)$,$\overrightarrow{OB}=(8,-4,1)$,求与$\overrightarrow{AB}$同方向的单位向量及$\overrightarrow{AB}$的方向余弦.

5. 已知向量 $\boldsymbol{a}=\alpha\boldsymbol{i}+5\boldsymbol{j}-\boldsymbol{k}$ 和向量 $\boldsymbol{b}=3\boldsymbol{i}+\boldsymbol{j}+\gamma\boldsymbol{k}$ 共线,求系数 $\alpha$ 和 $\gamma$.

6. 已知向量 $\boldsymbol{a}$ 的两个方向余弦为 $\cos\alpha=\frac{2}{7}$,$\cos\beta=\frac{3}{7}$,且 $\boldsymbol{a}$ 与 $z$ 轴的方向角是钝角.求 $\cos\gamma$.

# 9.2 向量的数量积与向量积

## 9.2.1 向量的数量积

向量的数量积

**引例** 设一物体在常力 $\boldsymbol{F}$ 作用下,沿与力夹角为 $\theta$ 的直线移动,位移为 $\boldsymbol{s}$,则力 $\boldsymbol{F}$ 所做的功为 $W=|\boldsymbol{F}||\boldsymbol{s}|\cos\theta$.

**定义1** 设向量 $\boldsymbol{a}$ 与 $\boldsymbol{b}$ 的夹角为 $\theta$,称 $|\boldsymbol{a}||\boldsymbol{b}|\cos\theta$ 为向量 $\boldsymbol{a}$ 与 $\boldsymbol{b}$ 的**数量积**(**点积**),记为 $\boldsymbol{a}\cdot\boldsymbol{b}$,即 $\boldsymbol{a}\cdot\boldsymbol{b}=|\boldsymbol{a}||\boldsymbol{b}|\cos\theta$.

**注** 数量积的记号 $\boldsymbol{a}\cdot\boldsymbol{b}$ 中的“·”不能省略,基于这一点,数量积又称为**点积**.

**数量积的性质**

(1) $\boldsymbol{a}\cdot\boldsymbol{a}=|\boldsymbol{a}||\boldsymbol{a}|\cos 0=|\boldsymbol{a}|^2$.

(2) $\boldsymbol{a},\boldsymbol{b}$ 为两个非零向量,则有 $\boldsymbol{a}\cdot\boldsymbol{b}=0\Leftrightarrow\boldsymbol{a}\perp\boldsymbol{b}$.

数量积满足下列运算规律:

(1) 交换律　$\boldsymbol{a}\cdot\boldsymbol{b}=\boldsymbol{b}\cdot\boldsymbol{a}$;

(2) 数乘运算的结合律 $\lambda(\boldsymbol{a}\cdot\boldsymbol{b})=(\lambda\boldsymbol{a})\cdot\boldsymbol{b}$;

(3) 分配律 $(\boldsymbol{a}+\boldsymbol{b})\cdot\boldsymbol{c}=\boldsymbol{a}\cdot\boldsymbol{c}+\boldsymbol{b}\cdot\boldsymbol{c}$.

**数量积的坐标表示**

设 $\boldsymbol{a}=a_x\boldsymbol{i}+a_y\boldsymbol{j}+a_z\boldsymbol{k},\boldsymbol{b}=b_x\boldsymbol{i}+b_y\boldsymbol{j}+b_z\boldsymbol{k}$.

因为

$$\boldsymbol{i}\cdot\boldsymbol{i}=\boldsymbol{j}\cdot\boldsymbol{j}=\boldsymbol{k}\cdot\boldsymbol{k}=1,\boldsymbol{i}\cdot\boldsymbol{j}=\boldsymbol{j}\cdot\boldsymbol{k}=\boldsymbol{k}\cdot\boldsymbol{i}=0,$$

所以由数量积的运算规律有

$$\boldsymbol{a}\cdot\boldsymbol{b}=(a_x\boldsymbol{i}+a_y\boldsymbol{j}+a_z\boldsymbol{k})\cdot(b_x\boldsymbol{i}+b_y\boldsymbol{j}+b_z\boldsymbol{k})=a_xb_x+a_yb_y+a_zb_z.$$

这就是两向量的数量积的**坐标计算公式**,即两向量的数量积等于它们对应的坐标的乘积之和.

由数量积的定义及上述公式可知

$$\cos<\boldsymbol{a},\boldsymbol{b}>=\frac{\boldsymbol{a}\cdot\boldsymbol{b}}{|\boldsymbol{a}|\,|\boldsymbol{b}|}=\frac{a_xb_x+a_yb_y+a_zb_z}{\sqrt{a_x^2+a_y^2+a_z^2}\sqrt{b_x^2+b_y^2+b_z^2}}.$$

例1 设 $\boldsymbol{a}=\boldsymbol{i}-2\boldsymbol{k},\boldsymbol{b}=-3\boldsymbol{i}+\boldsymbol{j}+\boldsymbol{k}$,求 $\boldsymbol{a}\cdot\boldsymbol{b}$.

解 $\boldsymbol{a}\cdot\boldsymbol{b}=1\times(-3)+0\times1+(-2)\times1=-5$.

例2 讨论向量 $\boldsymbol{a}$ 与 $\boldsymbol{b}$ 之间的位置关系.

(1) $\boldsymbol{a}=-\boldsymbol{j}+3\boldsymbol{k},\boldsymbol{b}=\frac{1}{2}\boldsymbol{j}-\frac{3}{2}\boldsymbol{k}$;

(2) $\boldsymbol{a}=\boldsymbol{i}+3\boldsymbol{j}-2\boldsymbol{k},\boldsymbol{b}=4\boldsymbol{i}-2\boldsymbol{j}-\boldsymbol{k}$.

解 (1) 显然 $\boldsymbol{b}=\frac{1}{2}\boldsymbol{j}-\frac{3}{2}\boldsymbol{k}=-\frac{1}{2}\boldsymbol{a}$;所以 $\boldsymbol{b}//\boldsymbol{a}$,又因为 $\lambda=-\frac{1}{2}<0$,所以 $\boldsymbol{a}$ 与 $\boldsymbol{b}$ 反方向.

(2) 因为 $\boldsymbol{a}\cdot\boldsymbol{b}=1\times4+3\times(-2)+(-2)\times(-1)=0$,所以 $\boldsymbol{a}\perp\boldsymbol{b}$.

例3 已知三点 $M(1,1,1),A(2,2,1),B(2,1,2)$,求 $\angle AMB$.

解 因为 $\overrightarrow{MA}=(1,1,0),\overrightarrow{MB}=(1,0,1)$,则

$$\cos\angle AMB=\frac{\overrightarrow{MA}\cdot\overrightarrow{MB}}{|\overrightarrow{MA}|\,|\overrightarrow{MB}|}=\frac{1+0+0}{\sqrt{2}\sqrt{2}}=\frac{1}{2},$$

故

$$\angle AMB=\frac{\pi}{3}.$$

## 9.2.2 向量的向量积

向量的向量积

**定义2** 两向量 $\boldsymbol{a},\boldsymbol{b}$ 的**向量积**是一个向量,记作 $\boldsymbol{a}\times\boldsymbol{b}$,它的模是

$$|\boldsymbol{a}\times\boldsymbol{b}|=|\boldsymbol{a}|\,|\boldsymbol{b}|\sin\langle\boldsymbol{a},\boldsymbol{b}\rangle,$$

它的方向是垂直于 $\boldsymbol{a}$ 和 $\boldsymbol{b}$,且 $\boldsymbol{a},\boldsymbol{b},\boldsymbol{a}\times\boldsymbol{b}$ 成右手系(图9.12).

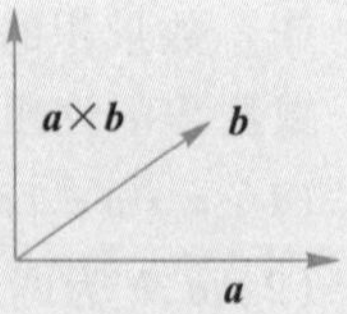

图9.12

由定义 2 可知,模 $|a\times b|$ 的几何意义是:$|a\times b|$ 表示以 $a$ 和 $b$ 为邻边的平行四边形的面积.

向量积的性质

(1) $a\times a=0$;

(2) 两向量 $a,b$ 平行的充分必要条件为 $a\times b=0$.

证 设 $a/\!/b$,则 $<a,b>=0$ 或 $\pi$,于是 $|a\times b|=|a||b|\sin<a,b>=0$,所以 $a\times b=0$.

反之,设 $a\times b=0$,则 $|a\times b|=|a||b|\sin<a,b>=0$,于是 $a=0$ 或 $b=0$ 或 $\sin<a,b>=0$;若 $a=0$ 或 $b=0$,则均有 $a/\!/b$(因为零向量平行于任意向量);若 $a\neq0,b\neq0$,则必有 $\sin<a,b>=0$,于是 $<a,b>=0$ 或 $\pi$,亦即 $a/\!/b$.

向量积满足下列运算规律:

(1) 反交换律 $a\times b=-b\times a$;

(2) 数乘运算的结合律 $\lambda(a\times b)=(\lambda a)\times b=a\times(\lambda b)$;

(3) 分配律 $(a+b)\times c=a\times c+b\times c$.

向量积的坐标表示

由基本单位向量 $i,j,k$ 的位置关系及向量积的定义知

$$i\times i=0,j\times j=0,k\times k=0,$$
$$i\times j=k,j\times k=i,k\times i=j.$$

设 $a=a_xi+a_yj+a_zk,b=b_xi+b_yj+b_zk$,则

$$\begin{aligned}a\times b&=(a_xi+a_yj+a_zk)\times(b_xi+b_yj+b_zk)\\&=a_xb_xi\times i+a_xb_yi\times j+a_xb_zi\times k+a_yb_xj\times i+a_yb_yj\times j+a_yb_zj\times\\&\quad k+a_zb_xk\times i+a_zb_yk\times j+a_zb_zk\times k\\&=a_xb_yk-a_xb_zj-a_yb_xk+a_yb_zi+a_zb_xj-a_zb_yi\\&=(a_yb_z-a_zb_y)i-(a_xb_z-a_zb_x)j+(a_xb_y-a_yb_x)k.\end{aligned}$$

这就是向量积的坐标形式.为便于记忆,常借用三阶行列式的形式,把上式写成

$$a\times b=\begin{vmatrix}i&j&k\\a_x&a_y&a_z\\b_x&b_y&b_z\end{vmatrix}.$$

例 4 求 $a=i+2j+3k$ 和 $b=-i+j-2k$ 的向量积.

解

$$\begin{aligned}a\times b&=\begin{vmatrix}i&j&k\\1&2&3\\-1&1&-2\end{vmatrix}=\begin{vmatrix}2&3\\1&-2\end{vmatrix}i-\begin{vmatrix}1&3\\-1&-2\end{vmatrix}j+\begin{vmatrix}1&2\\-1&1\end{vmatrix}k\\&=-7i-j+3k.\end{aligned}$$

例 5 求同时垂直于 $a=i-j+2k$ 和 $b=2i-2j+2k$ 的单位向量.

解 由定义可知 $c=a\times b$ 是同时垂直于 $a$ 和 $b$ 的向量,而

$$c^0=\pm\frac{c}{|c|}=\pm\frac{a\times b}{|a\times b|}$$

是单位向量.

又因为

$$c=a\times b=\begin{vmatrix} i & j & k \\ 1 & -1 & 2 \\ 2 & -2 & 2 \end{vmatrix}=2i+2j,$$

$$|c|=|a\times b|=\sqrt{2^2+2^2}=2\sqrt{2},$$

所以

$$c^0=\pm\frac{c}{|c|}=\pm\frac{2i+2j}{2\sqrt{2}}=\pm\frac{1}{\sqrt{2}}(i+j),$$

即同时垂直于 $a=i-j+2k$ 和 $b=2i-2j+2k$ 的单位向量是 $\pm\frac{1}{\sqrt{2}}(i+j)$.

**例 6** 已知三点 $A(1,2,3)$,$B(3,4,5)$,$C(2,4,7)$,求 $\triangle ABC$ 的面积.

**解**

$$S_{\triangle ABC}=\frac{1}{2}|\overrightarrow{AB}|\ |\overrightarrow{AC}|\sin<\overrightarrow{AB},\overrightarrow{AC}>=\frac{1}{2}|\overrightarrow{AB}\times\overrightarrow{AC}|$$

$$=\frac{1}{2}\left\|\begin{matrix} i & j & k \\ 2 & 2 & 2 \\ 1 & 2 & 4 \end{matrix}\right\|=\frac{1}{2}|4i-6j+2k|=\frac{\sqrt{4^2+6^2+2^2}}{2}=\sqrt{14}.$$

## 思考题 9.2

1. $a\cdot b<0$ 的几何意义是什么?

2. 若 $a$,$b$ 均为非零向量,问它们分别满足什么条件时,下列等式成立?

(1) $|a+b|=|a-b|$;　　(2) $\frac{a}{|a|}=\frac{b}{|b|}$.

## 练习题 9.2

1. 判别下列等式是否成立.

(1) $|a|a=a^2$;　　(2) $(a\cdot b)^2=a^2b^2$.

2. (1) 若 $a\neq 0$ 且 $a\cdot b=a\cdot c$,问能否由此推出 $b=c$,为什么?

(2) 若 $a\neq 0$ 且 $a\times b=a\times c$,问能否由此推出 $b=c$,为什么?

3. 设给定向量 $a=(1,1,-4)$,$b=(2,-2,1)$.

(1) 计算 $a\cdot b$;　　(2) 求 $a$ 与 $b$ 的夹角.

4. 已知向量 $a=2i-3j+k$,$b=i-j+3k$ 和 $c=i-2j$,计算下列各式.

(1) $(a\cdot b)c-(a\cdot c)b$;　　(2) $(a+b)\times(b+c)$.

5. 已知两向量 $a=2i-j+k$ 和 $b=i+2j-k$,求同时垂直于向量 $a$ 和 $b$ 的单位向量 $n^0$.

6. 设向量 $a$ 和 $b$ 构成的夹角为 $\frac{\pi}{3}$,且 $|a|=3$,$|b|=2$,求 $|a\cdot b|$.

# 9.3 平面与直线

本节研究空间直角坐标系中的平面和直线方程,并讨论平面和直线的一些性质.

### 9.3.1 平面方程

确定空间中一个平面的方式有很多，比如，过空间中不在同一直线的三点可以确定一个平面；过一条直线和该直线外的一点可以确定一个平面；过两条平行直线可以确定一个平面；过一点且与一已知向量垂直也可以确定一个平面等等. 为了方便，我们根据上述最后一种条件来导出平面的方程，而其他确定平面的条件都可以化为这一基本形式.

设空间直角坐标系 $Oxyz$ 中，一平面 $\pi$ 过点 $M_0(x_0,y_0,z_0)$，且与非零向量 $\boldsymbol{n}=A\boldsymbol{i}+B\boldsymbol{j}+C\boldsymbol{k}$垂直，求该平面的方程.

平面的点法式方程

任取点 $M(x,y,z)\in\pi$，则$\overrightarrow{M_0M}$是平面 $\pi$ 上的向量，故有$\overrightarrow{M_0M}\perp\boldsymbol{n}$，由两向量垂直的充分必要条件知$\overrightarrow{M_0M}\cdot\boldsymbol{n}=0$，即

$$A(x-x_0)+B(y-y_0)+C(z-z_0)=0, \tag{1}$$

这就是所求的平面方程，这种形式的平面方程称为平面的点法式方程，称 $\boldsymbol{n}$ 为平面的法向量.

整理(1)式得

$$Ax+By+Cz+[-(Ax_0+By_0+Cz_0)]=0.$$

若记 $D=-(Ax_0+By_0+Cz_0)$，则得平面方程

$$Ax+By+Cz+D=0, \tag{2}$$

这种形式的平面方程称为**平面的一般式方程**.

平面的一般式方程

平面方程的特殊情形及其图形特点：

(1) 当 $D=0$ 时，方程(2)变为 $Ax+By+Cz=0$，它表示通过原点的平面.

(2) 当 $A=0$ 时，方程(2)变为 $By+Cz+D=0$，它的法向量 $\boldsymbol{n}=(O,B,C)\perp\boldsymbol{i}$，且它平行于 $x$ 轴.

同理，$B=0$ 时，方程(2)变为 $Ax+Cz+D=0$，它表示平行于 $y$ 轴的平面.

$C=0$ 时，方程(2)变为 $Ax+By+D=0$，它表示平行于 $z$ 轴的平面.

(3) 当 $A=0,B=0$ 时，方程(2)变为 $Cz+D=0$，它表示平行于 $xOy$ 面的平面.

同理，$Ax+D=0$ 表示平行于 $yOz$ 面的平面.

$By+D=0$ 表示平行于 $zOx$ 面的平面.

**例 1** 求通过 $x$ 轴和点$(4,-3,-1)$的平面方程.

**解** 因平面通过 $x$ 轴，故有 $A=0,D=0$.

设所求平面方程为 $By+Cz=0$，代入已知点$(4,-3,-1)$，得 $C=-3B$，化简得所求平面方程为 $y-3z=0$.

**注** (1) 显然，平面的法向量不是唯一的，如果非零向量 $\boldsymbol{n}$ 是平面的法向量，则对任意非零实数 $\lambda$，向量 $\lambda\boldsymbol{n}$ 也是该平面的法向量，且方程

$$\lambda A(x-x_0)+\lambda B(y-y_0)+\lambda C(z-z_0)=0$$

等价于方程

$$A(x-x_0)+B(y-y_0)+C(z-z_0)=0.$$

(2) 平面方程是一个三元一次方程，反之任一个三元一次方程 $Ax+By+Cz+D=0$ 表

示一个与向量 $\boldsymbol{n}=A\boldsymbol{i}+B\boldsymbol{j}+C\boldsymbol{k}$ 垂直的平面.

例2 已知一平面过点 $M_0(1,-1,0)$,且与向量 $\boldsymbol{n}=2\boldsymbol{i}+\boldsymbol{j}+3\boldsymbol{k}$ 垂直,求此平面的方程.

解 由平面的点法式方程得

$$2(x-1)+1\cdot(y+1)+3(z-0)=0,$$

整理得所求的平面方程为 $2x+y+3z-1=0$.

例3 已知一平面 $\pi$ 过三点 $M_1(0,1,-1)$,$M_2(1,1,3)$,$M_3(-1,2,0)$,求此平面的方程.

解 根据平面的法向量的定义,法向量应该垂直于该平面上所有的向量,因此我们需要从三个已知点去构造一个法向量,现在考察平面 $\pi$ 上的两个向量

$$\overrightarrow{M_1M_2}=\boldsymbol{i}+4\boldsymbol{k},\overrightarrow{M_1M_3}=-\boldsymbol{i}+\boldsymbol{j}+\boldsymbol{k},$$

其向量积同时垂直于相交的向量 $\overrightarrow{M_1M_2}$, $\overrightarrow{M_1M_3}$,因此垂直于平面 $\pi$. 故取

$$\boldsymbol{n}=\overrightarrow{M_1M_2}\times\overrightarrow{M_1M_3}=\begin{vmatrix}\boldsymbol{i} & \boldsymbol{j} & \boldsymbol{k}\\ 1 & 0 & 4\\ -1 & 1 & 1\end{vmatrix}=-4\boldsymbol{i}-5\boldsymbol{j}+\boldsymbol{k},$$

于是,所求的平面方程为

$$-4x-5(y-1)+(z+1)=0,$$

即

$$4x+5y-z-6=0.$$

例4 一平面通过两点 $M_1(1,1,1)$,$M_2(0,1,-1)$ 且垂直于平面 $\pi:x+y+z=0$,求其方程.

解 设所求平面的法向量为 $\boldsymbol{n}=(A,B,C)$,则所求平面方程为

$$A(x-1)+B(y-1)+C(z-1)=0,$$

由 $\boldsymbol{n}\perp\overrightarrow{M_1M_2}$ 得 $-A+0\cdot B-2C=0$,即 $A=-2C$.

又由 $\boldsymbol{n}\perp\pi$ 的法向量得 $A+B+C=0$,故 $B=-(A+C)=C$.

因此,有

$$-2C(x-1)+C(y-1)+C(z-1)=0\quad(C\neq0),$$

约去 $C$,得

$$-2(x-1)+(y-1)+(z-1)=0,$$

即

$$2x-y-z=0.$$

空间两平面的夹角

### 9.3.2 两平面之间的关系

**定义** 两平面的法向量所成的不大于 $\frac{\pi}{2}$ 的角 $\theta\left(0\leqslant\theta\leqslant\frac{\pi}{2}\right)$ 称为**两平面的夹角**.

设

$$平面\ \pi_1:A_1x+B_1y+C_1z+D_1=0,\boldsymbol{n}_1=(A_1,B_1,C_1);$$

$$平面\ \pi_2:A_2x+B_2y+C_2z+D_2=0,\boldsymbol{n}_2=(A_2,B_2,C_2).$$

则这两个平面的夹角 $\theta$ 的余弦为

$$\cos\theta=\frac{|\boldsymbol{n}_1\cdot\boldsymbol{n}_2|}{|\boldsymbol{n}_1|\cdot|\boldsymbol{n}_2|}=\frac{|A_1A_2+B_1B_2+C_1C_2|}{\sqrt{A_1^2+B_1^2+C_1^2}\sqrt{A_2^2+B_2^2+C_2^2}}\quad\left(0\leqslant\theta\leqslant\frac{\pi}{2}\right).$$

因此,可得如下结论:

$$\pi_1\perp\pi_2\Leftrightarrow\boldsymbol{n}_1\perp\boldsymbol{n}_2\Leftrightarrow\boldsymbol{n}_1\cdot\boldsymbol{n}_2=0\Leftrightarrow A_1A_2+B_1B_2+C_1C_2=0.$$

$$\pi_1/\!/\pi_2\Leftrightarrow\boldsymbol{n}_1/\!/\boldsymbol{n}_2\Leftrightarrow\boldsymbol{n}_1\times\boldsymbol{n}_2=\boldsymbol{0}\Leftrightarrow\frac{A_1}{A_2}=\frac{B_1}{B_2}=\frac{C_1}{C_2}.$$

**例 5** 求平面 $\pi_1:x-2y+2z+1=0$ 与平面 $\pi_2:-x+y+5=0$ 的夹角.

**解** 设平面 $\pi_1$ 与平面 $\pi_2$ 的法向量分别为 $\boldsymbol{n}_1$ 与 $\boldsymbol{n}_2$,则 $\boldsymbol{n}_1=(1,-2,2)$,$\boldsymbol{n}_2=(-1,1,0)$,$\boldsymbol{n}_1\cdot\boldsymbol{n}_2=-1-2=-3$,

$$|\boldsymbol{n}_1|=\sqrt{1^2+(-2)^2+2^2}=3,\ |\boldsymbol{n}_2|=\sqrt{(-1)^2+1^2}=\sqrt{2},\cos\theta=\frac{|-3|}{3\sqrt{2}}=\frac{1}{\sqrt{2}}=\frac{\sqrt{2}}{2}.$$

所以,两平面的夹角 $\theta=\frac{\pi}{4}$.

设 $P_0(x_0,y_0,z_0)$ 是平面 $Ax+By+Cz+D=0$ 外一点,则点 $P_0$ 到平面的距离为

$$d=\frac{|Ax_0+By_0+Cz_0+D|}{\sqrt{A^2+B^2+C^2}}.\qquad(3)$$

### 9.3.3 空间直线

一般地,确定直线的方式有很多,例如两个不重合的点可以确定一条直线;两个相交平面可以确定一条直线,即两平面的交线;过一点并沿给定的方向也可以确定一条直线,等等,就其方程而言,最后一种是基本的,下面我们根据最后一种方式来导出直线方程.

(1) 直线的参数方程

空间直线的参数方程

设一直线过点 $M_0(x_0,y_0,z_0)$,且与非零向量 $\boldsymbol{l}=m\boldsymbol{i}+n\boldsymbol{j}+p\boldsymbol{k}$ 平行,任取此直线上一点 $M(x,y,z)$,则向量 $\overrightarrow{M_0M}/\!/\boldsymbol{l}$,于是存在实数 $t$ 使得

$$\overrightarrow{M_0M}=t\boldsymbol{l},$$

即

$$(x-x_0)\boldsymbol{i}+(y-y_0)\boldsymbol{j}+(z-z_0)\boldsymbol{k}=mt\boldsymbol{i}+nt\boldsymbol{j}+pt\boldsymbol{k},$$

于是

$$\begin{cases}x-x_0=mt,\\ y-y_0=nt,\\ z-z_0=pt,\end{cases}$$

即

$$\begin{cases}x=x_0+mt,\\ y=y_0+nt,\\ z=z_0+pt\end{cases}\quad(-\infty<t<+\infty),\qquad(4)$$

这就是**直线的参数方程**,$t$ 称为参数,$t$ 每取一确定的值便对应于直线上一点,$\boldsymbol{l}=m\boldsymbol{i}+n\boldsymbol{j}+$

$p\boldsymbol{k}$ 称为该**直线的方向向量**.

空间直线的点向式方程

注 直线的方向向量不唯一,任何与 $\boldsymbol{l}$ 平行的非零向量均可作为该直线的方向向量.

(2) 直线的标准方程

已知直线上一点 $M_0(x_0,y_0,z_0)$ 和它的方向向量 $\boldsymbol{l}=m\boldsymbol{i}+n\boldsymbol{j}+p\boldsymbol{k}$,设直线上的动点为 $M(x,y,z)$,$\overrightarrow{M_0M}/\!/\boldsymbol{l}$,故有

$$\frac{x-x_0}{m}=\frac{y-y_0}{n}=\frac{z-z_0}{p},\tag{5}$$

此式称为**直线的标准方程**(也称为**点向式方程**).

注 (5)式中某些分母为零时,其分子也理解为零.

例如,当 $m=n=0,p\neq0$ 时,直线方程为

$$\begin{cases}x=x_0,\\ y=y_0.\end{cases}$$

**例 6** 过点(-1,2,3)且以 $\boldsymbol{l}=3\boldsymbol{i}-2\boldsymbol{j}+10\boldsymbol{k}$ 为方向向量的直线的参数方程为

$$\begin{cases}x=-1+3t,\\ y=2-2t,\quad(-\infty<t<+\infty),\\ z=3+10t\end{cases}$$

标准方程为
$$\frac{x+1}{3}=\frac{y-2}{-2}=\frac{z-3}{10}.$$

**例 7** 一直线过点(1,2,-1),且垂直于平面 $2y+z+3=0$,求此直线的标准方程和参数方程.

**解** 由题意知,平面 $2y+z+3=0$ 的法向量 $\boldsymbol{n}=2\boldsymbol{j}+\boldsymbol{k}$ 可作为所求的直线的方向向量,因此,所求直线的标准方程为

$$\frac{x-1}{0}=\frac{y-2}{2}=\frac{z+1}{1},$$

参数方程为

$$\begin{cases}x=1,\\ y=2+2t,\quad(-\infty<t<+\infty).\\ z=-1+t\end{cases}$$

(3) 直线的一般方程

直线可视为两平面的交线,因此直线的方程可用两个相交的平面方程联立起来表示,即

$$\begin{cases}A_1x+B_1y+C_1z+D_1=0,\\ A_2x+B_2y+C_2z+D_2=0,\end{cases}\tag{6}$$

此式称为**直线的一般式方程**.

注 直线的一般式方程不唯一,因为通过一条直线的平面有无穷多个,其中任意两个平面的方程联立起来都可以作为此交线的一般式方程.

**例 8** 用标准式及参数式表示直线

$$\begin{cases}x+y+z+1=0,\\2x-y+3z+4=0.\end{cases}\tag{7}$$

解　先在直线上找一点. 令 $x=1$,代入方程组(7)得

$$\begin{cases}y+z+2=0,\\-y+3z+6=0,\end{cases}$$

解得 $y=0, z=-2$. 故 $(1,0,-2)$ 是直线上一点.

再求直线的方向向量 $\boldsymbol{l}$.

已知两相交平面的法向量为 $\boldsymbol{n}_1=(1,1,1)$, $\boldsymbol{n}_2=(2,-1,3)$,因为 $\boldsymbol{l}\perp\boldsymbol{n}_1$, $\boldsymbol{l}\perp\boldsymbol{n}_2$,所以取

$$\boldsymbol{l}=\boldsymbol{n}_1\times\boldsymbol{n}_2=\begin{vmatrix}\boldsymbol{i}&\boldsymbol{j}&\boldsymbol{k}\\1&1&1\\2&-1&3\end{vmatrix}=4\boldsymbol{i}-\boldsymbol{j}-3\boldsymbol{k},$$

故所给直线的标准方程为

$$\frac{x-1}{4}=\frac{y}{-1}=\frac{z+2}{-3},$$

参数式方程为

$$\begin{cases}x=1+4t,\\y=-t,\\z=-2-3t\end{cases}\quad(-\infty<t<+\infty).$$

### 9.3.4 线面间的位置关系

两直线的夹角:两直线的夹角是指其方向向量所成的不大于 $\frac{\pi}{2}$ 的角 $\varphi$.

设直线 $l_1, l_2$ 的方向向量分别为 $\boldsymbol{l}_1(m_1,n_1,p_1)$, $\boldsymbol{l}_2(m_2,n_2,p_2)$,则两直线的夹角 $\varphi$ 满足

$$\cos\varphi=\frac{|\boldsymbol{l}_1\cdot\boldsymbol{l}_2|}{|\boldsymbol{l}_1|\cdot|\boldsymbol{l}_2|}=\frac{|m_1m_2+n_1n_2+p_1p_2|}{\sqrt{m_1^2+n_1^2+p_1^2}\sqrt{m_2^2+n_2^2+p_2^2}}\quad\left(0\leqslant\varphi\leqslant\frac{\pi}{2}\right).$$

空间线线夹角及线面夹角

特别地,有

$$l_1\perp l_2\Leftrightarrow\boldsymbol{l}_1\cdot\boldsymbol{l}_2=0\Leftrightarrow m_1m_2+n_1n_2+p_1p_2=0,$$

$$l_1 /\!/ l_2\Leftrightarrow\boldsymbol{l}_1\times\boldsymbol{l}_2=\boldsymbol{0}\Leftrightarrow\frac{m_1}{m_2}=\frac{n_1}{n_2}=\frac{p_1}{p_2}.$$

例 9　求以下两直线的夹角:

$$l_1:\frac{x-1}{1}=\frac{y}{-4}=\frac{z+3}{1},\ l_2:\begin{cases}x+y+2=0,\\x+2z=0.\end{cases}$$

解　直线 $l_1$ 的方向向量为 $\boldsymbol{l}_1=(1,-4,1)$.

直线 $l_2$ 的方向向量为 $\boldsymbol{l}_2=\begin{vmatrix}\boldsymbol{i}&\boldsymbol{j}&\boldsymbol{k}\\1&1&0\\1&0&2\end{vmatrix}=(2,-2,-1)$.

故两直线夹角 $\varphi$ 的余弦为

$$\cos\varphi=\frac{|\boldsymbol{l}_1\cdot\boldsymbol{l}_2|}{|\boldsymbol{l}_1|\cdot|\boldsymbol{l}_2|}=\frac{|1\times2+(-4)\times(-2)+1\times(-1)|}{\sqrt{1^2+(-4)^2+1^2}\sqrt{2^2+(-2)^2+(-1)^2}}=\frac{\sqrt{2}}{2},$$

从而 $\varphi=\frac{\pi}{4}$.

直线与平面的夹角：当直线与平面不垂直时，直线和它在平面上的投影直线所夹锐角 $\varphi$ 称为直线与平面间的夹角. 当直线与平面垂直时，规定其夹角为 $\frac{\pi}{2}$.

设直线 $l$ 的方向向量为 $\boldsymbol{l}=m\boldsymbol{i}+n\boldsymbol{j}+p\boldsymbol{k}$，平面 $\pi$ 的法向量为 $\boldsymbol{n}=A\boldsymbol{i}+B\boldsymbol{j}+C\boldsymbol{k}$，则直线与平面 $\pi$ 的夹角 $\varphi$ 满足

$$\sin\varphi=\cos<\boldsymbol{l},\boldsymbol{n}>=\frac{|\boldsymbol{l}\cdot\boldsymbol{n}|}{|\boldsymbol{l}|\cdot|\boldsymbol{n}|}=\frac{|Am+Bn+Cp|}{\sqrt{m^2+n^2+p^2}\sqrt{A^2+B^2+C^2}}.$$

特别地，有：

(1) $l\perp\pi\Leftrightarrow\boldsymbol{l}/\!/\boldsymbol{n}\Leftrightarrow\frac{A}{m}=\frac{B}{n}=\frac{C}{p}$；

(2) $l/\!/\pi\Leftrightarrow\boldsymbol{l}\perp\boldsymbol{n}\Leftrightarrow Am+Bn+Cp=0$.

**例 10** 求过点 $(1,-2,4)$ 且与平面 $2x-3y+z-4=0$ 垂直的直线方程.

**解** 取已知平面的法向量 $\boldsymbol{n}=(2,-3,1)$ 为所求直线的方向向量，则直线的标准式方程为

$$\frac{x-1}{2}=\frac{y+2}{-3}=\frac{z-4}{1}.$$

## 思考题 9.3

1. 方程 $Ax+By+Cz+D=0$ 总代表一个平面吗？
2. 如何理解直线的标准式方程中分母为零？

## 练习题 9.3

1. 指出下列各平面的特殊位置.

(1) $2y-4=0$； (2) $3x+2y-z=0$； (3) $2x-y=4$； (4) $3y+2z=0$.

2. 求平行于向量 $\boldsymbol{v}_1=(1,0,1)$，$\boldsymbol{v}_2=(2,-1,3)$ 且过点 $P(3,-1,4)$ 的平面方程.

3. 求过 $(1,1,-1)$，$(-2,-2,2)$ 和 $(1,-1,2)$ 三点的平面方程.

4. 求平行于 $xOz$ 平面且经过点 $(2,-5,3)$ 的平面方程.

5. 求过点 $P(-2,0,4)$ 且与两平面 $2x+y-z=0$ 和 $x+3y+1=0$ 都垂直的平面方程.

6. 求下列各对平面间的夹角.

(1) $2x-y+z=6$，$x+y+2z=3$；

(2) $3x+4y-5z-9=0$，$2x+6y+6z-7=0$.

7. 求下列直线的方程.

(1) 过点 $(2,-1,-3)$ 且平行于向量 $\boldsymbol{l}=(-3,-2,1)$；

(2) 过点 $M_0(3,4,-2)$ 且平行于 $z$ 轴；

(3) 过点 $M_1(1,2,3)$ 和 $M_2(1,0,4)$.

8. 一直线 $l$ 通过点 $(1,0,-3)$ 且与平面 $3x-4y+z=10$ 垂直,求 $l$ 的方程.

9. 求过点 $M(1,2,1)$ 且平行于直线 $\begin{cases}x-5y+2z=1,\\5y-z+2=0\end{cases}$ 的直线方程.

10. 求通过点 $(1,0,-2)$ 且与平面 $3x+4y-z+6=0$ 平行,又与直线 $\frac{x-3}{1}=\frac{y+2}{4}=\frac{z}{1}$ 垂直的直线方程.

11. 试确定下列各组中直线和平面间的关系.

(1) $\frac{x+3}{-2}=\frac{y+4}{-7}=\frac{z}{3}$ 和 $4x-2y-2z=3$;　(2) $\frac{x}{3}=\frac{y}{-2}=\frac{z}{7}$ 和 $3x-2y+7z=8$;

(3) $\frac{x-2}{3}=\frac{y+2}{1}=\frac{z-3}{-4}$ 和 $x+y+z=3$.

12. 设直线 $l$ 的方程为 $\frac{x-1}{1}=\frac{y-3}{-2}=\frac{z+4}{n}$,求 $n$ 为何值时,直线 $l$ 与平面 $2x-y-z+5=0$ 平行?

## 9.4 曲面与空间曲线

### 9.4.1 曲面

**定义 1** 如果曲面 $S$ 与方程 $F(x,y,z)=0$ 有下述关系:

(1) 曲面 $S$ 上的任意点的坐标都满足此方程;

(2) 不在曲面 $S$ 上的点的坐标不满足此方程.

则 $F(x,y,z)=0$ 叫作曲面 $S$ 的方程,曲面 $S$ 叫作方程 $F(x,y,z)=0$ 的图形.

现在需要解决如下两个基本问题:

(1) 已知一曲面作为点的几何轨迹时,求曲面方程;

(2) 已知方程时,研究它所表示的几何形状.

**例 1** 求到定点 $M_0(x_0,y_0,z_0)$ 的距离为 $R$ 的动点的轨迹.

**解** 设轨迹上动点为 $M(x,y,z)$,依题意 $|M_0M|=R$,即

$$\sqrt{(x-x_0)^2+(y-y_0)^2+(z-z_0)^2}=R,$$

故所求方程为

$$(x-x_0)^2+(y-y_0)^2+(z-z_0)^2=R^2,$$

此方程表示以 $M_0(x_0,y_0,z_0)$ 为圆心,$R$ 为半径的球面. 特别地,当 $M_0$ 在原点时,球面方程为

$$x^2+y^2+z^2=R^2.$$

**例 2** 研究方程 $x^2+y^2+z^2-2x+4y=0$ 表示怎样的曲面.

**解** 将已知方程配方得 $(x-1)^2+(y+2)^2+z^2=5$,此方程表示球心为 $M_0(1,-2,0)$,半径为 $\sqrt{5}$ 的球面.

**注** 形如 $A(x^2+y^2+z^2)+Dx+Ey+Fz+G=0\,(A\neq0)$ 的三元二次方程都可通过配方研究它的图形,其图形可能是:一个球面或点或虚轨迹.

三元二次方程 $Ax^2+By^2+Cz^2+Dxy+Eyz+Fzx+Gx+Hy+Iz+J=0$(二次项系数不全为 0)

的图形通常为二次曲面.其基本类型有椭球面、锥面、柱面等.适当选取直角坐标系可得它们的标准方程,下面仅就几种常见的二次曲面进行介绍.

(1) 椭球面

由方程

$$\frac{x^2}{a^2}+\frac{y^2}{b^2}+\frac{z^2}{c^2}=1 \quad (a,b,c \text{ 为正数})$$

所表示的曲面称为椭球面(如图9.13).

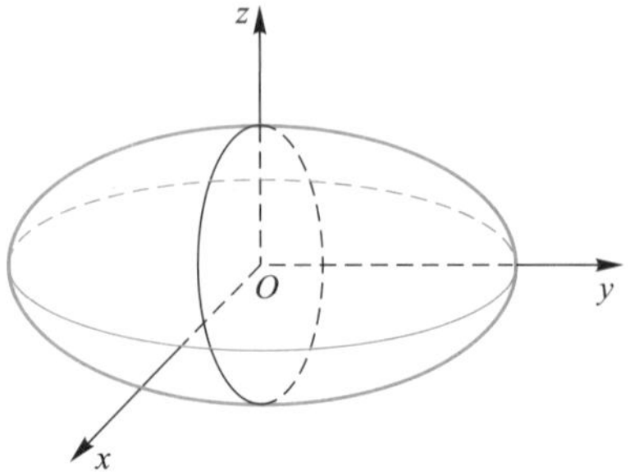

图9.13

它与坐标面的交线为椭圆

$$\begin{cases}\frac{x^2}{a^2}+\frac{y^2}{b^2}=1,\\ z=0;\end{cases}\quad \begin{cases}\frac{y^2}{b^2}+\frac{z^2}{c^2}=1,\\ x=0;\end{cases}\quad \begin{cases}\frac{x^2}{a^2}+\frac{z^2}{c^2}=1,\\ y=0.\end{cases}$$

当 $a=b=c$ 时椭球面即为球面.

(2) 锥面

由方程

$$\frac{x^2}{a^2}+\frac{y^2}{b^2}=z^2 \quad (a,b \text{ 为正实数})$$

所表示的曲面称为椭圆锥面(如图9.14).

当 $a=b$ 时,$x^2+y^2=z^2$ 称为圆锥面.

(3) 柱面

**定义2** 平行于定直线并沿定曲线 $C$ 移动的直线 $L$ 形成的轨迹叫作柱面.$C$ 叫作柱面的准线,$L$ 叫作柱面的母线.

在 $xOy$ 面上,$x^2+y^2=R^2$ 表示圆 $C$,在圆 $C$ 上任取一点 $M_1(x,y,0)$ 过此点作平行于 $z$ 轴的直线 $L$,对任意 $z$,点 $M(x,y,z)$ 的坐标也满足方程 $x^2+y^2=R^2$.沿曲线 $C$ 移动并平行于 $z$ 轴的一切直线所形成的曲面称为圆柱面.其上所有点的坐标都满足此方程,故在空间中 $x^2+y^2=R^2$ 表示圆柱面(如图9.15).

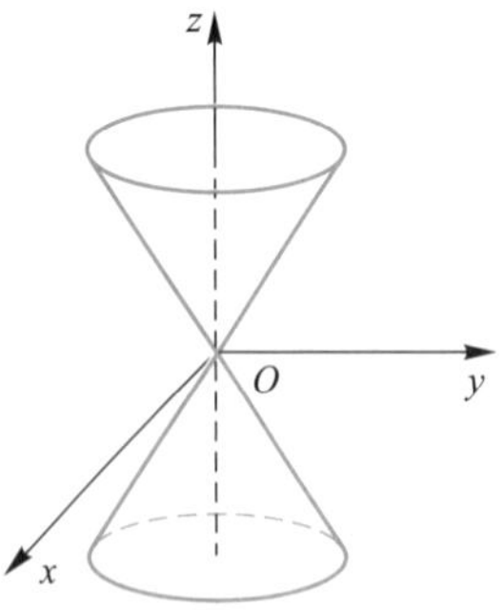

图9.14

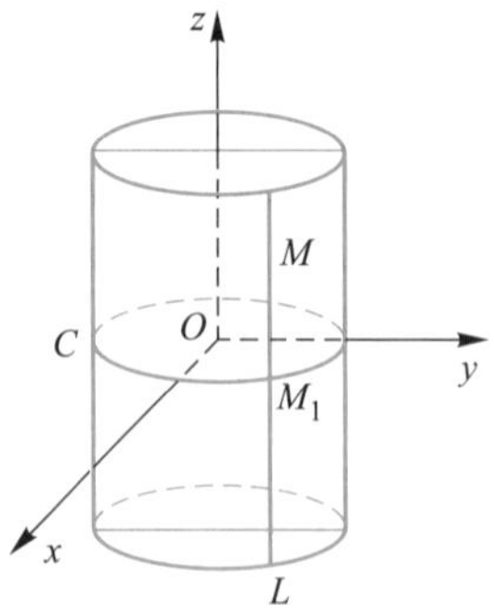

图9.15

空间曲线及其方程

## 9.4.2 空间曲线

空间曲线的一般方程

空间曲线可视为两个曲面的交线,其一般方程为方程组

$$L:\quad \begin{cases} F(x,y,z)=0, \\ G(x,y,z)=0, \end{cases}$$

其中 $F(x,y,z)=0$,$G(x,y,z)=0$ 分别表示两曲面的方程.

例如,方程组

$$\begin{cases} x^2+y^2=1, \\ 2x+3z=6 \end{cases}$$

表示圆柱面与平面的交线 $C$(如图 9.16).

又如,方程组

$$\begin{cases} z=\sqrt{a^2-x^2-y^2}, \\ x^2+y^2-ax=0 \end{cases}$$

表示上半球面与圆柱面的交线 $C$(如图 9.17).

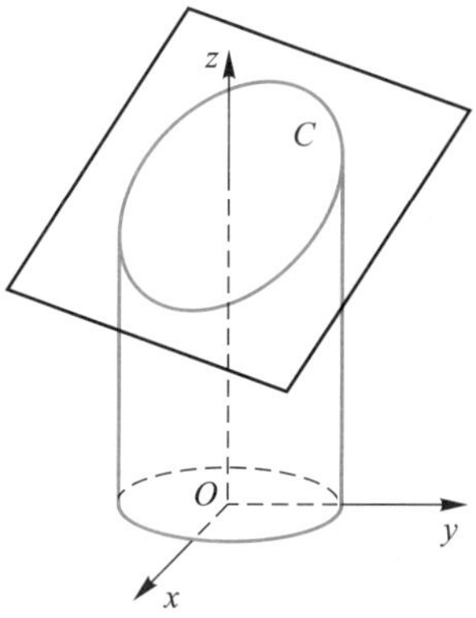


**图 9.16**

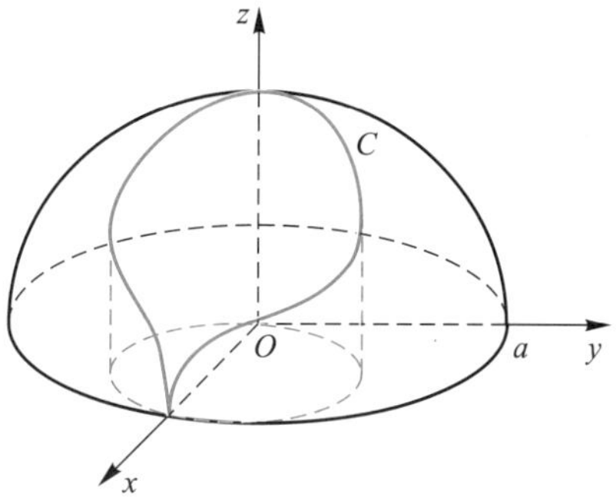


**图 9.17**

### 9.4.3 空间曲线的切线与法平面.

曲线$\begin{cases} x=\varphi(t) \\ y=\psi(t) \\ z=\omega(t) \end{cases}$,过定点 $M(x_0,y_0,z_0)$ 的切线方程为

$$\frac{x-x_0}{\varphi'(t_0)}=\frac{y-y_0}{\psi'(t_0)}=\frac{z-z_0}{\omega'(t_0)}$$

过定点 $M(x_0,y_0,z_0)$ 的法平面方程为

$$\varphi'(t_0)(x-x_0)+\psi'(t_0)(y-y_0)+\omega'(t_0)(z-z_0)=0$$

例 3　求曲线$\begin{cases} x=t-\sin t \\ y=1-\cos t \\ z=4\sin \dfrac{t}{2} \end{cases}$在点$\left(\dfrac{\pi}{2}-1,1,2\sqrt{2}\right)$处的切线方程及法平面方程.

解 点$\left(\frac{\pi}{2}-1,1,2\sqrt{2}\right)$对应的参数 $t_0=\frac{\pi}{2}$.

又 $$x'(t)=1-\cos t,\quad y'(t)=\sin t,\quad z'(t)=2\cos\frac{t}{2}.$$

所以当 $t_0=\frac{\pi}{2}$时,对应切向量为$(1,1,\sqrt{2})$.

所以切线方程为:$\dfrac{x-\frac{\pi}{2}+1}{1}=\dfrac{y-1}{1}=\dfrac{z-2\sqrt{2}}{\sqrt{2}}$;

法平面方程为:$\left(x-\frac{\pi}{2}+1\right)+(y-1)+\sqrt{2}(x-2\sqrt{2})=0$.

### 9.4.4 空间曲面的切平面与法线

设空间曲面方程为 $F(x,y,z)=0$,则过点 $M(x_0,y_0,z_0)$的切平面方程为:

$$F'_x(x_0,y_0,z_0)(x-x_0)+F'_y(x_0,y_0,z_0)(y-y_0)+F'_z(x_0,y_0,z_0)(z-z_0)=0;$$

法线方程为 $$\frac{x-x_0}{F'_x(x_0,y_0,z_0)}=\frac{y-y_0}{F'_y(x_0,y_0,z_0)}=\frac{z-z_0}{F'_z(x_0,y_0,z_0)}$$

例4 求曲面 $z=\frac{x^2}{2}+y^2$ 平行于平面 $2x+2y-z=0$ 的切平面方程.

解 设切点为$(x_0,y_0,z_0)$,令 $F(x,y,z)=\frac{x^2}{2}+y^2-z$.

$$F'_x(x_0,y_0,z_0)=x_0,\quad F'_y(x_0,y_0,z_0)=2y_0,\quad F'_z(x_0,y_0,z_0)=-1.$$

所以切平面在点 $P$ 的法向量为$(x_0,2y_0,-1)$

又所给平面法向量为$(2,2,-1)$,因为两平面平行,所以$\frac{x_0}{2}=\frac{2y_0}{2}=\frac{-1}{-1}$,得 $x_0=2,y_0=1$,

即 $z_0=\frac{2^2}{2}+1^2=2+1=3$.

于是,切平面方程为 $2(x-2)+2(y-1)-(z-3)=0$,即

$$2x+2y-z-3=0.$$

## 思考题 9.4

1. 方程 $A(x^2+y^2+z^2)+Dx+Ey+Fz+G=0$ 何时表示球面?
2. 方程 $x^2+y^2=R^2$ 一定表示柱面吗?

## 练习题 9.4

1. 建立以点$(1,3,-2)$为球心,且通过坐标原点的球面方程.
2. 一动点到点$(1,0,0)$的距离为到平面 $x=4$ 的距离的一半,求此动点的轨迹方程.
3. 指出下列方程所表示的是何种曲线或曲面.

(1) $1-2z^2=2x^2+y^2$；　　(2) $\begin{cases}x^2+4y^2=8z,\\ z=8;\end{cases}$　　(3) $x^2-2y^2=0$.

4. 试求平面 $x-2=0$ 与椭球面 $\dfrac{x^2}{16}+\dfrac{y^2}{12}+\dfrac{z^2}{4}=1$ 相交所得椭圆的半轴与顶点.

5. 判断方程 $x^2+y^2+z^2-2x+6y-4z=11$ 是否为球面方程,若是球面方程,求其球心坐标及半径.

6. 求曲线 $\begin{cases}x=t\\ y=t^2\\ z=t^3\end{cases}$ 在点(1,1,1)处的切线及法平面方程.

7. 求曲面 $x^2+2y^2+3z^2=21$ 在点(1,-2,2)处的法线方程.

## 9.5 应用案例

例 1[选址问题]　某市郊区进行旧村改造,把三个相邻的村庄 $A,B,C$ 建成三个大的居民小区,并且整合教育资源,在三个居民区之间新建一小学. 问如何选址使三小区孩子到学校所走路程之和最小?

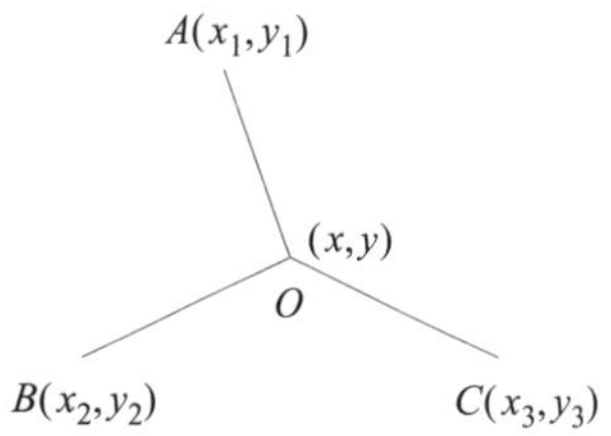


图 9.18

解　此问题实际为:已知平面上不共线三点 $A$、$B$、$C$,试求一点 $O$,使距离和 $\overline{OA}+\overline{OB}+\overline{OC}$ 为最小. 这在历史上被称作费马点问题,所求的费马点,就是建学校的位置.

如图 9.18 所示,给定坐标:$A(x_1,y_1)$,$B(x_2,y_2)$,$C(x_3,y_3)$,$O(x,y)$,则

$$f(x,y)=\overline{OA}+\overline{OB}+\overline{OC}$$
$$=\sqrt{(x-x_1)^2+(y-y_1)^2}+\sqrt{(x-x_2)^2+(y-y_2)^2}+\sqrt{(x-x_3)^2+(y-y_3)^2},$$

令

$$\begin{cases}\dfrac{\partial f}{\partial x}=\dfrac{x-x_1}{\sqrt{(x-x_1)^2+(y-y_1)^2}}+\dfrac{x-x_2}{\sqrt{(x-x_2)^2+(y-y_2)^2}}+\dfrac{x-x_3}{\sqrt{(x-x_3)^2+(y-y_3)^2}}=0,\\[2ex] \dfrac{\partial f}{\partial y}=\dfrac{y-y_1}{\sqrt{(x-x_1)^2+(y-y_1)^2}}+\dfrac{y-y_2}{\sqrt{(x-x_2)^2+(y-y_2)^2}}+\dfrac{y-y_3}{\sqrt{(x-x_3)^2+(y-y_3)^2}}=0,\end{cases}$$

可化为向量方程

$$\begin{bmatrix}\dfrac{x-x_1}{\sqrt{(x-x_1)^2+(y-y_1)^2}}\\[2ex] \dfrac{y-y_1}{\sqrt{(x-x_1)^2+(y-y_1)^2}}\end{bmatrix}+\begin{bmatrix}\dfrac{x-x_2}{\sqrt{(x-x_1)^2+(y-y_1)^2}}\\[2ex] \dfrac{y-y_2}{\sqrt{(x-x_1)^2+(y-y_1)^2}}\end{bmatrix}+\begin{bmatrix}\dfrac{x-x_3}{\sqrt{(x-x_1)^2+(y-y_1)^2}}\\[2ex] \dfrac{y-y_3}{\sqrt{(x-x_1)^2+(y-y_1)^2}}\end{bmatrix}=\begin{bmatrix}0\\0\end{bmatrix},$$

即 $\overrightarrow{AO}$ 的单位向量 $+\overrightarrow{OB}$ 的单位向量 $+\overrightarrow{OC}$ 的单位向量 = 零向量 $\mathbf{0}$.

三个单位向量的和为零向量,则三个向量相互之间的夹角必为 120°.

### 练习题 9.5

在三城市之间建立一变电所,要如何架设高压电塔以减少电能的浪费.

## 9.6 用 MATLAB 进行向量运算和做三维图像

### 一、ezplot( )作图函数

在 MATLAB 中,针对符号函数的简易作图函数用 ezplot( )实现. 格式说明如下:

**ezplot(x,y)** 绘制参数方程 $x=x(t)$,$y=y(t)$ 的图像,$t\in(0,2\pi)$.

ezplot(x,y,[tmin,tmax]) 绘制参数方程 $x=x(t)$,$y=y(t)$ 的图像,$t\in(t\min,t\max)$.

例 1 已知参数方程 $\begin{cases}x=t\cos t,\\ y=t\sin t,\end{cases}$ $t\in(0,4\pi)$,作出该函数的图像.

解

```
>> syms t
>> x='t * cos(t)';
>> y='t * sin (t)';
>> ezplot(x,y,[0,4 * pi])
```

执行后出现如图 9.19 所示的图像.

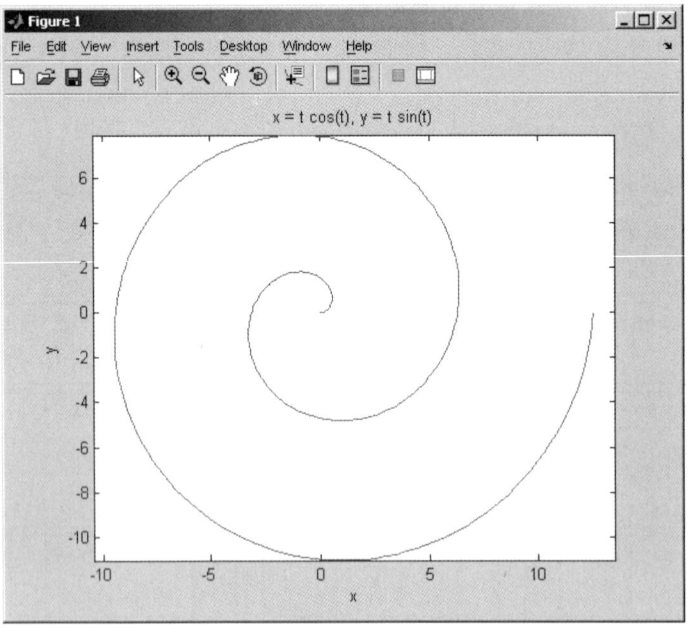


图 9.19

### 二、二维绘图函数 plot( )

在 MATLAB 中,二维函数的作图函数用 plot( )实现. 格式说明如下:

plot(x,y)

例 2　作出 $y=3\sin t, t\in(0,2\pi)$ 的图像.

解

```
>> syms t
>> t=0:pi/100:2*pi;
>> y=3*sin (t);
>> plot(t,y)  ;grid on
```

执行后出现如图 9.20 所示的图像.

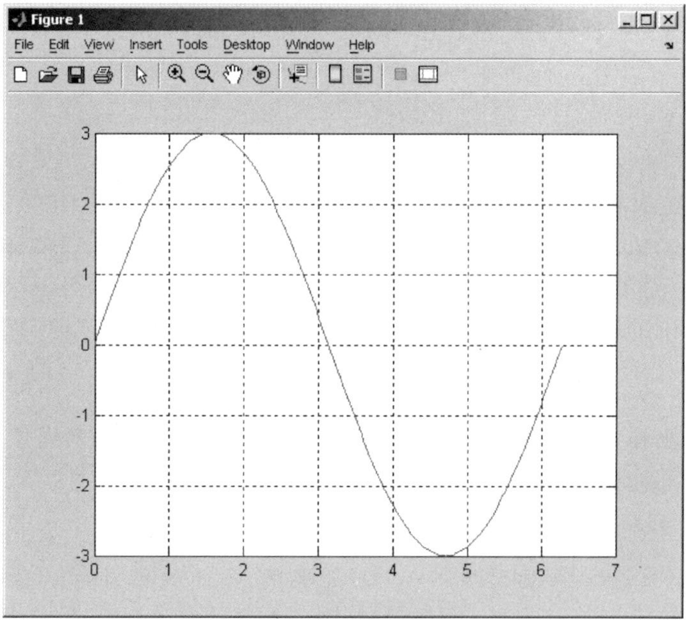


图 9.20

三、三维绘图函数 plot3( )

格式:plot3(x,y,z,s1,…)　s1 为参数选项

例 3　做出 $x=3\sin t, y=\cos t, z=t, t\in(0,15\pi)$ 的图像.

解

```
>> syms t
>> t=0:pi/50:15*pi;
>> x=sin (t);
>> y=cos(t);
>> z=t;
>> plot3(x,y,z)  ;grid on
```

执行后出现如图 9.21 所示的图像.

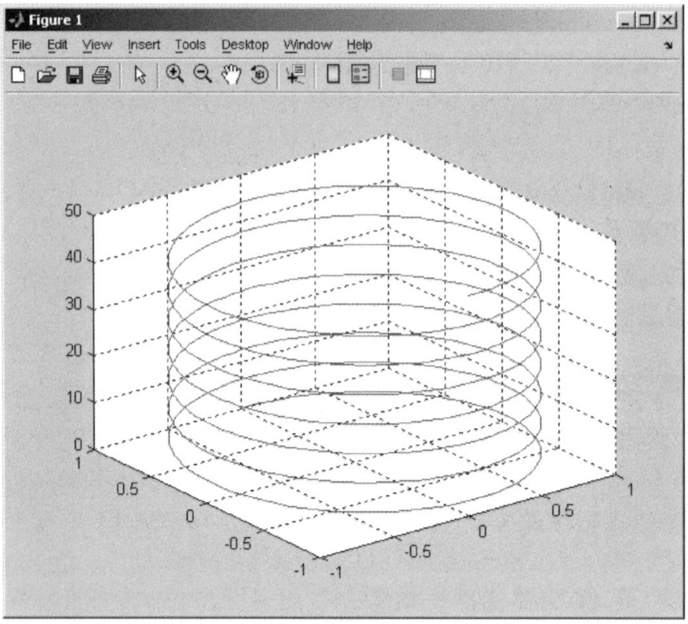


图 9.21

## 练习题 9.6

1. 在同一坐标系内作出函数 $y=\sin x$ 和 $y=\cos x$ 在 $[0,2\pi]$ 内的图像.

2. 作出 $\begin{cases} x=4\cos t, \\ y=3\sin t, \end{cases} t\in(0,2\pi)$ 的图像.

# 本 章 小 结

本章介绍了空间直角坐标系、空间向量、空间平面和直线的方程,空间曲面和曲线的概念及常见的二次曲面及其方程.

## 一、向量及运算

1. 向量的概念

既有大小又有方向的量称作向量.要注意向量与数量的区别.

在空间直角坐标系 $Oxyz$ 中,向量 $\boldsymbol{r}=x\boldsymbol{i}+y\boldsymbol{j}+z\boldsymbol{k}=(x,y,z)$.

向量的模:$|\boldsymbol{r}|=|\overrightarrow{OM}|=\sqrt{x^2+y^2+z^2}$.

2. 向量的运算

(1) 向量的相加及相减

几何表示:三角形法则或平行四边形法则.

坐标表示:$\boldsymbol{a}\pm\boldsymbol{b}=(a_x\pm b_x,a_y\pm b_y,a_z\pm b_z)$.

(2) 向量与数相乘

$$\lambda \boldsymbol{a}=(\lambda a_x,\lambda a_y,\lambda a_z).$$

(3) 向量的数量积

$$\boldsymbol{a}\cdot\boldsymbol{b}=|\boldsymbol{a}||\boldsymbol{b}|\cos\theta=a_xb_x+a_yb_y+a_zb_z.$$

两向量互相垂直的充分必要条件是 $\boldsymbol{a}\cdot\boldsymbol{b}=0$.

(4) 向量的向量积

$$\boldsymbol{a}\times\boldsymbol{b}=\begin{vmatrix}\boldsymbol{i}&\boldsymbol{j}&\boldsymbol{k}\\a_x&a_y&a_z\\b_x&b_y&b_z\end{vmatrix}.$$

其模是:$|\boldsymbol{a}\times\boldsymbol{b}|=|\boldsymbol{a}||\boldsymbol{b}|\sin<\boldsymbol{a},\boldsymbol{b}>$.

方向是:垂直于 $\boldsymbol{a}$ 和 $\boldsymbol{b}$ 且 $\boldsymbol{a},\boldsymbol{b},\boldsymbol{a}\times\boldsymbol{b}$ 成右手系.

两向量互相垂直的充分必要条件是 $\boldsymbol{a}\times\boldsymbol{b}=\boldsymbol{0}$(或 $\boldsymbol{a}=\lambda\boldsymbol{b}$;$\boldsymbol{b}=\lambda\boldsymbol{a}$).

## 二、平面和空间直线

1. 平面方程

平面的点法式方程:$A(x-x_0)+B(y-y_0)+C(z-z_0)=0$.

这是平面的基本方程,其中 $M_0(x_0,y_0,z_0)$ 是平面上一点,$\boldsymbol{n}=A\boldsymbol{i}+B\boldsymbol{j}+C\boldsymbol{k}$ 为平面的一个法向量.

平面的一般式方程:$Ax+By+Cz+D=0$.

2. 两平面之间的位置关系主要通过两平面的法向量之间的位置关系来确定.

## 三、空间直线

1. 空间直线的方程

直线的参数方程为

$$\begin{cases}x=x_0+mt,\\y=y_0+nt,\\z=z_0+pt\end{cases}\quad(-\infty<t<+\infty).$$

直线的标准方程为

$$\frac{x-x_0}{m}=\frac{y-y_0}{n}=\frac{z-z_0}{p}.$$

其中 $M_0(x_0,y_0,z_0)$ 是直线上一点,$\boldsymbol{l}=m\boldsymbol{i}+n\boldsymbol{j}+p\boldsymbol{k}$ 是直线的一个方向向量.

直线的一般式方程为

$$\begin{cases}A_1x+B_1y+C_1z+D_1=0,\\A_2x+B_2y+C_2z+D_2=0.\end{cases}$$

在上述的几种直线方程中,标准方程是最基本的.

2. 直线与平面之间的位置关系主要通过直线的方向向量和平面的法向量之间的位置关系来确定.

## 四、常见二次曲面的方程

椭球面的方程为

$$\frac{x^2}{a^2}+\frac{y^2}{b^2}+\frac{z^2}{c^2}=1\quad(a,b,c\text{ 为正实数}).$$

$\frac{x^2}{a^2}+\frac{y^2}{b^2}=z^2$($a,b$为正实数)表示椭圆锥面.

$x^2+y^2=z^2$ 表示圆锥面.

在空间中,$x^2+y^2=R^2$ 表示圆柱面.

## 综合练习题九

一、单项选择题.

1. 点$M(4,-1,5)$到$xOy$坐标面的距离为(　　).

A. 5　　B. 4　　C. 1　　D. $\sqrt{42}$

2. 点$A(2,-1,3)$关于$yOz$坐标面的对称点坐标为(　　).

A. $(2,-1,-3)$　　B. $(-2,-1,3)$　　C. $(2,1,-3)$　　D. $(-2,1,-3)$

3. 已知向量$\boldsymbol{a}=(3,5,-1)$,$\boldsymbol{b}=(2,2,2)$,$\boldsymbol{c}=(4,-1,-3)$,则$2\boldsymbol{a}-3\boldsymbol{b}+4\boldsymbol{c}=$(　　).

A. $(20,0,16)$　　B. $(5,4,-20)$　　C. $(16,0,-20)$　　D. $(-20,0,16)$

4. 设向量$\boldsymbol{a}=4\boldsymbol{i}-2\boldsymbol{j}-4\boldsymbol{k}$,$\boldsymbol{b}=6\boldsymbol{i}-3\boldsymbol{j}+2\boldsymbol{k}$,则$(3\boldsymbol{a}-2\boldsymbol{b})\cdot(\boldsymbol{a}+3\boldsymbol{b})=$(　　).

A. 20　　B. $-16$　　C. 32　　D. $-32$

5. 设$\boldsymbol{a}=2\boldsymbol{i}-\boldsymbol{j}+\boldsymbol{k}$,$\boldsymbol{b}=\boldsymbol{i}+2\boldsymbol{j}-\boldsymbol{k}$,则$(\boldsymbol{a}+\boldsymbol{b})\times(\boldsymbol{a}-\boldsymbol{b})=$(　　).

A. $-\boldsymbol{i}+3\boldsymbol{j}+5\boldsymbol{k}$　　B. $-2\boldsymbol{i}+6\boldsymbol{j}+10\boldsymbol{k}$

C. $2\boldsymbol{i}-6\boldsymbol{j}-10\boldsymbol{k}$　　D. $3\boldsymbol{i}+4\boldsymbol{j}+5\boldsymbol{k}$

6. 设$\boldsymbol{a}=(1,-1,2)$,$\boldsymbol{b}=(2,-2,2)$,则同时垂直于$\boldsymbol{a}$和$\boldsymbol{b}$的单位向量为(　　).

A. $\pm\left(\frac{1}{\sqrt{2}},\frac{1}{\sqrt{2}},0\right)$　　B. $\pm\left(\frac{1}{2},\frac{1}{2},0\right)$　　C. $\pm(\sqrt{2},\sqrt{2},0)$　　D. $\pm(2,2,0)$

7. 设平面方程为$x-y=0$,则其位置(　　).

A. 平行于$x$轴　　B. 平行于$y$轴　　C. 平行于$z$轴　　D. 过$z$轴

8. 平面$x-2y+7z+3=0$与平面$3x+5y+z-1=0$的位置关系为(　　).

A. 平行　　B. 垂直　　C. 相交　　D. 重合

9. 直线$\frac{x+3}{-2}=\frac{y+4}{-7}=\frac{z}{3}$与平面$4x-2y-2z-3=0$的位置关系为(　　).

A. 平行　　B. 垂直　　C. 斜交　　D. 直线在平面内

10. 平面$x-y+2z-6=0$与平面$2x+y+z-5=0$的夹角为(　　).

A. $\frac{\pi}{2}$　　B. $\frac{\pi}{6}$　　C. $\frac{\pi}{3}$　　D. $\frac{\pi}{4}$

11. 平面$\frac{x}{2}+\frac{y}{3}+\frac{z}{4}=1$与$6x+4y+3z+12=0$(　　).

A. 平行　　B. 垂直　　C. 斜交　　D. 重合

12. 若两向量平行则其夹角为:(　　)

A. 0　　B. $\pi$　　C. 0或$\pi$　　D. $\frac{\pi}{2}$.

二、判断题.

1. 若两向量平行,则其方向一定相同. ( )

2. 若 $\boldsymbol{a}\neq\boldsymbol{0}$,且 $\boldsymbol{a}\cdot\boldsymbol{b}=\boldsymbol{a}\cdot\boldsymbol{c}$,则 $\boldsymbol{b}=\boldsymbol{c}$. ( )

3. 若向量 $\boldsymbol{r}$ 与三个坐标轴的正向有相等的夹角,其方向角必为 $\frac{\pi}{3},\frac{\pi}{3},\frac{\pi}{3}$. ( )

4. 平面 $\frac{x}{2}+\frac{y}{3}+\frac{z}{4}=1$ 与 $6x+4y+3z+12=0$ 平行. ( )

5. 向量 $\boldsymbol{a}(\boldsymbol{a}\cdot\boldsymbol{c})-\boldsymbol{b}(\boldsymbol{a}\cdot\boldsymbol{c})$ 与 $\boldsymbol{c}$ 恒垂直. ( )

6. 一个非零向量的单位向量唯一. ( )

7. 任一个向量均有单位向量. ( )

8. 一个平面的法向量与一条直线垂直,则该直线垂直于此平面. ( )

9. 两平面的夹角是指其法线的夹角. ( )

10. 在空间中,方程 $x^2+y^2=4$ 代表一个圆. ( )

11. 平面 $2y+7z+3=0$ 平行于 $x$ 轴.

12. 在空间中 $y=2$ 代表一个平面.

三、填空题.

1. 设点 $A(-3,x,2)$ 与 $B(1,-2,4)$ 之间的距离为 $\sqrt{29}$,则 $x=$________.

2. 设 $\boldsymbol{u}=-\boldsymbol{a}+3\boldsymbol{b}-2\boldsymbol{c}$,$\boldsymbol{v}=2\boldsymbol{a}-\boldsymbol{b}+\boldsymbol{c}$,则 $2\boldsymbol{u}-3\boldsymbol{v}=$________.

3. 设 $\boldsymbol{a}=\boldsymbol{i}-2\boldsymbol{j}+3\boldsymbol{k}$,$\boldsymbol{b}=2\boldsymbol{i}+\boldsymbol{j}$,$\boldsymbol{c}=-\boldsymbol{i}+\boldsymbol{j}+\boldsymbol{k}$,则 $\boldsymbol{a}+\boldsymbol{b}$ 与 $\boldsymbol{c}$ ________(填"平行"或"不平行").当 $m=$________时,$2\boldsymbol{i}-3\boldsymbol{j}+5\boldsymbol{k}$ 与 $3\boldsymbol{i}+m\boldsymbol{j}-2\boldsymbol{k}$ 互相垂直.

4. 平行于 $\boldsymbol{a}=(6,3,-2)$ 的单位向量是________.

5. 与点 $A(3,2,-1)$ 和点 $B(4,-3,0)$ 等距离的点的轨迹方程为________.

6. 过点 $(5,1,7)$,$(4,0,-2)$ 且平行于 $z$ 轴的平面方程为________.

7. 过点 $(2,-8,3)$ 且垂直于平面 $x+2y-3z-2=0$ 的直线方程为________.

8. 曲面方程为 $x^2+y^2+4z^2=4$,它的图形是________.

9. 原点 $(0,0,0)$ 到平面 $2x-y+kz=6$ 的距离为 2,则 $k=$________.

10. 方程 $4x^2+y^2-8x+4y-4=0$ 表示________曲面.

11. 若向量 $\boldsymbol{r}$ 与三个坐标轴正向有相等的夹角,则其方向余弦为________.

12. 平面 $3x+5y+z-1=0$ 与平面 $x-2y+7z+3=0$ 的位置关系是________.

四、解答题.

1. 证明点 $A(1,2,3)$,$B(3,1,5)$ 和 $C(2,4,3)$ 是同一个直角三角形的三个顶点.

2. 在 $y$ 轴上求一点 $M$,使其到两点 $M_1(2,0,-1)$ 与 $M_2(1,-1,3)$ 的距离相等.

3. 已知 $\triangle ABC$ 两边的向量 $\overrightarrow{AB}$ 和 $\overrightarrow{AC}$,$D$ 是 $BC$ 边上的中点,试用 $\overrightarrow{AB}$ 和 $\overrightarrow{AC}$ 表示中线向量 $\overrightarrow{AD}$.

4. 已知作用于一点的三个力 $\boldsymbol{F}_1=(-2,3,-4)$,$\boldsymbol{F}_2=(1,2,3)$ 与 $\boldsymbol{F}_3=(3,-4,5)$,求合力的大小与方向.

5. 用向量方法,求顶点为点 $(2,-1,1)$,$(1,-3,-5)$,$(3,-4,-4)$ 的三角形的三个

内角.

6. 建立满足下列条件的平面方程.

(1) 过点$(-3,1,-2)$及 $z$ 轴;

(2) 过点 $A(-3,1,-2)$和 $B(3,0,5)$且平行于 $x$ 轴;

(3) 平行于 $xOy$ 面,且过点 $A(3,1,-5)$;

(4) 过点 $P_1(1,-5,1)$和 $P_2(3,2,-2)$且垂直于 $xOz$ 面.

7. 在平面 $x-y-2z=0$ 上找一点 $P$,使它与点$(2,1,5)$,$(4,-3,1)$及$(-2,-1,3)$之间的距离相等.

8. 求过点$(1,2,1)$且同时平行于 $2x+3y+z-1=0$ 和 $3x+y-z+5=0$ 两平面的直线方程.

9. 求满足下列条件的直线方程.

(1) 过点$(2,-1,-3)$且平行于向量 $\boldsymbol{s}=(-3,-2,1)$;

(2) 过原点,且与平面 $3x-y+2z-6=0$ 垂直.

10. 方程 $x^2+y^2+z^2-4x-2y+2z-19=0$ 是否为球面方程?若是球面方程,求其球心坐标及半径.

# 第 10 章　拉普拉斯变换

在工程计算中常常会碰到一些复杂的计算问题，对这些问题往往采取变换的方法，将一个复杂的数学问题变为一个较为简单的数学问题，求解后再转化为原问题的解.

拉普拉斯变换(简称拉氏变换)就是为了解决工程计算问题而发明的一种“运算法”.它是通过积分运算，把一个函数变成另一个函数的变换.它是分析和求解常系数线性微分方程的常用方法，它可使微分方程变成代数方程，从而简化运算.另外拉普拉斯变换方法是对连续时间系统进行分析的重要方法之一，同时也是其他一些新变换方法的基础.它在物理学和无线电技术方面，特别是在电路分析和工程控制理论等众多科学与工程领域中得到了广泛应用.

本章将简要地介绍拉氏变换的基本概念、主要性质、拉氏逆变换及拉氏变换的简单应用.

## 10.1　拉普拉斯变换

### 10.1.1　拉氏变换的基本概念

拉普拉斯变换

**定义 1**　设函数 $f(t)$ 在区间 $[0,+\infty)$ 上有定义，如果含有变量 $s$ 的反常积分 $\int_0^{+\infty} f(t)\mathrm{e}^{-st}\mathrm{d}t$ 在 $s$ 的某一取值范围内收敛，则此积分就确定了一个以 $s$ 为自变量的函数，记为 $F(s)$，即

$$F(s)=\int_0^{+\infty} f(t)\mathrm{e}^{-st}\mathrm{d}t, \tag{1}$$

称函数 $F(s)$ 为 $f(t)$ 的**拉普拉斯变换**(简称**拉氏变换**)，记作

$$F(s)=L[f(t)].$$

函数 $F(s)$ 也叫作 $f(t)$ 的**像函数**.

若函数 $F(s)$ 是 $f(t)$ 的拉氏变换，则称 $f(t)$ 是 $F(s)$ 的**拉普拉斯逆变换**(简称拉氏逆变换)，也叫作 $F(s)$ 的**像原函数**，记作 $L^{-1}[F(s)]$，即

$$f(t)=L^{-1}[F(s)].$$

简单地说，拉氏变换就是已知 $f(t)$ 求它的像函数 $F(s)$；而拉氏逆变换则是已知 $F(s)$ 求其像原函数 $f(t)$.

对拉氏变换的定义我们作如下说明：

(1) 在定义中只要求函数 $f(t)$ 在区间 $[0,+\infty)$ 上有定义，为了方便研究拉氏变换的某些性质，以后总假定在区间 $(-\infty,0)$ 内，$f(t)\equiv 0$.

这个假定也是符合物理过程的实际情况的，在物理和控制技术的实际问题中，一般总将所研究问题的初始时间定为 $t=0$，当 $t<0$ 时没有过程或无实际意义，因此表示过程的函数应取值为零.

(2) 拉氏变换中的参数 $s$ 是可以在复数域中取值的，但为了方便和问题的简化，我们本章只讨论 $s$ 是实数的情况，所得结论也适用于 $s$ 是复数的情况.

(3) 拉氏变换只与 $f(t)$ 有关，$t$ 为变量，它是将给定的函数通过广义积分转换成一个新的函数，是一种积分变换. 虽然并不是所有的函数都存在拉氏变换，但在一般的科学技术中遇到的函数，它的拉氏变换总是存在的，故本章以后不再对其存在性进行讨论.

### 10.1.2 几种常用函数的拉氏变换

根据拉氏变换的定义容易求得下列常用函数的拉氏变换.

**1. 指数函数 $f(t)=e^{at}$ ($t\geqslant 0$，$a$ 为常数) 的拉氏变换**

$$L[e^{at}]=\int_0^{+\infty} e^{at}e^{-st}dt=\int_0^{+\infty} e^{-(s-a)t}dt=-\frac{1}{s-a}e^{-(s-a)t}\Big|_0^{+\infty},$$

该积分在 $s>a$ 时收敛，此时有

$$L[e^{at}]=\int_0^{+\infty} e^{at}e^{-st}dt=\frac{1}{s-a}\ (s>a).$$

**2. 幂函数 $f(t)=t^n$ ($t\geqslant 0$，$n$ 是正整数) 的拉氏变换**

$$L[t^n]=\int_0^{+\infty} t^n e^{-st}dt=\frac{n}{s}L[t^{n-1}]=\cdots=\frac{n!}{s^{n+1}}.$$

**3. 三角函数 $f(t)=\sin\omega t$ 与 $f(t)=\cos\omega t$ ($t\geqslant 0$) 的拉氏变换**

$$\begin{aligned}L[\sin\omega t]&=\int_0^{+\infty}\sin\omega t e^{-st}dt\\&=\frac{e^{-st}}{s^2+\omega^2}(-s\sin\omega t-\omega\cos\omega t)\Big|_0^{+\infty}\\&=\frac{\omega}{\omega^2+s^2}\ (s>0).\end{aligned}$$

同理可得

$$L[\cos\omega t]=\frac{s}{\omega^2+s^2}\ (s>0).$$

**4. 自动控制技术中常用的几个函数的拉氏变换**

(1) 单位阶梯函数及其拉氏变换

**定义 2** 函数 $u(t)=\begin{cases}0, & t<0\\1, & t\geqslant 0\end{cases}$ 称为**单位阶梯函数**(也称**单位阶跃函数**).

显然，将 $u(t)$ 分别平移 $|a|$ 和 $|b|$ 个单位，则有

$$u(t-a)=\begin{cases}0, & t<a,\\1, & t\geqslant a,\end{cases}\qquad u(t-b)=\begin{cases}0, & t<b,\\1, & t\geqslant b.\end{cases}$$

当 $a<b$ 时，$u(t-a)-u(t-b)=\begin{cases}0, & 其他,\\1, & a\leqslant t<b.\end{cases}$

单位阶梯函数的拉氏变换为

$$L[u(t)]=\int_0^{+\infty}u(t)\mathrm{e}^{-st}\mathrm{d}t=\int_0^{+\infty}\mathrm{e}^{-st}\mathrm{d}t=-\frac{1}{s}\mathrm{e}^{-st}\Big|_0^{+\infty}=\frac{1}{s}\quad(s>0).$$

(2) 斜坡函数 $f(t)=at(t\geqslant 0,a$ 为常数)的拉氏变换

$$L[at]=\int_0^{+\infty}at\mathrm{e}^{-st}\mathrm{d}t=a\int_0^{+\infty}t\mathrm{e}^{-st}\mathrm{d}t=aL[t]=a\frac{1}{s^2}=\frac{a}{s^2}\quad(s>0).$$

(3) 狄拉克(Dirac)函数(单位脉冲函数)及其拉氏变换

在许多实际问题中，我们常会遇到强度极大但持续时间极短的冲击性现象，如闪电、猛烈碰撞等等. 这种瞬间作用的量不能用通常的函数表示. 为此，我们引入一个新的函数来表示，这个函数叫作狄拉克函数. 下面我们以碰撞为例说明狄拉克函数的概念.

假设打桩机在打桩时，质量为 $m$ 的锤以速度 $v_0$ 撞击钢筋混凝土桩，在极短的时间 $(0,\tau)$($\tau$ 为一个很小的正数)内，锤的速度由 $v_0$ 变为 0，由物理学中的动量定律知，桩所受到的冲击力为

$$F=\frac{mv_0}{\tau},$$

所以，作用时间越短(即 $\tau$ 的值越小)，冲击力就越大.

为了便于讨论，我们不妨设 $mv_0=1$，若将冲击力 $F$ 看作时间 $t$ 的函数，可以近似表示为

$$F_\tau(t)=\begin{cases}0, & t<0,\\ \dfrac{1}{\tau}, & 0\leqslant t\leqslant\tau,\\ 0, & t>\tau.\end{cases}$$

对于上述碰撞现象最恰当的处理方法是令 $\tau\to 0$，由于在 $\tau\to 0$ 时，若 $t\neq 0$，则 $F_\tau(t)\to 0$；若 $t=0$，则 $F_\tau(t)\to\infty$，即

$$F(t)=\lim_{\tau\to 0}F_\tau(t)=\begin{cases}0, & t\neq 0,\\ \infty, & t=0.\end{cases}\tag{2}$$

由于函数 $F_\tau(t)$ 的极限 $F(t)=\lim\limits_{\tau\to 0}F_\tau(t)$ 已经不能用已学过的普通函数来表示，但是这样的函数在实际中确实存在，对于类似的式子我们有如下的定义.

**定义 3** 设

$$\delta_\tau(t)=\begin{cases}0, & t<0,\\ \dfrac{1}{\tau}, & 0\leqslant t\leqslant\tau,\\ 0, & t>\tau,\end{cases}$$

其中 $\tau$ 是个很小的正数，如图 10.1 所示. 当 $\tau\to 0$ 时，$\delta_\tau(t)$ 的极限称为**狄拉克函数**(或**单位脉冲函数**)，简称为 $\delta$-函数，记为

$$\delta(t)=\lim_{\tau\to 0}\delta_\tau(t)=\begin{cases}0, & t\neq 0,\\ \infty, & t=0\end{cases}\quad(\text{见图 }10.2).$$

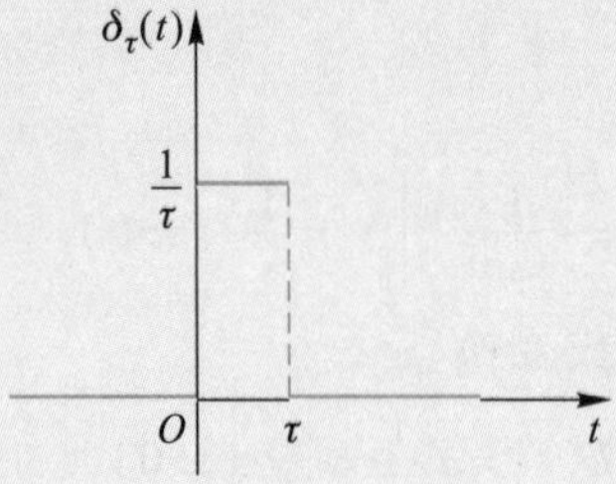


图 10.1

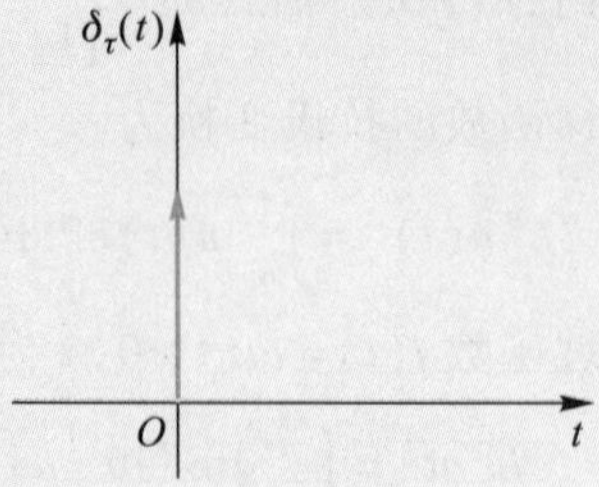


图 10.2

因为对任何 $\tau>0$,有

$$\int_{-\infty}^{+\infty}\delta_\tau(t)\,\mathrm{d}t=\int_0^\tau\frac{1}{\tau}\mathrm{d}t=1,$$

所以规定

$$\int_{-\infty}^{+\infty}\delta(t)\,\mathrm{d}t=1.$$

狄拉克函数 $\delta(t)$ 具有以下性质:

① 设 $g(t)$ 是 $(-\infty,+\infty)$ 上的连续函数,那么 $g(t)\delta(t)$ 在 $(-\infty,+\infty)$ 上的积分等于函数 $g(t)$ 在 $t=0$ 处的函数值,即

$$\int_{-\infty}^{+\infty}g(t)\delta(t)\,\mathrm{d}t=g(0),$$

从而

$$\int_{-\infty}^{+\infty}g(t)\delta(t-t_0)\,\mathrm{d}t=g(t_0).$$

② 狄拉克函数 $\delta(t)$ 是偶函数.

③ 狄拉克函数 $\delta(t)$ 的拉氏变换为

$$L[\delta(t)]=\lim_{\tau\to 0}L[\delta_\tau(t)]=\lim_{\tau\to 0}\int_0^{+\infty}\delta_\tau(t)\mathrm{e}^{-st}\mathrm{d}t=\lim_{\tau\to 0}\int_0^\tau\frac{1}{\tau}\mathrm{e}^{-st}\mathrm{d}t=\lim_{\tau\to 0}\frac{1-\mathrm{e}^{-\tau s}}{\tau s}=\lim_{\tau\to 0}\frac{s\mathrm{e}^{-\tau s}}{s}=1.$$

### 5. 周期函数的拉氏变换

设 $f(t)$ 是一个周期为 $T$ 的周期函数,即 $f(t)=f(t+kT)$($k$ 为整数),由拉氏变换的定义有

$$\begin{aligned}L[f(t)]&=\int_0^{+\infty}f(t)\mathrm{e}^{-st}\mathrm{d}t=\int_0^T f(t)\mathrm{e}^{-st}\mathrm{d}t+\int_T^{2T}f(t)\mathrm{e}^{-st}\mathrm{d}t+\cdots+\int_{kT}^{(k+1)T}f(t)\mathrm{e}^{-st}\mathrm{d}t+\cdots\\&=\sum_{k=0}^{+\infty}\int_{kT}^{(k+1)T}f(t)\mathrm{e}^{-st}\mathrm{d}t\xlongequal{\text{令}t=\tau+kT}\sum_{k=0}^{+\infty}\int_0^T f(\tau+kT)\mathrm{e}^{-s(\tau+kT)}\mathrm{d}\tau\\&=\sum_{k=0}^{+\infty}\mathrm{e}^{-skT}\int_0^T f(\tau)\mathrm{e}^{-s\tau}\mathrm{d}\tau=\sum_{k=0}^{+\infty}(\mathrm{e}^{-sT})^k\int_0^T f(\tau)\mathrm{e}^{-s\tau}\mathrm{d}\tau\\&=\frac{1}{1-\mathrm{e}^{-sT}}\int_0^T f(\tau)\mathrm{e}^{-s\tau}\mathrm{d}\tau\ (t>0,\mathrm{e}^{-sT}<1),\end{aligned}$$

所以,周期函数的拉氏变换为

$$L[f(t)]=\frac{1}{1-\mathrm{e}^{-sT}}\int_0^T f(t)\,\mathrm{e}^{-st}\,\mathrm{d}t. \tag{3}$$

**例 1** 周期三角波函数 $f(t)=\begin{cases}t, & 0\leqslant t<b,\\ 2b-t, & b\leqslant t<2b\end{cases}$ 以 $2b$ 为周期,求 $L[f(t)]$.

**解** 由公式(3)可得

$$\begin{aligned}L[f(t)]&=\frac{1}{1-\mathrm{e}^{-2bs}}\int_0^{2b} f(t)\,\mathrm{e}^{-st}\,\mathrm{d}t\\&=\frac{1}{1-\mathrm{e}^{-2bs}}\left(\int_0^b t\mathrm{e}^{-st}\,\mathrm{d}t+\int_b^{2b}(2b-t)\,\mathrm{e}^{-st}\,\mathrm{d}t\right)\\&=\frac{1}{1-\mathrm{e}^{-2bs}}\cdot\frac{1}{s^2}(1-\mathrm{e}^{-bs})^2\\&=\frac{1-\mathrm{e}^{-bs}}{s^2(1+\mathrm{e}^{-bs})}.\end{aligned}$$

### 10.1.3 常用函数的拉氏变换公式

在实际工作中,对于一些常用函数的拉氏变换,我们一般无需由定义来计算那些复杂的反常积分,而是利用拉氏变换表查得,见表 10.1.

**表 10.1 常用函数的拉氏变换表**

| 序号 | $f(t)$ | $F(s)$ | 序号 | $f(t)$ | $F(s)$ |
|---|---|---|---|---|---|
| 1 | $\delta(t)$ | $1$ | 12 | $\cos(\omega t+\varphi)$ | $\frac{s\cos\varphi-\omega\sin\varphi}{s^2+\omega^2}$ |
| 2 | $u(t)$ | $\frac{1}{s}$ | 13 | $t\sin\omega t$ | $\frac{2\omega s}{(s^2+\omega^2)^2}$ |
| 3 | $t$ | $\frac{1}{s^2}$ | 14 | $t\cos\omega t$ | $\frac{s^2-\omega^2}{(s^2+\omega^2)^2}$ |
| 4 | $t^n(n\in\mathbf{N}^+)$ | $\frac{n!}{s^{n+1}}$ | 15 | $\sin at\cdot\sin bt$ | $\frac{2abs}{[s^2+(a+b)^2][s^2+(a-b)^2]}$ |
| 5 | $\mathrm{e}^{at}$ | $\frac{1}{s-a}(s>a)$ | 16 | $\mathrm{e}^{-at}\sin\omega t$ | $\frac{\omega}{(s^2+a^2)^2+\omega^2}$ |
| 6 | $1-\mathrm{e}^{at}$ | $\frac{a}{s(s+a)}$ | 17 | $\mathrm{e}^{-at}\cos\omega t$ | $\frac{s+a}{(s^2+a^2)^2+\omega^2}$ |
| 7 | $t\mathrm{e}^{at}$ | $\frac{1}{(s-a)^2}(s>a)$ | 18 | $\mathrm{e}^{at}-\mathrm{e}^{bt}$ | $\frac{a-b}{(s-a)(s+b)}$ |
| 8 | $t^n\mathrm{e}^{at}(n\in\mathbf{N}^*)$ | $\frac{n!}{(s-a)^{n+1}}(s>a)$ | 19 | $\sin\omega t-\omega t\cos\omega t$ | $\frac{2\omega^3}{(s^2+\omega^2)^2}$ |
| 9 | $\sin\omega t$ | $\frac{\omega}{s^2+\omega^2}(s>0)$ | 20 | $\frac{1}{a^2}(1-\cos\omega t)$ | $\frac{1}{s(s^2+\omega^2)}$ |
| 10 | $\cos\omega t$ | $\frac{s}{s^2+\omega^2}(s>0)$ | 21 | $2\sqrt{\frac{t}{\pi}}$ | $\frac{1}{s\sqrt{s}}$ |
| 11 | $\sin(\omega t+\varphi)$ | $\frac{s\sin\varphi+\omega\cos\varphi}{s^2+\omega^2}$ | 22 | $\frac{1}{\sqrt{\pi t}}$ | $\frac{1}{\sqrt{s}}$ |

例 2 求函数 $f(t)=\sin 2t\cdot\sin 3t$ 的拉氏变换.

解 根据拉氏变换表中的第 15 式,取 $a=2,b=3$,可得

$$L[\sin 2t\cdot\sin 3t]=\frac{12s}{(s^2+5^2)(s^2+1^2)}=\frac{12s}{(s^2+25)(s^2+1)}.$$

### 10.1.4 拉氏变换的性质

为了更方便地求出拉氏变换,本节我们介绍拉氏变换的几个主要性质,并利用这些性质和拉氏变换表计算较为复杂函数的拉氏变换. 这些性质都可由拉氏变换的定义及相应的运算性质加以证明,这里我们不再给出.

性质 1(线性性质) 若 $a$、$b$ 是常数,且 $L[f_1(t)]=F_1(s)$,$L[f_2(t)]=F_2(s)$,则

$$L[af_1(t)+bf_2(t)]=aL[f_1(t)]+bL[f_2(t)]=aF_1(s)+bF_2(s).$$

性质 1 表明,函数的线性组合的拉氏变换等于各函数的拉氏变换的线性组合. 该性质可以推广到有限个函数的线性组合的情形.

例 3 求函数 $f(t)=5\sin 2t+2t^2+3$ 的拉氏变换.

解 $L[5\sin 2t+2t^2+3]=5L[\sin 2t]+2L[t^2]+3L[1]$.

又查拉氏变换表得

$$L[f(t)]=5\cdot\frac{2}{s^2+2^2}+2\cdot\frac{2!}{s^{2+1}}+3\cdot\frac{1}{s}$$
$$=\frac{10}{s^2+4}+\frac{4}{s^3}+\frac{3}{s}.$$

性质 2(平移性质) 若 $L[f(t)]=F(s)$,$a$ 为常数,则有

$$L[e^{at}f(t)]=F(s-a).$$

这个性质表明,一个像原函数 $f(t)$ 乘以指数函数 $e^{at}$ 的拉氏变换等于其像函数作平移 $a$.

例 4 求函数 $f(t)=e^{-2t}\sin\left(4t+\frac{\pi}{2}\right)$ 的拉氏变换.

解 因为 $L\left[\sin\left(4t+\frac{\pi}{2}\right)\right]=\frac{s\cdot\sin\frac{\pi}{2}+4\cos\frac{\pi}{2}}{s^2+4^2}=\frac{s}{s^2+16}$,因此,根据位移性质有

$$L\left[e^{-2t}\sin\left(4t+\frac{\pi}{2}\right)\right]=\frac{s-(-2)}{[s-(-2)]^2+16}=\frac{s+2}{(s+2)^2+16}.$$

表 10.1——拉氏变换表中的公式 8、16、17 等都可以利用此性质推出.

性质 3(延滞性质) 若 $L[f(t)]=F(s)$,常数 $a\geqslant 0$,则有

$$L[f(t-a)]=e^{-as}F(s).$$

在这个性质中,$f(t-a)$ 表示函数 $f(t)$ 滞后 $a$ 个单位. 若 $t$ 表示时间,性质 3 表明,时间延滞了 $a$ 个单位,相当于它的拉氏变换 $F(s)$ 乘以指数因子 $e^{-as}$,如图 10.3 所示.

例 5 求函数 $u(t-a)=\begin{cases}0, & t<a,\\ 1, & t\geqslant a\end{cases}$ 的拉氏变换.

解 因为 $L[u(t)]=\frac{1}{s}$ 及由性质 3 可得

$$L[u(t-a)]=\frac{1}{s}e^{-as}.$$

**例 6** 求阶梯函数 $f(t)=\begin{cases}c_1, & 0\leqslant t<a,\\ c_2, & t\geqslant a\end{cases}$ $(c_2>c_1>0)$ 的拉氏变换.

解 如图 10.4 所示，因为当 $t\geqslant a$ 时，$f(t)$ 在 $c_1$ 的基础上增加了 $c_2-c_1$，即 $(c_2-c_1)\cdot u(t-a)$，所以 $f(t)=c_1u(t)+(c_2-c_1)u(t-a)$，于是

$$L[f(t)]=\frac{c_1}{s}+\frac{c_2-c_1}{s}e^{-as}.$$

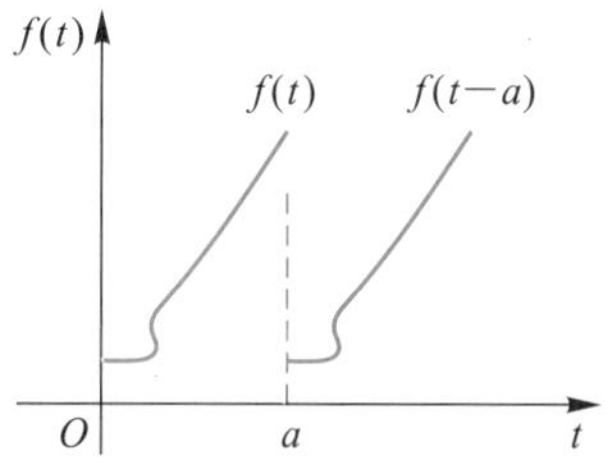


**图 10.3**

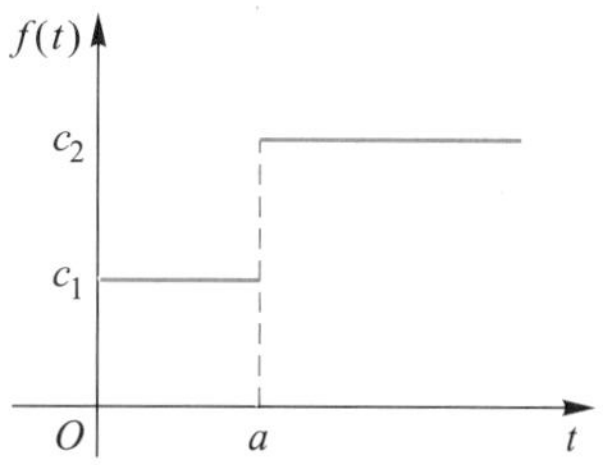


**图 10.4**

将例 6 推广到一般可得：若

$$f(t)=\begin{cases}c_1, & 0\leqslant t<a_1,\\ c_2, & a_1\leqslant t<a_2,\\ \vdots & \vdots\\ c_n, & a_{n-1}\leqslant t<a_n,\end{cases}$$

其中 $0<a_1<a_2<\cdots<a_n$，$c_i(i=1,2,\cdots,n)$ 为常数，则 $f(t)$ 可以用单位阶梯函数表示成

$$f(t)=c_1u(t)+(c_2-c_1)u(t-a_1)+(c_3-c_2)u(t-a_2)+\cdots+(c_n-c_{n-1})u(t-a_n),$$

其拉氏变换为

$$L[f(t)]=\frac{1}{s}[c_1+(c_2-c_1)e^{-a_1s}+(c_3-c_2)e^{-a_2s}+\cdots+(c_n-c_{n-1})e^{-a_ns}].$$

**性质 4（微分性质）** 若 $L[f(t)]=F(s)$，则有 $L[f'(t)]=sF(s)-f(0)$.

性质 4 表明，函数求导数后的拉氏变换，等于参数 $s$ 乘以函数的拉氏变换后，再减去该函数的初始值.

性质 4 可以推广到 $n$ 阶导数的情形.

**推论** 若 $L[f(t)]=F(s)$，则

$$L[f^{(n)}(t)]=s^nF(s)-s^{n-1}f(0)-s^{n-2}f'(0)-\cdots-f^{(n-1)}(0).$$

特别地，当 $f(0)=f'(0)=f''(0)=\cdots=f^{(n-1)}(0)=0$ 时，有 $L[f^{(n)}(t)]=s^nF(s)$.

此时，对函数 $f(t)$ 微分一次，相当于对其像函数乘以一个参数 $s$.

通过性质 4 可以将函数 $f(t)$ 的微分方程化为像函数 $F(s)$ 的代数方程，从而为求解微分方程提供了一种简便的方法.

例7 利用拉氏变换的微分性质,求下列函数的拉氏变换.

(1) $f(t)=\cos\omega t$; (2) $f(t)=t^n$.

解 (1) 因为$f(0)=1$, $f'(0)=0$, $f''(t)=-\omega^2\cos\omega t$,所以

$$L[f''(t)]=L[-\omega^2\cos\omega t]=-\omega^2 L[\cos\omega t],$$

由拉氏变换的微分性质可知

$$L[f''(t)]=s^2F(s)-sf(0)-f'(0)=s^2L[\cos\omega t]-s,$$

所以

$$-\omega^2L[\cos\omega t]=s^2L[\cos\omega t]-s,$$

于是

$$L[\cos\omega t]=\frac{s}{s^2+\omega^2}.$$

(2) 因为$f(0)=f'(0)=f''(0)=\cdots=f^{(n-1)}(0)=0$, $f^{(n)}(t)=n!$,所以

$$L[f^{(n)}(t)]=s^nF(s)=s^nL[t^n],$$

又

$$L[f^{(n)}(t)]=L[n!]=\frac{n!}{s},$$

即

$$s^nL[t^n]=\frac{n!}{s},$$

所以

$$L[t^n]=\frac{n!}{s^{n+1}}.$$

性质5(积分性质) 若$L[f(t)]=F(s)\ (s\neq 0)$,且$f(t)$连续,则有

$$L\left[\int_0^t f(x)\,dx\right]=\frac{F(s)}{s}.$$

性质5表明,函数积分后的拉氏变换,等于函数的拉氏变换除以参数$s$.

性质5也可以推广到有限次积分的情形:

$$L\left[\int_0^t dx\int_0^t dx\cdots\int_0^t f(t)\,dx\right]=\frac{F(s)}{s^n}\quad(n=1,2,\cdots).$$

例8 利用拉氏变换的积分性质,求函数$f(t)=\sin 5t$的拉氏变换.

解 因为$L[\cos 5t]=\dfrac{s}{s^2+25}$, $\sin 5t=5\displaystyle\int_0^t\cos 5x\,dx$,所以

$$L[\sin 5t]=L\left[5\int_0^t\cos 5x\,dx\right]=5\cdot\frac{1}{s}\cdot\frac{s}{s^2+25}=\frac{5}{s^2+25}.$$

性质6(相似性质) 若$L[f(t)]=F(s)$,常数$a>0$,则有

$$L[f(at)]=\frac{1}{a}F\left(\frac{s}{a}\right).$$

性质6表明,像原函数的自变量扩大$a$倍,像函数的自变量反而缩小同样的倍数.

**性质 7(像函数的微分性质)** 若 $L[f(t)]=F(s)$，则有

$$L[t^n f(t)]=(-1)^n F^{(n)}(s) \text{ 或 } F^{(n)}(s)=L[(-t)^n f(t)].$$

**例 9** 利用像函数的微分性质，求函数 $f(t)=t\sin \omega t$ 的拉氏变换.

**解** 因为 $L[\sin \omega t]=\dfrac{\omega}{s^2+\omega^2}=F(s)$，所以

$$L[t\sin \omega t]=(-1)\cdot F'(s)=-\left(\frac{\omega}{s^2+\omega^2}\right)'=\frac{2\omega s}{(s^2+\omega^2)^2}.$$

**性质 8(像函数的积分性质)** 若 $L[f(t)]=F(s)$，且 $\lim\limits_{t\to 0}\dfrac{f(t)}{t}$ 存在，则有

$$L\left[\frac{f(t)}{t}\right]=\int_s^{+\infty} F(s)\,\mathrm{d}s.$$

**例 10** 利用像函数的积分性质，求函数 $f(t)=\dfrac{\sin t}{t}$ 的拉氏变换，并求 $\displaystyle\int_0^{+\infty}\frac{\sin t}{t}\mathrm{d}t$.

**解** 因为 $L[\sin t]=\dfrac{1}{s^2+1}=F(s)$，且 $\lim\limits_{t\to 0}\dfrac{\sin t}{t}=1$，所以

$$L\left[\frac{\sin t}{t}\right]=\int_s^{+\infty}\frac{1}{s^2+1}\mathrm{d}s=\arctan s\Big|_0^{+\infty}=\frac{\pi}{2}-\arctan s.$$

由拉氏变换的定义可知，$\displaystyle\int_0^{+\infty}\frac{\sin t}{t}\mathrm{e}^{-st}\mathrm{d}t=\frac{\pi}{2}-\arctan s$，故当 $s=0$ 时，

$$\int_0^{+\infty}\frac{\sin t}{t}\mathrm{d}t=\frac{\pi}{2}.$$

下面列出拉氏变换的性质(见表 10.2)：

**表 10.2 拉氏变换的性质**

| 名称 | $L[f(t)]=F(s)$ |
|---|---|
| 1. 线性性质 | $L[a_1 f_1(t)+a_2 f_2(t)]=a_1 L[f_1(t)]+a_2 L[f_2(t)]$ |
| 2. 平移性质 | $L[\mathrm{e}^{at}f(t)]=F(s-a)$ |
| 3. 延滞性质 | $L[f(t-a)]=\mathrm{e}^{-as}F(s)\ (a>0)$ |
| 4. 微分性质 | $L[f'(t)]=sF(s)-f(0)$<br>$L[f^{(n)}(t)]=s^n F(s)-[s^{n-1}f(0)+s^{n-2}f'(0)+\cdots+f^{(n-1)}(0)]$ |
| 5. 积分性质 | $L\left[\int_0^t f(x)\mathrm{d}x\right]=\dfrac{1}{s}F(s)$ |
| 6. 相似性质 | $L[f(at)]=\dfrac{1}{a}F\left(\dfrac{s}{a}\right)\ (a>0)$ |
| 7. 像函数的微分性质 | $L[t^n f(t)]=(-1)^n F^{(n)}(t)$ |
| 8. 像函数的积分性质 | $L\left[\dfrac{f(t)}{t}\right]=\int_s^{+\infty}F(s)\mathrm{d}s$ |

## 思考题 10.1

1. 在初等数学中通过取对数简化复杂的运算，例如，可以将乘除运算转化为加减运

算，将乘方、开方运算转化为乘除运算，拉氏变换与对数的这种性质有何类似之处？

2. 拉氏变换的哪些性质在求解微分、积分方程中起到了关键性作用？

### 练习题 10.1

1. 求下列函数的拉氏变换.

(1) $f(t)=e^{-4t}$；　(2) $f(t)=t^3+2t-2$；　(3) $f(t)=5\sin 2t-3\cos 2t$；

(4) $f(t)=(t-1)^2e^t$；　(5) $f(t)=t\cos 3t$；　(6) $f(t)=\dfrac{1-e^t}{t}$；

(7) $f(t)=te^t\sin t$；　(8) $f(t)=\begin{cases}-1, & 0\leqslant t<4,\\ 1, & t\geqslant 4.\end{cases}$

2. 设 $f(t)=t\sin at$，验证 $f''(t)+a^2f(t)=2a\cos at$，并利用此结果求 $L[f(t)]$.

## 10.2 拉氏逆变换

拉普拉斯逆变换

在前一节我们讨论了如何求拉氏变换，也就是由已知函数 $f(t)$ 求它的像函数 $F(s)$ 的问题，但是在实际应用中，我们常常会碰到与此相反的问题，由已知像函数 $F(s)$ 求它的像原函数 $f(t)$，即拉氏逆变换.

对于常见的简单像函数 $F(s)$，可以通过拉氏变换表(表 10.1)直接查得其像原函数 $f(t)$，而对于一些较为复杂不能直接查表求得像函数 $F(s)$，我们可以先将 $F(s)$ 作恒等变形，然后再利用拉氏变换的性质结合查表求得像原函数 $f(t)$，下面我们将常用的拉氏变换的性质用逆变换的形式列出.

**性质 1(线性性质)** 若 $a$、$b$ 是常数，且 $L[f_1(t)]=F_1(s)$，$L[f_2(t)]=F_2(s)$，则

$$L^{-1}[aF_1(s)+bF_2(s)]=aL^{-1}[F_1(s)]+bL^{-1}[F_2(s)]=af_1(t)+bf_2(t).$$

性质 1 表明，函数的线性组合的拉氏逆变换等于各函数的拉氏逆变换的线性组合. 该性质可以推广到有限个函数的线性组合的情形.

**性质 2(平移性质)** 若 $L[f(t)]=F(s)$，$a$ 为常数，则有

$$L^{-1}[F(s-a)]=e^{at}L^{-1}[F(s)]=e^{at}f(t).$$

**性质 3(延滞性质)** 若 $L[f(t)]=F(s)$，常数 $a\geqslant 0$，则有

$$L^{-1}[e^{-as}F(s)]=f(t-a)u(t-a).$$

**例 1** 求下列函数的拉氏逆变换.

(1) $F(s)=\dfrac{5}{s+2}$；　(2) $F(s)=\dfrac{1}{(s-3)^2}$；

(3) $F(s)=\dfrac{4s^3-3}{s^4}$；　(4) $F(s)=\dfrac{2s+3}{s^2+9}$.

**解** (1) 由性质 1 及表 10.1 中公式 5，取 $a=-2$，得

$$f(t)=L^{-1}\left[\frac{5}{s+2}\right]=5L^{-1}\left[\frac{1}{s-(-2)}\right]=5e^{-2t}.$$

（2）由表 10-1 中公式 7，取 $a=3$，得

$$f(t)=L^{-1}\left[\frac{1}{(s-3)^{2}}\right]=te^{3t}.$$

（3）由性质 1 及表 10.1 中公式 2、4，得

$$f(t)=L^{-1}\left[\frac{4s^{3}-3}{s^{4}}\right]=4L^{-1}\left[\frac{1}{s}\right]-3L^{-1}\left[\frac{1}{3!}\cdot\frac{3!}{s^{4}}\right]=4-\frac{3}{3!}t^{3}=4-\frac{1}{2}t^{3}.$$

（4）由性质 1 及表 10.1 中公式 9、10，得

$$f(t)=L^{-1}\left[\frac{2s+3}{s^{2}+9}\right]=2L^{-1}\left[\frac{s}{s^{2}+3^{2}}\right]+L^{-1}\left[\frac{3}{s^{2}+3^{2}}\right]=2\cos 3t+\sin 3t.$$

**例 2** 求 $L^{-1}\left[\dfrac{3s+2}{s^{2}-2s+5}\right]$.

**解**

$$\begin{aligned}f(t)&=L^{-1}\left[\frac{3s+2}{s^{2}-2s+5}\right]\\&=L^{-1}\left[\frac{3(s-1)+5}{(s-1)^{2}+2^{2}}\right]=3L^{-1}\left[\frac{s-1}{(s-1)^{2}+2^{2}}\right]+\frac{5}{2}L^{-1}\left[\frac{2}{(s-1)^{2}+2^{2}}\right]\\&=3e^{t}L^{-1}\left[\frac{s}{s^{2}+2^{2}}\right]+\frac{5}{2}e^{t}L^{-1}\left[\frac{2}{s^{2}+2^{2}}\right]=3e^{t}\cos 2t+\frac{5}{2}e^{t}\sin 2t\\&=\frac{1}{2}e^{t}(6\cos 2t+5\sin 2t).\end{aligned}$$

在利用拉氏逆变换解决工程技术中的实际问题时，经常会遇到像函数 $F(s)$ 是有理分式的情形，一般可采用待定系数法进行恒等变形，将其分解为简单的有理分式之和，然后再利用拉氏变换的性质结合查表求得像原函数 $f(t)$.

**例 3** 求 $L^{-1}\left[\dfrac{s+10}{s^{2}+7s+12}\right]$.

**解** 先将像函数分解为几个简单分式之和，即

$$\frac{s+10}{s^{2}+7s+12}=\frac{s+10}{(s+3)(s+4)}=\frac{A}{s+3}-\frac{B}{s+4},$$

用待定系数法求得

$$A=7,B=6.$$

所以

$$\begin{aligned}f(t)&=L^{-1}\left[\frac{s+10}{s^{2}+7s+12}\right]=L^{-1}\left[\frac{7}{s+3}-\frac{6}{s+4}\right]\\&=7L^{-1}\left[\frac{1}{s+3}\right]-6L^{-1}\left[\frac{1}{s+4}\right]=7e^{-3t}-6e^{-4t}.\end{aligned}$$

**例 4** 求 $L^{-1}\left[\dfrac{s^{2}+1}{(s+1)(s^{2}+s+1)}\right]$.

**解** 先将像函数分解为几个简单分式之和，即

$$\left[\frac{s^{2}+1}{(s+1)(s^{2}+s+1)}\right]=\frac{A}{s+1}-\frac{Bs+C}{s^{2}+s+1},$$

用待定系数法求得

$$A=2, B=1, C=1.$$

所以

$$\left[\frac{s^2+1}{(s+1)(s^2+s+1)}\right]=\frac{2}{s+1}-\frac{s+1}{s^2+s+1}$$

$$=2\cdot\frac{1}{s+1}-\frac{s+\frac{1}{2}}{\left(s+\frac{1}{2}\right)^2+\frac{3}{4}}-\frac{\frac{1}{2}}{\left(s+\frac{1}{2}\right)^2+\left(\frac{\sqrt{3}}{2}\right)^2}$$

$$=2\cdot\frac{1}{s+1}-\frac{s+\frac{1}{2}}{\left(s+\frac{1}{2}\right)^2+\left(\frac{\sqrt{3}}{2}\right)^2}-\frac{\sqrt{3}}{3}\frac{\frac{\sqrt{3}}{2}}{\left(s+\frac{1}{2}\right)^2+\left(\frac{\sqrt{3}}{2}\right)^2},$$

于是

$$L^{-1}\left[\frac{s^2+1}{(s+1)(s^2+s+1)}\right]=2e^{-t}-e^{-\frac{1}{2}t}\cos\frac{\sqrt{3}}{2}t-\frac{\sqrt{3}}{3}e^{-\frac{1}{2}t}\sin\frac{\sqrt{3}}{2}t.$$

**例5** 求 $L^{-1}\left[e^{-as}\frac{s+10}{s^2+7s+12}\right]$.

**解** 由例3知

$$f(t)=L^{-1}\left[\frac{s+10}{s^2+7s+12}\right]=7e^{-3t}-6e^{-4t},$$

因此,由延滞性质,得

$$L^{-1}\left[e^{-as}\frac{s+10}{s^2+7s+12}\right]=f(t-a)u(t-a)$$

$$=[7e^{-3(t-a)}-6e^{-4(t-a)}]u(t-a).$$

## 思考题 10.2

1. 拉氏逆变换的主要计算方法有哪些?
2. 平移和延滞性质对于进行拉氏逆变换有什么作用?

## 练习题 10.2

求下列各函数的拉氏逆变换.

1. $F(s)=\frac{2}{s-3}$;
2. $F(s)=\frac{s}{s-2}$;
3. $F(s)=\frac{s}{(s^2+4)^2}$;
4. $F(s)=\frac{2s}{s^2+16}$;
5. $F(s)=\frac{s}{(s+3)(s+5)}$;
6. $F(s)=\frac{2s-8}{s^2+36}$;
7. $F(s)=\frac{4}{s^2+4s+10}$;
8. $F(s)=\frac{s^2+2s-1}{s(s-1)^2}$;
9. $F(s)=\frac{(2s+1)^2}{s^5}$.

# 10.3 拉普拉斯变换的应用

从前面的介绍我们知道，拉氏变换是一种运算方法，能将微分运算和积分运算转化为代数运算，所以，它在解线性微分方程（或方程组）和建立线性系统的传递函数等问题中，有着独特的作用.

## 10.3.1 微分方程的拉氏变换解法

这里仅讨论用拉氏变换解常微分方程的问题，用拉氏变换解微分方程的方法如下：

（1）先对 $y$ 的微分方程（或积分方程）连带初始条件进行拉氏变换，得到一个容易求解的关于像函数 $Y(s)$ 的代数方程，常称为**像方程**.

（2）解像方程得像函数 $Y(s)$.

（3）再对 $Y(s)$ 作拉氏逆变换，求出原微分方程的解 $y(t)$.

其基本思想可用方框图（如图 10.5）表示.

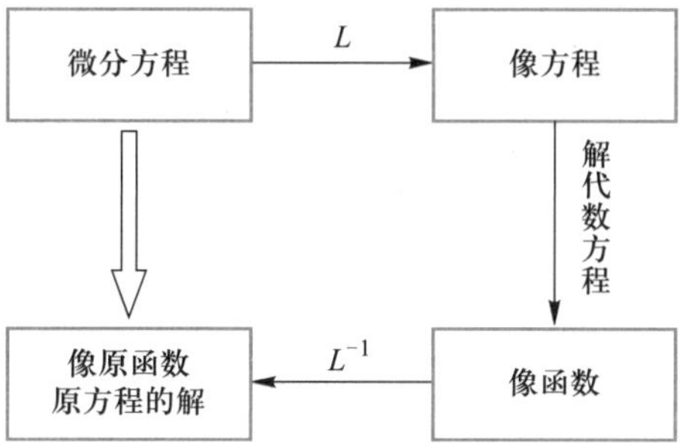


图 10.5

**例 1** 求方程 $y''(t)+4y(t)=0$ 满足初始条件 $y(0)=-2, y'(0)=4$ 的特解.

**解** 设 $L[y(t)]=Y(s)$，对方程两边取拉氏变换，得

$$s^2Y(s)-sy(0)-y'(0)+4Y(s)=0,$$

将初始条件代入，得

$$s^2Y(s)+2s-4+4Y(s)=0,$$

解得

$$Y(s)=\frac{4}{s^2+4}-\frac{2s}{s^2+4},$$

再取拉氏逆变换，得

$$y(t)=L^{-1}[Y(s)]=2L^{-1}\left[\frac{2}{s^2+4}\right]-2L^{-1}\left[\frac{s}{s^2+4}\right]=2\sin 2t-2\cos 2t.$$

**例 2** 解微分方程组 $\begin{cases}x'-x-2y=t,\\ y'-2x-y=t\end{cases}$ 满足初始条件 $\begin{cases}x(0)=2,\\ y(0)=4\end{cases}$ 的解.

**解** 对方程组的两个方程的两端取拉氏变换，设 $L[x(t)]=X(s)$，$L[y(t)]=Y(s)$，得

$$\begin{cases}[sX(s)-2]-X(s)-2Y(s)=\dfrac{1}{s^2},\\[sY(s)-4]-2X(s)-Y(s)=\dfrac{1}{s^2},\end{cases}$$

从以上方程求出像函数,得

$$\begin{cases}X(s)=\dfrac{28}{9}\cdot\dfrac{1}{s-3}-\dfrac{1}{s+1}-\dfrac{1}{3s^2}-\dfrac{1}{9s},\\Y(s)=\dfrac{28}{9}\cdot\dfrac{1}{s-3}+\dfrac{1}{s+1}-\dfrac{1}{3s^2}-\dfrac{1}{9s},\end{cases}$$

再取拉氏逆变换,得

$$\begin{cases}x(t)=\dfrac{28}{9}e^{3t}-e^{-t}-\dfrac{1}{3}t-\dfrac{1}{9},\\y(t)=\dfrac{28}{9}e^{3t}+e^{-t}-\dfrac{1}{3}t-\dfrac{1}{9}.\end{cases}$$

**例 3** 在图 10.6 所示电路中,在 $t=0$ 时接通电路,求输出信号 $u_C(t)$.

**解** 根据基尔霍夫定律可知,任一闭合电路上的电压降之和等于电动势,则有

$$u_R(t)+u_C(t)=E.$$

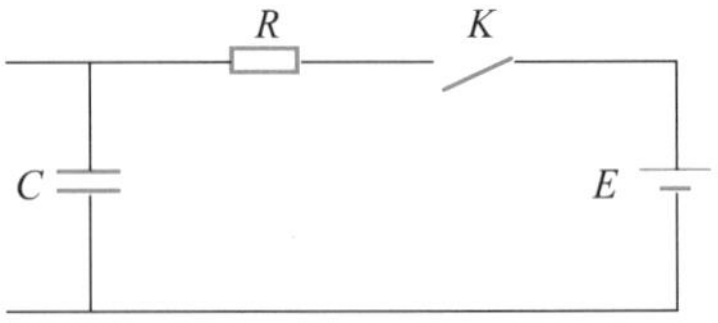


图 10.6

由 $u_C(t)=\dfrac{1}{C}\int_{-\infty}^{t}i(x)\,dx$ 可知

$$i(t)=C\frac{du_C(t)}{dt},$$

$$u_R(t)=Ri(t)=RC\frac{du_C(t)}{dt},$$

从而得微分方程

$$RC\frac{du_C(t)}{dt}+u_C(t)=E.$$

初始条件为 $u_C(0)=0$,设 $L[u_C(t)]=F(s)$,对上面方程两边取拉氏变换,得

$$RCsF(s)+F(s)=\frac{E}{s},$$

即

$$F(s)=\frac{E}{s(RCs+1)}=E\left(\frac{1}{s}-\frac{1}{s+\dfrac{1}{RC}}\right),$$

取拉氏逆变换,得

$$u_C(t)=L^{-1}[F(s)]=E(1-e^{-\frac{1}{RC}}).$$

从上面的例子可以看出,微分方程经过拉氏变换后,初始条件都一并考虑进去了,从而避免了微分方程的一般解法中,先求出通解后再根据初始条件确定任意常数的复杂运算.

### 10.3.2 线性系统的传递函数

在实际工程问题中，常把对一个系统输入（或施加）一个作用，称为激励，而把系统经作用后产生的结果（或效应）称为响应. 例如在电路分析中，将输入的信号叫作对该电路的激励，同时输出的信号叫作该电路的响应；在力学研究中，对一构件施加力叫作对该构件的激励，而加力后构件所产生的应力、应变叫作该构件的响应.

若一个系统的激励和响应构成的数学模型经拉氏变换后是线性关系，则称该系统为线性系统. 如上面例 3 中的 $RC$ 电路就是一个线性系统.

在实际应用中，大部分情况下线性系统可以用线性微分方程表示，在分析和研究线性系统时，我们常常是对系统的激励和响应感兴趣，而并不关心系统的内部结构. 比如在计算一个电路系统时，只要能计算出输入和输出信号，就达到了计算的目的和要求，至于其中的结构情况则是另一个领域工程技术人员的事情. 因此，我们关心的只是系统的激励和响应之间的关系，而非其内部的物理结构. 为此，我们引入传递函数的概念.

设有一个线性系统，它的激励为 $X(t)$，响应为 $Y(t)$，由于它们的关系经拉氏变换后为线性关系，则有像函数方程

$$Y(s)=W(s)X(s)+G(s),$$

其中，$Y(s)=L[Y(t)]$，$X(s)=L[X(t)]$，$G(s)$ 由初始条件决定. $W(s)$ 叫作系统的传递函数，它表达了系统的特性，与初始条件无关. 当已知激励和传递函数时就可以求出系统的响应.

特别地，当初始条件全为零时，即 $G(s)=0$ 时，有传递函数

$$W(s)=\frac{Y(s)}{X(s)}=\frac{L[Y(t)]}{L[X(t)]}.$$

例 4　在图 10.7 所示的 $RC$ 电路中，$u_i(t)$ 和 $u_o(t)$ 分别为电路的输入和输出电压，设 $t=0$ 时，电路没有电流通过，求它的传递函数.

解　由电工学知识可得如下方程组

$$\begin{cases} u_i(t)=Ri(t)+\dfrac{1}{C}\displaystyle\int_0^t i(x)\,dx, \\ u_o(t)=Ri(t). \end{cases}$$

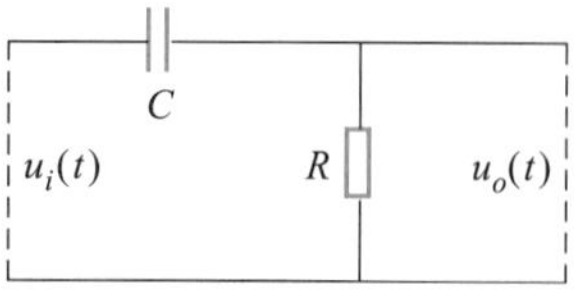


图 10.7

设　$U_i(s)=L[u_i(t)]$，$U_o(s)=L[u_o(t)]$，$i(s)=L[i(t)]$.

将方程组中两个式子的两边分别取拉氏变换，得

$$\begin{cases} U_i(s)=Ri(s)+\dfrac{1}{Cs}i(s), \\ U_o(s)=Ri(s), \end{cases}$$

将上边两个式子的两边分别相比，得

$$\frac{U_o(s)}{U_i(s)}=\frac{Ri(s)}{Ri(s)+\dfrac{1}{Cs}i(s)}=\frac{RCs}{RCs+1}.$$

若令 $T_0=RC$，则系统的传递函数可以表示为

$$W(s)=\frac{U_o(s)}{U_i(s)}=\frac{T_0 s}{T_0 s+1}.$$

### 思考题 10.3

1. 利用拉氏变换求解微分方程的基本思想是什么？
2. 你能举出哪些与利用拉氏变换求解微分方程相类似的数学方法？

### 练习题 10.3

1. 用拉氏变换解下列微分方程.

(1) $\frac{\mathrm{d}i}{\mathrm{d}t}+5i=12\mathrm{e}^{-3t}, i(0)=0$;

(2) $y''(t)+4y'(t)+3y(t)=\mathrm{e}^{-t}, y(0)=y'(0)=0$;

(3) $x''(t)+2x'(t)+5x(t)=0, x(0)=1, x'(0)=5$;

(4) $y''(t)-y(t)=4\sin t+5\cos 2t, y(0)=-1, y'(0)=-2$.

2. 解下列微分方程组.

(1) $\begin{cases} y'+3x-2y=2\mathrm{e}^t, \\ x'+x-y'=\mathrm{e}^t, \end{cases}$ 且 $x(0)=y(0)=1$;

(2) $\begin{cases} x''+2y=0, \\ y'+x+y=0, \end{cases}$ 且 $x(0)=0, x'(0)=y(0)=1$.

## 10.4 应用案例

一个线性系统可以用一个常系数线性微分方程来描述. 如 10.3 例 3 的 $RC$ 串联电路,电容器两端的电压 $u_C$ 所满足的关系式 $RC\frac{\mathrm{d}u_c(t)}{\mathrm{d}t}+u_c(t)=E$ 就是一个一阶常系数线性微分方程. 一般地,可以将外加电动势 $E$ 看成是这个系统(即 $RC$ 回路)的随时间 $t$ 变化的输入函数 $E(t)$,称为激励,而把电容器两端的电压 $u_c(t)$ 看成是这个系统的随时间 $t$ 变化的输出函数,称为响应. 这样 $RC$ 串联的闭合回路就可看成是一个有输入端和输出端的线性系统,如图 10.8 所示. 而虚线框中的电路结构取决于系统内的元件参量和连接方式. 这样的一个线性系统,在电路理论中又称为线性网络. 一个系统的响应是由激励函数与系统本身的特性所决定的. 对于不同的线性系统,即使在同一激励下,其响应也是不同的.

在分析线性系统时,我们是要研究激励和响应同系统本身特性之间的联系,而不必关心系统内部的各种不同的结构情况. 这种联系可以用图 10.9 来表示. 为了描述这种联系,我们引入传递函数的概念.

假设有一个线性系统,在一般情况下,它的激励 $x(t)$ 与响应 $y(t)$ 所满足的关系可以用下列的微分方程来表示:

$$a_n y^{(n)}+a_{n-1}y^{(n-1)}+\cdots+a_1 y'+a_0 y=b_m x^{(m)}+b_{m-1}x^{(m-1)}+b_1 x'+b_0 x, \tag{1}$$

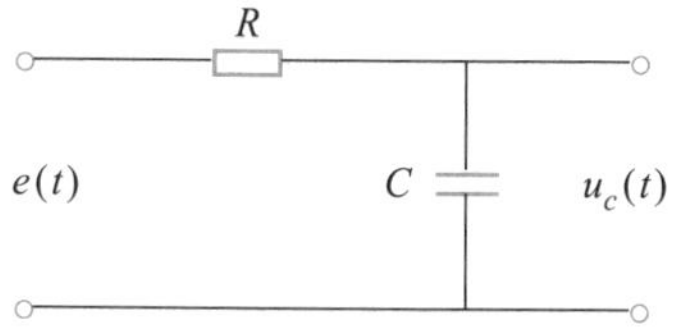


图 10.8

图 10.9

其中 $a_0,a_1,\cdots,a_n,b_1,b_2,\cdots b_m$ 均为常数，$m$、$n$ 为正整数，$n\geqslant m$.

设 $L[y(t)]=F(s)$，$L[x(t)]=G(s)$，根据拉氏变换的微分性质，有

$$L[a_k y^{(k)}]=a_k s^k F(s)-a_k[s^{k-1}y(0)+s^{k-2}y'(0)+\cdots+y^{(k-1)}(0)]\quad(k=0,1,2,\cdots,n),$$

$$L[b_j x^{(j)}]=b_j s^j G(s)-b_j[s^{j-1}x(0)+s^{j-2}x'(0)+\cdots+x^{(j-1)}(0)]\quad(j=0,1,2,\cdots,m),$$

对(1)式两边取拉氏变换并经过整理，可得

$$D(s)F(s)-M_{hy}(s)=M(s)G(s)-M_{hx}(s),$$

$$F(s)=\frac{M(s)}{D(s)}G(s)+\frac{M_{hy}(s)-M_{hx}(s)}{D(s)},\tag{2}$$

其中

$$D(s)=a_n s^n+a_{n-1}s^{n-1}+\cdots+a_1 s+a_0,\ M(s)=b_m s^m+b_{m-1}s^{m-1}+\cdots+b_1 s+b_0,$$

$$M_{hy}(s)=a_n y(0)s^{n-1}+[a_n y'(0)+a_{n-1}y(0)]s^{n-2}+\cdots+[a_n y^{(n-1)}(0)+\cdots+a_2 y'(0)+a_1 y(0)],$$

$$M_{hx}(s)=b_m x(0)s^{m-1}+[b_m x'(0)+b_{m-1}x(0)]s^{m-2}+\cdots+[b_m x^{(m-1)}(0)+\cdots+b_2 x'(0)+b_1 x(0)],$$

若令

$$W(s)=\frac{M(s)}{D(s)},\quad W_h(s)=\frac{M_{hy}(s)-M_{hx}(s)}{D(s)},\tag{3}$$

则(2)式可化为

$$F(s)=W(s)G(s)+W_h(s).\tag{4}$$

我们把 $W(s)$ 称为系统的传递函数. 它表达了系统本身的特性，而与激励及系统的初始状态无关. 但 $W_h(s)$ 则由激励和系统本身的初始条件所决定. 若这些初始条件全为零，即 $W_h(s)=0$ 时，(4)式可写为

$$F(s)=W(s)G(s)\text{ 或 }W(s)=\frac{F(s)}{G(s)}.\tag{5}$$

这个式子说明，在零初始条件下，系统的传递函数等于其响应的拉氏变换与其激励的拉氏变换之比. 当我们知道了系统的激励，按(5)式求出其响应的拉氏变换，再通过求逆变换可得其响应 $y(t)$. $x(t)$ 和 $y(t)$ 之间的关系可用图 10.10 表示出来.

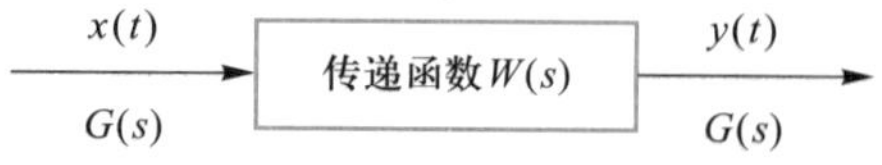


图 10.10

必须指出，传递函数不表明系统的物理性质，许多性质不同的物理系统可以有相同的传递函数，而传递函数不相同的物理系统，即使系统的激励相同，其响应也是不相同的，因此对传递函数的分析研究，能够统一处理各种物理性质不同的线性系统. 关于传递函数的内容，在有关的专业课程中会有更深入的讨论.

## 10.5 用 MATLAB 进行拉普拉斯变换

### 一、MATLAB 拉普拉斯变换运算函数 laplace( )

拉普拉斯变换主要应用于连续系统中，可以用来求解微分方程的初值问题. 在 MATLAB 中，函数 $f(t)$ 的拉普拉斯变换定义为

$$L[f](s)=\int_0^{+\infty} f(t)\,\mathrm{e}^{-ts}\,\mathrm{d}t.$$

一般用 $L[f]$ 代表求 $f(t)$ 的拉普拉斯变换.

函数 $f(t)$ 的拉普拉斯逆变换定义为

$$L^{-1}[f](t)=\frac{1}{2\pi \mathrm{i}}\int_{c-\mathrm{i}\infty}^{c+\mathrm{i}\infty} f(s)\,\mathrm{e}^{ts}\,\mathrm{d}s.$$

其中 $c$ 为一个实数. 一般用 $L^{-1}[f]$ 代表求 $f(t)$ 的拉普拉斯逆变换.

在 MATLAB 中，实现 $f(t)$ 的拉普拉斯变换的函数为 laplace( )，laplace( ) 函数格式说明如下：

laplace(f)：表示求 $L[f](s)=\int_0^{+\infty} f(t)\,\mathrm{e}^{-ts}\,\mathrm{d}t$ 积分，对 $t$ 积分，返回关于 $s$ 的函数.

laplace(f,t)：表示求 $L[f](t)=\int_0^{+\infty} f(t)\,\mathrm{e}^{-tx}\,\mathrm{d}x$ 积分，对 $x$ 积分，返回关于 $t$ 的函数.

laplace(f,w,z)：表示求 $L[f](z)=\int_0^{+\infty} f(t)\,\mathrm{e}^{-wz}\,\mathrm{d}w$ 积分，对 $w$ 积分，返回关于 $z$ 的函数.

在 MATLAB 中，实现 $f(t)$ 的拉普拉斯逆变换的函数为 ilaplace( )，ilaplace( ) 函数格式说明如下：

ilaplace(f)：表示对 $s$ 积分，返回关于 $t$ 的函数.

ilaplace(f,y)：表示对 $s$ 积分，返回关于 $y$ 的函数.

ilaplace(f,y,x)：表示对 $y$ 积分，返回关于 $x$ 的函数.

### 二、函数 laplace 和 ilaplace 的用法举例

例 1 求下列函数的拉普拉斯变换.

(1) $f(t)=at\,(t\geqslant 0, a$ 为常数$)$；

(2) $f(t)=\cos wt\,(t\geqslant 0)$.

解 (1)

```
≫ syms a t p
≫ laplace(a*t,p)
ans =
a/p^2
```

(2)

```
≫ syms a t p w
≫ laplace(cos(w*t),p)
```

```
ans =
p/(p^2+w^2)
```

例 2 求下列函数的拉普拉斯逆变换.

(1) $f(p)=\dfrac{2}{p+5}$;

(2) $f(p)=\dfrac{1}{(p-3)^2}$.

解 (1)

```
≫ syms t p
≫ ilaplace(2/(p+5))
ans =
2 * exp(-5 * t)
```

(2)

```
≫ ilaplace(1/(p-3)^2)
ans =
t * exp(3 * t)
```

## 练习题 10.5

1. 求 $f(t)=\sin^3 t$ 的拉普拉斯变换.
2. 求 $f(t)=1+te^t$ 的拉普拉斯变换.
3. 求 $f(p)=\dfrac{p}{(p-1)^2}$的拉普拉斯逆变换.

# 本章小结

1. 拉普拉斯变换的定义：$L[f(t)]=F(s)=\int_0^{+\infty} f(t)e^{-st}dt$.

2. 一些常见函数的拉普拉斯变换公式(见表 10.1).

3. 拉普拉斯变换的基本性质(见表 10.2).

4. 由拉普拉斯变换求逆变换(即由像函数求像原函数).

对于常见的像函数 $F(s)$，可以通过拉普拉斯变换表(表 10.1)或先将 $F(s)$ 作恒等变形，然后再利用拉普拉斯变换的性质结合查表求得像原函数 $f(t)$；对于像函数 $F(s)$ 是有理分式的情形，一般可将其分解为简单的有理分式之和，然后再利用拉普拉斯变换的性质结合查表求得像原函数 $f(t)$.

5. 利用拉普拉斯变换解微分方程的主要步骤

(1) 对 $y$ 的微分方程(或积分方程)连同初始条件进行拉普拉斯变换，得到像函数 $Y(s)$ 的代数方程；

(2) 解像函数的代数方程,得像函数 $Y(s)$;

(3) 对 $Y(s)$ 作拉普拉斯逆变换,得微分方程的解 $y(t)$.

本章主要内容如图 10.11 所示:

本章的学习重点是:理解拉普拉斯变换和拉普拉斯逆变换的概念;熟练掌握利用拉普拉斯变换的性质结合查拉普拉斯变换表求像函数和像原函数的方法;会利用拉普拉斯变换解线性微分方程(或方程组)和建立线性系统的传递函数.

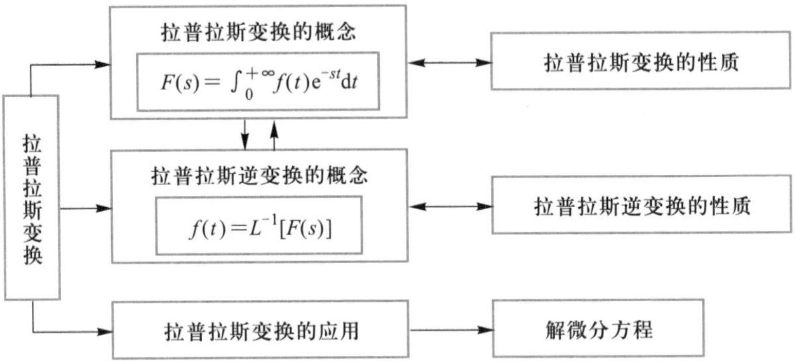


图 10.11

# 综合练习题十

一、单项选择题.

1. 拉普拉斯变换积分 $\int_0^{+\infty}f(t)e^{-st}dt$ 中 $f(t)$ 的自变量取值范围是(　　).

A. $(0,+\infty)$　　B. $[0,+\infty)$　　C. $(-\infty,+\infty)$　　D. $(-\infty,0)$

2. 拉普拉斯变换积分 $\int_0^{+\infty}f(t)e^{-st}dt$ 中的参数 $s$ 是(　　).

A. 实变数　　B. 虚变数　　C. 复变数　　D. 实数

3. $L[e^{-at}\sin\omega t]=($　　$)$.

A. $\dfrac{\omega}{s+a}$　　B. $\dfrac{\omega}{(s+a)^2+\omega^2}$　　C. $\dfrac{s+a}{\omega^2}$　　D. $\dfrac{1}{(s+a)^2+\omega^2}$

4. 若 $L[f(t)]=F(s)$,则 $L[e^{-at}f(t)]=($　　$)$.

A. $F(s-a)$　　B. $F(s+a)$　　C. $F(s)e^{-as}$　　D. $\dfrac{1}{s}F(s+a)$

5. 若 $L[f(t)]=F(s)$,则 $L[f(t+a)]=($　　$)$.

A. $e^{-as}F(s)$　　B. $e^{as}F(s)$　　C. $F(s-a)e^{-as}$　　D. $F(s+a)e^{as}$

6. 若 $L[f(t)]=F(s)$,则 $L\left[\dfrac{1}{t}f(t)\right]=($　　$)$.

A. $\frac{1}{s}F(s)$　　B. $\int_s^{+\infty}F(s)\mathrm{d}s$　　C. $\int_0^s F(s)\mathrm{d}s$　　D. $-F'(s)$

7. 若 $L[f(t)]=F(s)$，则 $L[f'(t)]=$(　　).

A. $F(s)$　　B. $sF'(s)$　　C. $-F'(s)$　　D. $sF(s)-f(0)$

8. 若 $L[f(t)]=F(s)$，则 $L\left[\int_0^t f(t)\mathrm{d}t\right]=$(　　).

A. $\frac{1}{s}F(s)$　　B. $\int_s^{+\infty}F(s)\mathrm{d}s$　　C. $\int_0^s F(s)\mathrm{d}s$　　D. $\mathrm{e}^{-s}F(s)$

9. 若 $L[f(t)]=F(s)$，且 $f(0)=f'(0)=0$，则 $L[f''(t)]=$(　　).

A. $sF'(s)$　　B. $F''(s)$　　C. $s^2F(s)$　　D. $s^2F'(s)$

10. 应用拉普拉斯变换解常微分方程时，必须将微分方程先转化为像函数的代数方程，其中关键是利用了拉普拉斯变换的(　　)性质.

A. 线性　　B. 平移　　C. 微分　　D. 延滞

二、判断题.

1. 函数 $f(t)$ 在 $t\geqslant 0$ 上有定义，反常积分 $\int_0^{+\infty}f(t)\mathrm{e}^{-st}\mathrm{d}t$ 一定收敛.　　(　　)

2. $L\left[\int_0^t f(t)\mathrm{d}t\right]=\frac{F(s)}{s}(s\neq 0)$.　　(　　)

3. $L[\cos\omega t]=\frac{s}{s^2+\omega}$.　　(　　)

4. $L[\mathrm{e}^{at}]=\frac{1}{s-a}$.　　(　　)

5. $L^{-1}[\mathrm{e}^{-as}F(s)]=f(t-a)u(t-a)$.　　(　　)

6. $L^{-1}\left[\frac{4s}{s^2+16}\right]=4\sin 4t$.　　(　　)

7. $L^{-1}[\delta(t)]=1$.　　(　　)

8. $L^{-1}\left[\frac{\mathrm{e}^{-s}}{s}\right]=u(t-1)$.　　(　　)

9. 设 $L[f(t)]=F(s)$，则 $L^{-1}\{L[f(t)]\}=f(t)$.　　(　　)

10. $L^{-1}[F(s)]=f(t)$ 无论 $s$ 在什么范围内均成立.　　(　　)

三、填空题.

1. $L[n!\ u(t)]=$________；$L[\sin\omega t]=$________；$L[\mathrm{e}^{at}]=$________.

2. $L^{-1}[1]=$________；$L^{-1}\left[\frac{1}{s^2}\right]=$________.

3. 单位阶梯函数的数学表达式为________，其拉普拉斯变换为________.

4. 单位脉冲函数的数学表达式为________，其拉普拉斯变换为________.

5. 像原函数 $f(t)$ 乘以 $\mathrm{e}^{at}$ 的拉普拉斯变换等于其像函数 $F(s)$________，像原函数 $f(t)$ 的图像沿着________，即 $L^{-1}[\mathrm{e}^{at}F(s)]=$________$(a>0)$.

四、求下列各函数的拉普拉斯变换.

1. $f(t)=\mathrm{e}^{4t}\cos 3t\cos 4t$；

2. $f(t)=\mathrm{ch}at\sin bt\left(\mathrm{ch}at=\dfrac{e^{at}+e^{-at}}{2}\right)$.

五、求下列函数的拉普拉斯逆变换.

1. $F(s)=\dfrac{1}{s(s-1)^2}$；　　2. $F(s)=\dfrac{2s-5}{s^2-5s+6}$；　　3. $F(s)=\dfrac{s^3}{(s-1)^4}$.

六、用拉普拉斯变换解下列微分方程或微分方程组.

1. $y''+4y'+4y=6e^{-2t},y(0)=-2,y'(0)=8$；

2. $\begin{cases} x''+y'+3x=\cos 2t, \\ y''-4x'+3y=\sin 2t, x(0)=\dfrac{1}{5}, x'(0)=y(0)=1, y'(0)=\dfrac{6}{5}. \end{cases}$

# 第 11 章　离散数学基础

离散数学是研究离散量的结构及其相互关系的数学学科，是现代数学的一个重要分支. 它在各学科领域，特别在计算机科学与技术领域有着广泛的应用，同时离散数学也是计算机专业的许多专业课程，如程序设计语言、数据结构、操作系统、编译技术、人工智能、数据库、算法设计与分析、理论计算机科学基础等必不可少的先行课程. 通过离散数学的学习，不但可以掌握处理离散结构的描述工具和方法，为后续课程的学习创造条件，而且可以提高抽象思维和严格的逻辑推理能力，为将来参与创新性的研究和开发工作打下坚实的基础.

## 11.1　集合论基础

### 11.1.1　集合及其元素

集合的概念是数学中的基本概念，在集合论中，集合是一个不加定义的原始概念（就像几何学中的点的概念）. 所谓集合，实际上它是具有某种属性（特征）的一类事物的全体.

例如，地球上所有的人就组成一个集合，每一个人就是其中的一个元素. 又如，全体自然数也构成了一个集合. 通常用大写字母 $A,B,C$ 等表示集合，用小写字母 $a,b,c$ 等表示集合的元素. 集合中的元素是确定的，对于一个集合来说，任一元素 $a$ 或属于此集合或不属于此集合. 当元素 $a$ 是集合 $A$ 的成员时，称 $a$ 属于 $A$，记为 $a\in A$；当元素 $a$ 不是集合 $A$ 的成员时，称 $a$ 不属于 $A$，记为 $a\notin A$.

集合的表示方法有以下几种：

（1）列举法

例如，$\boldsymbol{N}$ 表示自然数集，则 $\boldsymbol{N}=\{0,1,2,3,4,5,\cdots\}$.

（2）描述法

例如，$A=\{x\mid x\in \boldsymbol{N},x\leqslant 5\}$，即为集合 $A=\{0,1,2,3,4,5\}$.

（3）图示法

在集合论里，常用一种称为文氏图（John Venn）的图形来表示集合和集合的运算.

在研究集合时，讨论对象的范围称为论域，也称为全集，记为 $U$. 一个集合如果是由有限个元素构成的，则称之为有限集，若由无限个元素构成，则称之为无限集. 对于元素个数为零的集合，称之为空集，用∅表示.

### 11.1.2 集合间的关系

1. 子集

设 $A$ 和 $B$ 是两个集合，如果 $A$ 中的任意一个元素都是 $B$ 中的元素，则称 $A$ 为 $B$ 的子集，记为 $A\subseteq B$，读作 $A$ 包含于 $B$ 或 $B$ 包含 $A$.

例如，$A=\{1,2,3,6\}$，$B=\{0,1,2,3,6,7,8,9,10\}$，则 $A\subseteq B$.

空集是任意集合的一个子集. 一个集合除自身之外的子集称为该集合的真子集，若集合 $A$ 是集合 $B$ 的真子集，则记为 $A\subset B$.

2. 幂集

由集合 $A$ 的所有子集所组成的集合称为 $A$ 的幂集，记为 $\rho(A)$，即

$$\rho(A)=\{X\mid X\subseteq A\}.$$

如设 $A=\{a,b\}$，则 $\rho(A)=\{\varnothing,\{a\},\{b\},\{a,b\}\}$.

**定理 1** 若 $A$ 是由 $n$ 个元素组成的有限集，则 $\rho(A)$ 为由 $2^n$ 个元素组成的有限集.

3. 相等

设 $A$ 和 $B$ 是两个集合，如果 $A\subseteq B$ 且 $B\subseteq A$，则称 $A$ 与 $B$ 相等，记为 $A=B$. 两个集合相等当且仅当它们具有相同的元素. 例如，$A\{x\mid x\in \mathbf{N}, x\leqslant 4\}$，$B=\{0,1,2,3,4\}$，由于 $A$ 和 $B$ 具有相同的元素，故 $A=B$.

### 11.1.3 集合间的运算

1. 集合的交

**定义 1** 设 $A$、$B$ 为两个集合，由它们的公共元素所组成的集合称为 $A$ 与 $B$ 的交集，记为 $A\cap B$，如图 11.1 所示.

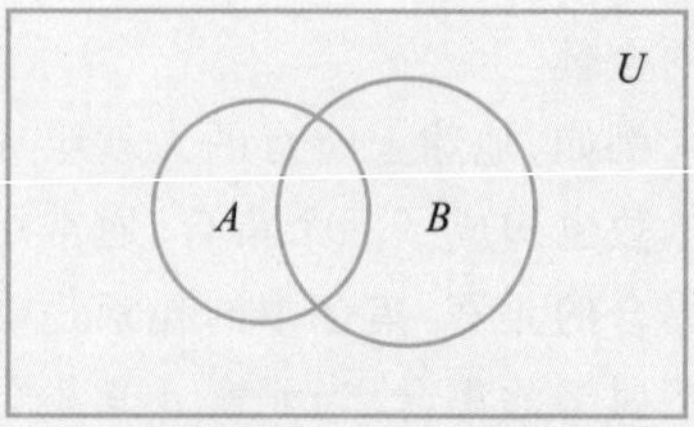


图 11.1 集合的交

例如，设 $A=\{0,1,2,3\}$，$B=\{1,3,5,7,9\}$，则 $A\cap B=\{1,3\}$.

2. 集合的并

**定义 2** 设 $A$、$B$ 为两个集合，由它们的所有元素所组成的集合称为 $A$ 与 $B$ 的并集，记为 $A\cup B$，如图 11.2 所示.

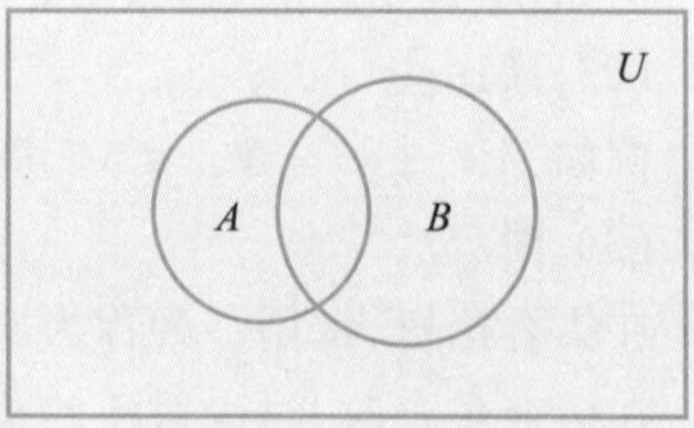


图 11.2 集合的并

例如,设 $A=\{0,1,3,4,5\}$,$B=\{1,3,5,7\}$,则 $A\cup B=\{0,1,3,4,5,7\}$.

3. 集合的补

**定义 3** 设 $U$ 为全集,$A$ 为 $U$ 的任一子集,由 $U$ 中不属于 $A$ 的所有元素所组成的集合称为 $A$ 关于 $U$ 的**补集**,记为 $\overline{A}$,如图 11.3 所示.

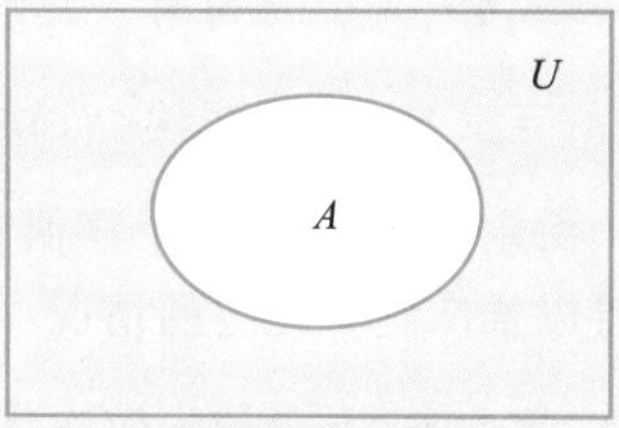

图 11.3 集合的补

例如,设 $A=\{1,2,3,4,5\}$,$U=\{0,1,2,3,4,5,6,7,8,9\}$,则 $\overline{A}=\{0,6,7,8,9\}$.

4. 集合的差

**定义 4** 设 $A$、$B$ 为两个集合,由所有属于 $A$ 但不属于 $B$ 的元素所组成的集合称为 $A$ 与 $B$ 的**差集**,记为 $A-B$,如图 11.4 所示.

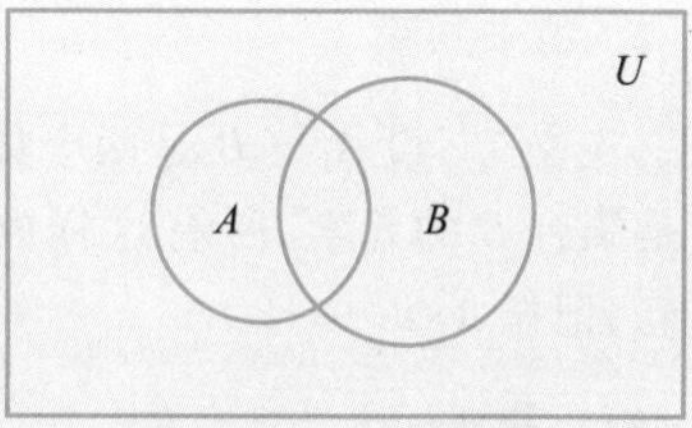

图 11.4 集合的差

例如,设 $A=\{0,1,2,4,5\}$,$B=\{1,3,5,7,9\}$,则 $A-B=\{0,2,4\}$.

集合运算的基本定律如表 11.1 所示,其中 $A$、$B$、$C$ 为任意集合,$U$ 为全集,$\varnothing$ 为空集.

表 11.1 集合运算的基本定律

| | | |
|---|---|---|
| 1 | 等幂律 | $A\cup A=A, A\cap A=A$ |
| 2 | 交换律 | $A\cup B=B\cup A, A\cap B=B\cap A$ |
| 3 | 结合律 | $(A\cup B)\cup C=A\cup(B\cup C), (A\cap B)\cap C=A\cap(B\cap C)$ |
| 4 | 分配律 | $A\cup(B\cap C)=(A\cup B)\cap(A\cup C)$<br>$A\cap(B\cup C)=(A\cap B)\cup(A\cap C)$ |
| 5 | 德·摩根律 | $\overline{(A\cup B)}=\overline{A}\cap\overline{B}, \overline{(A\cap B)}=\overline{A}\cup\overline{B}$ |
| 6 | 吸收律 | $A\cup(A\cap B)=A, A\cap(A\cup B)=A$ |
| 7 | 同一律 | $A\cap U=A, A\cup\varnothing=A$ |
| 8 | 零律 | $A\cup U=U, A\cap\varnothing=\varnothing$ |
| 9 | 相补律 | $A\cup\overline{A}=U, A\cap\overline{A}=\varnothing$ |
| 10 | 双重补 | $\overline{\overline{A}}=A$ |

## 11.1.4 序偶与笛卡儿积

1. 序偶

在日常生活中,许多事物是成对出现的,而且他们之间具有一定的次序,例如,上下，左右，前后，平面直角坐标系中的点的坐标. 一般地说，两个具有固定次序的客体组成一个序偶，它刻画了两个客体之间的次序，并表示由两个客体所组成的集合. 序偶可写作$<a,b>$，其中 $a$ 为第一元素，$b$ 为第二元素.

**定义 5** 对于序偶$<a,b>$与$<c,d>$，若 $a=c$ 且 $b=d$，则$<a,b>=<c,d>$.

由定义 5 可知，两个序偶只有当其两个客体相同且次序也相同时才相等. 序偶的概念可以推广到 $n$ 元组的情况.

**定义 6** $n$ 个按一定次序排列的客体 $a_1,a_2,\cdots,a_n$ 组成的一个有序序列，称为 $n$ 元组，可记为$<a_1,a_2,\cdots,a_n>$，其中 $a_i$ 叫作该 $n$ 元组的第 $i$ 个分量.

例如，一台计算机中某 $a$ 号通道的 $b$ 号控制器中的 $c$ 号设备可用三元组表示为$<a,b,c>$；2010 年 2 月 14 号 0 时 0 分 0 秒可表示成六元组$<2010,2,14,0,0,0>$.

### 2. 笛卡儿积

**定义 7** 设 $A$ 与 $B$ 是两个集合，若序偶的第一个成员是集合 $A$ 的元素，第二个成员是集合 $B$ 的元素，所有这样的序偶构成的集合称为集合 $A$ 与 $B$ 的笛卡儿积或者直积，记作 $A\times B$.

**例** 若 $A=\{1,2,3\}$，$B=\{a,b\}$，求 $A\times B$，$B\times A$，$A\times A$.

**解** $A\times B=\{<1,a>,<1,b><2,a>,<2,b>,<3,a>,<3,b>\}$；

$B\times A=\{<a,1>,<a,2><a,3>,<b,1>,<b,2>,<b,3>\}$；

$A\times A=\{<1,1>,<1,2><1,3>,<2,1>,<2,2>,<2,3>,$
$<3,1>,<3,2>,<3,3>\}$.

由上例可以看出，当 $A\neq B$ 且都不是空集时，$A\times B\neq B\times A$. 显然当 $A=\varnothing$ 或 $B=\varnothing$ 时，$A\times B=B\times A=\varnothing$.

进一步推广，我们有：

**定义 8** $n$ 个集合 $A_i(i=1,2,3,\cdots,n)$ 的笛卡儿积 $A_1\times A_2\times A_3\times\cdots\times A_n$ 为

$$A_1\times A_2\times A_3\times\cdots\times A_n=\{<a_1,a_2,a_3,\cdots,a_n>\mid a_i\in A_i,i=1,2,3,\cdots,n\}.$$

**定理 2** 若 $A$、$B$、$C$ 都是非空集合，则

(1) $A\times(B\cup C)=(A\times B)\cup(A\times C)$；

(2) $A\times(B\cap C)=(A\times B)\cap(A\times C)$；

(3) $(A\cup B)\times C=(A\times C)\cup(B\times C)$；

(4) $(A\cap B)\times C=(A\times C)\cap(B\times C)$.

## 思考题 11.1

1. 数 0，$\{0\}$，$\varnothing$，$\{\varnothing\}$之间有何关系？
2. 试用实际问题说明笛卡儿积的意义.

## 练习题 11.1

1. 写出下列集合的表示式.

(1) 小于 10 的质数;

(2) 直角坐标系中,单位圆内的点集(不包括边界).

2. 求集合 $A=\{1,2,\{3\}\}$ 的幂集.

3. 证明 $(A\cup B)\cap(A\cup C)=A\cup(B\cap C)$ 成立.

4. 设 $A=\{0,1\}$, $B=\{1,2\}$,确定下面的集合.

(1) $A\times B$; (2) $B^2\times A$.

# 11.2 逻辑基础

数理逻辑是用数学方法研究思维的形式结构和规律的学科,这里所指的数学方法就是引进一套符号体系的方法,所以数理逻辑又称符号逻辑,它是从量的侧面来研究思维规律的. 它与计算机科学有着非常密切的联系,是计算机程序设计、人工智能、逻辑设计等学科的基础. 以命题为最基本的单位来研究思维的形式结构和规律的学科称为命题逻辑,命题逻辑是数理逻辑中最基础的内容.

## 11.2.1 命题及命题联结词

### 1. 命题的概念

我们把能判断真假的陈述句称为命题,其他没有判断内容的句子,诸如祈使句、疑问句、感叹句等都不是命题. 一个命题如果是对的或正确的,则称为真命题,其真值为真,常用 T 或 1 表示;一个命题如果是错的或不正确的,则称为假命题,其真值为假,常用 F 或 0 表示.

命题有两种类型:简单命题和复合命题. 简单命题是指不能再分解的陈述句,例如,雪是白的;复合命题是指由简单命题、联结词及标点符号复合构成的命题,例如,如果天下雨,我就在家里看书.

例 1 判断下列句子哪些是命题,哪些不是命题,并指出命题的类型及真值.

(1) 煤是黑的;

(2) 好大的雪啊!

(3) 你们那里下雪吗?

(4) $x+y<5$;

(5) $3+1=4$;

(6) 我在说谎.

(7) 小李在宿舍里或者在图书馆.

以上句子中,(2)(3)不是命题,因为它们不是陈述句. 句子(4)中的 $x$ 和 $y$ 是变量,无法判断真假,也就是说它没有确定的真值,因而它不是命题. 句子(6)是无法判断真假的悖论,因而也不是命题. 其余的都是命题,其中(1)(5)是简单真命题,(7)是由两个简单命题"小李在宿舍里"和"小李在图书馆"通过联结词"或者"组合而成的复合命题.

### 2. 命题变元

在数理逻辑中，我们常用 $P$、$Q$、$R$、$S$、$T$ 等大写字母或带有下标的大写字母或者数字，如 $A_i$，[11]等来表示一个命题，它们称为命题变元或命题标识符，例如：

$P$：雪是白的. $P_1$：北京是中国的首都.

[11]：地球是行星.

这里，$P$，$P_1$ 和[11]都是命题变元. 显然，命题变元和命题是不同的. 命题有具体的含义和确定的真值，而命题变元可以表示任何一个命题，只有表示某个命题时才有具体的含义和确定的真值，通常情况下命题变元只表示一个抽象的命题，其真值可能是 1 也可能是 0.

### 3. 命题联结词

下面介绍数理逻辑中几种常用的命题联结词.

(1) 否定

设 $P$ 为一命题，$P$ 的否定为一复合命题，记为 $\neg P$，"$\neg$"为否定联结词. $\neg P$ 读成"非 $P$"或"$P$ 的否定". 表 11.2 为命题 $\neg P$ 的真值表.

**表 11.2**

| $P$ | $\neg P$ |
|---|---|
| 0 | 1 |
| 1 | 0 |

例如，若用 $P$ 表示命题"上海是个大城市."，则 $\neg P$ 即为命题"上海不是一个大城市.".

(2) 合取

设 $P$、$Q$ 为两个命题，$P$ 和 $Q$ 的合取为一复合命题，记为 $P\wedge Q$，"$\wedge$"为合取联结词. $P\wedge Q$ 读成"$P$ 并且 $Q$"或"$P$ 和 $Q$"或"$P$ 与 $Q$". 表 11.3 为复合命题 $P\wedge Q$ 的真值表.

**表 11.3**

| $P$ | $Q$ | $P\wedge Q$ |
|---|---|---|
| 0 | 0 | 0 |
| 0 | 1 | 0 |
| 1 | 0 | 0 |
| 1 | 1 | 1 |

由 $P\wedge Q$ 的真值表我们可以看出当且仅当 $P$、$Q$ 同时为真时，命题 $P\wedge Q$ 为真，其他情况下都为假. 合取的含义与自然语言中的"并且"、"和"、"与"意义相似.

例如，$P$：小军聪明；$Q$：小军学习努力. $P\wedge Q$：小军聪明且学习努力.

(3) 析取

设 $P$、$Q$ 为两个命题，$P$ 和 $Q$ 的析取为一复合命题，记为 $P\vee Q$，"$\vee$"为析取联结词. $P\vee Q$ 读成"$P$ 或 $Q$"，表 11.4 为复合命题 $P\vee Q$ 的真值表.

表 11.4

| $P$ | $Q$ | $P \vee Q$ |
|---|---|---|
| 0 | 0 | 0 |
| 0 | 1 | 1 |
| 1 | 0 | 1 |
| 1 | 1 | 1 |

由 $P \vee Q$ 的真值表可以看出命题 $P \vee Q$ 为假，当且仅当 $P$、$Q$ 同时为假. 析取联结词 $\vee$ 与自然语言中的“或者”类似但又有所不同，因为自然语言中的“或”即可表示“排斥或（两者不可兼容）”，又可表示“可兼或（两者可以兼容）”，但是析取联结词表示的是“可兼或”.

例如，$P$：今天下雨；$Q$；今天刮风. $P \vee Q$：今天下雨或者刮风.

（4）条件

条件联结词用“→”表示. 设 $P$、$Q$ 为两个命题，$P \to Q$ 为一复合命题，读成“如果 $P$，那么 $Q$”，常称 $P$ 为该命题的前件，$Q$ 为该命题的后件. 当且仅当 $P$ 为真，$Q$ 为假时，$P \to Q$ 为假，其余都为真. 表 11.5 为条件复合命题 $P \to Q$ 的真值表.

表 11.5

| $P$ | $Q$ | $P \to Q$ |
|---|---|---|
| 0 | 0 | 1 |
| 0 | 1 | 1 |
| 1 | 0 | 0 |
| 1 | 1 | 1 |

需要注意的是，在条件复合命题 $P \to Q$ 中，$P$ 与 $Q$ 的逻辑关系为：$P$ 是 $Q$ 的充分条件，$Q$ 为 $P$ 的必要条件.

（5）双条件

设 $P$、$Q$ 为两个命题，$P \leftrightarrow Q$ 为一复合命题，“↔”为双条件联结词. $P \leftrightarrow Q$ 读成“$P$ 当且仅当 $Q$”. 当且仅当 $P$、$Q$ 的真值相同时，$P \leftrightarrow Q$ 为真，其余都为假. 表 11.6 为双条件复合命题 $P \leftrightarrow Q$ 的真值表.

表 11.6

| $P$ | $Q$ | $P \leftrightarrow Q$ |
|---|---|---|
| 0 | 0 | 1 |
| 0 | 1 | 0 |
| 1 | 0 | 0 |
| 1 | 1 | 1 |

和条件复合命题 $P\to Q$ 一样，双条件复合命题 $P\leftrightarrow Q$ 的 $P$ 和 $Q$ 之间也可以没有任何关系，其真值仅与 $P$、$Q$ 的真值有关.

**例 2** 将下列命题符号化.

(1) 小张不仅学习好而且身体好.

(2) 小张虽然学习好但是身体不好.

(3) 老王或者小李是先进工作者.

(4) 如果天下雪，我就不去镇上.

**解** 设 $P$：小张学习好；$Q$：小张身体好. 则(1)可符号化为 $P\wedge Q$；(2)可符号化为 $P\wedge\neg Q$.

设 $P$：老王是先进工作者；$Q$：小李是先进工作者. 则(3)可符号化为 $P\vee Q$.

设 $P$：天下雪；$Q$：我去镇上. 则(4)可符号化为 $P\to\neg Q$.

**4. 命题公式(合式公式)**

以上我们介绍了五种常用的命题联结词，通过这些联结词可以将命题变元组成基本的复合命题，再通过命题联结词，又可以将这些复合命题组成更复杂的复合命题. 这些复合命题称为**命题公式**或**合式公式**. 也就是说，合式公式是由命题变元、命题标示符、命题联结词和括号等符号组成的符号串. 显然，由这些符号组成的符号串并不一定都是命题公式. 这就要求我们给出命题公式的严格的定义，生成命题公式的规则以及命题公式的判定方法.

**定义 1** 命题逻辑中的命题公式，也称为**合式公式** wff(well formed formula)，是如下定义的一个符号串：

(1) 单个命题变元是命题公式；

(2) 如果 $P$ 是命题公式，则 $(\neg P)$ 是命题公式；

(3) 如果 $P$、$Q$ 是命题公式，则 $(P\wedge Q)$，$(P\vee Q)$，$(P\to Q)$，$(P\leftrightarrow Q)$ 等都是命题公式；

(4) 所有经有限次地使用(1)，(2)，(3)所得到的包含命题变元，命题联结词以及成对的括号组成的符号串都是命题公式.

例如 $P$，$(\neg P)$，$(\neg P\wedge Q)$，$(((P\to Q)\vee(P\wedge Q))\leftrightarrow(R\vee(\neg S)))$ 等都是命题公式，而 $(\neg P\wedge,Q)$，$(((P\to Q)\vee(\wedge Q))\leftrightarrow R)$ 都不是命题公式. 为使公式的表示更为简练，我们做如下规定：

(1) 公式最外层的括号一律可省略；

(2) 联结词的结合能力强弱依次为 $\neg$，$(\wedge,\vee)$，$\to$，$\leftrightarrow$，其中 $(\wedge,\vee)$ 表示 $\wedge$ 与 $\vee$ 平等；

(3) 结合能力平等的联结词在没有括号表示其结合状况时，采用从左至右的顺序.

例如，$\neg P\to Q\vee(R\wedge Q\vee S)$ 所表示的公式是 $((\neg P)\to(Q\vee((R\wedge Q)\vee S)))$.

**定义 2** 在命题公式中，对各分量指派所有可能的真值，从而确定整个命题公式的真值情况，把它列成表格，称为命题公式的真值表，现举例说明.

例 3 给出下列公式的真值表.

(1) $(P\wedge Q)\vee(\neg P\wedge\neg Q)$;

(2) $\neg P\rightarrow(Q\wedge R)$.

解 (1)

| $P$ | $Q$ | $\neg P$ | $\neg Q$ | $P\wedge Q$ | $\neg P\wedge\neg Q$ | $(P\wedge Q)\vee(\neg P\wedge\neg Q)$ |
|---|---|---|---|---|---|---|
| 0 | 0 | 1 | 1 | 0 | 1 | 1 |
| 1 | 0 | 0 | 1 | 0 | 0 | 0 |
| 0 | 1 | 1 | 0 | 0 | 0 | 0 |
| 1 | 1 | 0 | 0 | 1 | 0 | 1 |

(2)

| $P$ | $Q$ | $R$ | $\neg P$ | $Q\wedge R$ | $\neg P\rightarrow(Q\wedge R)$ |
|---|---|---|---|---|---|
| 0 | 0 | 0 | 1 | 0 | 0 |
| 1 | 0 | 0 | 0 | 0 | 1 |
| 0 | 1 | 0 | 1 | 0 | 0 |
| 0 | 0 | 1 | 1 | 0 | 0 |
| 1 | 1 | 0 | 0 | 0 | 1 |
| 1 | 0 | 1 | 0 | 0 | 1 |
| 0 | 1 | 1 | 1 | 1 | 1 |
| 1 | 1 | 1 | 0 | 1 | 1 |

## 11.2.2 命题公式的等价与蕴涵

### 1. 命题公式的分类

**定义 3** 设 $A$ 为命题公式:

(1) 若在各分量的所有指派下,$A$ 的真值都为真,则称 $A$ 为**永真式**或**重言式**;

(2) 若在各分量的所有指派下,$A$ 的真值都为假,则称 $A$ 为**永假式**或**矛盾式**;

(3) 若在各分量的所有指派下,$A$ 的真值至少有一个为真,则称 $A$ 为**可满足式**.

根据定义我们可以总结出永真式一定是可满足式,但可满足式不一定是永真式;而永假式一定是不可满足式;永真式用 $T$ 表示,永假式用 $F$ 表示.

例 4 给出下列命题公式的真值表,并指出哪些是永真式,哪些是永假式,哪些是可满足式.

(1) $P\wedge(Q\rightarrow P)$;

(2) $((P\rightarrow Q)\wedge\neg Q)\rightarrow\neg P$.

解

(1) $P\wedge(Q\to P)$的真值表为

| $P$ | $Q$ | $Q\to P$ | $P\wedge(Q\to P)$ |
|---|---|---|---|
| 0 | 0 | 1 | 0 |
| 1 | 0 | 1 | 1 |
| 0 | 1 | 0 | 0 |
| 1 | 1 | 1 | 1 |

由该命题公式的真值表可知,该式为可满足式.

(2) $((P\to Q)\wedge\neg Q)\to\neg P$ 的真值表为

| $P$ | $Q$ | $\neg P$ | $\neg Q$ | $P\to Q$ | $(P\to Q)\wedge\neg Q$ | $((P\to Q)\wedge\neg Q)\to\neg P$ |
|---|---|---|---|---|---|---|
| 0 | 0 | 1 | 1 | 1 | 1 | 1 |
| 1 | 0 | 0 | 1 | 0 | 0 | 1 |
| 0 | 1 | 1 | 0 | 1 | 0 | 1 |
| 1 | 1 | 0 | 0 | 1 | 0 | 1 |

由该命题公式的真值表可知,该式为永真式.

2. 命题公式的等价

**定义4** 设 $A$、$B$ 为两个命题公式,若 $A$ 和 $B$ 在任何指派的情况下都有相同的真值,则称 $A$ 和 $B$ 是**等价**的,记为 $A\Leftrightarrow B$.

此定义也可理解为:设 $A$、$B$ 为两个命题公式,$A\Leftrightarrow B$ 当且仅当 $A\leftrightarrow B$ 为永真式."$\Leftrightarrow$"不是逻辑联结词,因此 $A\Leftrightarrow B$ 不是公式.

例5 证明 $P\leftrightarrow Q\Leftrightarrow(P\to Q)\wedge(Q\to P)$

证 列出 $P\leftrightarrow Q$ 与$(P\to Q)\wedge(Q\to P)$的真值表如下:

| $P$ | $Q$ | $P\to Q$ | $Q\to P$ | $P\leftrightarrow Q$ | $(P\to Q)\wedge(Q\to P)$ |
|---|---|---|---|---|---|
| 0 | 0 | 1 | 1 | 1 | 1 |
| 1 | 0 | 0 | 1 | 0 | 0 |
| 0 | 1 | 1 | 0 | 0 | 0 |
| 1 | 1 | 1 | 1 | 1 | 1 |

由真值表可以看出,$P\leftrightarrow Q$ 和$(P\to Q)\wedge(Q\to P)$的真值相同,故 $P\leftrightarrow Q$ 和$(P\to Q)\wedge(Q\to P)$是等价的,即

$$P\leftrightarrow Q\Leftrightarrow(P\to Q)\wedge(Q\to P).$$

**定理 1** 设 $A$、$B$、$C$ 是命题公式，则

(1) $A \Leftrightarrow A$;

(2) 若 $A \Leftrightarrow B$，则 $B \Leftrightarrow A$;

(3) 若 $A \Leftrightarrow B$ 且 $B \Leftrightarrow C$，则 $A \Leftrightarrow C$.

**定理 2** 设 $A$、$B$、$C$ 是命题公式，则下表 11.7 中的等价公式成立.

**表 11.7**

| | | |
|---|---|---|
| 1 | 双重否定律 | $A \Leftrightarrow \neg\neg A$ |
| 2 | 幂等律 | $A \vee A \Leftrightarrow A, A \wedge A \Leftrightarrow A$ |
| 3 | 交换律 | $A \vee B \Leftrightarrow B \vee A, A \wedge B \Leftrightarrow B \wedge A$ |
| 4 | 结合律 | $(A \vee B) \vee C \Leftrightarrow A \vee (B \vee C)$<br>$(A \wedge B) \wedge C \Leftrightarrow A \wedge (B \wedge C)$ |
| 5 | 分配律 | $A \vee (B \wedge C) \Leftrightarrow (A \vee B) \wedge (A \vee C)$<br>$A \wedge (B \vee C) \Leftrightarrow (A \wedge B) \vee (A \wedge C)$ |
| 6 | 德·摩根律 | $\neg(A \vee B) \Leftrightarrow \neg A \wedge \neg B, \neg(A \wedge B) \Leftrightarrow \neg A \vee \neg B$ |
| 7 | 吸收律 | $A \vee (A \wedge B) \Leftrightarrow A, A \wedge (A \vee B) \Leftrightarrow A$ |
| 8 | 零律 | $A \vee T \Leftrightarrow T, A \wedge F \Leftrightarrow F$ |
| 9 | 同一律 | $A \vee F \Leftrightarrow A, A \wedge T \Leftrightarrow A$ |
| 10 | 否定律 | $A \vee \neg A \Leftrightarrow T, A \wedge \neg A \Leftrightarrow F$ |
| 11 | 条件等价式 | $A \rightarrow B \Leftrightarrow \neg A \vee B$ |
| 12 | 双条件等价式 | $A \leftrightarrow B \Leftrightarrow (A \rightarrow B) \wedge (B \rightarrow A)$ |
| 13 | 假言易位 | $A \rightarrow B \Leftrightarrow \neg B \rightarrow \neg A$ |
| 14 | 双条件否定等价式 | $A \leftrightarrow B \Leftrightarrow \neg A \leftrightarrow \neg B \Leftrightarrow \neg B \leftrightarrow \neg A$ |

利用定理 2 的基本等价关系，我们可以进一步作命题公式间的等价推导. 定理 2 中的 $A$、$B$、$C$ 可以表示任何公式，根据这些等价关系，将一个命题公式推理出另外一个与之等价的公式的过程称为**等值演算**，在演算过程中，往往用到置换准则.

**定理 3** 设 $\Phi(A)$ 为一个含公式 $A$ 的命题公式，$\Phi(B)$ 为用公式 $B$ 置换了 $\Phi(A)$ 中的 $A$ 之后得到的公式，如果 $A \Leftrightarrow B$，则 $\Phi(A) \Leftrightarrow \Phi(B)$.

这一定理常被称为**置换准则**.

**例 6** 试证对任意公式 $A, B, C$，有 $\neg P \rightarrow (P \rightarrow \neg Q) \Leftrightarrow P \rightarrow (Q \rightarrow P)$.

**证** $\neg P \rightarrow (P \rightarrow \neg Q)$

$\Leftrightarrow \neg P \rightarrow (\neg P \vee \neg Q)$

$\Leftrightarrow \neg\neg P \vee (\neg P \vee \neg Q)$

$\Leftrightarrow P \vee (\neg Q \vee \neg P)$

$\Leftrightarrow (P \vee \neg Q) \vee \neg P$

$\Leftrightarrow \neg P \vee (P \vee \neg Q)$

$\Leftrightarrow \neg P \vee (\neg Q \vee P)$

$\Leftrightarrow \neg P \vee (Q \to P)$

$\Leftrightarrow P \to (Q \to P)$

### 3. 蕴涵及蕴涵基本式

**定义 5** 设 $A$、$B$ 为两个命题公式，当且仅当 $A \to B$ 为一个永真式时，称 $\boldsymbol{A}$ **蕴涵** $\boldsymbol{B}$，记作 $A \Rightarrow B$.

在这里需要注意的是"$\Rightarrow$"同"$\Leftrightarrow$"一样都不是逻辑联结词，因此 $A \Rightarrow B$ 也就不是公式.

蕴涵关系有如下性质：

设 $A$、$B$ 为命题公式，则

(1) $A \Rightarrow A$；

(2) 若 $A \Rightarrow B$ 且 $B \Rightarrow A$，则 $A \Leftrightarrow B$；

(3) 若 $A \Rightarrow B$ 且 $B \Rightarrow C$，则 $A \Rightarrow C$.

**定义 6** 设 $A_1, \cdots, A_n, B$ 均为公式，如果 $(A_1 \wedge A_2 \wedge \cdots \wedge A_n) \to B$ 是永真式，则称 $A_1, \cdots, A_n$ 蕴涵 $B$，又称 $B$ 为 $A_1, \cdots, A_n$ 的**逻辑结果**，记作 $(A_1, \cdots, A_n) \Rightarrow B$ 或者 $(A_1 \wedge A_2 \wedge \cdots \wedge A_n) \Rightarrow B$.

**例 7** 证明：$P \to Q, P$ 蕴涵 $Q$.

**证** $((P \to Q) \wedge P) \to Q$

$\Leftrightarrow ((\neg P \vee Q) \wedge P) \to Q$

$\Leftrightarrow (Q \wedge P) \to Q$

$\Leftrightarrow (\neg (Q \wedge P)) \vee Q$

$\Leftrightarrow (\neg Q \vee \neg P) \vee Q$

$\Leftrightarrow \neg Q \vee Q \vee \neg P$

$\Leftrightarrow 1$

下面给出一些基本的蕴涵的关系，它们在命题演算中有着重要的作用，可用上面的方法，证明它们的正确性.

(1) $A \wedge B \Rightarrow A, A \wedge B \Rightarrow B$；

(2) $A \Rightarrow A \vee B, B \Rightarrow A \vee B$；

(3) $\neg A \Rightarrow A \to B, B \Rightarrow A \to B$；

(4) $\neg (A \to B) \Rightarrow A, \neg (A \to B) \Rightarrow \neg B$；

(5) $(A \vee B) \wedge \neg A \Rightarrow B$；

(6) $(A \to B) \wedge A \Rightarrow B$；

(7) $(A \to B) \wedge \neg B \Rightarrow \neg A$；

(8) $(A \to B) \wedge (B \to C) \Rightarrow A \to C$；

(9) $(A \vee B) \wedge (A \to C) \wedge (B \to C) \Rightarrow C$；

(10) $(A \to B) \wedge (C \to D) \Rightarrow (A \wedge C) \to (B \wedge D)$.

### 11.2.3 命题推理

**定义 7** 如果 $A_1,\cdots,A_n$ 蕴涵 $B$,则称 $B$ 能够由 $A_1,\cdots,A_n$ **有效推出**,$A_1,\cdots,A_n$ 称为 $B$ 的**前提**,$B$ 称为 $A_1,\cdots,A_n$ 的**有效结论**.

例 8 证明下面推理的有效性.

如果他是理科生,他必学好数学. 他是理科学生,所以他要学好数学.

证 设 $P$:他是理科学生,$Q$:学好数学;则上面推理可表示为:

前提:$P\to Q,P$;

结论:$Q$.

因

$$
\begin{aligned}
&((P\to Q)\wedge P)\to Q\\
\Leftrightarrow&((\neg P\vee Q)\wedge P)\to Q\\
\Leftrightarrow&((\neg P\wedge P)\vee(Q\wedge P))\to Q\\
\Leftrightarrow&\neg(Q\wedge P)\vee Q\\
\Leftrightarrow&\neg Q\vee\neg P\vee Q\\
\Leftrightarrow&1,
\end{aligned}
$$

所以,$((P\to Q)\wedge(P))\to Q$ 是永真式,从而证明出此推理的有效性.

推理形式是一个有限公式序列,它的最后一个是结论,其余是公式或者是一个给定的前提,或者是由若干个在它前面出现的公式的有效结论.

下面是一些常用的推理规则:

(1) P 规则(前提引入):在推导过程中,前提可视需要引入使用.

(2) T 规则(结论引入):在推导过程中,利用推理定律可引入前面已推导出的有效结论.

(3) CP 规则(附加前提引入):将结论中的前件作为前提的证明方法.

判断有效结论的常用方法:

(1) 真值表法

判断条件式$(A_1\wedge A_2\wedge\cdots\wedge A_n)\to B$ 是否为永真式.

(2) 直接证明法

从前提 $A_1,A_2,\cdots,A_n$ 出发,根据一组前提,利用前面的推理规则,根据已知的等价公式和蕴涵公式推演得到有效结论的方法,即由前提直接推导出结论.

例 9 构造下面推理的证明:

前提:$P\vee Q,P\to R,Q\to S$;结论:$S\vee R$.

证 (1) $P\vee Q$

(2) $\neg P\to Q$

(3) $Q\to S$

(4) $\neg P\to S$

(5) $\neg S\to P$

(6) $P \to R$

(7) $\neg S \to R$

(8) $S \lor R$

(3) 间接证明法

附加前提证明法:若结论是形为 $P \to Q$ 的公式,则要想证明 $A_1, A_2, \cdots, A_n \Rightarrow P \to Q$,只需证明 $A_1, A_2, \cdots, A_n, P \Rightarrow Q$.

例 10 证明 $P \to (Q \to S), \neg R \lor P, Q \Rightarrow R \to S$.

证 (1) $\neg R \lor P$ P 规则

(2) $R$ CP 规则

(3) $P$ T 规则(1)(2)

(4) $P \to (Q \to S)$ P 规则

(5) $Q \to S$ T 规则(3)(4)

(6) $Q$ P 规则(5)(6)

(7) $S$

反证法:设 $A_1, A_2, \cdots, A_n$ 是 $n$ 个命题公式,若 $A_1 \land A_2 \land \cdots \land A_n$ 是可满足式,则称 $A_1, A_2, \cdots, A_n$ 是相容的,否则称之为不相容的.

设由一组命题 $A_1, A_2, \cdots, A_n$ 要推出结论 $B$,即证 $A_1 \land A_2 \land \cdots \land A_n \Rightarrow B$,设 $A_1 \land A_2 \land \cdots \land A_n$ 为 $C$,则证 $C \Rightarrow B$. 只要证明 $C \to B$ 是永真式,而 $C \to B \Leftrightarrow \neg (C \land \neg B)$,因此,最终只需证明 $C \land \neg B$ 为矛盾式,即 $C$ 与 $\neg B$ 不相容.

例 11 求证 $P \to Q, \neg (Q \lor R) \Rightarrow \neg P$.

证 (1) $P \to Q$

(2) $P$

(3) $Q$

(4) $\neg (Q \lor R)$

(5) $\neg Q \land \neg R$

(6) $\neg Q$

(7) $Q \land \neg Q$

## 思考题 11.2

1. 逻辑联结词“$\lor$”与自然语言中“或”的区别.
2. 逻辑联结词“$\Leftrightarrow$”与“$\leftrightarrow$”及“$\Rightarrow$”与“$\to$”的区别.

## 练习题 11.2

1. 指出下列语句中哪些是命题,哪些不是命题.

(1) 离散数学是计算机科学系的一门必修课.

(2) 明天我去看电影.

(3) 明天有空吗?

(4) 请勿随地吐痰!

(5) 不存在最大的质数.

(6) 如果我掌握了英语、法语,那么学习其他欧洲语言就容易多了.

(7) $9+5\leqslant 12$.

(8) $x=3$.

2. 设 $Q$ 表示命题"天下雪",$P$ 表示命题"我将去镇上",$R$ 表示命题"我有时间",以符号形式写出下列命题.

(1) 如果天不下雪且我有时间,那么我将去镇上.

(2) 我将去镇上,仅当我有时间.

(3) 天不下雪.

(4) 天下雪,那么我不去镇上.

3. 求下列命题的真值.

(1) $(P\vee R)\wedge(Q\vee R)$; (2) $(P\vee R)\rightarrow(P\rightarrow Q)$.

4. 证明下列等价式成立.

(1) $A\rightarrow(B\rightarrow A)\Leftrightarrow\neg A\rightarrow(A\rightarrow\neg B)$;

(2) $A\rightarrow(B\vee C)\Leftrightarrow(A\wedge\neg B)\rightarrow C$.

5. 用命题公式描述下面推理的形式,并证明推理的有效性.

如果我学习,我的数学就不会不及格. 如果我不热衷于玩游戏,那么我将学习. 但我数学不及格,因此我热衷于玩游戏.

## 11.3 图论与树初步

图论是离散数学的重要分支,图是指一个离散集与其某些两元素子集的集合构作的一种数学结构. 现实世界中,有许多事情可以用由点和线组成的图形来描述. 例如,城市之间的交通联系或通讯联系,可以用一个由点和线组成的图形描述. 图论是在民间游戏中孕育和诞生的,作为数学的一个分支已有两百多年的历史. 电子计算机的出现和广泛应用,使得图论有了迅速发展,它的应用也更加广泛. 现在,它已成为系统科学、管理科学、运筹学、化学、经济学、网络理论、信息论、控制论等学科和理论研究中的重要数学工具,受到数学界和工程技术界越来越多的重视.

与几何图形不同,我们不关心图形结点的位置,也不关心边的长短、形状,只关心结点与边的联结关系. 这就是说,我们要研究的图是不同于几何图形的另一种数学结构.

### 11.3.1 图的基本概念

#### 1. 图的定义

**定义 1** $G=<V(G),E(G)>$称为**图**,其中 $V(G)$ 是一个非空的结点集合,$E(G)$ 是边集合. 图 $G$ 的元素一般表示成 $<v_i,v_j>$(或$(v_i,v_j)$),称为**有向边**(或**无向边**),并称 $v_i$ 与 $v_j$ **相关联**(或**相邻**). 若$<v_i,v_j>\in E$,则称 $v_i$ 为**始点**,$v_j$ 为**终点**.

当图中结点的个数为有限个时，称为有限图，否则称为无限图.

每一条边都是有向边的图称为有向图，每一条边都是无向边的图称为无向图. 例如，在图 11.5 中，(a)是有向图，(b)是无向图.

在一个图中不与任何结点相邻接的结点称为孤立结点，如图 11.5(b)中的结点 $v_5$，仅由孤立结点组成的图称为零图，显然零图中边集为空集. 仅由一个孤立结点构成的图称为平凡图.

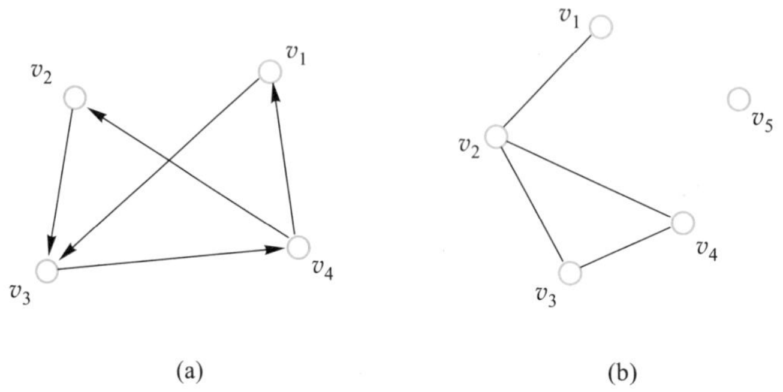


图 11.5

2. 结点的度数

定义 2 在无向图 $G=<V(G),E(G)>$ 中，与结点 $v$ 相关联的边数，称为该结点的度数，记作 $\deg(v)$. 在有向图中，由一个结点射出的边数称为该结点的出度，记作 $\deg^+(v)$；射入结点的边数称为该结点的入度，记作 $\deg^-(v)$. 该结点的出度和入度之和称为该结点的度数.

例如，在图 11.5(a)中所有结点的度数之和是 10，结点 $v_4$ 的度数为 3，出度 $\deg^+(v)=2$，入度 $\deg^-(v)=1$，在图 11.5(b)中 $v_2$ 的度数为 3.

定理 1 在有限图中，结点度数的总和等于边数的两倍.

推论 在任何图中，度数为奇数的结点必有偶数个.

定理 2 在有向图中，各结点的入度之和等于各结点的出度之和.

3. 多重图、简单图、完全图、补图、子图

定义 3 如果在两个结点之间有多条边(对于有向图，则有多条同方向的边)，则称这些边为平行边，两结点 $v_i$ 与 $v_j$ 之间平行边的条数称为边的重数. 含有平行边或环的图称为多重图(如图 11.6 所示)，不含平行边和环的图称为简单图.

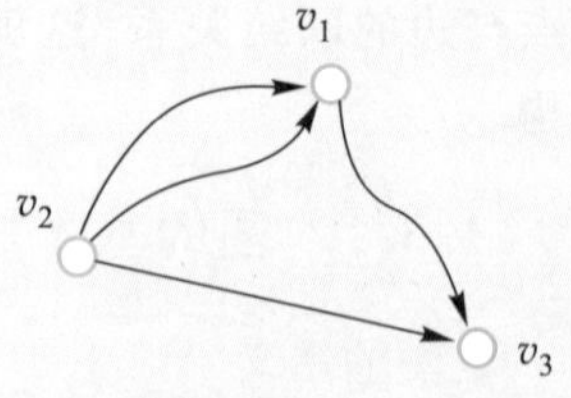


图 11.6

定义 4 在简单图中若每对结点间都有边相连接，则称该图为完全图. 有 $n$ 个结点的无向完全图记作 $K_n$.

定理 3 无向完全图 $K_n$ 的边数为 $\frac{1}{2}n(n-1)$.

例 1 求解下列各题.

(1) 无向完全图 $K_n$ 有 28 条边,则它的顶点数 $n$ 为多少?

(2) 图 $G$ 结点的度数分别为 2,2,3,5,6,则边数 $m$ 为多少?

解 (1) 因为无向完全图 $K_n$ 的边数 $m=\frac{1}{2}n(n-1)=28$,解方程得 $n=8$.

(2) $2m=\sum\deg(v_i)=2+2+3+5+6=18$,可得 $m=9$.

定义 5 给定一个无向简单图 $G$,由 $G$ 中所有结点和所有能使 $G$ 成为完全图的添加边组成的图,称为 $G$ 的相对于完全图的补图,简称为 $G$ 的补图,记作 $\overline{G}$. 例如图 11.7 中的(a)和(b)互为补图.

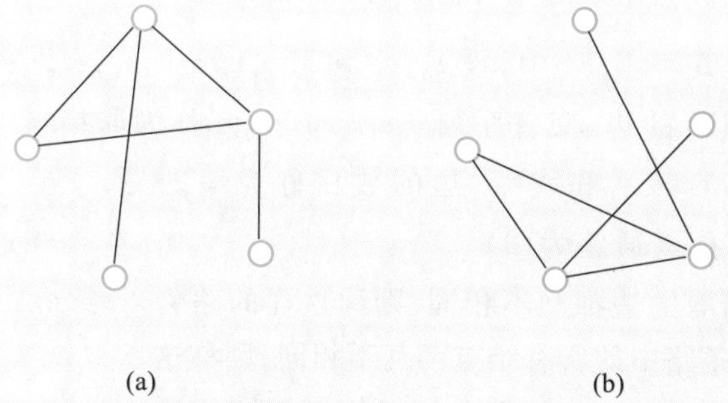

图 11.7

定义 6 设图 $G=<V,E>$,如果有图 $G'=<V',E'>$,且 $V'\subseteq V$,$E'\subseteq E$,则称图 $G'$ 是图 $G$ 的子图. 例如图 11.8 中的(b)是(a)的子图.

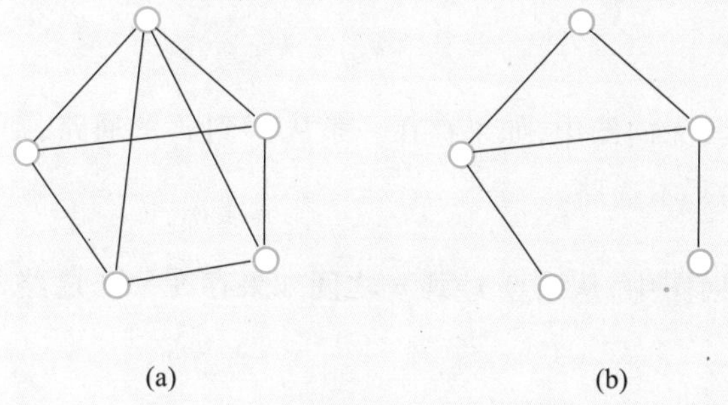

图 11.8

4. 图的同构

定义 7 设有图 $G=<V,E>$ 与 $G'=<V',E'>$,如果它们的结点间存在一一对应关系,而且这种对应关系也反映在表示边的结点对中(如果是有向边则对应的结点还保持相同的顺序),则称这两个图是同构的. 如图 11.9 中的(a)和(b)是同构的.

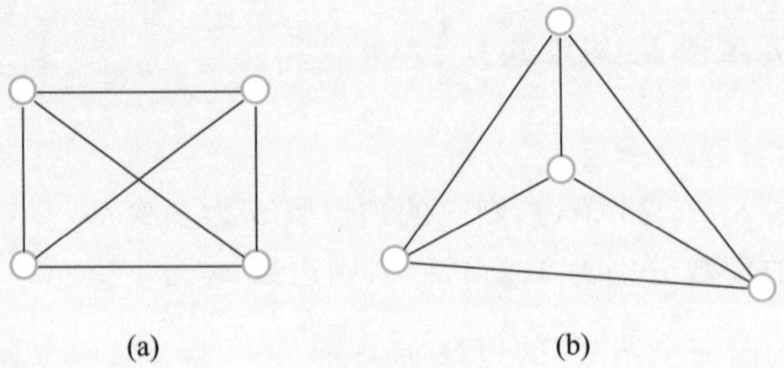


图 11.9

### 11.3.2 路与回路

在实际问题中，经常要考虑从给定结点出发，沿着一些边连续移动而到达另一指定结点，这种依次由点和边组成的序列就形成了路的概念.

定义 8 在图 $G=<V,E>$ 中，设 $v_0,v_1,v_2,\cdots,v_n\in V,e_1,e_2,\cdots,e_n\in E$，其中 $e_i$ 是关联于结点 $v_{i-1}$ 和 $v_i$ 的边，交替序列 $v_0e_1v_1e_2\cdots e_nv_n$ 称为联结 $v_0$ 与 $v_n$ 的通路或路. $v_0,v_n$ 分别称为路的起点和终点，边的数目称为路的长度. 若 $v_0=v_n$，则称该通路为回路.

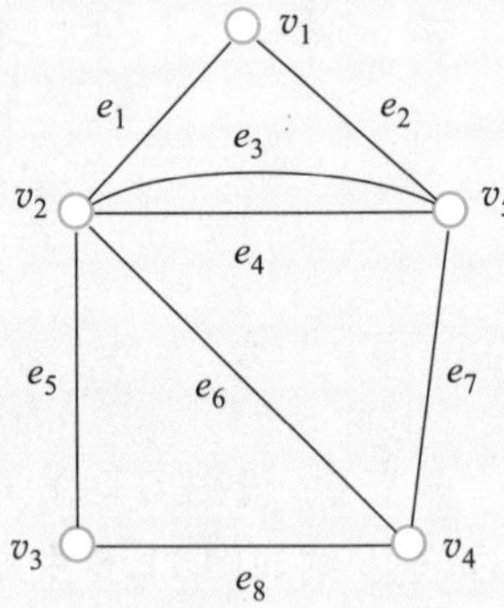


图 11.10

若一条路中所有的边都互不相同，则称这样的路为简单通路. 如果一条路中的所有结点都互不相同，则称这样的路为基本通路. 除 $v_0=v_n$ 外，其余结点均不相同的通路称为圈.

在图 11.10 中通路 $v_4e_8v_3e_5v_2e_6v_4e_7v_5e_4v_2$ 是简单通路，通路 $v_3e_8v_4e_6v_2e_1v_1e_2v_5$ 是基本通路，通路 $v_4e_6v_2e_1v_1e_2v_5e_7v_4$ 是圈.

定理 4 在 $n$ 阶无向图中，如果存在一条从 $v_i$ 到 $v_j$ 的通路，则从 $v_i$ 到 $v_j$ 必有一条长度不大于 $n-1$ 的基本通路.

定义 9 在有向图中，从结点 $v_i$ 到 $v_j$ 之间如果存在一条通路，则称从结点 $v_i$ 到 $v_j$ 是可达的.

### 11.3.3 图的连通性

定义 10 若无向图 $G$ 中，结点 $v_i$ 和 $v_j$ 之间若存在一条通路，则称这两个点是连通的.

定义 11 若无向图 $G$ 中任意两个结点都是连通的，则称图 $G$ 是连通图，否则称之为非连通图或分离图.

例如，图 11.11 中的(a)是连通图，(b)是非连通图.

例 2 在一次国际会议中，由七人组成的小组$\{a,b,c,d,e,f,g\}$中，$a$ 会英语、阿拉伯语；$b$ 会英语、西班牙语；$c$ 会汉语、俄语；$d$ 会日语、西班牙语；$e$ 会德语、汉语和法语；$f$ 会日语、俄语；$g$ 会英语、法语和德语. 问：他们中间任何二人是否均可对话？

解 用结点代表人，若二人会同一种语言，则在结点间连边，画出对话图，如图 11.12 所示. 问题归结为：该图中，任何两个顶点间是否都存在着通路？

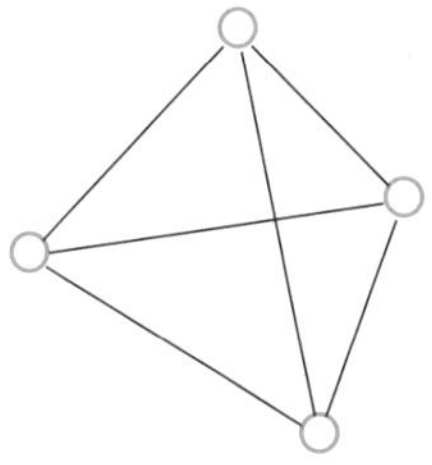


图 11.11

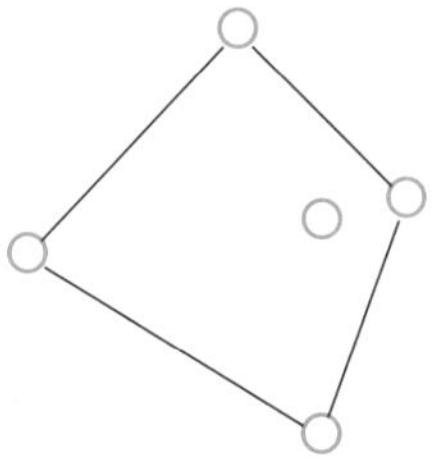


图 11.12

由于图 11.12 是一个连通图，因此他们中间任何二人均可对话.

### 11.3.4 图的矩阵表示

图的图形表示法在比较简单的情况下能够直观明了，但是对于较为复杂的图来说就显示不出它的优越性. 所以现在一般多用矩阵的方法来表示图.

1. 邻接矩阵

定义 12 在有向图 $G=<V,E>$中，$V=\{v_0,v_1,v_2,\cdots,v_n\}$，则 $n$ 阶方阵 $\boldsymbol{A}(G)=(a_{ij})_{n\times n}$称为图 $G$ 的邻接矩阵，其中 $a_{ij}=\begin{cases}1, & <v_i,v_j>\in E,\\ 0, & <v_i,v_j>\notin E\end{cases}$ $(i=1,2,3,\cdots,n;j=1,2,3,\cdots,m)$.

例如，图 11.13 的邻接矩阵为$\begin{pmatrix}0&1&1&0\\0&0&1&0\\0&0&0&1\\1&1&0&0\end{pmatrix}$.

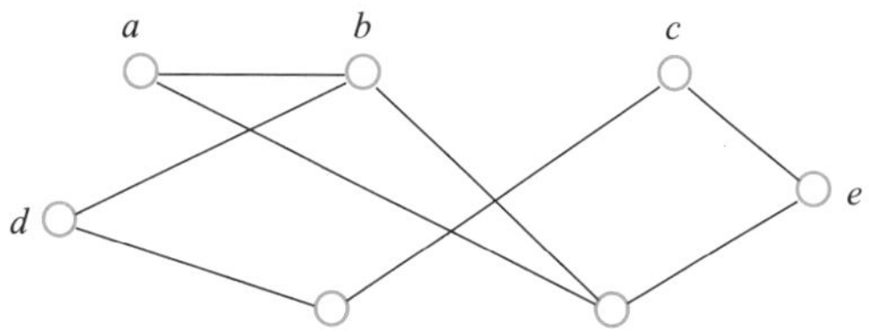

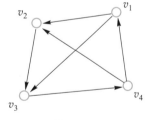

图 11.13

当给定的简单图是无向图时，邻接矩阵是对称矩阵.

邻接矩阵中的第 $k$ 行元素相加的值就是点 $v_k$ 的出度，第 $k$ 列元素相加的值就是点 $v_k$ 的入度.

2. 关联矩阵

定义 13 设 $G=<V,E>$为无向图，$V=\{v_1,v_2,\cdots,v_n\}$，$E=\{e_1,e_2,\cdots,e_m\}$，矩阵 $\boldsymbol{M}(G)=(m_{ij})_{n\times m}$称为图 $G$ 的关联矩阵，其中 $m_{ij}=\begin{cases}1, & v_i\text{ 关联 }e_j,\\ 0, & v_i\text{ 不关联 }e_j\end{cases}$ $(i=1,2,3,\cdots,n;j=1,2,3,\cdots,m)$.

例如,图 11.10 的关联矩阵为$\begin{pmatrix}1&1&0&0&0&0&0&0\\1&0&1&1&1&1&0&0\\0&0&0&0&1&0&0&1\\0&0&0&0&0&1&1&1\\0&1&1&1&0&0&1&0\end{pmatrix}$.

由关联矩阵可以看出:

(1) 若图中每一边关联两个结点,故 $\boldsymbol{M}(G)$ 的每一列都只有两个 1;

(2) 每一行中元素的和数是对应结点的度数;

(3) 若一行元素全为零,则其对应的结点为孤立结点;

(4) 两列元素若对应相同,则对应边是平行边.

**定义 14** 设简单有向图 $G=<V,E>$, $V=\{v_1,v_2,\cdots,v_n\}$, $E=\{e_1,e_2,\cdots,e_m\}$,矩阵 $\boldsymbol{M}(G)=(m_{ij})_{n\times m}$ 称为图 $G$ 的**关联矩阵**,其中

$$m_{ij}=\begin{cases}1, & v_i \text{ 是 } e_j \text{ 的起点},\\ -1, & v_i \text{ 是 } e_j \text{ 的终点},\\ 0, & v_i \text{ 与 } e_j \text{ 不相邻}\end{cases}\quad (i=1,2,3,\cdots,n;j=1,2,3,\cdots,m).$$

### 3. 可达矩阵

**定义 15** 设简单有向图 $G=<V,E>$, $V=\{v_1,v_2,\cdots,v_n\}$, $E=\{e_1,e_2,\cdots,e_m\}$,则 $n$ 阶方阵 $\boldsymbol{P}(G)=(p_{ij})_{n\times n}$ 称为图 $G$ 的**可达矩阵**,其中 $a_{ij}=\begin{cases}1, & v_i \text{ 可达 } v_j,\\ 0, & v_i \text{ 与 } v_j \text{ 不可达}\end{cases}$ $(i=1,2,3,\cdots,n;j=1,2,3,\cdots,m)$.

一般来说,可由图 $G$ 的邻接矩阵 $\boldsymbol{A}$ 得到可达矩阵 $\boldsymbol{P}$,即令 $\boldsymbol{B}_n=\boldsymbol{A}+\boldsymbol{A}^2+\cdots+\boldsymbol{A}^n$,再从 $\boldsymbol{B}_n$ 中将不为零的元素均改成 1,而为零的元素不变,即可得到可达矩阵 $\boldsymbol{P}$.

**例 3** 设图 $G$ 的邻接矩阵为 $\boldsymbol{A}=\begin{pmatrix}0&1&1&0\\0&0&1&0\\0&0&0&1\\1&1&0&0\end{pmatrix}$,求图 $G$ 的可达矩阵.

**解** 因为 $\boldsymbol{A}^2=\begin{pmatrix}0&0&1&1\\0&0&0&1\\1&1&0&0\\0&1&1&0\end{pmatrix}$, $\boldsymbol{A}^3=\begin{pmatrix}1&1&0&1\\1&1&0&0\\0&1&1&0\\0&0&1&1\end{pmatrix}$, $\boldsymbol{A}^4=\begin{pmatrix}1&2&1&0\\0&1&2&0\\0&0&1&1\\1&1&0&1\end{pmatrix}$,故

$$\boldsymbol{B}_4=\begin{pmatrix}2&4&3&2\\1&2&3&1\\1&2&2&2\\2&3&2&2\end{pmatrix},$$

则

$$P=\begin{pmatrix}1&1&1&1\\1&1&1&1\\1&1&1&1\\1&1&1&1\end{pmatrix}.$$

由此可知,图 $G$ 中任何两结点之间均是可达的,且任一结点均有回路,因而此图是个连通图.

### 11.3.5 欧拉图和哈密顿图

#### 1. 欧拉图

1736 年瑞士数学家欧拉(Euler)解决了当时很有名的哥尼斯堡七桥问题.哥尼斯堡(今俄罗斯加里宁格勒)位于普雷格尔河畔.在哥尼斯堡的一个公园里,有七座桥将普雷格尔河中两个岛及岛与河岸连接起来(如图 11.14(a)).问是否可能从这四块陆地中任一块出发,恰好通过每座桥一次,再回到起点?许多人久而不得其解,但欧拉却用一个十分简明的工具——一张图(如图 11.14(b)所示)解决了这一问题.欧拉把每一块陆地考虑成一个点,连接两块陆地的桥以线表示.后来推论出此种走法是不可能的.他的论点是这样的,除了起点以外,每一次当一个人由一座桥进入一块陆地(或点)时,他(或她)同时也由另一座桥离开此点.所以每行经一点时,计算两座桥(或线),从起点离开的线与最后回到始点的线亦计算两座桥,因此每一个陆地与其他陆地连接的桥数必为偶数.七桥所成之图形中,没有一点含有偶数条数,因此上述的任务无法完成.

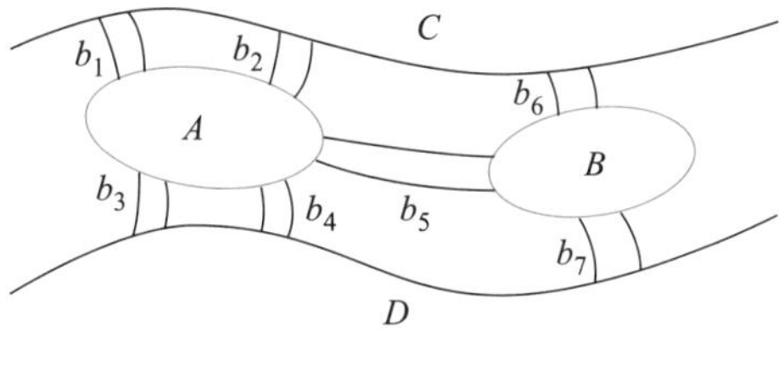


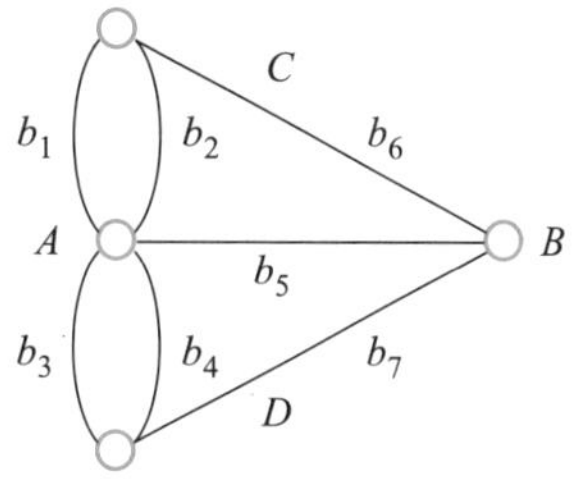


图 11.14

**定义 16** 给定无孤立结点图 $G$,如果图中存在一条通过图中各边一次且仅一次的回路,则称该回路为**欧拉回路**,具有欧拉回路的图,称为**欧拉图**;若图中存在一条通过图中各边一次且仅一次的通路,则称此通路为**欧拉通路**,具有欧拉通路的图,称为**半欧拉图**.

**定理 5** 无向连通图 $G$ 是欧拉图的充要条件是图中各结点的度数为偶数.无向连通图 $G$ 是半欧拉图的充要条件是有零个或两个奇数度结点.

根据欧拉通路和欧拉回路的判别准则,可以看出哥尼斯堡七桥问题是不可能实现的.

**定理6** 有向连通图 $G$ 是欧拉图的充要条件是图中每个结点的出度和入度是相等的且图是连通的(如图11.15(a)). 有向连通图 $G$ 是半欧拉图的充要条件是图中有两个结点,一个结点的出度比入度大1,另一个结点的出度比入度小1;其余结点的出度和入度都是相等的(如图11.15(b)).

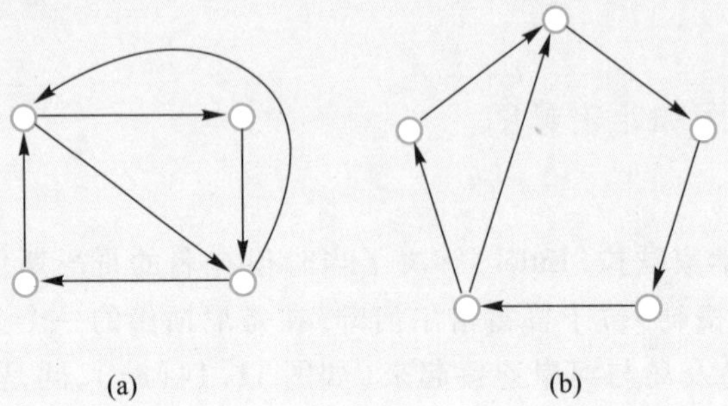


图 11.15

根据欧拉图的判断方法,我们可以解决诸如一笔画的问题. 要判断一个图 $G$ 能否可以一笔画出,有两种情况:一种是从图 $G$ 的某个结点出发,经过图 $G$ 中的每一边仅一次到达另一结点;另外一种是从某结点出发,经过图 $G$ 的每一边仅一次再返回到该结点. 而上述两种情况分别可以用欧拉通路和欧拉回路的判断方法来解决.

**例4** 邮递员从邮局出发沿邮路投递信件,其邮路图如图11.16所示,试问是否存在一条投递路线使邮递员从邮局出发通过所有路线而不重复且最后返回邮局.

**解** 此问题其实就是让我们判断图11.16是否是欧拉图. 因为图中每个结点的度数都是偶数,所以由定理5可知,该图是欧拉图. 也就是说,邮递员可以从邮局出发通过所有路线而不重复且最后返回邮局.

**例5** 洒水车从 $A$ 点出发,经过图11.17所示的城市街道图,要求洒水车从 $A$ 点出发通过所有街道且不重复而最后回到停车点 $B$,这种想法是否能够实现?

**解** 此问题其实就是让我们判断图11.17是否是半欧拉图,是否存在从 $A$ 点出发到 $B$ 点的欧拉通路. 由于图中每个结点除了 $A$ 点和 $B$ 点的度数为奇数以外其余各点的度数都是偶数,所以由定理5可知,该图是半欧拉图,也就是说洒水车从 $A$ 点出发通过所有街道且不重复而最后回到停车点 $B$.

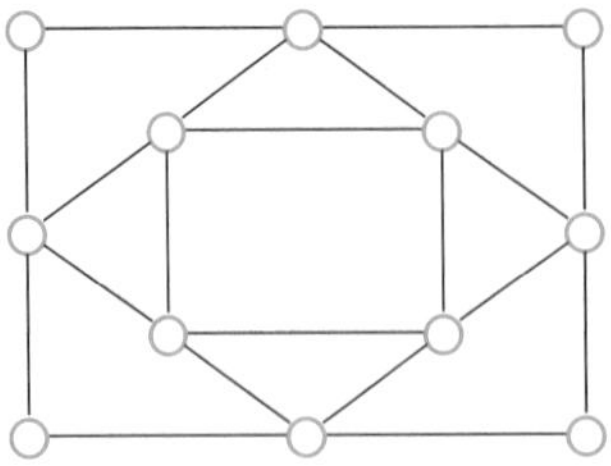

图 11.16

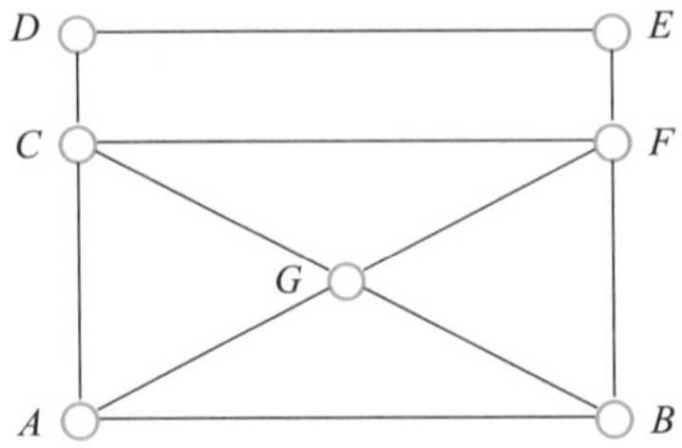


图 11.17

2. 哈密顿图

下面介绍一下如何判断一个图是半哈密顿图或者哈密顿图. 与欧拉通路和欧拉回路类似,还存在另外一种通路与回路,叫哈密顿通路与哈密顿回路. 哈密顿回路其实源于 1859 年,那时,威廉·哈密顿爵士在给他朋友的一封信中,首先谈到关于十二面体的一个数学游戏:能不能在图 11.18 中找到一条回路,使它包含有这个图所有的结点?他把每个结点看成一个城市,联结两个结点的边看成交通线,于是他的问题就是能不能找到一条旅游线路,沿交通线经过每个城市仅一次,再回到原来的出发地,他将这个问题称之为周游世界的问题.

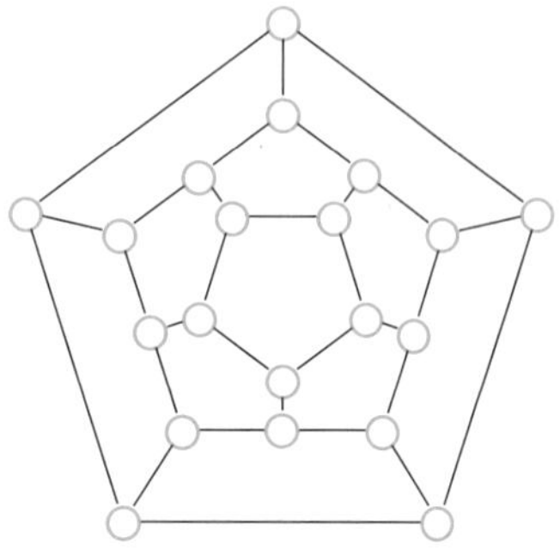

图 11.18

定义 17　给定图 $G$,若存在一条回路,经过图中每个结点恰好一次,则这条回路称为哈密顿回路,含有哈密尔顿回路的图称作哈密顿图. 若存在一条通路,经过图中的每个结点恰好一次,则这条路称为哈密顿通路,含有哈密顿通路的图称作半哈密顿图.

下面介绍一个图是哈密顿图的充分条件.

定理 7　设图 $G$ 是含有 $n$ 个结点的无向简单图,如果 $G$ 中每一对结点度数之和大于等于 $n-1$,则在 $G$ 中存在一条哈密顿通路,即 $G$ 是半哈密顿图;如果 $G$ 中每一对结点度数之和大于等于 $n$,则在 $G$ 中存在一条哈密顿回路,即 $G$ 是哈密顿图.

在这里需要注意的是定理 7 只是判断哈密顿图的充分条件.

## 11.3.6 树及其应用

1. 树的概念

树是图论当中重要的概念之一,它在计算机科学中应用非常广泛.

定义 18　树是不包含回路的简单连通图. 在树中,度数为 1 的结点称为树叶;度数大于 1 的结点称为分支结点或内结点.

例如,图 11.19 所示的图是一棵树,它有 5 片树叶,3 个分支结点.

树有一些等价定义,我们用下面的定理给出.

定理 8　设 $T$ 是含 $n$ 个顶点和 $m$ 条边的简单无向图,则下列各结论都可作为树的定义:

(1) $T$ 连通且无回路;

(2) $T$ 中任意两个不同的顶点间,有且仅有一条通路相连;

(3) $T$ 中无回路,且 $n=m+1$;

(4) $T$ 连通,且 $n=m+1$;

(5) $T$ 连通,但删去树中任意一条边,则变成不

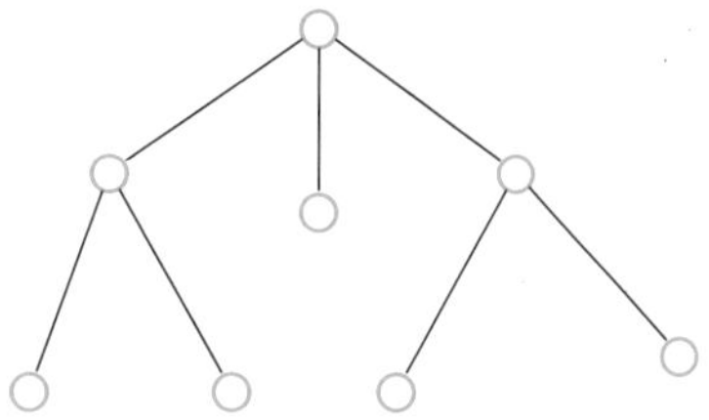

图 11.19

连通图;

(6) $T$ 连通且无回路,若在 $T$ 中任意两个不邻接的结点中添加一条边,则构成的图包含唯一的回路.

定义 19 在有向图中,不考虑边的方向而构成的树,称之为有向树(如图 11.20).

定义 20 在非平凡有向树 $T$ 中,如果只有一个结点的入度为 0,其他点的入度都是 1,则称该有向树是有根树,简称根树(如图 11.21).入度为 0 的结点称为根,出度为 0 的结点称为树叶,出度不为 0 的结点称为分支结点或内结点.

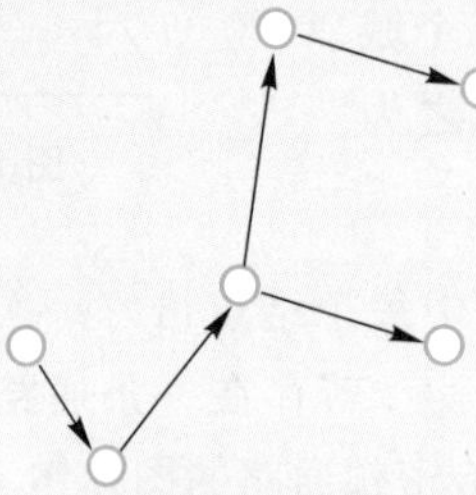

图 11.20

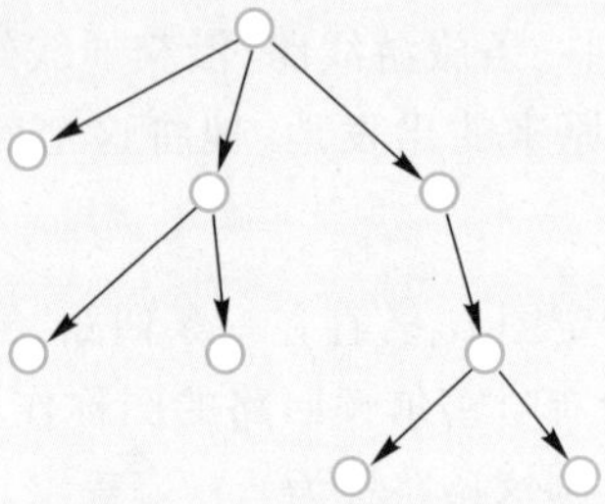

图 11.21

在有根树中,从树根到结点的通路长度(即从根到结点的通路中所含边的条数)称为结点的层次.在根树中,最长通路的长度称为根树的高度.如图 11.21 中有 3 个结点的层次为 1,有 3 个结点的层次为 2,有 2 个结点的层次为 3,树高为 3.

由于可以用树来表示家属关系,因此我们可以用家属关系的术语来描述有向树中结点间的关系.例如,从结点 $a$ 到结点 $b$ 有一条边,则称 $a$ 是 $b$ 的父亲,$b$ 是 $a$ 的儿子;如果从结点 $a$ 到结点 $b$,$c$ 间均有一条边,则称 $b$,$c$ 为兄弟;如果从结点 $a$ 到结点 $f$ 间有一条通路,则称 $a$ 是 $f$ 的祖先,称 $f$ 为 $a$ 的子孙.

在有根树中,除了叶外,每个结点的出度均不超过某一正整数 $k$,则称此有根树为 $k$ 叉树;如果每个结点(除叶外)的出度都等于 $k$,则称该树为完全 $k$ 叉树.如当 $k=2$ 时,则分别称为 2 叉树及完全 2 叉树.

例 6 很多计算机中的流程图都可以用有序 2 叉树(有序 $k$ 叉树是指对每一个结点的儿子都规定次序,一般情况是采用自左到右)来表示(如图 11.22).

2. 生成树

定义 21 若图 $G$ 的生成子图(包含图 $G$ 所有结点的子图)是一棵树,则称该树为图 $G$ 的生成树.

例如,图 11.23 所示,(b)和(c)都是(a)的生成树.

在图的点或边上表明某种信息的数,称为权,含有权的图称为赋权图,设图 11.24(a)中的各结点表示城市,各边表示城市之间的道路,每条边上的权表示道路的长度,如果我们要用通信线路把这些城市连接起来,要求沿道路铺设且所用线路最短,这就要求生成一棵树,使该生成树是图 11.24(a)所有生成树中边权之和最小,这种树称之为最小生成树.

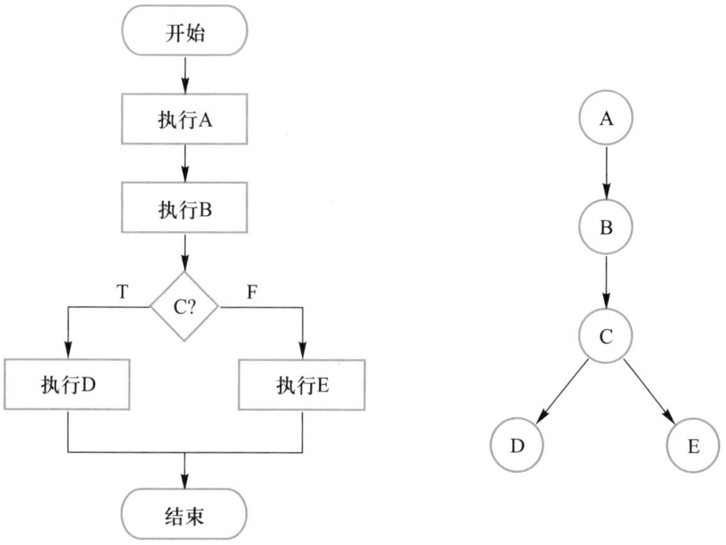


图 11.22

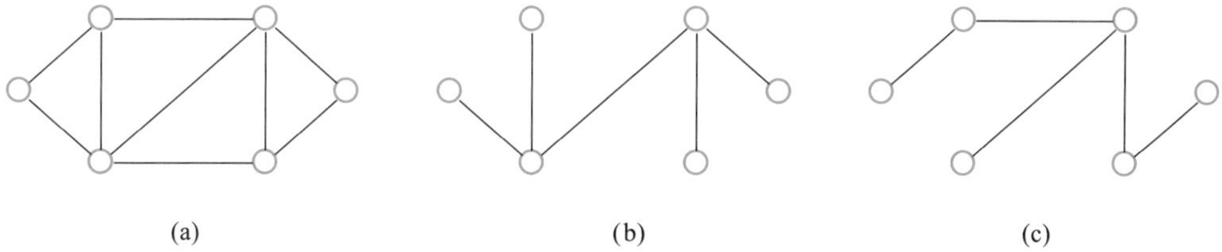


图 11.23

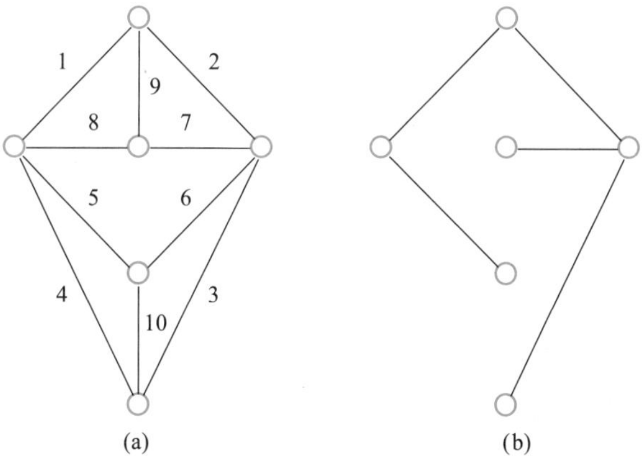


图 11.24

**定理 9(克鲁斯卡尔算法)** 设图 $G$ 中有 $n$ 个结点,可以用下面算法产生最小生成树:

(1) 选取最小边 $e_1$,设边数为 $i=1$;

(2) 若 $i=n-1$,结束,否则转(3);

(3) 设已选择边为 $e_1,e_2,\cdots,e_i$,在图 $G$ 中选择不同于 $e_1,e_2,\cdots,e_i$ 的边 $e_{i+1}$,使

$e_{i+1}$满足$\{e_1, e_2, \cdots, e_i, e_{i+1}\}$中无回路且是满足条件的最小边；

(4) $i=i+1$，转(2).

例如，图 11.24(a)中给出了一个赋权连通图，按照上述算法可得到它的一棵最小生成树，如图 11-24(b).

### 思考题 11.3

在有向图中若从结点 $v_i$ 到 $v_j$ 是可达的，则 $v_j$ 到 $v_i$ 是否可达？

### 练习题 11.3

1. 画出有 5 个结点的完全图.

2. 设图 $G$ 的邻接矩阵为 $\boldsymbol{A}=\begin{pmatrix}0&0&1&1&0&0\\0&0&0&0&1&1\\1&0&0&0&0&0\\1&0&0&0&0&0\\0&1&0&1&0&1\\0&1&0&0&1&0\end{pmatrix}$，求它的可达矩阵，并判断图 $G$ 是否连通.

3. 一棵无向树中有两个结点的度数为 2，一个结点的度数为 3，3 个结点的度数为 4，则它有几个度数为 1 的结点？

## 11.4 应用案例

例 1 [哥尼斯堡七桥问题] 18 世纪时，欧洲有一个风景秀丽的小城哥尼斯堡（今俄罗斯加里宁格勒），那里的普雷格尔河上有七座桥将河中的两个岛和河岸连结（如图 11.25），城中的居民经常沿河过桥散步，于是提出了一个问题：一个人怎样才能一次走遍七座桥，每座桥只走过一次，最后回到出发点？大家都试图找出问题的答案，但是谁也解决不了这个问题……. 这就是著名的哥尼斯堡七桥问题，一个著名的图论问题.

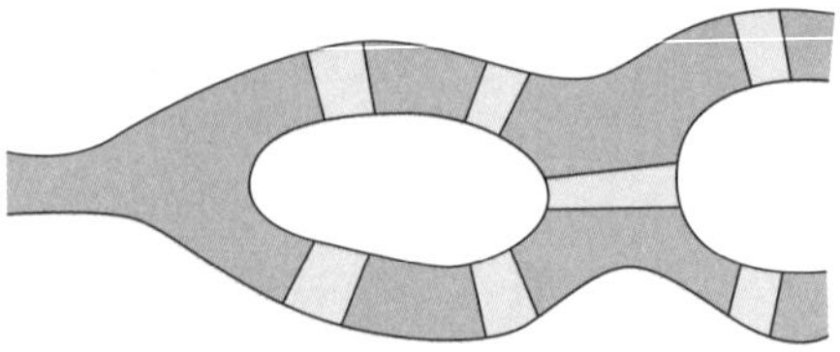

图 11.25

在 1727 年，欧拉 20 岁的时候，他被俄国请去在圣彼得堡的科学院做研究. 他的德国朋友告诉了他这个曾经令许多人困惑的问题. 欧拉并没有跑到哥尼斯堡去走走，而是把这个难题化成了这样的问题来看：把两岸和小岛缩成一点，桥化为边，于是“七桥问题”就等价于图 11.26中所画图形的一笔画问题了，这个图如果能够一笔画成的话，对应的“七桥问题”也就解决了.

经过研究，欧拉发现了一笔画的规律. 他认为，能一笔画的图形必须是连通图. 连通图就是指一个图形各部分总是有边相连的，这道题中的图就是连通图. 但是不是所有的连通图都可以一笔画成,能否一笔画是由图的奇、偶点的数目来决定的. 首先什么叫奇、偶点呢? 与奇数(单数)条边相连的点叫作奇点;与偶数(双数)条边相连的点叫作偶点. 如图 11.27 中①、④为奇点,②、③为偶点. 关于连通图能否一笔画有如下结论.

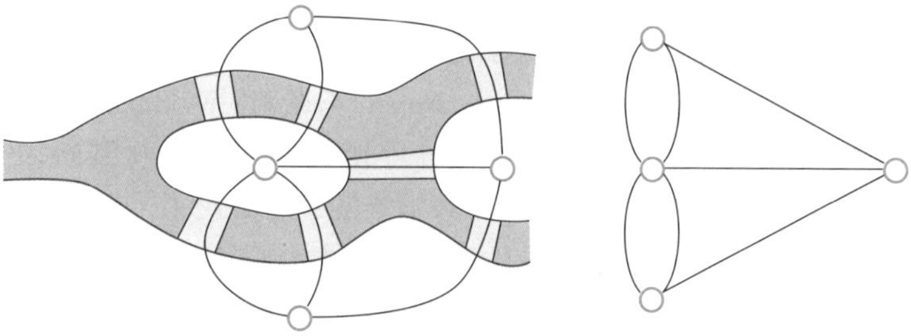

图 11.26

(1) 凡是由偶点组成的连通图,一定可以一笔画成. 画时可以把任一偶点作为起点,最后一定能以这个点为终点画完此图. 例如图 11.28 中都是偶点,画的线路可以是①→③→⑤→⑦→②→④→⑥→⑦→①.

(2) 凡是只有两个奇点的连通图(其余都为偶点),一定可以一笔画成. 画时必须把一个奇点作为起点,另一个奇点作为终点. 例如图 11.27 的线路是①→②→③→①→④.

(3) 其他情况的图都不能一笔画出.

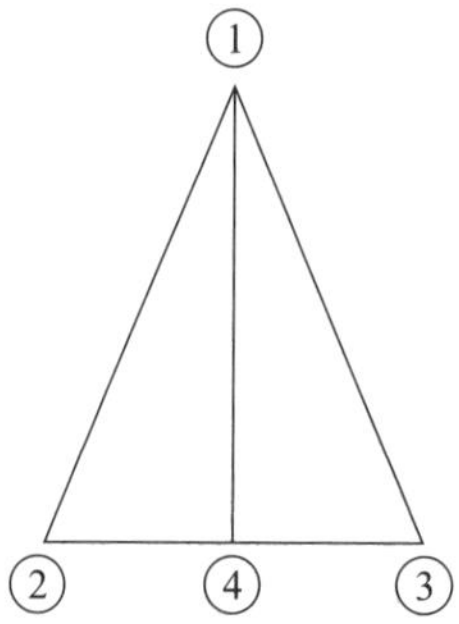


图 11.27

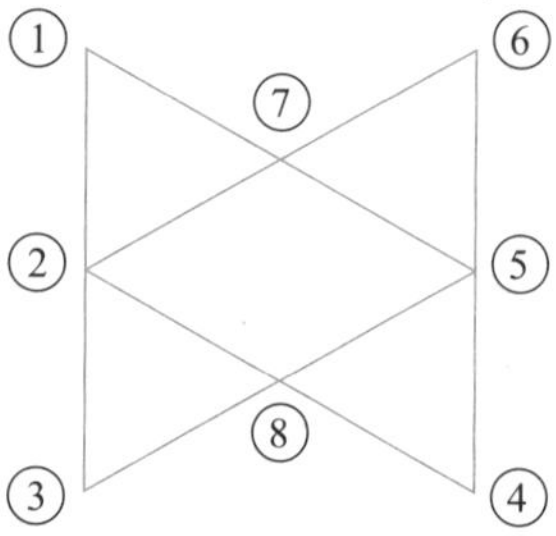


图 11.28

例 2 [四色猜想] 四色猜想的提出来自英国. 1852 年,毕业于伦敦大学的法兰西斯・古特里(Francis Guthrie)到一家科研单位搞地图着色工作,发现了一种有趣的现象:每幅地图都可以用四种颜色着色,使得有共同边界的国家都被着上不同的颜色(如图 11.29). 这就是四色猜想.

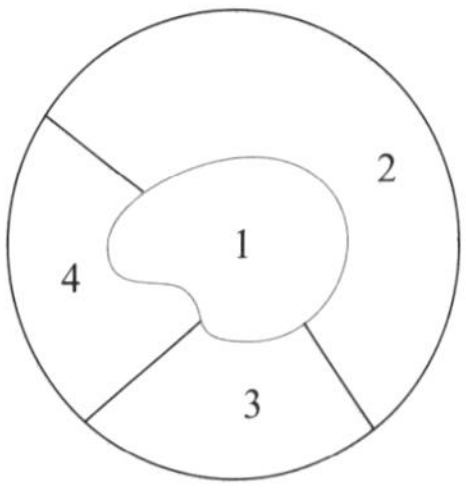


图 11.29

1872 年,英国当时最著名的数学家凯利(Arthur Cayley)正式向伦敦数学学会提出了这个问题,于是四色猜想成了世界数学界关注的问题. 世界上许多一流的数学家都纷纷参加了四色猜想的大会战. 1878—1880 年两年间,著名律师兼数学家肯泊(Kempe)和泰勒两人分别提交了证明四色猜想的论文,宣布证明了四色定理. 但后来数学家赫伍德(P. J.

Heawood,1861—1955)以自己的精确计算指出肯泊的证明是错误的.不久,泰勒的证明也被人们否定了.于是,人们开始认识到,这个貌似容易的题目,其实是一个可与费马猜想相媲美的难题.

20世纪以来,科学家们对四色猜想的证明基本上是按照肯泊的想法在进行.电子计算机问世以后,由于演算速度迅速提高,加之人机对话的出现,大大加快了对四色猜想证明的进程.1976年,美国数学家阿佩尔(K. Appel)与哈肯(W. Haken)在美国伊利诺伊大学的两台不同的电子计算机上,用了1 200个小时,作了100亿次判断,终于完成了四色定理的证明,困扰许多数学家一百多年的数学难题总算解决了.

现在我们把地图着色问题转化成数学问题来考虑.在特定的地图上,每一个区域当中画一个小圈圈,我们称为顶点.如果一对区域相邻,我们就用一条弧把其中的顶点连接起来.这样我们就得到数学上称为图的东西.

一个图 $G$ 如果它的每个顶点可以用 $k$(大于1的整数)种不同的颜色之一来涂,使得相邻顶点(注:顶点相邻,是指有一条弧把它们相连)具有不同颜色,则称图 $G$ 为 $k$ 可染.如果一个图是 $k$ 可染而不是 $k-1$ 可染,我们就说它的染色数是 $k$.例如,图11.30中的图的染色数是4.

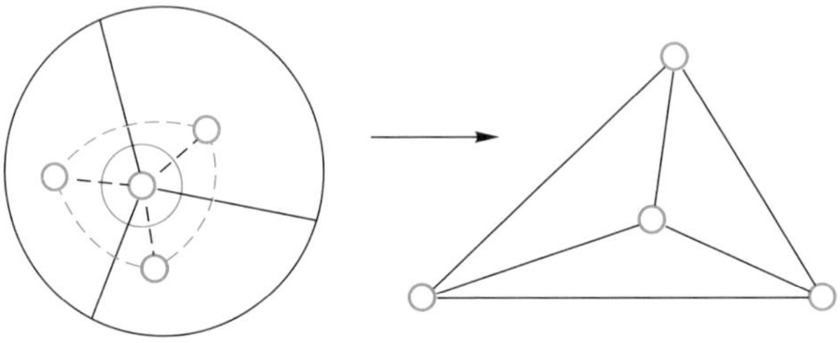

图 11.30

现在地图四色问题,就转化成这样一个问题:是否地图包含的所有子图平面图都是4可染?如果答案是肯定的话,那么地图四色问题也就解决了.

## 练习题 11.4

1. 图11.31的五环标志可否一笔画成?如何画?

图 11.31

2. 你把乒乓球染上红、黄、白、蓝四种颜色，然后放进一个玻璃罐里，你会发觉不管怎么放一定有两粒同颜色的乒乓球碰在一起. 为什么？

# 本章小结

本章主要介绍了命题逻辑、集合论及图与树的基本知识.

## 一、集合论

1. 集合的关系

(1) 子集：设 $A$ 和 $B$ 是两个集合，如果 $A$ 中的任意一个元素都是 $B$ 中的元素，则称 $A$ 为 $B$ 的子集.

(2) 幂集：由集合 $A$ 的所有的子集所组成的集合称为 $A$ 的幂集，记为 $\rho(A)$.

(3) 相等：设 $A$ 和 $B$ 是两个集合，如果 $A\subseteq B$ 且 $B\subseteq A$，则称 $A$ 与 $B$ 相等，记为 $A=B$.

2. 集合的基本运算

集合的交、集合的并、集合的补、集合的差.

3. 序偶和笛卡儿积的概念和基本运算

(1) 序偶：两个具有固定次序的客体组成一个序偶，它刻画了两个客体之间的次序，并表示由两个客体所组成的集合，写作 $<a,b>$.

(2) 笛卡儿积：$A$ 与 $B$ 是两个集合，若序偶的第一个成员是集合 $A$ 的元素，第二个成员是集合 $B$ 的元素，所有这样序偶的集合称为集合 $A$ 与 $B$ 的笛卡儿积或者直积，记作 $A\times B$.

(3) 序偶的基本运算

$$A\times(B\cup C)=(A\times B)\cup(A\times C);A\times(B\cap C)=(A\times B)\cap(A\times C);$$
$$(B\cup C)\times A=(B\times A)\cup(C\times A);(B\cap C)\times A=(B\times A)\cap(C\times A).$$

## 二、命题逻辑

1. 命题

能判断真假的陈述句称为命题，疑问句、祈使句、感叹句等都不是命题.

2. 命题联结词

命题联结词的结合能力强弱依次为 $\neg$，$(\wedge,\vee)$，$\rightarrow$，$\leftrightarrow$，其中 $(\wedge,\vee)$ 表示 $\wedge$ 与 $\vee$ 平等；在没有括号表示结合状况时，通常采用从左至右的顺序.

3. 真值表

基本联结词的真值判断方法：“$\neg$”的真值与原命题相反，“$\wedge$”当且仅当 $P$、$Q$ 同时为真时，命题 $P\wedge Q$ 为真，其他情况下都为假；“$\vee$”当且仅当 $P$、$Q$ 同时为假，命题 $P\vee Q$ 为假；“$\rightarrow$”当且仅当 $P$ 为真，$Q$ 为假时，$P\rightarrow Q$ 为假，其余都为真；“$\leftrightarrow$”当且仅当 $P$、$Q$ 的真值相同时，$P\leftrightarrow Q$ 为真，其余都为假.

4. 命题公式的演算和推理

常用的推理规则：

(1) $P$ 规则（前提引入）：在推导过程中，前提可视需要引入使用.

(2) $T$ 规则（结论引入）：在推导过程中，利用推理定律可引入前面已导出的结论的有效结论.

(3) *CP* 规则(附加前提引入):将结论中的前件作为前提的证明方法.

三、图与树

1. 图的基本概念,通路,图的矩阵表示

(1) 图:图 $G=<V(G),E(G)>$,其中 $V(G)$ 是一个非空的结点集合,$E(G)$ 是边集合.在图中,与结点关联的边数称为该结点的度数,记作 $\deg(v)$.在有向图中,由一个结点射出的边数称为该结点的出度,记作 $\deg^{+}(v)$;射入结点的边数称为该结点的入度,记作 $\deg^{-}(v)$.该结点的出度和入度之和就是该结点的度数.

(2) 路与回路

在图 $G=<V,E>$ 中,设 $v_0,v_1,v_2,\cdots,v_n\in V,e_1,e_2,\cdots,e_n\in E$,其中 $e_i$ 是关联于结点 $v_{i-1},v_i$ 的边,交替序列 $v_0e_1v_1e_2\cdots e_nv_n$ 称为联结 $v_0,v_n$ 的通路或路.$v_0,v_n$ 分别称为路的起点和终点,边的数目称为路的长度.若 $v_0=v_n$,则这条路称为回路.

(3) 图的矩阵表示

当给定的简单图是无向图时,邻接矩阵是对称矩阵,邻接矩阵中的第 $k$ 行元素相加的值就是点 $v_k$ 的出度,第 $k$ 列元素相加的值就是点 $v_k$ 的入度.

可达矩阵可由图 $G$ 的邻接矩阵 $\boldsymbol{A}$ 得到,即令 $\boldsymbol{B}_n=\boldsymbol{A}+\boldsymbol{A}^2+\cdots+\boldsymbol{A}^n$,将 $\boldsymbol{B}_n$ 中不为零的元素均改成1,而为零的元素不变,即可得到可达矩阵 $\boldsymbol{P}$.

2. 欧拉图和哈密顿图

(1) 无向连通图 $G$ 是欧拉图的充要条件是图中各结点的度数为偶数.

(2) 无向连通图 $G$ 是半欧拉图的充要条件是有零个或两个奇数度结点.

(3) 有向连通图 $G$ 是欧拉图的充要条件是图中每个结点的出度和入度是相等的.

(4) 半欧拉图的充要条件是图中有两个结点,一个结点的出度比入度大1,另一个结点的出度比入度小1;其余结点的出度和入度都是相等的.

(5) 设图 $G$ 是含有 $n$ 个结点的无向简单图,如果 $G$ 中每一对结点度数之和大于等于 $n-1$,则在 $G$ 中存在一条哈密顿通路,即 $G$ 是半哈密顿图;如果 $G$ 中每一对结点度数之和大于等于 $n$,则在 $G$ 中存在一条哈密顿回路,即 $G$ 是哈密顿图.

3. 树

(1) 树是不包含回路的简单连通图.

在有向图中,不考虑边的方向而构成的树,称之为有向树.

(2) 生成树

若图 $G$ 的生成子图(包含图 $G$ 所有结点的子图)是一棵树,则称该树为图 $G$ 的生成树.

## 综合练习题十一

一、单项选择题.

1. 下列语句中为命题的是(　　).

A. 这朵花是谁的?　　　　B. 这朵花真美丽啊!

C. 这朵花是你的吗?　　　　　　D. 这朵花是他的.

2. 下列语句中哪个是真命题?(　　).

A. 我正在说谎.　　　　　　B. 严禁吸烟.

C. 如果 $1+2=3$,那么雪是黑的.　　　　D. 如果 $1+2=5$,那么雪是黑的.

3. 下面哪一个命题是命题"2 是偶数或−3 是负数"的否定?(　　).

A. 2 是偶数或−3 不是负数　　　　B. 2 是奇数或−3 不是负数

C. 2 不是偶数且−3 不是负数　　　　D. 2 是奇数且−3 是负数

4. 设 $P$:我将去镇上,$Q$:我有时间. 命题"我将去镇上,仅当我有时间."符号化为(　　).

A. $P\rightarrow Q$　　B. $Q\rightarrow P$　　C. $P\leftrightarrow Q$　　D. $\neg Q\vee\neg P$

5. 命题公式 $(P\wedge(P\rightarrow Q))\rightarrow Q$ 是(　　).

A. 矛盾式　　B. 蕴涵式　　C. 重言式　　D. 等值式

6. 下面哪个命题公式是重言式?(　　)

A. $(P\rightarrow Q)\wedge(Q\rightarrow P)$　　　　B. $(P\wedge Q)\rightarrow P$

C. $(\neg P\vee Q)\wedge\neg(\neg P\wedge\neg Q)$　　　　D. $\neg(P\vee Q)$

7. 下列哪一组命题公式是等值的?(　　)

A. $\neg P\wedge\neg Q,\ P\vee Q$　　　　B. $P\rightarrow(Q\rightarrow P),\neg P\rightarrow(P\rightarrow\neg Q)$

C. $Q\rightarrow(P\vee Q),\neg Q\wedge(P\vee Q)$　　　　D. $\neg P\vee(P\wedge Q),Q$

8. 下列各图中既是欧拉图,又是哈密顿图的是(　　).

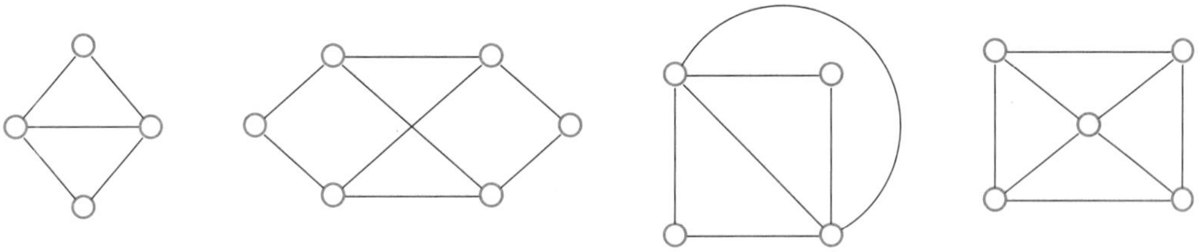

A.　　　　B.　　　　C.　　　　D.

9. 设无向图 $G$ 的边数为 $m$,结点数为 $n$,则 $G$ 是树等价于(　　).

A. $G$ 连通且 $n=m+1$　　　　B. $G$ 连通且 $m=n+1$

C. $G$ 连通且 $m=2n$　　　　D. 每对结点之间至少有一条通路

10. 无向图 $G$ 和 $G'$ 的结点和边分别存在一一对应关系是 $G$ 和 $G'$ 同构的(　　).

A. 充分条件　　　　B. 必要条件

C. 充要条件　　　　D. 既不充分也不必要条件

二、判断题.

1. "王兰和王英是姐妹"是复合命题,因为该命题中出现了联结词"和".　(　　)

2. 凡陈述句都是命题.　(　　)

3. 命题"十减四等于五"是一个简单命题.　(　　)

4. 命题"如果 $1+2=3$,那么雪是黑的"是真命题.　(　　)

5. 如果 $A\Leftrightarrow B$,则 $A\wedge C\Leftrightarrow B\wedge C$, $A\vee C\Leftrightarrow B\vee C$.　(　　)

6. 设 $A,B,C,D$ 是集合，则 $(A\cup B)\times(C\cup D)=(A\cup C)\times(B\cup D)$. ( )

7. 图 $G$ 和图 $G'$ 同构当且仅当 $G$ 和 $G'$ 的结点和边分别存在一一对应关系. ( )

8. 在有向图中，结点间的可达关系是等价的. ( )

9. 在有根树中，如果树的高度为 4，则该树中最长通路的长度为 4. ( )

三、填空题.

1. 设 $P$：我生病，$Q$：我去学校. 命题"如果我生病，那么我不去学校"符号化为________.

2. 设 $P$：我有钱，$Q$：我去看电影. 命题"虽然我有钱，但我不去看电影"符号化为________.

3. 不能再分解的命题称为________，至少包含一个联结词的命题称为________.

4. 对于下列各式，是永真式的有________.

(1) $P\to(P\vee Q)$；

(2) $Q\to(P\wedge Q)$；

(3) $(\neg P\wedge(P\vee Q))\to Q$；

(4) $(P\to Q)\to Q$.

5. 若命题 $P,Q,R$ 的真值分别为真、假、真，则命题公式 $P\vee(Q\wedge\neg R)$ 的赋值为________.

6. 写出下表中各列所定义的命题联结词.

| $P$ | $Q$ | $P$ ____ $Q$ | $P$ ____ $Q$ |
|---|---|---|---|
| 1 | 1 | 1 | 1 |
| 1 | 0 | 0 | 0 |
| 0 | 1 | 0 | 0 |
| 0 | 0 | 0 | 1 |

7. 设 $A=\{0,1,3\}$，则 $A$ 的幂集为________.

8. 设无向图中有 6 条边，有一个结点度数为 3，一个结点度数为 5，其余结点度数为 2，则该图的结点数是________.

9. 设图 $G=<V,E>$；$V=\{v_1,v_2,v_3,v_4\}$，若 $G$ 的邻接矩阵 $\boldsymbol{A}=\begin{pmatrix}0&1&1&0\\1&0&1&0\\1&0&0&1\\1&1&0&0\end{pmatrix}$，则 $\deg^-(v_1)=$________，$\deg^+(v_4)=$________.

10. 在一棵有根树中，若每个结点的出度为________，则称该树为完全二元树.

四、综合题.

1. 求公式 $P\leftrightarrow(Q\vee\neg R)$ 的真值表.

2. 化简下列命题公式.

(1) $P\vee(\neg P\vee(Q\wedge\neg Q))$；

(2) $((P\to Q)\leftrightarrow(\neg Q\to\neg P))\wedge R$;

3. 证明命题公式$(P\to Q)\wedge(R\to Q)\Leftrightarrow(P\vee R)\to Q$.

4. 下列推理是否有效?

甲乙丙丁参加拳击比赛,如果甲获胜,则乙失败;如果丙获胜,则乙也获胜,如果甲不获胜,则丁不失败.所以如果丙获胜,则丁不失败.

5. 求图 11.32 的邻接矩阵,并求出可达矩阵.

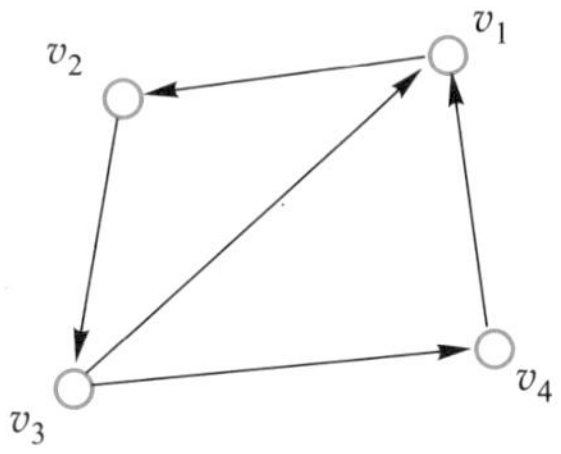


图 11.32

# 第 12 章　二元函数微积分学

在自然科学、工程技术和经济管理等领域中，许多问题会涉及诸多因素，反映在数学上即多元函数问题. 因此，研究多元函数微积分及其应用非常必要. 多元函数微积分是一元函数微积分的推广，在本章学习中，要善于运用类比和化归数学思想方法，认识两者的内在联系与异同. 这样，既有助于理解多元函数微积分的新概念与新理论，又有利于巩固知识与技能基础，从而更深刻地认识和感知微积分学的思想内涵.

## 12.1　二元函数的概念及其连续性

我们对函数的讨论，总是在其定义域上进行的. 已知一元函数的定义域是数轴上的点集，对于二元函数而言，由于自变量增加了一元，其定义域自然要由数轴上的点集拓展到平面上的点集，即二元函数须在平面点集上来定义. 为此，本节首先介绍平面点集的概念，然后给出二元函数定义，并讨论二元函数的定义域和连续性.

### 12.1.1　平面点集

**定义 1**　平面直角坐标系中满足某种条件 $P$ 的二元有序实数组 $(x,y)$ 的全体称为**平面点集**，记作

$$E=\{(x,y)\mid(x,y)\text{满足条件}P\}.$$

**例 1**　平面上所有点构成的集合记作 $\mathbf{R}^2$，即 $\mathbf{R}^2=\{(x,y)\mid x\in\mathbf{R},y\in\mathbf{R}\}$，该集合表示的是整个坐标平面. $\mathbf{R}^2$ 又称为**二维空间**.

类似地，我们用 $\mathbf{R}^3$ 表示三元有序实数组的全体构成的集合，即

$$\mathbf{R}^3=\{(x,y,z)\mid x\in\mathbf{R},y\in\mathbf{R},z\in\mathbf{R}\},$$

又称 $\mathbf{R}^3$ 为**三维空间**；

同理，称 $\mathbf{R}^n=\{(x_1,x_2,\cdots,x_n)\mid x_k\in\mathbf{R},k=1,2,\cdots,n\}$ 为 **$n$ 维空间**.

**例 2**　平面点集 $C=\{(x,y)\mid x^2+y^2<1\}$，表示的是平面上以原点为中心，以 1 为半径的单位圆内部所有点构成的集合（如图 12.1）.

**例 3**　平面点集 $D=\{(x,y)\mid x\in\mathbf{R},1\leqslant y\leqslant3\}$，表示的是直线 $y=1$ 与直线 $y=3$ 之间（包括两条直线上的点）所有点构成的集合（如图 12.2）.

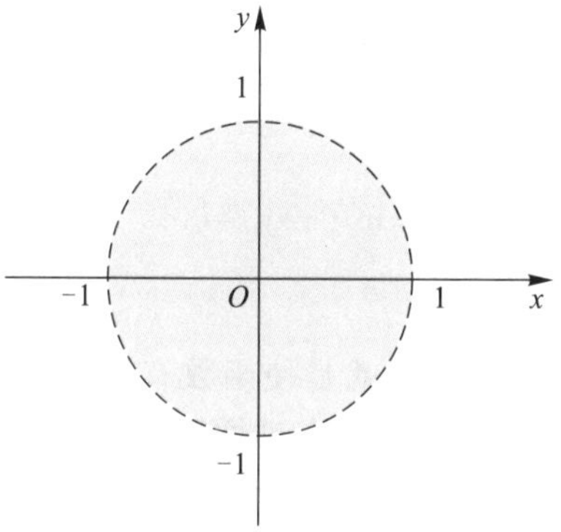


图 12.1

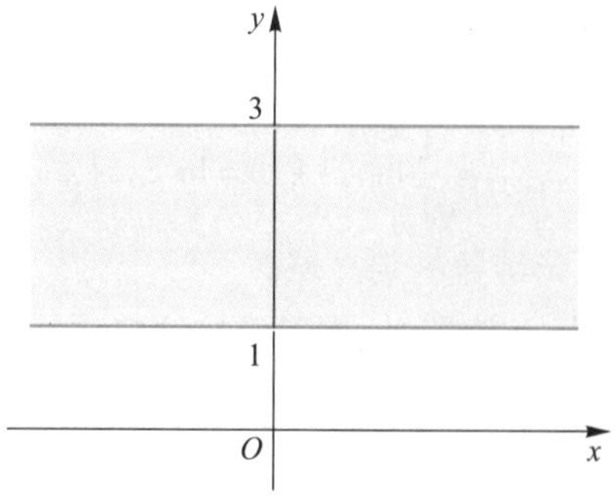


图 12.2

### 12.1.2 二元函数的概念

**1. 引例**

**例 4** 正圆柱体的侧面积 $S$ 与其底面半径 $r$ 和高 $h$ 之间具有关系

$$S=2\pi rh \quad (r>0,h>0),$$

在这里,$r$ 和 $h$ 是两个独立变量,当在集合 $\{(r,h) \mid r>0,h>0\}$ 内每取定一对数组 $(r,h)$ 时,由对应法则 $S=2\pi rh$ 总能确定一个 $S$ 值与之对应.

**例 5** 物体的运动动能 $W$ 与其质量 $m$、速度 $v$ 之间具有关系

$$W=\frac{1}{2}mv^2 \quad (m>0,v>0),$$

在这里,$m$ 和 $v$ 是两个独立变量,当在集合 $\{(m,v) \mid m>0,v>0\}$ 内每取定一对数组 $(m,v)$ 时,由对应法则 $W=\frac{1}{2}mv^2$ 总能确定一个 $W$ 值与之对应.

上述两例,虽然实际背景意义不同,却具有相同的数学意义,即反映的均是一个变量与其他若干变量之间的相互依赖关系,这种依赖关系正是多元函数概念的实质,由此给出多元函数的定义.

**2. 二元函数的定义**

二元函数的定义与几何表示

**定义 2** 设有三个变量 $x,y,z$,变量 $x,y$ 的取值范围是 $\mathbf{R}^2$ 上的一个非空点集 $D$,若对于 $D$ 内的任一点 $P(x,y)$,按照对应法则 $f$,变量 $z$ 总有唯一确定的值与之对应,则称 $z$ 是 $x,y$ 的**二元函数**(又称 $z$ 是点 $P$ 的函数),记为

$$z=f(x,y),$$

其中 $x,y$ 称为**自变量**,$z$ 称为**因变量**,$D$ 称为函数的**定义域**.

**注** (1) 函数 $z=f(x,y)$ 在点 $(x_0,y_0)$ 处的函数值记为 $f(x_0,y_0)$ 或 $z\Big|_{\substack{x=x_0\\y=y_0}}$ 或 $z\Big|_{(x_0,y_0)}$,函数值的全体称为**函数的值域**,记作 $f(D)$.

(2) 与一元函数相同,定义域 $D$ 和对应法则 $f$ 称为二元函数的两要素,故当且仅当定义域和对应法则都相同时,两个二元函数为同一个函数.

(3) 类似地,可以定义三元函数 $u=f(x,y,z)$ 以及 $n$ 元函数 $u=f(x_1,x_2,\cdots,x_n)$,二

元以及二元以上的函数统称为多元函数.

例 6 设 $z=\frac{1}{\sqrt{x}}\ln(x+y)$，求 $z|_{(1,1)}$，$z|_{\left(1,\frac{y}{x}\right)}$.

解 $z|_{(1,1)}=\frac{1}{\sqrt{1}}\ln(1+1)=\ln 2$，$z|_{\left(1,\frac{y}{x}\right)}=\ln\left(1+\frac{y}{x}\right)=\ln(x+y)-\ln x$.

3. 二元函数的定义域

与一元函数类似，我们仍然约定：二元函数的定义域就是使函数有意义的 $\mathbf{R}^2$ 上点的全体. 求自然函数(无实际背景意义的函数)的定义域时，应遵循这样一些要求：分母不能为零；偶次根式内的值非负；对数的真数大于零；某些三角函数或反三角函数的自变量有特定的限制等.

例 7 求下列函数的定义域 $D$.

(1) $z=\frac{1}{x^2+y^2}$；　　(2) $z=\frac{1}{\sqrt{9-x^2-y^2}}+\ln(x^2+y^2-4)$；

(3) $z=\arcsin\frac{x}{5}+\arcsin\frac{y}{4}$.

解 (1) 要使函数 $z=\frac{1}{x^2+y^2}$ 有意义，须有 $x^2+y^2\neq 0$，故函数的定义域为

$$D=\{(x,y)\mid x^2+y^2\neq 0\}\text{（图 12.3）}.$$

(2) 要使函数 $z=\frac{1}{\sqrt{9-x^2-y^2}}+\ln(x^2+y^2-4)$ 有意义，须有

$$\begin{cases}9-x^2-y^2>0,\\x^2+y^2-4>0,\end{cases}$$

即：$4<x^2+y^2<9$，

故函数的定义域为

$$D=\{(x,y)\mid 4<x^2+y^2<9\}\text{（图 12.4）}.$$

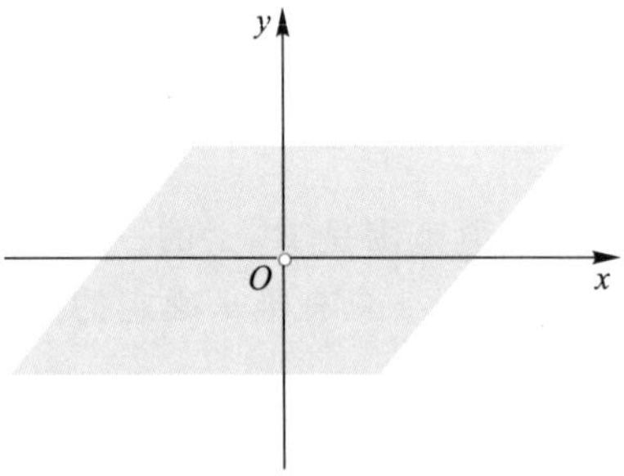

图 12.3

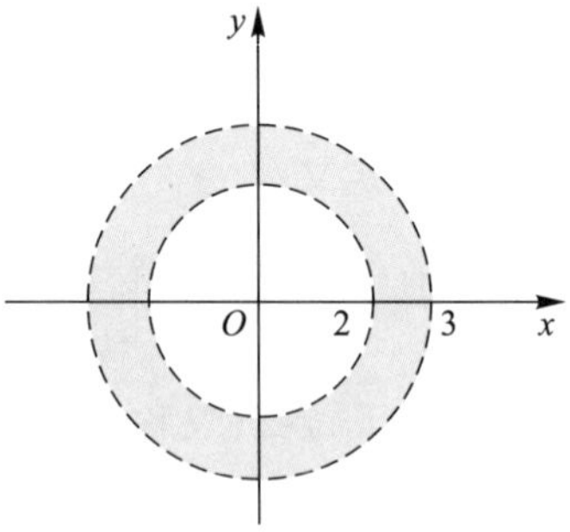

图 12.4

(3) 要使函数 $z=\arcsin\frac{x}{5}+\arcsin\frac{y}{4}$ 有意义，须有

$$\begin{cases}-1\leqslant\frac{x}{5}\leqslant 1,\\-1\leqslant\frac{y}{4}\leqslant 1,\end{cases}$$

即

$$\begin{cases}-5\leqslant x\leqslant 5,\\-4\leqslant y\leqslant 4,\end{cases}$$

故函数 $z$ 的定义域为

$$D=\left\{(x,y)\left|\begin{cases}-5\leqslant x\leqslant 5\\-4\leqslant y\leqslant 4\end{cases}\right.\right\},$$

即 $D=\{(x,y)\mid -5\leqslant x\leqslant 5$ 或 $-4\leqslant y\leqslant 4\}$(图 12.5).

**4. 二元函数的几何意义**

已知一元函数 $y=f(x)$ 表示 $xOy$ 平面上的一条曲线. 对于二元函数 $z=f(x,y)$,因为当在其定义域 $D$ 中每取定一点 $P(x,y)$ 时,必有唯一的函数值 $z=f(x,y)$ 与之对应. 相应地便得到一个三元有序数组$(x,y,z)$(其中 $z=f(x,y)$),该数组在空间直角坐标系中唯一地确定了一个以 $x$ 为横坐标,$y$ 为纵坐标,$z$ 为竖坐标的点 $M(x,y,z)$,当点 $P(x,y)$ 取遍 $D$ 中一切点时,点 $M(x,y,z)$ 的轨迹就构成了空间中的一个曲面,所以,二元函数 $z=f(x,y)$ 在几何上表示空间中的一个曲面,该曲面在 $xOy$ 平面上的投影正是函数的定义域 $D$(如图 12.6). 因此,有时也把 $z=f(x,y)$ 称为**曲面方程**.

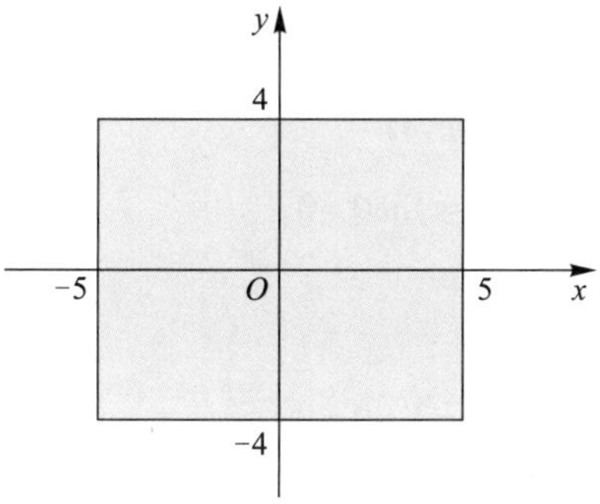


**图 12.5**

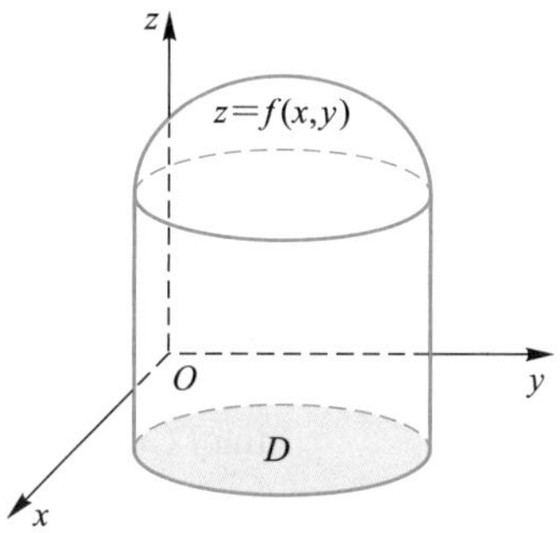


**图 12.6**

例如,二元函数 $z=x^2+y^2$ 的几何图像为一个旋转抛物面(图 12.7);二元函数 $z=1-x-y$ 的几何图像为一个平面(图 12.8).

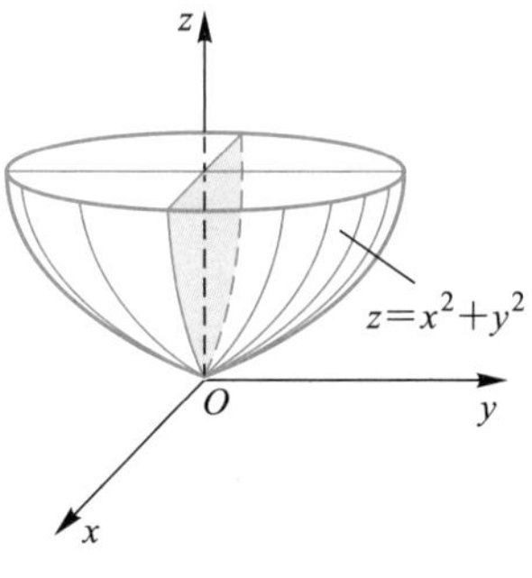


**图 12.7**

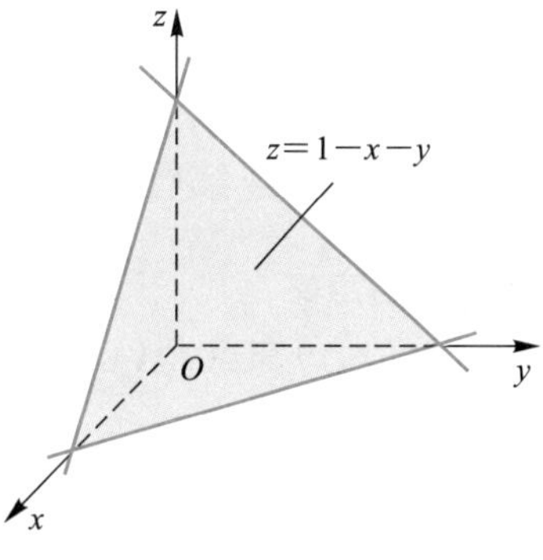


**图 12.8**

二元函数的极限

### 12.1.3 二元函数的极限

**定义3** 设函数 $z=f(x,y)$ 在点 $P_0(x_0,y_0)$ 邻近有定义，$P(x,y)$ 为 $P_0$ 邻近的任一点，当点 $P$ 以任何方式趋近于 $P_0$ 时，如果对应的函数值 $f(x,y)$ 都无限趋近于同一个确定的常数 $A$，则称 $A$ 为函数 $z=f(x,y)$ 当 $P\to P_0$（即 $x\to x_0,y\to y_0$）时的**极限**，又称**二重极限**，记作

$$\lim_{\substack{x\to x_0\\ y\to y_0}}f(x,y)=A \quad 或 \quad f(x,y)\to A(x\to x_0,y\to y_0).$$

**例8** 求 $\lim\limits_{\substack{x\to 0\\ y\to 2}}\dfrac{\sin (xy)}{x}$.

**解** 用换元法，并由极限运算法则，有

$$\lim_{\substack{x\to 0\\ y\to 2}}\frac{\sin (xy)}{x}=\lim_{\substack{x\to 0\\ y\to 2}}\frac{\sin (xy)}{xy}y\xlongequal{u=xy}\lim_{u\to 0}\frac{\sin u}{u}\lim_{y\to 2}y=1\times 2=2.$$

**例9** 讨论 $f(x,y)=\begin{cases}\dfrac{xy}{x^2+y^2}, & x^2+y^2\neq 0,\\ 0, & x^2+y^2=0\end{cases}$ 在 $(0,0)$ 点的极限.

**解** 当点 $P(x,y)$ 沿直线 $y=0$ 趋近于点 $(0,0)$ 时，有

$$\lim_{\substack{x\to 0\\ y\to 0}}f(x,y)\xlongequal{y=0}\lim_{x\to 0}f(x,0)=\lim_{x\to 0}0=0;$$

当点 $P(x,y)$ 沿直线 $x=0$ 趋近于点 $(0,0)$ 时，有

$$\lim_{\substack{x\to 0\\ y\to 0}}f(x,y)\xlongequal{x=0}\lim_{y\to 0}f(0,y)=\lim_{y\to 0}0=0,$$

但极限 $\lim\limits_{\substack{x\to 0\\ y\to 0}}f(x,y)$ 并不存在，因为当点 $P(x,y)$ 沿直线 $y=mx$ 趋近于点 $(0,0)$ 时，有

$$\lim_{\substack{x\to 0\\ y\to 0}}f(x,y)\xlongequal{y=mx}\lim_{x\to 0}\frac{x\cdot mx}{x^2+(mx)^2}=\lim_{x\to 0}\frac{mx^2}{(1+m^2)x^2}=\frac{m}{1+m^2},$$

显然 $\dfrac{m}{1+m^2}$ 随 $m$ 的不同而不同，所以二重极限 $\lim\limits_{\substack{x\to 0\\ y\to 0}}f(x,y)$ 不存在.

### 12.1.4 二元函数的连续性

#### 1. 二元函数连续的定义

**定义4** 设函数 $f(x,y)$ 在点 $P_0(x_0,y_0)$ 及其邻近有定义，若 $\lim\limits_{\substack{x\to x_0\\ y\to y_0}}f(x,y)=f(x_0,y_0)$ 或 $\lim\limits_{P\to P_0}f(P)=f(P_0)$（即极限存在且等于该点的函数值），则称函数 $f(x,y)$ 在点 $P_0(x_0,y_0)$ 处**连续**.

二元函数的连续性

例 10 讨论函数$f(x,y)=\begin{cases}\dfrac{xy}{x^2+y^2}, & x^2+y^2\neq 0\\ 0, & x^2+y^2=0\end{cases}$,在(0,0)点的连续性.

解 由例 9 知,$\lim\limits_{\substack{x\to 0\\ y\to 0}} f(x,y)$不存在,故$f(x,y)$在(0,0)点不连续.

### 2. 二元初等函数及其连续性

**定义 5** 由变量$x,y$的基本初等函数和常数经过有限次的四则运算与复合运算而成,且用一个式子表示的函数称为**二元初等函数**.

关于二元初等函数的连续性有与一元函数类似的结论:一切二元初等函数在其定义域内都是连续的. 由于我们所讨论的二元函数除分段函数外都是初等函数,所以除分段函数外,所讨论的函数在其定义域上都是连续的. 分段函数在分段点处的连续性需按连续定义予以考察.

由函数连续性的讨论,可得求二元初等函数二重极限的一种简便方法:欲求二元初等函数$f(x,y)$在点$P_0(x_0,y_0)$的极限,若$f(x,y)$在$P_0$点有定义,则极限值即$f(x,y)$在该点的函数值,于是$\lim\limits_{\substack{x\to x_0\\ y\to y_0}} f(x,y)=f(x_0,y_0)$或$\lim\limits_{P\to P_0} f(P)=f(P_0)$.

例 11 求$\lim\limits_{\substack{x\to 1\\ y\to 2}}\dfrac{x+y}{xy}$.

解 因为$z=\dfrac{x+y}{xy}$是二元初等函数,定义域为$D=\{(x,y)\mid x\neq 0,y\neq 0\}$. (1,2)点在定义域内,所以根据二元初等函数的连续性,有

$$\lim_{\substack{x\to 1\\ y\to 2}}\frac{x+y}{xy}=f(1,2)=\frac{3}{2}.$$

## 思考题 12.1

1. 三元函数如何定义? 三元函数的定义域在几何上表示什么?
2. 二元函数$f(x,y)$在点$P_0(x_0,y_0)$处连续应满足的条件是什么?
3. 分段函数在分段点处是否一定连续? 如何考察分段函数在分段点处的连续性?

## 练习题 12.1

1. 已知$f(x,y)=x^2+y^2-xy\tan\dfrac{x}{y}$,求$f(tx,ty)$.
2. 已知$f(x,y)=(xy)^{x+y}$,求$f(x-y,x+y)$.
3. 已知$f\left(x+y,\dfrac{x}{y}\right)=x^2-y^2$,求$f(x,y)$.
4. 求下列函数的定义域,并作出定义域的简图.

(1) $z=\dfrac{xy}{x-y}$; (2) $z=\ln(xy)$; (3) $z=\sqrt{1-\dfrac{x^2}{a^2}-\dfrac{y^2}{b^2}}$;

(4) $z=\sqrt{4-x^2-y^2}+\ln(y^2-2x+1)$; (5) $u=\dfrac{1}{\sqrt{x}}-\dfrac{1}{\sqrt{y}}-\dfrac{1}{\sqrt{z}}$.

# 12.2 偏　导　数

在一元函数微分学中，通过讨论变化率问题，我们引入了导数的概念. 对于二元函数，同样需要讨论变化率的问题，例如，在热力学中，对于二元函数 $V=k\dfrac{T}{P}$（$k$ 为常数），常常需要考虑：在等温过程中（$T$ 不变），当压强 $P$ 变化时，体积 $V$ 随 $P$ 变化的快慢程度；在等压过程中（$P$ 不变），当温度 $T$ 变化时，体积 $V$ 变化的快慢程度等. 类似这样的问题，就是二元函数的变化率的问题，也就是二元函数的偏导数问题. 本节重点讨论偏导数的概念、计算方法及其在几何学中的应用等.

## 12.2.1 偏导数的概念

设二元函数 $z=f(x,y)$ 在点 $P(x_0,y_0)$ 的某一邻域①内有定义，当自变量 $y$ 固定在 $y_0$，自变量 $x$ 在 $x_0$ 处有增量 $\Delta x$ 时（点 $(x_0+\Delta x,y_0)$ 在邻域内），相应的函数关于 $x$ 的增量 $\Delta_x z=f(x_0+\Delta x,y_0)-f(x_0,y_0)$ 称为 $z=f(x,y)$ 关于 $x$ 的**偏增量**. 类似地，称 $\Delta_y z=f(x_0,y_0+\Delta y)-f(x_0,y_0)$ 为 $z=f(x,y)$ 关于 $y$ 的偏增量.

偏导数

**定义**　设二元函数 $z=f(x,y)$ 在点 $P(x_0,y_0)$ 的某一邻域内有定义，若极限

$$\lim_{\Delta x\to 0}\frac{\Delta_x z}{\Delta x}=\lim_{\Delta x\to 0}\frac{f(x_0+\Delta x,y_0)-f(x_0,y_0)}{\Delta x}$$

存在，则称此极限值为二元函数 $z=f(x,y)$ 在点 $P(x_0,y_0)$ 处**对自变量 $x$ 的偏导数**，记作

$$f'_x(x_0,y_0)\quad 或\quad \left.\frac{\partial z}{\partial x}\right|_{\substack{x=x_0\\ y=y_0}}\quad 或\quad \left.\frac{\partial f}{\partial x}\right|_{\substack{x=x_0\\ y=y_0}}\quad 或\quad z'_x(x_0,y_0),$$

即

$$f'_x(x_0,y_0)=\lim_{\Delta x\to 0}\frac{f(x_0+\Delta x,y_0)-f(x_0,y_0)}{\Delta x}.$$

同理，若极限

$$\lim_{\Delta y\to 0}\frac{\Delta_y z}{\Delta y}=\lim_{\Delta y\to 0}\frac{f(x_0,y_0+\Delta y)-f(x_0,y_0)}{\Delta y}$$

存在，则称此极限值为二元函数 $z=f(x,y)$ 在点 $P(x_0,y_0)$ 处**对自变量 $y$ 的偏导数**，记作

$$f'_y(x_0,y_0)\quad 或\quad \left.\frac{\partial z}{\partial y}\right|_{\substack{x=x_0\\ y=y_0}}\quad 或\quad \left.\frac{\partial f}{\partial y}\right|_{\substack{x=x_0\\ y=y_0}}\quad 或\quad z'_y(x_0,y_0),$$

即

$$f'_y(x_0,y_0)=\lim_{\Delta y\to 0}\frac{f(x_0,y_0+\Delta y)-f(x_0,y_0)}{\Delta y}.$$

---

① 邻域：设 $P_0(x_0,y_0)$ 是 $xOy$ 平面上的一定点，以 $P_0$ 为中心，以 $\delta>0$ 为半径的圆内的所有点 $P(x,y)$ 的集合，即 $\{(x,y)\mid \sqrt{(x-x_0)^2+(y-y_0)^2}<\delta\}$ 称为点 $P_0$ 的 $\delta$ **邻域**，记作 $U(P_0,\delta)$，简记为 $U(P_0)$.

关于偏导数概念的几点说明:

(1) 偏导函数. 若二元函数 $z=f(x,y)$ 在区域 $D$ 内每一点 $(x,y)$ 处对 $x$ 和对 $y$ 的偏导数 $f'_x(x,y)$、$f'_y(x,y)$ 都存在,则当点 $(x,y)$ 在区域 $D$ 内变化时,两个偏导数必随点 $(x,y)$ 的变化而变化,这说明 $f'_x(x,y)$、$f'_y(x,y)$ 本身也是定义在区域 $D$ 上的二元函数,故称它们为函数 $z=f(x,y)$ 的偏导函数,简称为偏导数,分别记作

$$\frac{\partial z}{\partial x} \text{ 或 } \frac{\partial f}{\partial x} \text{ 或 } z'_x \text{ 或 } f'_x(x,y) \text{ 与 } \frac{\partial z}{\partial y} \text{ 或 } \frac{\partial f}{\partial y} \text{ 或 } z'_y \text{ 或 } f'_y(x,y).$$

(2) 偏导函数与在一点的偏导数的关系. $f'_x(x_0,y_0)$ 与 $f'_y(x_0,y_0)$ 分别是 $f'_x(x,y)$ 与 $f'_y(x,y)$ 在点 $(x_0,y_0)$ 处的函数值. 由此可知,若求 $f'_x(x_0,y_0)$,则先求 $f'_x(x,y)$,再求 $f'_x(x,y)$ 在点 $(x_0,y_0)$ 处的函数值. 同理可求 $f'_y(x_0,y_0)$.

(3) 类似地,可以定义三元函数 $u=f(x,y,z)$ 的偏导数,如

$$\frac{\partial u}{\partial x}=\lim_{\Delta x\to 0}\frac{f(x_0+\Delta x,y_0,z_0)-f(x_0,y_0,z_0)}{\Delta x}.$$

(4) 偏导数的几何意义. 因为二元函数 $z=f(x,y)$ 的几何图像是空间的一个曲面(设为 $S$),其在点 $(x_0,y_0)$ 处关于 $x$ 的偏导数 $f'_x(x_0,y_0)$ 就是一元函数 $z=f(x,y_0)$ 在 $x_0$ 处的导数,而一元函数 $z=f(x,y_0)$ 的几何图像即为曲面 $S$ 与平面 $y=y_0$ 的交线

$$\begin{cases} z=f(x,y), \\ y=y_0. \end{cases} \qquad (※)$$

由一元函数导数的几何意义推知: $f'_x(x_0,y_0)$ 即曲线(※)在点 $M_0(x_0,y_0,f(x_0,y_0))$ 处的切线对 $x$ 轴的斜率(即切线与 $x$ 轴正向所成的倾角 $\alpha$ 的正切值 $\tan\alpha$)(如图 12.9).

同理,偏导数 $f'_y(x_0,y_0)$ 即空间曲线 $\begin{cases} z=f(x,y), \\ x=x_0 \end{cases}$ 在点 $M_0(x_0,y_0,f(x_0,y_0))$ 处的切线对 $y$ 轴的斜率(即切线与 $y$ 轴正向所成的倾角 $\beta$ 的正切值 $\tan\beta$)(如图 12.9).

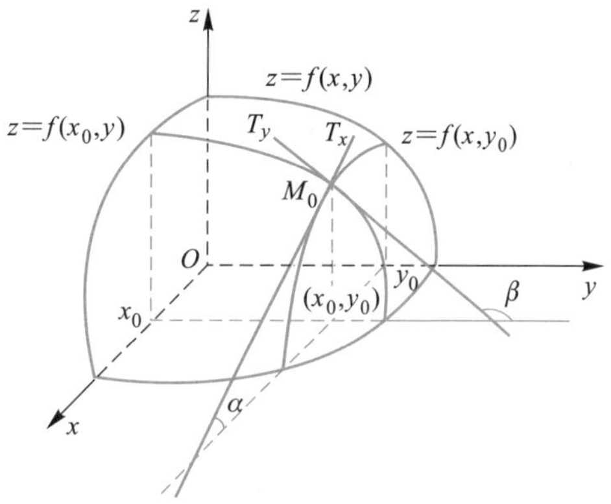


图 12.9

## 12.2.2 偏导数的求法

由偏导数的定义可知,求多元函数对某一自变量的偏导数时,只需将其余自变量视为常量,运用一元函数的求导方法即可求出.

**例 1** 求 $z=x^2+3xy+y^2$ 在点 $(1,2)$ 处的偏导数.

**解** 先求偏导函数:

$$f'_x(x,y)=2x+3y(\text{把 } y \text{ 视为常量}),\quad f'_y(x,y)=2y+3x(\text{把 } x \text{ 视为常量}),$$

将点 $(1,2)$ 分别代入以上两式即得

$$f'_x(1,2)=8,\quad f'_y(1,2)=7.$$

**例 2** 求 $z=\ln\dfrac{y}{x}$ 的偏导数 $\dfrac{\partial z}{\partial x},\dfrac{\partial z}{\partial y}$.

解 $\frac{\partial z}{\partial x}=\frac{x}{y}\cdot\left(-\frac{y}{x^2}\right)=-\frac{1}{x}$， $\frac{\partial z}{\partial y}=\frac{x}{y}\cdot\frac{1}{x}=\frac{1}{y}$.

例 3 求 $u=xe^{xyz}$的偏导数

解 把 $y$ 和 $z$ 都看成常量,得

$$\frac{\partial u}{\partial x}=e^{xyz}+xe^{xyz}(xyz)_x'=e^{xyz}+xyze^{xyz}=e^{xyz}(1+xyz);$$

把 $x$ 和 $z$ 都看成常量,得

$$\frac{\partial u}{\partial y}=xe^{xyz}(xyz)_y'=x^2ze^{xyz};$$

同理

$$\frac{\partial u}{\partial z}=xe^{xyz}(xyz)_z'=x^2ye^{xyz}.$$

例 4 已知理想气体的状态方程为 $PV=RT$($R$ 是不为 0 的常数),证明

$$\frac{\partial P}{\partial V}\cdot\frac{\partial V}{\partial T}\cdot\frac{\partial T}{\partial P}=-1.$$

证 由 $P=\frac{RT}{V}$,得$\frac{\partial P}{\partial V}=-\frac{RT}{V^2}$;

由 $V=\frac{RT}{P}$,得$\frac{\partial V}{\partial T}=\frac{R}{P}$;

由 $T=\frac{PV}{R}$,得$\frac{\partial T}{\partial P}=\frac{V}{R}$;

于是

$$\frac{\partial P}{\partial V}\cdot\frac{\partial V}{\partial T}\cdot\frac{\partial T}{\partial P}=-\frac{RT}{V^2}\cdot\frac{R}{P}\cdot\frac{V}{R}=-\frac{RT}{PV}=-1.$$

我们知道,对于一元函数 $y=f(x)$,$\frac{dy}{dx}$可看作函数的微分 $dy$ 与自变量的微分 $dx$ 之商.而该例表明,偏导数记号$\frac{\partial z}{\partial x}$、$\frac{\partial z}{\partial y}$是一个整体记号,不能看作分子与分母之商.

### 12.2.3 偏导数与连续性的关系

我们知道,若一元函数在一点可导,则其在该点必定连续.但对于二元函数而言,即使函数在一点的两个偏导数都存在,函数在该点也不一定连续.反之,若二元函数连续,也不能保证其偏导数一定存在.这与一元函数有本质的区别.

例 5 设$f(x,y)=\begin{cases}1, xy=0,\\0, xy\neq 0,\end{cases}$验证它在原点(0,0)处可偏导但不连续.

解 由偏导数的定义得

$$f_x'(0,0)=\lim_{\Delta x\to 0}\frac{f(0+\Delta x,0)-f(0,0)}{\Delta x}=\lim_{\Delta x\to 0}\frac{1-1}{\Delta x}=0,$$

$$f_y'(0,0)=\lim_{\Delta y\to 0}\frac{f(0,0+\Delta y)-f(0,0)}{\Delta y}=\lim_{\Delta y\to 0}\frac{1-1}{\Delta y}=0,$$

即函数 $f(x,y)$ 在点 $(0,0)$ 处的两个偏导数均为 0. 而

$$\lim_{\substack{x\to 0\\ y\to 0}} f(x,y)=\lim_{\substack{x\to 0\\ y\to 0}} 0=0\neq 1=f(0,0),$$

所以 $f(x,y)$ 在 $(0,0)$ 处不连续。

**例 6** 设函数 $f(x,y)=\begin{cases}\dfrac{y^2}{\sqrt{x^2+y^2}}, & x^2+y^2\neq 0,\\ 0, & x^2+y^2=0,\end{cases}$ 验证函数 $f(x,y)$ 在点 $(0,0)$ 处连续，但偏导数 $f'_y(0,0)$ 不存在.

**解** 因为

$$|f(x,y)-f(0,0)|=\left|\frac{y^2}{\sqrt{x^2+y^2}}-0\right|\leqslant\frac{x^2+y^2}{\sqrt{x^2+y^2}}=\sqrt{x^2+y^2}\to 0\quad(x\to 0,y\to 0),$$

所以，$\lim\limits_{\substack{x\to 0\\ y\to 0}} f(x,y)=f(0,0)$，故函数 $f(x,y)$ 在点 $(0,0)$ 处连续.

但极限 $\lim\limits_{\Delta y\to 0}\dfrac{f(0,\Delta y)-f(0,0)}{\Delta y}=\lim\limits_{\Delta y\to 0}\dfrac{\Delta y}{|\Delta y|}$ 不存在，所以偏导数 $f'_y(0,0)$ 不存在.

事实上，若偏导数存在且连续，则能保证函数连续. 即有结论：若函数 $z=f(x,y)$ 在点 $(x_0,y_0)$ 的某个邻域内偏导数存在，且导函数 $f'_x(x,y)$、$f'_y(x,y)$ 在点 $(x_0,y_0)$ 处连续，则 $z=f(x,y)$ 在点 $(x_0,y_0)$ 处连续.

## 12.2.4 高阶偏导数

高阶偏导数

设二元函数 $z=f(x,y)$ 在区域 $D$ 上具有偏导数 $f'_x(x,y)$、$f'_y(x,y)$，一般而言，$f'_x(x,y)$、$f'_y(x,y)$ 在 $D$ 上仍然是 $x,y$ 的函数. 如果这两个偏导数又存在对 $x,y$ 的偏导数，则称它们的偏导数为函数 $z=f(x,y)$ 的二阶偏导数. 依照对自变量求导顺序的不同，二元函数共有下列四个二阶偏导数：

$$\left(\frac{\partial z}{\partial x}\right)'_x=\frac{\partial}{\partial x}\left(\frac{\partial z}{\partial x}\right)=\frac{\partial^2 z}{\partial x^2}=f''_{xx}(x,y)=z''_{xx},$$

$$\left(\frac{\partial z}{\partial x}\right)'_y=\frac{\partial}{\partial y}\left(\frac{\partial z}{\partial x}\right)=\frac{\partial^2 z}{\partial x\partial y}=f''_{xy}(x,y)=z''_{xy},$$

$$\left(\frac{\partial z}{\partial y}\right)'_x=\frac{\partial}{\partial x}\left(\frac{\partial z}{\partial y}\right)=\frac{\partial^2 z}{\partial y\partial x}=f''_{yx}(x,y)=z''_{yx},$$

$$\left(\frac{\partial z}{\partial y}\right)'_y=\frac{\partial}{\partial y}\left(\frac{\partial z}{\partial y}\right)=\frac{\partial^2 z}{\partial y^2}=f''_{yy}(x,y)=z''_{yy}.$$

类似地，可以定义三阶、四阶以至 $n$ 阶偏导数，二阶以及以上的偏导数统称为高阶偏导数. 称 $f'_x(x,y)$ 与 $f'_y(x,y)$ 为 $z=f(x,y)$ 的一阶偏导数.

我们把 $f''_{xy}(x,y)$、$f''_{yx}(x,y)$ 称为二阶混合偏导数，类似地有三阶或 $n$ 阶混合偏导数. 例如，$\dfrac{\partial^3 u}{\partial x^2\partial y}$，$\dfrac{\partial^3 u}{\partial x\partial y^2}$，$\dfrac{\partial^n z}{\partial x^{n-1}\partial y}$ 均为混合偏导数.

**例 7** 设函数 $z=x^3y^2-3xy^3-xy+1$，求其二阶偏导数及 $\dfrac{\partial^3 z}{\partial x^2\partial y}$.

解 $\frac{\partial z}{\partial x}=3x^2y^2-3y^3-y,\frac{\partial z}{\partial y}=2x^3y-9xy^2-x,\frac{\partial^2 z}{\partial x^2}=6xy^2,$

$\frac{\partial^2 z}{\partial x\partial y}=6x^2y-9y^2-1,\frac{\partial^2 z}{\partial y\partial x}=6x^2y-9y^2-1,\frac{\partial^2 z}{\partial y^2}=2x^3-18xy,$

$\frac{\partial^3 z}{\partial x^2\partial y}=\left(\frac{\partial^2 z}{\partial x^2}\right)_y'=12xy.$

在上例中我们看到，两个二阶混合导数相等，即$\frac{\partial^2 z}{\partial x\partial y}=\frac{\partial^2 z}{\partial y\partial x}$，这并非偶然现象. 事实上，二阶混合偏导数在连续的条件下与求导的次序无关. 因此有如下定理：

**定理** 如果二元函数 $z=f(x,y)$ 的二阶混合偏导数$\frac{\partial^2 z}{\partial x\partial y}$与$\frac{\partial^2 z}{\partial y\partial x}$在区域 $D$ 上连续，则在 $D$ 上必有$\frac{\partial^2 z}{\partial x\partial y}=\frac{\partial^2 z}{\partial y\partial x}$.

例 8 验证函数 $z=\ln\sqrt{x^2+y^2}$ 满足方程$\frac{\partial^2 z}{\partial x^2}+\frac{\partial^2 z}{\partial y^2}=0$.

解 所给函数即 $z=\frac{1}{2}\ln(x^2+y^2)$，则

$$\frac{\partial z}{\partial x}=\frac{1}{2}\cdot\frac{2x}{x^2+y^2}=\frac{x}{x^2+y^2},\quad \frac{\partial^2 z}{\partial x^2}=\frac{x^2+y^2-x\cdot 2x}{(x^2+y^2)^2}=\frac{y^2-x^2}{(x^2+y^2)^2},$$

$$\frac{\partial z}{\partial y}=\frac{1}{2}\cdot\frac{2y}{x^2+y^2}=\frac{y}{x^2+y^2},\quad \frac{\partial^2 z}{\partial y^2}=\frac{x^2+y^2-y\cdot 2y}{(x^2+y^2)^2}=\frac{x^2-y^2}{(x^2+y^2)^2},$$

所以

$$\frac{\partial^2 z}{\partial x^2}+\frac{\partial^2 z}{\partial y^2}=\frac{y^2-x^2}{(x^2+y^2)^2}+\frac{x^2-y^2}{(x^2+y^2)^2}=0.$$

## 思考题 12.2

1. 二元函数的偏导数与一元函数的导数之间有什么内在联系？

2. 设 $u=f(x,y,z)$，$\frac{\partial u}{\partial y}$、$\frac{\partial u}{\partial z}$的定义如何表述？

3. 偏导数 $f_y'(x_0,y_0)$ 的几何意义如何表述？

## 练习题 12.2

1. 求下列函数的一阶偏导数.

(1) $z=x^2\ln(x^2+y^2)$； (2) $z=\arctan\frac{y}{x}$； (3) $z=\frac{xy}{x^2+y^2}$；

(4) $z=(1+xy)^y$（求 $f_y'(x,y)$ 时用对数求导法）； (5) $u=\sqrt{x^2+y^2+z^2}$.

2. 设 $f(x,y)=\ln\left(x+\frac{y}{2x}\right)$，求 $f_x'(1,0)$，$f_y'(1,0)$.

3. 设 $z=\ln(\sqrt{x}+\sqrt{y})$，证明 $x\frac{\partial z}{\partial x}+y\frac{\partial z}{\partial y}=\frac{1}{2}$.

4. 求下列函数的二阶偏导数.

（1）$u=\frac{1}{2}\ln(x^2+y^2)$；　　（2）$z=\arctan\frac{y}{x}$.

5. 设 $z=x\ln(xy)$，求 $\frac{\partial^3 z}{\partial x^2\partial y}$，$\frac{\partial^3 z}{\partial x\partial y^2}$.

6. 设 $u=z\arctan\frac{x}{y}$，验证 $\frac{\partial^2 u}{\partial x^2}+\frac{\partial^2 u}{\partial y^2}+\frac{\partial^2 u}{\partial z^2}=0$.

## 12.3 二元函数的全微分

上一节我们讨论的是多元函数的偏导数，偏导数反映的是当一个自变量发生变化而其余自变量不变时，多元函数的变化规律. 在许多实际问题中，常常需要研究当所有自变量都发生变化时，多元函数的变化规律，讨论这一类问题，需要引入一个新的概念——多元函数的全微分.

全微分

### 12.3.1 全微分的概念

一元函数 $y=f(x)$ 在点 $x_0$ 处可微，是指当自变量 $x$ 在 $x_0$ 处产生增量 $\Delta x$ 时，若函数的增量 $\Delta y=f(x_0+\Delta x)-f(x_0)$ 可以表示成 $\Delta y=A\Delta x+o(\Delta x)$ $\left(\text{其中}, A \text{ 与 } \Delta x \text{ 无关}, o(\Delta x)\text{ 是 } \Delta x \text{ 的高阶无穷小，即} \lim\limits_{\Delta x\to 0}\frac{o(\Delta x)}{\Delta x}=0\right)$，则称 $A\Delta x$ 为函数 $y=f(x)$ 在点 $x_0$ 处的微分，记为 $\mathrm{d}y$，即 $\mathrm{d}y=A\Delta x=f'(x_0)\mathrm{d}x$.

下面把一元函数的微分的概念加以推广，我们给出二元函数的全微分的概念，三元以及三元以上的多元函数的全微分也可类似地给出.

先给出全增量的概念.

设二元函数 $z=f(x,y)$ 在点 $P(x_0,y_0)$ 的某邻域内有定义，当自变量 $x$ 和 $y$ 在点 $P(x_0,y_0)$ 处分别有增量 $\Delta x$ 和 $\Delta y$ 时，相应的函数的增量称为全增量，记为 $\Delta z$，即

$$\Delta z=f(x_0+\Delta x,y_0+\Delta y)-f(x_0,y_0).$$

**定义**　如果二元函数 $z=f(x,y)$ 在点 $P(x_0,y_0)$ 处的全增量 $\Delta z=f(x_0+\Delta x,y_0+\Delta y)-f(x_0,y_0)$ 可以表示为

$$\Delta z=A\Delta x+B\Delta y+o(\rho),$$

其中，$A,B$ 与 $\Delta x,\Delta y$ 无关，$o(\rho)$ 是比 $\rho=\sqrt{(\Delta x)^2+(\Delta y)^2}$ 的高阶无穷小，即 $\lim\limits_{\rho\to 0}\frac{o(\rho)}{\rho}=0$，则称二元函数 $z=f(x,y)$ 在点 $P(x_0,y_0)$ 处可微分，并称 $A\Delta x+B\Delta y$ 为函数在点 $P(x_0,y_0)$ 处的全微分，记作 $\mathrm{d}z$，即

$$\mathrm{d}z=A\Delta x+B\Delta y.$$

**注**　(1) 与一元函数相同，全微分 $\mathrm{d}z$ 是关于 $\Delta x$ 和 $\Delta y$ 的线性函数，且 $\Delta z-\mathrm{d}z=o(\rho)$，故也称 $\mathrm{d}z$ 是 $\Delta z$ 的线性主部；当 $|\Delta x|$、$|\Delta y|$ 比较小时，$\mathrm{d}z$ 可作为 $\Delta z$ 的近似值，这是利用全微分作近似计算的理论依据.

(2) $\rho=\sqrt{(\Delta x)^2+(\Delta y)^2}$，即 $\rho$ 是点 $P(x_0+\Delta x,y_0+\Delta y)$ 与点 $P_0(x_0,y_0)$ 之间的距离，且有 $\rho\to0\Leftrightarrow\Delta x\to0$ 且 $\Delta y\to0$.

现在我们关心两个问题：(1) 如果二元函数 $z=f(x,y)$ 在点 $(x_0,y_0)$ 处存在全微分 $\mathrm{d}z=A\Delta x+B\Delta y$，其中的 $A$、$B$ 如何确定？(2) 二元函数 $z=f(x,y)$ 若在一点可微分，应满足什么条件？

下面的两个定理回答了上述两个问题.

**定理1(必要条件)** 若函数 $z=f(x,y)$ 在点 $(x_0,y_0)$ 处可微分，则其在点 $(x_0,y_0)$ 处的偏导数存在，且 $A=f'_x(x_0,y_0)$，$B=f'_y(x_0,y_0)$.

证 因为函数 $z=f(x,y)$ 在点 $(x_0,y_0)$ 处可微，则

$$\Delta z=A\Delta x+B\Delta y+o(\rho)\quad\left(\text{其中},A,B\text{ 与 }\Delta x,\Delta y\text{ 无关},\lim_{\rho\to0}\frac{o(\rho)}{\rho}=0\right),$$

上式对任意的 $\Delta x,\Delta y$ 都成立，特别当 $\Delta y=0$ 时也成立，此时全增量 $\Delta z$ 转化为偏增量

$$\Delta z=\Delta_x z=f(x_0+\Delta x,y_0)-f(x_0,y_0)=A\Delta x+o(\rho),\text{且 }\rho=|\Delta x|,$$

上式两端同除以 $\Delta x$，得

$$\frac{\Delta_x z}{\Delta x}=A+\frac{o(\rho)}{\Delta x},$$

因而

$$\lim_{\Delta x\to0}\frac{\Delta_x z}{\Delta x}=\lim_{\Delta x\to0}\left(A+\frac{o(\rho)}{\Delta x}\right)=A+\lim_{\Delta x\to0}\frac{o(\rho)}{\Delta x}=A,$$

即

$$A=\left.\frac{\partial z}{\partial x}\right|_{(x_0,y_0)},$$

同理可证

$$B=\left.\frac{\partial z}{\partial y}\right|_{(x_0,y_0)}.$$

由此可知，当 $z=f(x,y)$ 在点 $(x_0,y_0)$ 处可微时，必有

$$\mathrm{d}z=\left.\frac{\partial z}{\partial x}\right|_{(x_0,y_0)}\Delta x+\left.\frac{\partial z}{\partial y}\right|_{(x_0,y_0)}\Delta y.$$

类似于一元函数，我们规定 $\Delta x=\mathrm{d}x$，$\Delta y=\mathrm{d}y$，则

$$\left.\mathrm{d}z\right|_{(x_0,y_0)}=\left.\frac{\partial z}{\partial x}\right|_{(x_0,y_0)}\mathrm{d}x+\left.\frac{\partial z}{\partial y}\right|_{(x_0,y_0)}\mathrm{d}y.$$

我们知道，一元函数在某点的导数存在是微分存在的充要条件，但对于二元函数，当函数在点 $(x_0,y_0)$ 处的各偏导数都存在时，也不能保证函数在该点可微分.

**例1** 验证函数

$$f(x,y)=\begin{cases}\dfrac{xy}{\sqrt{x^2+y^2}}, & x^2+y^2\neq0,\\ 0, & x^2+y^2=0\end{cases}$$

在 $(0,0)$ 点偏导数存在，但并不可微分.

证 由偏导数的定义，得

$$f'_x(0,0)=\lim_{\Delta x\to 0}\frac{f(0+\Delta x,0)-f(0,0)}{\Delta x}=\lim_{\Delta x\to 0}\frac{0-0}{\Delta x}=0,$$

同理可得

$$f'_y(0,0)=0,$$

于是

$$\Delta z-[f'_x(0,0)\Delta x+f'_y(0,0)\Delta y]=\frac{\Delta x\Delta y}{\sqrt{(\Delta x)^2+(\Delta y)^2}}.$$

因为

$$\lim_{\rho\to 0}\frac{\dfrac{\Delta x\Delta y}{\sqrt{(\Delta x)^2+(\Delta y)^2}}}{\rho}=\lim_{\rho\to 0}\frac{\Delta x\Delta y}{(\Delta x)^2+(\Delta y)^2}\xlongequal{\Delta x=\Delta y}\lim_{\Delta x\to 0}\frac{(\Delta x)^2}{2(\Delta x)^2}=\frac{1}{2},$$

这表明 $\rho\to 0$ 时,$\Delta z-[f'_x(0,0)\Delta x+f'_y(0,0)\Delta y]$ 不是较 $\rho$ 高阶的无穷小,因此函数在点 $(0,0)$ 处的全微分并不存在,也即函数在点 $(0,0)$ 处是不可微的.

该例说明,偏导数存在是可微的必要条件而不是充分条件. 但是,如果再假定各偏导数在点 $(x_0,y_0)$ 处连续,则可证明函数在点 $(x_0,y_0)$ 处可微,即有下述定理.

**定理 2(充分条件)** 如果函数 $z=f(x,y)$ 在点 $P_0(x_0,y_0)$ 处的两个偏导数 $\dfrac{\partial z}{\partial x},\dfrac{\partial z}{\partial y}$ 存在且连续,则 $z=f(x,y)$ 在点 $P_0$ 处可微.

注 如果函数在区域 $D$ 内每一点都可微分,则称函数在 $D$ 内可微分. 此时,当点 $P(x,y)$ 为 $D$ 中的动点时,全微分 $\mathrm{d}z$ 为点 $P(x,y)$ 的函数,故称为全微分函数,简称为全微分,记作

$$\mathrm{d}z=\frac{\partial z}{\partial x}\mathrm{d}x+\frac{\partial z}{\partial y}\mathrm{d}y.$$

二元函数的全微分的概念可以推广到二元以上的函数.

例 2 求函数 $z=xy^3+x^2y^6$ 的全微分.

解 因为

$$\frac{\partial z}{\partial x}=y^3+2xy^6,\quad \frac{\partial z}{\partial y}=3xy^2+6x^2y^5,$$

所以

$$\mathrm{d}z=(y^3+2xy^6)\mathrm{d}x+(3xy^2+6x^2y^5)\mathrm{d}y.$$

例 3 求函数 $z=\mathrm{e}^{xy}$ 在点 $(2,1)$ 处的全微分.

解 因为

$$\frac{\partial z}{\partial x}=y\mathrm{e}^{xy},\quad \frac{\partial z}{\partial y}=x\mathrm{e}^{xy},$$

则

$$\left.\frac{\partial z}{\partial x}\right|_{\substack{x=2\\y=1}}=\mathrm{e}^2,\quad \left.\frac{\partial z}{\partial y}\right|_{\substack{x=2\\y=1}}=2\mathrm{e}^2,$$

所以

$$dz=e^2dx+2e^2dy.$$

例 4 求函数 $z=\frac{y}{x}$，当 $x=2, y=1, \Delta x=0.1, \Delta y=0.2$ 时的全增量及全微分.

解 全增量为

$$\Delta z=\frac{y+\Delta y}{x+\Delta x}-\frac{y}{x},$$

将 $x=2, y=1, \Delta x=0.1, \Delta y=0.2$ 代入上式，得

$$\Delta z=\frac{1+0.2}{2+0.1}-\frac{1}{2}=0.0714.$$

因为

$$\frac{\partial z}{\partial x}=-\frac{y}{x^2}, \frac{\partial z}{\partial y}=\frac{1}{x},$$

所以全微分

$$dz=-\frac{y}{x^2}dx+\frac{1}{x}dy=\frac{1}{x^2}(xdy-ydx),$$

将 $x=2, y=1, dx=0.1, dy=0.2$ 代入上式，得

$$dz=\frac{1}{4}(0.4-0.1)=0.075.$$

例 5 求函数 $u=x+\sin\frac{y}{2}+e^{yz}$ 的全微分.

解 因为

$$\frac{\partial u}{\partial x}=1, \quad \frac{\partial u}{\partial y}=\frac{1}{2}\cos\frac{y}{2}+ze^{yz}, \quad \frac{\partial u}{\partial z}=ye^{yz},$$

所以

$$du=dx+\left(\frac{1}{2}\cos\frac{y}{2}+ze^{yz}\right)dy+ye^{yz}dz.$$

### 12.3.2 二元函数可微与连续的关系

由前面的讨论知，多元函数在点 $(x,y)$ 处的偏导数存在，并不能保证在该点连续. 但由全微分的定义可以证明：如果函数 $z=f(x,y)$ 在点 $(x_0,y_0)$ 处可微分，则其在该点必定连续.

综上所述，将二元函数的连续性、偏导数、可微分三者之间的关系归纳如下：

(1) $z=f(x,y)$ 的偏导数连续 $\Rightarrow z=f(x,y)$ 一定可微分，反之不然；

(2) $z=f(x,y)$ 在点 $(x,y)$ 处可微分 $\Rightarrow \frac{\partial z}{\partial x}, \frac{\partial z}{\partial y}$ 一定存在，反之不然；

(3) $z=f(x,y)$ 在点 $(x,y)$ 处可微分 $\Rightarrow z=f(x,y)$ 在点 $(x,y)$ 处一定连续，反之不然；

(4) $z=f(x,y)$ 不连续 $\Rightarrow z=f(x,y)$ 一定不可微.

### 思考题 12.3

1. 若函数 $z=f(x,y)$ 在点 $(x,y)$ 处不连续，那么 $z=f(x,y)$ 在点 $(x,y)$ 处是否可微？
2. $m,n$ 为何值时，$(y^3+mxy^6)dx+(nxy^2+6x^2y^5)dy$ 是函数 $z=xy^3+x^2y^6$ 的全微分？

3. 函数 $z=f(x,y)=\begin{cases}(x^2+y^2)\sin\dfrac{1}{x^2+y^2}, & x^2+y^2\neq 0\\ 0, & x^2+y^2=0\end{cases}$,在点(0,0)处的全增量 $\Delta z$ 如何表达？如何由 $\Delta z$ 的表达式证明函数在原点(0,0)可微.

## 练习题 12.3

1. 求下列函数的全微分.

(1) $z=\dfrac{x}{\sqrt{x^2+y^2}}$;　(2) $z=x^y$;　(3) $z=e^{xy}$;

(4) $z=\arctan\dfrac{x}{y}$;　(5) $u=e^x(x^2+y^2+z^2)$;　(6) $u=z\cot(xy)$.

2. 求函数 $z=\ln(1+x^2+y^2)$ 当 $x=1,y=2$ 时的全微分.

3. 求函数 $z=2x+3y^2$,当 $x=10,y=8,\Delta x=0.2,\Delta y=0.3$ 时的全微分.

4. 设 $f(x,y,z)=z\sqrt{\dfrac{x}{y}}$,求 $\mathrm{d}f(1,1,1)$.

# 12.4 二元复合函数及隐函数微分法

## 12.4.1 二元复合函数微分法

复合函数微分法(一)

由一元复合函数的求导法则知,如果函数 $y=f(u)$ 对 $u$ 可导,$u=\varphi(x)$ 对 $x$ 可导,则复合函数 $y=f[\varphi(x)]$ 的导数存在,且

$$\frac{\mathrm{d}y}{\mathrm{d}x}=\frac{\mathrm{d}y}{\mathrm{d}u}\cdot\frac{\mathrm{d}u}{\mathrm{d}x}=f'(u)\cdot\varphi'(x).$$

下面讨论多元复合函数微分法. 首先以复合函数为两个中间变量和两个自变量的情形为例,给出多元复合函数的求导法则.

**定理1** 如果函数 $u=u(x,y)$、$v=v(x,y)$ 在点 $(x,y)$ 处均具有对 $x$ 及对 $y$ 的偏导数,函数 $z=f(u,v)$ 在对应点 $(u,v)$ 具有连续偏导数,则复合函数 $z=f[u(x,y),v(x,y)]$ 在点 $(x,y)$ 处的两个偏导数都存在,且有公式

$$\frac{\partial z}{\partial x}=\frac{\partial z}{\partial u}\cdot\frac{\partial u}{\partial x}+\frac{\partial z}{\partial v}\cdot\frac{\partial v}{\partial x};$$

$$\frac{\partial z}{\partial y}=\frac{\partial z}{\partial u}\cdot\frac{\partial u}{\partial y}+\frac{\partial z}{\partial v}\cdot\frac{\partial v}{\partial y}.$$

这一求导法则也称为链锁法则.

上述公式可借助链锁图(如图 12.10)来建立. 具体操作方法是:

第一步,画出链锁图. 首先明确函数关系中的因变量、中间变量和自变量,并将其由左至右依次纵向排列;然后由左至右依次用线段连接每两个有直接函数关系的变量(如图 12.10).

第二步,依图按照“同一路径求(偏)导相乘,不同路径相加”的法则,建立链锁法则公式.

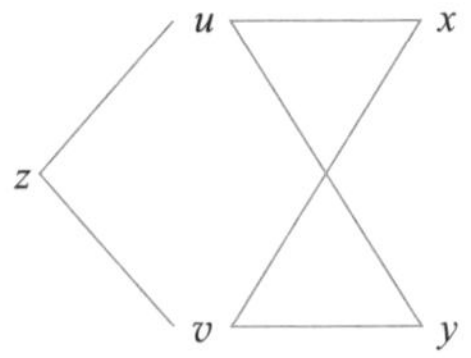

图 12.10

复合函数微分法(二)

例如,公式$\frac{\partial z}{\partial x}=\frac{\partial z}{\partial u}\cdot\frac{\partial u}{\partial x}+\frac{\partial z}{\partial v}\cdot\frac{\partial v}{\partial x}$中的两项$\frac{\partial z}{\partial u}\cdot\frac{\partial u}{\partial x}$与$\frac{\partial z}{\partial v}\cdot\frac{\partial v}{\partial x}$对应图 12.10 中 $z$ 到 $x$ 的两条不同路径 $z—u—x$ 与 $z—v—x$,每一项都是按“同一路径求导相乘”法则,即按“因变量对中间变量求(偏)导$\left(\frac{\partial z}{\partial u}或\frac{\partial z}{\partial v}\right)$乘以中间变量对自变量求(偏)导$\left(\frac{\partial u}{\partial x}或\frac{\partial v}{\partial x}\right)$”的恒定法则而确定;然后不同路径上的各项$\frac{\partial z}{\partial u}\cdot\frac{\partial u}{\partial x}$与$\frac{\partial z}{\partial v}\cdot\frac{\partial v}{\partial x}$相加即得公式.

比较图 12.10 和上面的公式可发现规律:每一公式所含项数等于链锁图中因变量到自变量的路径数;每一项所含因式个数等于链锁图中对应路径的连线数.

类似地,可将上述法则进行推广.

(1) 中间变量多于两个的情形

设 $z=f(u,v,w)$,且 $u=u(x,y)$,$v=v(x,y)$,$w=w(x,y)$,则复合函数 $z=f[u(x,y),v(x,y),w(x,y)]$为 $x,y$ 的二元函数,链锁图如图 12.11,因此有公式

$$\frac{\partial z}{\partial x}=\frac{\partial z}{\partial u}\cdot\frac{\partial u}{\partial x}+\frac{\partial z}{\partial v}\cdot\frac{\partial v}{\partial x}+\frac{\partial z}{\partial w}\cdot\frac{\partial w}{\partial x},$$

$$\frac{\partial z}{\partial y}=\frac{\partial z}{\partial u}\cdot\frac{\partial u}{\partial y}+\frac{\partial z}{\partial v}\cdot\frac{\partial v}{\partial y}+\frac{\partial z}{\partial w}\cdot\frac{\partial w}{\partial y}.$$

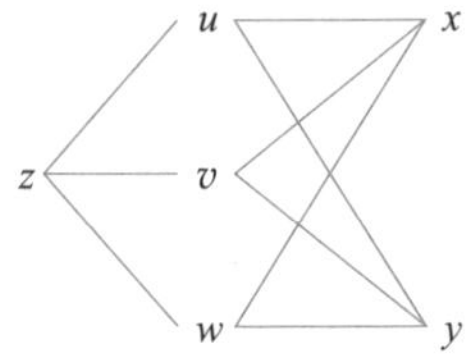

图 12.11

(2) 一个自变量的情形

设 $z=f(u,v,w)$,且 $u=u(t)$,$v=v(t)$,$w=w(t)$,则复合函数 $z=f[u(t),v(t),w(t)]$是 $t$ 的一元函数. 这时 $z$ 对 $t$ 的导数不再是偏导数,而称为全导数,记作$\frac{\mathrm{d}z}{\mathrm{d}t}$. 此时有全导数公式

$$\frac{\mathrm{d}z}{\mathrm{d}t}=\frac{\partial z}{\partial u}\cdot\frac{\mathrm{d}u}{\mathrm{d}t}+\frac{\partial z}{\partial v}\cdot\frac{\mathrm{d}v}{\mathrm{d}t}+\frac{\partial z}{\partial w}\cdot\frac{\mathrm{d}w}{\mathrm{d}t},$$

此时的链锁图如图 12.12.

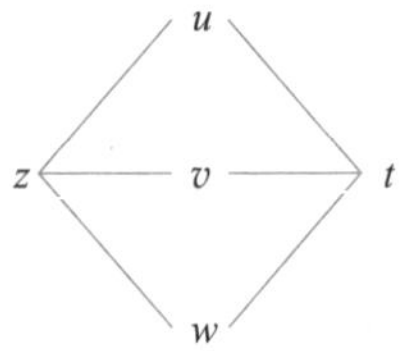

图 12.12

**例 1** 设 $z=\mathrm{e}^{u}\sin v$,且 $u=xy$,$v=x+y$,求$\frac{\partial z}{\partial x}$和$\frac{\partial z}{\partial y}$.

**解** 链锁图如图 12.10,于是有

$$\frac{\partial z}{\partial x}=\frac{\partial z}{\partial u}\cdot\frac{\partial u}{\partial x}+\frac{\partial z}{\partial v}\cdot\frac{\partial v}{\partial x}=\mathrm{e}^{u}\sin v\cdot y+\mathrm{e}^{u}\cos v\cdot 1=\mathrm{e}^{xy}[y\sin(x+y)+\cos(x+y)],$$

$$\frac{\partial z}{\partial y}=\frac{\partial z}{\partial u}\cdot\frac{\partial u}{\partial y}+\frac{\partial z}{\partial v}\cdot\frac{\partial v}{\partial y}=\mathrm{e}^{u}\sin v\cdot x+\mathrm{e}^{u}\cos v\cdot 1=\mathrm{e}^{xy}[x\sin(x+y)+\cos(x+y)].$$

**例 2** 设 $z=\mathrm{e}^{u}\sin v$,且 $u=xy$,$v=x^{3}$,求$\frac{\partial z}{\partial x}$,$\frac{\partial z}{\partial y}$.

**解** 链锁图如图 12.13,于是有

$$\frac{\partial z}{\partial x}=\frac{\partial z}{\partial u}\cdot\frac{\partial u}{\partial x}+\frac{\partial z}{\partial v}\cdot\frac{\mathrm{d}v}{\mathrm{d}x}=\mathrm{e}^{u}\sin v\cdot y+\mathrm{e}^{u}\cos v\cdot 3x^{2}=\mathrm{e}^{xy}[y\sin(x^{3})+3x^{2}\cos(x^{3})];$$

$$\frac{\partial z}{\partial y}=\frac{\partial z}{\partial u}\cdot\frac{\partial u}{\partial y}=e^{u}\sin v\cdot x=xe^{xy}\sin(x^{3}).$$

**例 3** 设 $u=f(x,xy,xyz)$，求$\frac{\partial u}{\partial x},\frac{\partial u}{\partial y},\frac{\partial u}{\partial z}$.

**解** 需要自己设出中间变量，令 $v_1=x,v_2=xy,v_3=xyz$，则 $u=f(v_1,v_2,v_3)$. 于是

$$\frac{\partial u}{\partial x}=\frac{\partial u}{\partial v_1}\cdot\frac{dv_1}{dx}+\frac{\partial u}{\partial v_2}\cdot\frac{\partial v_2}{\partial x}+\frac{\partial u}{\partial v_3}\cdot\frac{\partial v_3}{\partial x}=f'_{v_1}+yf'_{v_2}+yzf'_{v_3},$$

$$\frac{\partial u}{\partial y}=\frac{\partial u}{\partial v_2}\cdot\frac{\partial v_2}{\partial y}+\frac{\partial u}{\partial v_3}\cdot\frac{\partial v_3}{\partial y}=xf'_{v_2}+xzf'_{v_3},$$

$$\frac{\partial u}{\partial z}=\frac{\partial u}{\partial v_3}\cdot\frac{\partial v_3}{\partial z}=xyf'_{v_3}.$$

**例 4** 设 $u=f(x,y,z)=e^{x^2+y^2+z^2}$，且 $z=x^2\sin y$，求$\frac{\partial u}{\partial x}$及$\frac{\partial u}{\partial y}$.

**解** 链锁图如图 12.14，于是有

$$\frac{\partial u}{\partial x}=\frac{\partial f}{\partial x}+\frac{\partial f}{\partial z}\cdot\frac{\partial z}{\partial x}=2xe^{x^2+y^2+z^2}+2ze^{x^2+y^2+z^2}\cdot 2x\sin y=2x(1+2x^2\sin^2 y)e^{x^2+y^2+z^2};$$

$$\frac{\partial u}{\partial y}=\frac{\partial f}{\partial y}+\frac{\partial f}{\partial z}\cdot\frac{\partial z}{\partial y}=2ye^{x^2+y^2+z^2}+2ze^{x^2+y^2+z^2}\cdot x^2\cos y=2(y+x^4\sin y\cos y)e^{x^2+y^2+z^2}.$$

**例 5** 设 $z=uv+\sin t$，且 $u=e^t,v=\cos t$，求全导数$\frac{dz}{dt}$.

**解** 链锁图如图 12.15，于是有

$$\begin{aligned}\frac{dz}{dt}&=\frac{\partial z}{\partial u}\cdot\frac{du}{dt}+\frac{\partial z}{\partial v}\cdot\frac{dv}{dt}+\frac{\partial z}{\partial t}=ve^t+u(-\sin t)+\cos t\\&=e^t\cos t-e^t\sin t+\cos t=e^t(\cos t-\sin t)+\cos t.\end{aligned}$$

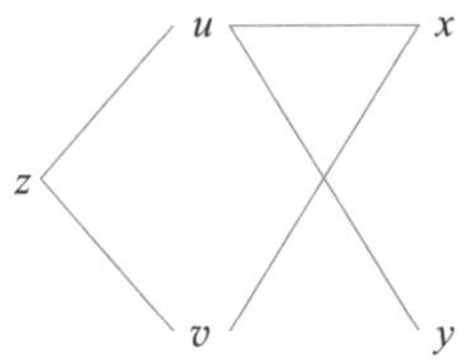


**图 12.13**

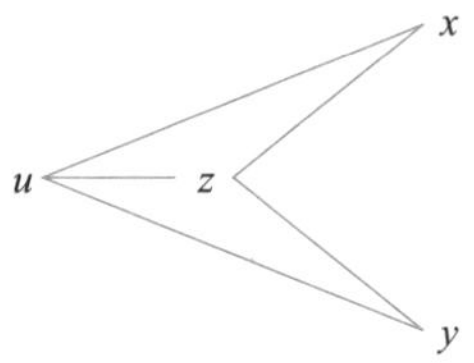


**图 12.14**

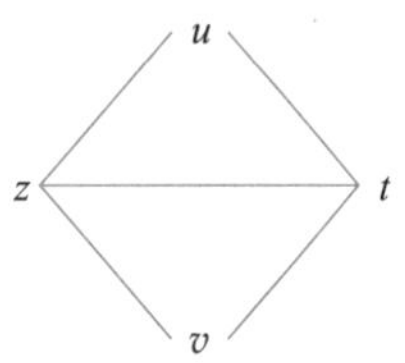


**图 12.15**

### 12.4.2 隐函数的求导法则

在一元函数微分学中，我们已经讨论了由方程 $F(x,y)=0$ 所确定的一元隐函数 $y=f(x)$ 的求导方法，但尚未给出求导公式. 应用复合函数微分法，可推导出隐函数的导数公式或偏导数公式.

隐函数微分法

**定理 2** 设函数 $F(x,y)$ 在点 $P_0(x_0,y_0)$ 的某一邻域 $U(P_0)$ 内具有连续偏导数，且 $F(x,y)=0,f'_y(x,y)\neq 0$，则方程 $F(x,y)=0$ 在 $U(P_0)$ 内恒能唯一确定一个具有连续导数的一元函数 $y=f(x)$ 满足 $F(x,f(x))\equiv 0$，且 $y_0=f(x_0)$，并有导数公式

$$\frac{dy}{dx}=-\frac{F'_x}{F'_y}.$$

事实上,由于

$$F(x,f(x))\equiv 0,$$

由全导数求导法则得

$$\frac{dF}{dx}=F'_x+F'_y\cdot\frac{dy}{dx}=0,$$

于是

$$\frac{dy}{dx}=-\frac{F'_x}{F'_y}\quad(F'_y\neq 0).$$

同理可得由三元方程 $F(x,y,z)=0$ 所确定的二元隐函数 $z=f(x,y)$ 的偏导数公式

$$\frac{\partial z}{\partial x}=-\frac{F'_x}{F'_z},\frac{\partial z}{\partial y}=-\frac{F'_y}{F'_z}\quad(F'_z\neq 0).$$

例 6 设 $\sin y+e^x-xy^2=0$,求$\frac{dy}{dx}$.

解 令 $F(x,y)=\sin y+e^x-xy^2$,则

$$F'_x=e^x-y^2,\quad F'_y=\cos y-2xy,$$

所以

$$\frac{dy}{dx}=-\frac{F'_x}{F'_y}=-\frac{e^x-y^2}{\cos y-2xy}.$$

例 7 设 $z^x=y^z$,求$\frac{\partial z}{\partial x}$,$\frac{\partial z}{\partial y}$和$\frac{\partial x}{\partial z}$.

解 令 $F(x,y,z)=z^x-y^z$,则

$$F'_x=z^x\ln z,\quad F'_y=-zy^{z-1},\quad F'_z=xz^{x-1}-y^z\ln y,$$

所以

$$\frac{\partial z}{\partial x}=-\frac{F'_x}{F'_z}=-\frac{z^x\ln z}{xz^{x-1}-y^z\ln y},\quad \frac{\partial z}{\partial y}=-\frac{F'_y}{F'_z}=\frac{zy^{z-1}}{xz^{x-1}-y^z\ln y},$$

$$\frac{\partial x}{\partial z}=-\frac{F'_z}{F'_x}=-\frac{xz^{x-1}-y^z\ln y}{z^x\ln z}.$$

## 思考题 12.4

1. 给定方程 $F(x,y,z)=0$,如何求$\frac{\partial y}{\partial x}$? 试推导出求$\frac{\partial y}{\partial x}$的公式.

2. 设 $z=f(x)^{\varphi(x)}$(其中 $f(x)>0$, $f(x)\neq 1$),若求$\frac{dz}{dx}$,若用链锁法则如何求?

## 练习题 12.4

1. 求函数 $z=e^{x-2y}$,$x=\sin t$, $y=t^3$ 的全导数.

2. 求函数 $u=f(x^2-y^2, e^{xy})$ 的一阶偏导数.

3. 求函数 $z=f\left(x,\dfrac{x}{y}\right)$ 的二阶偏导数(其中 $f$ 具有二阶连续偏导数).

4. 求下列方程所确定的隐函数的导数.

(1) $x^2y^2-x^4-y^4-16=0$,求 $\dfrac{dy}{dx}$;

(2) $e^{-xy}-2z+e^z=0$,求 $\dfrac{\partial z}{\partial x}$、$\dfrac{\partial z}{\partial y}$.

5. 设 $F(x-y,y-z)=0$ 确定了隐函数 $z=z(x,y)$,求证 $\dfrac{\partial z}{\partial x}+\dfrac{\partial z}{\partial y}=1$.

## 12.5 二元函数的极值

在一元函数微积分中,我们利用导数讨论了函数的极值和最值问题. 但在自然科学和经济管理等领域中所遇到的问题常常归结为多元函数的最大(小)值问题,因此,有必要把一元函数微分法的应用理论推广到多元函数,即讨论多元函数微分法的应用问题.

### 1. 极值的定义

二元函数的极值

**定义 1** 设函数 $z=f(x,y)$ 在点 $P_0(x_0,y_0)$ 的某个邻域 $U(P_0)$ 内有定义,如果对于该邻域内任何异于点 $P_0(x_0,y_0)$ 的点 $P(x,y)$,恒有 $f(x,y)\leqslant f(x_0,y_0)$ ($f(x,y)\geqslant f(x_0,y_0)$),则称函数 $f(x,y)$ 在点 $P_0(x_0,y_0)$ 有**极大(小)值** $f(x_0,y_0)$. 极大值、极小值统称为**极值**,使函数取得极值的点 $P_0(x_0,y_0)$ 称为**极值点**.

注 与一元函数类似,二元函数的极值是一个局部性概念,而不是整体性概念.

我们所关注的是如何求出极值. 对于某些结构较简单的函数,由极值的定义或借助于几何图形即可判断是否有极值.

**例 1** 函数 $z=\sqrt{R^2-x^2-y^2}$ (其图像如图 12.16),在点(0,0)取得极大值 $R$. 因为对于(0,0)点邻近的任何点 $(x,y)\neq(0,0)$,恒有 $f(x,y)<f(0,0)=R$,由图 12.16 可见,点 $(0,0,R)$ 是以原点为球心,半径为 $R$ 的上半球面的顶点(局部最高点).

**例 2** 函数 $z=x^2+y^2$,在点(0,0)取得极小值 0. 因为对于(0,0)点邻近的任何点 $(x,y)\neq(0,0)$,恒有 $f(x,y)>0=f(0,0)$,点(0,0,0)是开口朝上的旋转抛物面的顶点(局部最低点).

**例 3** 函数 $z=y^2-x^2$ (其图像如图 12.17),在点(0,0)不取得极值. 因为虽然 $f(0,0)=0$,但在该点任意小的邻近区域内,函数总能既取得正值也取得负值,由图 12.17 可见,点(0,0,0)既非局部最高点也非局部最低点.

### 2. 极值存在的条件

与一元函数类似,对于一般的多元函数,可借助于偏导数求其极值. 为此,需要讨论函数取得极值的必要条件和充分条件.

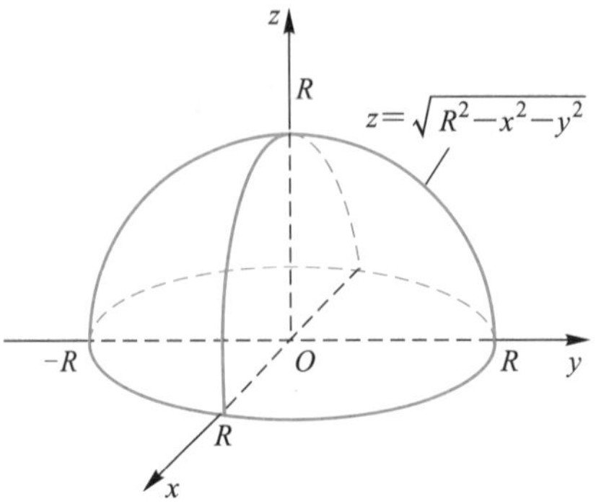


**图 12.16**

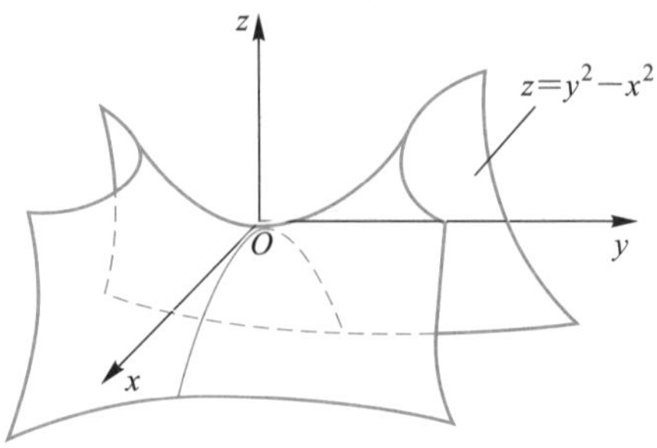


**图 12.17**

**定理 1(取极值的必要条件)** 设函数 $z=f(x,y)$ 在点 $P_0(x_0,y_0)$ 处存在偏导数 $f'_x$、$f'_y$,且在点 $P_0(x_0,y_0)$ 处有极值,则有 $f'_x(x_0,y_0)=0$,$f'_y(x_0,y_0)=0$.

证 因为点 $P_0(x_0,y_0)$ 是函数的极值点,若固定变量 $y$,令 $y=y_0$,则 $z=f(x,y_0)$ 成为一元函数,其在点 $x_0$ 处有极值,由一元函数极值的必要条件知,必有 $f'_x(x_0,y_0)=0$,同理可证 $f'_y(x_0,y_0)=0$.

**定义 2** 使得 $f'_x(x_0,y_0)=0$、$f'_y(x_0,y_0)=0$ 同时成立的点 $P_0(x_0,y_0)$ 称为函数 $z=f(x,y)$ 的**驻点**.

注 由定理 1 知,具有偏导数的函数的极值点必定是它的驻点,但反过来,驻点不一定是极值点.

例如,例 3 中函数 $z=y^2-x^2$ 在点 $(0,0)$ 处的两个偏导数:$f'_x(0,0)=-2x\big|_{x=0}=0$,$f'_y(0,0)=2y\big|_{y=0}=0$,即点 $(0,0)$ 是函数 $z=y^2-x^2$ 的驻点,但 $(0,0)$ 并不是它的极值点.

如何判断驻点是否是极值点?是极大值点还是极小值点?下面给出取极值的充分条件.

**定理 2(取极值的充分条件)** 设函数 $z=f(x,y)$ 在点 $(x_0,y_0)$ 的某个邻域内具有二阶连续偏导数,又 $f'_x(x_0,y_0)=0$,$f'_y(x_0,y_0)=0$. 记 $A=f''_{xx}(x_0,y_0)$,$B=f''_{xy}(x_0,y_0)$,$C=f''_{yy}(x_0,y_0)$,则

(1) 当 $B^2-AC<0$ 时,函数有极值,且当 $A<0$ 时 $f(x_0,y_0)$ 是极大值,$A>0$ 时 $f(x_0,y_0)$ 是极小值;

(2) 当 $B^2-AC>0$ 时,函数没有极值,即此时 $(x_0,y_0)$ 不是极值点;

(3) 当 $B^2-AC=0$ 时,函数可能有极值,也可能没有极值,需另作讨论.

定理 2 给出了在已知 $P_0(x_0,y_0)$ 是驻点的前提下,利用二阶偏导数判断该驻点是否为极值点的一种方法.

注 求极值的方法步骤:

第一步:解方程组 $\begin{cases} f'_x(x,y)=0, \\ f'_y(x,y)=0, \end{cases}$ 求得所有驻点 $(x_i,y_i)(i=1,2,\cdots,n)$;

第二步：求二阶偏导数，并在每个驻点$(x_i,y_i)(i=1,2,\cdots,n)$处，分别求出定理2中的$A$、$B$、$C$；

第三步：依据数值$B^2-AC$的符号，确定$(x_i,y_i)(i=1,2,\cdots,n)$是否为极值点，并求出极值.

例4　求函数$f(x,y)=x^3-y^3+3x^2+3y^2-9x$的极值.

解　解方程组$\begin{cases}f'_x(x,y)=0,\\ f'_y(x,y)=0,\end{cases}$即$\begin{cases}3x^2+6x-9=0,\\ -3y^2+6y=0,\end{cases}$得驻点$(1,0),(1,2),(-3,0),(-3,2)$.

求二阶偏导数，得$f''_{xx}(x,y)=6x+6,f''_{xy}(x,y)=0,f''_{yy}(x,y)=-6y+6$.

在点$(1,0)$处，$B^2-AC=-12\times6<0$，又因为$A>0$，所以函数在点$(1,0)$处有极小值$f(1,0)=-5$；

在点$(1,2)$处，$B^2-AC=-12\times(-6)>0$，所以$f(1,2)$不是极值；

在点$(-3,0)$处，$B^2-AC=-(-12)\times6>0$，所以$f(-3,0)$不是极值；

在点$(-3,2)$处，$B^2-AC=-(-12)\times(-6)<0$，又因为$A<0$，所以函数在$(-3,2)$处有极大值$f(-3,2)=31$.

例5　求函数$f(x,y)=xy(a-x-y)(a\neq0)$的极值.

解　解方程组$\begin{cases}f'_x(x,y)=0,\\ f'_y(x,y)=0,\end{cases}$即$\begin{cases}y(a-x-y)-xy=0,\\ x(a-x-y)-xy=0,\end{cases}$得

$$\begin{cases}x=0,\\ y=0\end{cases}\quad 或\begin{cases}x=0,\\ y=a\end{cases}\quad 或\begin{cases}x=a,\\ y=0\end{cases}\quad 或\begin{cases}x=\dfrac{a}{3},\\ y=\dfrac{a}{3},\end{cases}$$

即驻点为$(0,0),(0,a),(a,0),\left(\dfrac{a}{3},\dfrac{a}{3}\right)$.

求二阶偏导数，得$f''_{xx}=-2y,f''_{yy}=-2x,f''_{xy}=a-2x-2y$.

可以验证，在点$(0,0),(0,a),(a,0)$处，均有$B^2-AC=a^2>0$，故在这些点处无极值.

在点$\left(\dfrac{a}{3},\dfrac{a}{3}\right)$处，$A=-\dfrac{2}{3}a,B=-\dfrac{1}{3}a,C=-\dfrac{2}{3}a$，则$B^2-AC=-\dfrac{a^2}{3}<0$，故有极值

$$f\left(\frac{a}{3},\frac{a}{3}\right)=\frac{a}{3}\cdot\frac{a}{3}\left(a-\frac{a}{3}-\frac{a}{3}\right)=\frac{1}{27}a^3.$$

且当$a>0$时，有$A<0$，此时$f\left(\dfrac{a}{3},\dfrac{a}{3}\right)$是极大值；当$a<0$时，有$A>0$，此时$f\left(\dfrac{a}{3},\dfrac{a}{3}\right)$是极小值.

与一元函数类似，多元函数的极值也可能在偏导数不存在的点处取得.

例如，函数$z=\sqrt{x^2+y^2}$几何上表示一圆锥面，显然在顶点$(0,0)$处取得极小值0，但其在$(0,0)$处却不存在偏导数（因为$f'_x(0,0)=\lim\limits_{\Delta x\to0}\dfrac{f(\Delta x,0)}{\Delta x}=\lim\limits_{\Delta x\to0}\dfrac{|\Delta x|}{\Delta x}$不存在，同理$f'_y(0,0)$也不存在），所以，在求极值时，还需讨论偏导数不存在（但有定义）的点处的极

值情况.

### 思考题 12.5

1. $n$ 元函数的极值概念如何表述?
2. 极值点可能产生在哪些点上? 极值点与驻点之间的关系如何?

### 练习题 12.5

求下列函数的极值.

1. $f(x,y)=4(x-y)-x^2-y^2$;
2. $f(x,y)=e^{2x}(x+y^2+2y)$;
3. $f(x,y)=(6x-x^2)(4y-y^2)$.

## 12.6 二重积分的概念与性质

二重积分是一元函数定积分的推广,二者都是由研究实际问题中的特定数学模型——"和式的极限"而引入的积分学概念. 由于二重积分的概念和性质与定积分有许多类似之处,因此,在学习本节内容时,要善于运用类比或化归思想方法,有利于把握规律和更深刻地理解多元函数积分学的新概念与新理论.

### 12.6.1 引例:求曲顶柱体的体积

设有一立体(如图 12.18),其底是 $xOy$ 面上的有界闭区域 $D$,侧面是以 $D$ 的边界线为准线的柱面,顶是连续函数 $z=f(x,y)$ $(f(x,y)\geqslant 0,(x,y)\in D)$ 所表示的曲面(称此立体为曲顶柱体),求其体积 $V$.

我们需要讨论如何定义并计算曲顶柱体的体积 $V$. 已知对于平顶柱体,其体积可由公式"体积=高×底面积"来定义和计算. 由于曲顶柱体的高度 $f(x,y)$ 是变量,其体积不能直接用上述公式求出. 下面我们借助求曲边梯形面积的思想方法(分割求极限方法),讨论该问题.

第一步:分割. 用一组曲线网将 $D$ 任意分成 $n$ 个小闭区域

$$\Delta\sigma_1,\Delta\sigma_2,\cdots,\Delta\sigma_n(\Delta\sigma_i \text{ 又表示第 } i \text{ 个小区域的面积}, i=1,2,\cdots,n),$$

以每个小区域的边界为准线做母线平行于 $z$ 轴的柱面,则将整个曲顶柱体分成了 $n$ 个小曲顶柱体,其体积分别记为 $\Delta V_1,\Delta V_2,\cdots,\Delta V_n$ ($\Delta V_i$ 又表示第 $i$ 个小曲顶柱体, $i=1,2,\cdots,n$),则

$$V=\sum_{i=1}^{n}\Delta V_i.$$

第二步:近似代替. 在 $\Delta\sigma_i$ 上任取一点 $(\xi_i,\eta_i)$,当 $\Delta\sigma_i$ 很小时,可用以 $f(\xi_i,\eta_i)$ 为高、$\Delta\sigma_i$ 为底的小平顶柱体的体积近似代替小曲顶柱体的体积 $\Delta V_i$(如图 12.19),则有

$$\Delta V_i\approx f(\xi_i,\eta_i)\Delta\sigma_i\quad(i=1,2,\cdots,n).$$

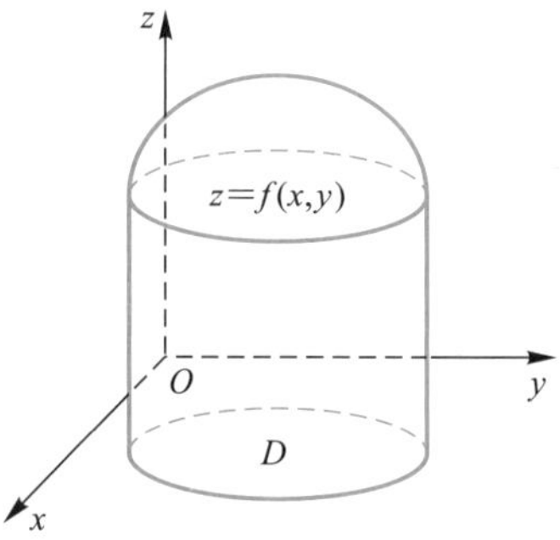


图 12.18

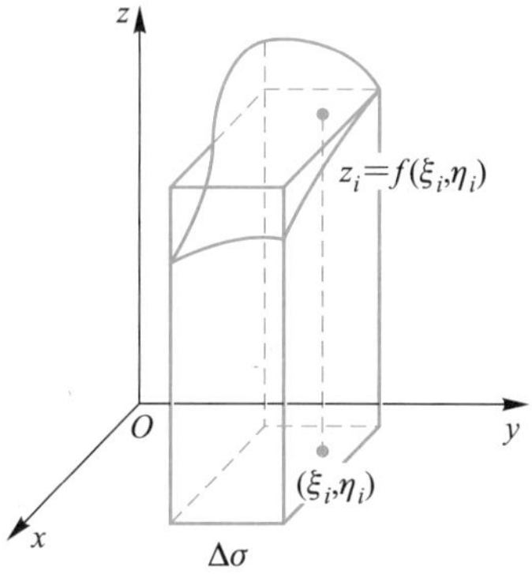


图 12.19

第三步:求和. 将 $n$ 个小曲顶柱体的体积的近似值求和,则得曲顶柱体的体积 $V$ 的近似值,即

$$V=\sum_{i=1}^{n}\Delta V_i\approx\sum_{i=1}^{n}f(\xi_i,\eta_i)\Delta\sigma_i.$$

第四步:取极限. 令 $n$ 个小闭区域 $\Delta\sigma_1,\Delta\sigma_2,\cdots,\Delta\sigma_n$ 的直径(有界闭区域上任意两点间距离的最大者)中的最大值(记为 $\lambda$)趋于零,对上述和式取极限,其极限值自然地就定义为所讨论的曲顶柱体的体积 $V$,即

$$V=\lim_{\lambda\to 0}\sum_{i=1}^{n}f(\xi_i,\eta_i)\Delta\sigma_i.$$

上述这个特殊和式的极限我们称之为函数 $f(x,y)$ 在区域 $D$ 上的二重积分.

### 12.6.2 二重积分的定义

**定义** 设二元函数 $z=f(x,y)$ 在有界闭区域 $D$ 上连续,将区域 $D$ 任意分成 $n$ 个小闭区域 $\Delta\sigma_1,\Delta\sigma_2,\Delta\sigma_3,\cdots,\Delta\sigma_n(i=1,2,3,\cdots,n)$,并以 $\Delta\sigma_i$ 和 $d(\Delta\sigma_i)$ 表示第 $i$ 个小区域的面积和直径$(i=1,2,\cdots,n)$;在每个 $\Delta\sigma_i$ 内任取一点$(\xi_i,\eta_i)$,作和 $\sum\limits_{i=1}^{n}f(\xi_i,\eta_i)\Delta\sigma_i$;令 $\lambda=\max\limits_{1\leqslant i\leqslant n}\{\mathrm{d}(\Delta\sigma_i)\}\to 0$,如果和式 $\sum\limits_{i=1}^{n}f(\xi_i,\eta_i)\Delta\sigma_i$ 存在极限,则称 $f(x,y)$ 在 $D$ 上**可积**,且称此极限值为函数 $f(x,y)$ 在区域 $D$ 上的**二重积分**,记为

$$\iint\limits_D f(x,y)\,\mathrm{d}\sigma,$$

即

$$\iint\limits_D f(x,y)\,\mathrm{d}\sigma=\lim_{\lambda\to 0}\sum_{i=1}^{n}f(\xi_i,\eta_i)\Delta\sigma_i.$$

其中,$f(x,y)$ 称为被积函数,$f(x,y)\,\mathrm{d}\sigma$ 称为**被积表达式**,$\mathrm{d}\sigma$ 称为**面积微元**(或面积元素),$x$ 和 $y$ 称为**积分变量**,$D$ 称为**积分区域**,$\iint$ 称为**二重积分符号**,$\sum\limits_{i=1}^{n}f(\xi_i,\eta_i)\Delta\sigma_i$ 称为**积分和**.

二重积分的定义与性质

关于二重积分,我们作以下几点说明:

(1) 二重积分的可积性. 可以证明,当 $f(x,y)$ 在有界闭区域 $D$ 上连续时,二重积分 $\iint\limits_D f(x,y)\,d\sigma$ 一定存在. 我们所讨论的二元函数 $f(x,y)$ 都假定在 $D$ 上是连续的,故二重积分都是存在的.

(2) 由定义知,$\iint\limits_D f(x,y)\,d\sigma$ 是一确定的数值,其值只与被积函数 $f(x,y)$ 和积分区域 $D$ 有关,与 $D$ 的分法和 $\Delta\sigma_i$ 上点 $(\xi_i,\eta_i)$ 的取法无关,因此我们可以选取便于计算的分割方法分割 $D$.

(3) 在直角坐标系中,当用平行于坐标轴的直线网分割 $D$ 时,除了含有边界点的部分小区域外,绝大多数小区域都是矩形域(如图 12.20),此时

$$\Delta\sigma_i=\Delta x_i\Delta y_i,$$

则在直角坐标系下,面积元素可表示为

$$d\sigma=dxdy,$$

故二重积分可表示为

$$\iint\limits_D f(x,y)\,d\sigma=\iint\limits_D f(x,y)\,dxdy.$$

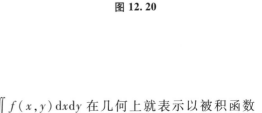

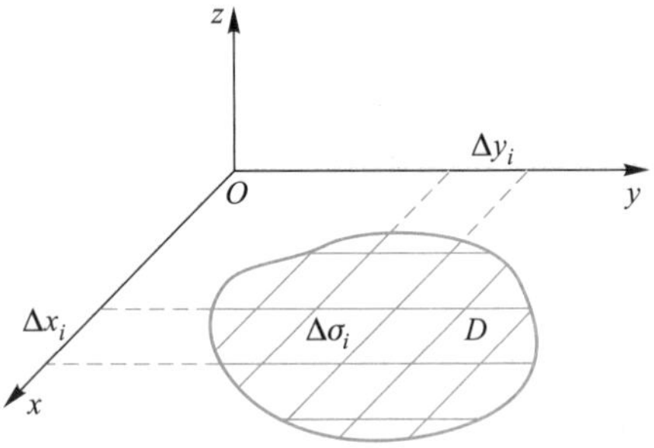


图 12.20

### 12.6.3 二重积分的几何意义

若 $f(x,y)\geqslant 0\ ((x,y)\in D)$,二重积分 $\iint\limits_D f(x,y)\,dxdy$ 在几何上就表示以被积函数 $f(x,y)$ 为顶,以积分区域 $D$ 为底的曲顶柱体的体积 $V$,即 $\iint\limits_D f(x,y)\,dxdy=V$.

若 $f(x,y)\leqslant 0\ ((x,y)\in D)$,此时曲顶柱体位于 $xOy$ 面的下方,二重积分的绝对值仍等于曲顶柱体的体积,即 $\left|\iint\limits_D f(x,y)\,dxdy\right|=V$,但二重积分本身为负值,所以 $\iint\limits_D f(x,y)\,dxdy=-V$. 若 $f(x,y)$ 有正有负,$\iint\limits_D f(x,y)\,dxdy=xOy$ 面上方的曲顶柱体体积和减去 $xOy$ 面下方的曲顶柱体体积和.

特别地,若 $f(x,y)\equiv 1$,则 $\iint\limits_D dxdy=D$ 的面积,此式可作为求平面图形(区域)面积的公式.

### 12.6.4 二重积分的性质

二重积分具有与定积分类似的性质,叙述如下,证明从略.

性质 1 函数代数和的积分等于各函数积分的代数和,即

$$\iint\limits_D [f(x,y)\pm g(x,y)]\,dxdy=\iint\limits_D f(x,y)\,dxdy\pm\iint\limits_D g(x,y)\,dxdy.$$

**性质 2** 常数因子可提到积分符号的外面，即

$$\iint_D kf(x,y)\,\mathrm{d}x\mathrm{d}y=k\iint_D g(x,y)\,\mathrm{d}x\mathrm{d}y\quad(k\text{ 是常数}).$$

**性质 3** 二重积分对积分区域具有可加性. 若 $D=D_1+D_2(D_1,D_2$ 不相交)，则

$$\iint_D f(x,y)\,\mathrm{d}x\mathrm{d}y=\iint_{D_1} f(x,y)\,\mathrm{d}x\mathrm{d}y+\iint_{D_2} f(x,y)\,\mathrm{d}x\mathrm{d}y.$$

**性质 4** 若在 $D$ 上，$f(x,y)\leqslant g(x,y)$，则

$$\iint_D f(x,y)\,\mathrm{d}x\mathrm{d}y\leqslant\iint_D g(x,y)\,\mathrm{d}x\mathrm{d}y,$$

特别地，$\left|\iint_D f(x,y)\,\mathrm{d}x\mathrm{d}y\right|\leqslant\iint_D |f(x,y)|\,\mathrm{d}x\mathrm{d}y.$

**性质 5** 设 $m$ 和 $M$ 分别是函数 $f(x,y)$ 在 $D$ 上的最小值与最大值，$\sigma$ 为 $D$ 的面积，则

$$m\sigma\leqslant\iint_D f(x,y)\,\mathrm{d}x\mathrm{d}y\leqslant M\sigma.$$

**性质 6（二重积分的中值定理）** 设 $f(x,y)$ 在闭区域 $D$ 上连续，$\sigma$ 为 $D$ 的面积，则在 $D$ 上至少存在一点 $(\xi,\eta)$，使得

$$\iint_D f(x,y)\,\mathrm{d}x\mathrm{d}y=f(\xi,\eta)\cdot\sigma.$$

性质 6 的几何意义为：以 $f(x,y)$ 为顶、以区域 $D$ 为底的曲顶柱体的体积等于同底上高为 $f(\xi,\eta)$ 的平顶柱体的体积.

**例** 设积分区域 $D=\{(x,y)\mid x^2+y^2\leqslant R^2\}$，试利用二重积分的几何意义计算二重积分：

(1) $\iint_D \sqrt{R^2-x^2-y^2}\,\mathrm{d}x\mathrm{d}y$； (2) $\iint_D \mathrm{d}x\mathrm{d}y.$

**解** (1) 被积函数 $z=\sqrt{R^2-x^2-y^2}$ 在几何上表示以原点为球心，以 $R$ 为半径的上半球面，积分区域 $D$ 即上半球面在 $xOy$ 面上的投影，由二重积分的几何意义，此二重积分表示上半球面与 $xOy$ 面所围成的半球体的体积，所以

$$\iint_D \sqrt{R^2-x^2-y^2}\,\mathrm{d}x\mathrm{d}y=\frac{1}{2}\left(\frac{4}{3}\pi R^3\right)=\frac{2}{3}\pi R^3.$$

(2) 被积函数为 1，则二重积分 $\iint_D \mathrm{d}x\mathrm{d}y=\pi R^2$（$D$ 的面积）.

## 思考题 12.6

1. 二重积分与定积分有哪些异同点？
2. 如果 $f(x,y)$ 在 $D$ 上时正时负，$\iint_D f(x,y)\,\mathrm{d}x\mathrm{d}y$ 的几何意义如何表述？

## 练习题 12.6

1. 利用二重积分的几何意义求 $\iint_D x\,\mathrm{d}x\mathrm{d}y$，$D=\{(x,y)\mid -1\leqslant x\leqslant 1,-1\leqslant y\leqslant 1\}$ 的值.

2. 估计下列积分的值.

(1) $\iint\limits_D (x^2+4y^2+9)\mathrm{d}\sigma$,其中 $D=\{(x,y) \mid x^2+y^2\leqslant 4\}$;

(2) $\iint\limits_D \mathrm{e}^{-x^2-y^2}\mathrm{d}\sigma$,其中 $D=\{(x,y) \mid x^2+y^2\leqslant 1\}$.

3. 试用二重积分表示由圆柱面 $x^2+y^2=1$、$xOy$ 面及平面 $z=1-\frac{x}{4}-\frac{y}{3}$ 所围几何体的体积.

4. 比较二重积分 $\iint\limits_D (x+y)^3\mathrm{d}x\mathrm{d}y$ 与 $\iint\limits_D (x+y)^2\mathrm{d}x\mathrm{d}y$ 的大小,其中 $D$ 是由 $x$ 轴、$y$ 轴和直线 $x+y=1$ 所围成.

## 12.7 二重积分的计算

虽然二重积分的定义已经给出了计算二重积分的方法,但由于计算“和式极限”的过程非常复杂,故有很大的局限性. 本节我们讨论在直角坐标系下把二重积分化为两次定积分(称为二次积分或累次积分)的计算方法.

由上节的讨论可知,在直角坐标系中,面积微元表达式为 $\mathrm{d}\sigma=\mathrm{d}x\mathrm{d}y$,二重积分表达式为

$$\iint\limits_D f(x,y)\mathrm{d}\sigma=\iint\limits_D f(x,y)\mathrm{d}x\mathrm{d}y.$$

设函数 $z=f(x,y)$ 在区域 $D$ 上连续,且 $f(x,y)\geqslant 0,(x,y)\in D$. 根据积分区域 $D$ 的几何特点,以下分两种情形讨论直角坐标系下二重积分的计算方法.

### 12.7.1 $D$ 为 $X$-型区域

直角坐标系下二重积分的计算(一)

设区域 $D$ 是由两条直线 $x=a,x=b$ 及两条曲线 $y=\varphi_1(x)$ 与 $y=\varphi_2(x)$ 所围成(如图 12.21),即

$$D:\varphi_1(x)\leqslant y\leqslant\varphi_2(x),a\leqslant x\leqslant b,$$

其中函数 $\varphi_1(x)$、$\varphi_2(x)$ 在 $[a,b]$ 上连续. 此时 $D$ 称为 **$X$-型区域**.

下面利用二重积分的几何意义,分两步把二重积分化为先对 $y$ 积分再对 $x$ 积分的累次积分,如图 12.22 所示,有

$$\iint\limits_D f(x,y)\mathrm{d}x\mathrm{d}y=V(\text{曲顶柱体的体积}).$$

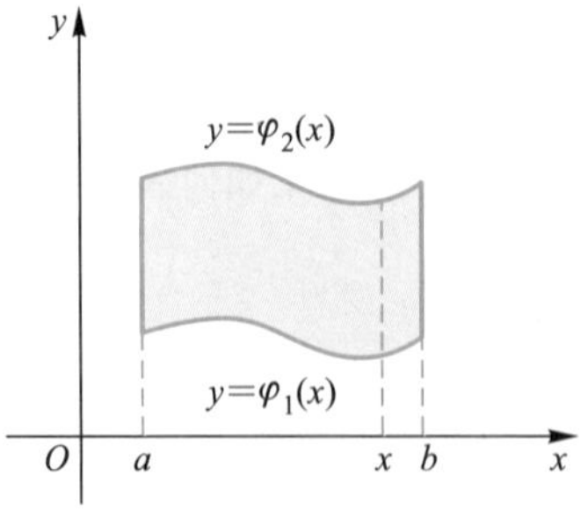


图 12.21

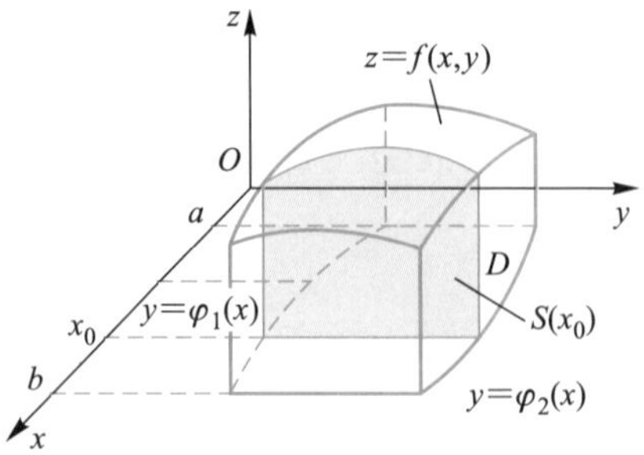


图 12.22

第一步：任意取定一点 $x_0\in[a,b]$，作平面 $x=x_0$，用其截曲顶柱体，所得截面为曲边梯形，记其面积为 $S(x_0)$（$S(x_0)$ 同时也表示该截面），根据定积分的几何意义，有

$$S(x_0)=\int_{\varphi_1(x_0)}^{\varphi_2(x_0)}f(x_0,y)\,\mathrm{d}y,$$

当 $x_0$ 为 $[a,b]$ 上的动点时，记为 $x$，有面积函数 $S(x)=\int_{\varphi_1(x)}^{\varphi_2(x)}f(x,y)\,\mathrm{d}y$（此积分视 $x$ 为常量，$y$ 是积分变量）.

第二步：将面积函数 $S(x)$ 在 $[a,b]$ 上无穷累加，即得曲顶柱体的体积，所以

$$V=\int_a^b S(x)\,\mathrm{d}x=\int_a^b\left[\int_{\varphi_1(x)}^{\varphi_2(x)}f(x,y)\,\mathrm{d}y\right]\mathrm{d}x,$$

即

$$\iint_D f(x,y)\,\mathrm{d}x\mathrm{d}y=\int_a^b\left[\int_{\varphi_1(x)}^{\varphi_2(x)}f(x,y)\,\mathrm{d}y\right]\mathrm{d}x,\left(\text{简记为}\int_a^b\mathrm{d}x\int_{\varphi_1(x)}^{\varphi_2(x)}f(x,y)\,\mathrm{d}y\right).$$

即有

$$\iint_D f(x,y)\,\mathrm{d}x\mathrm{d}y=\int_a^b\mathrm{d}x\int_{\varphi_1(x)}^{\varphi_2(x)}f(x,y)\,\mathrm{d}y.$$

上式就是在直角坐标系下将二重积分化为先对 $y$ 积分再对 $x$ 积分的计算公式. 在上面的讨论中，假设了 $f(x,y)\geqslant 0$，事实上，没有此规定，公式仍然成立.

注 (1) 求 $\iint_D f(x,y)\,\mathrm{d}x\mathrm{d}y$ 时，要分两步进行：

第一步：计算定积分 $\int_{\varphi_1(x)}^{\varphi_2(x)}f(x,y)\,\mathrm{d}y$（视 $x$ 为常量，$y$ 为积分变量，被积函数 $f(x,y)$ 是 $y$ 的一元函数，积分区间为 $[\varphi_1(x),\varphi_2(x)]$，其结果是 $x$ 的函数，记为 $F(x)$）；

第二步：计算定积分 $\int_a^b F(x)\,\mathrm{d}x$.

(2) 对 $X$-型区域的要求. 当用 $[a,b]$ 中任意点 $x$ 处垂直于 $x$ 轴的直线穿过区域 $D$ 的内部时，该直线与区域 $D$ 的边界的交点最多不得多于两点.

若交点多于两点，须将区域划分为若干个部分区域，使每个部分区域是 $X$-型（或 $Y$-型）区域（下面将作介绍），再利用二重积分的区域可加性进行计算. 如图 12.23 所示，须把 $D$ 分成三个 $X$-型区域，即 $D=D_1+D_2+D_3$，则

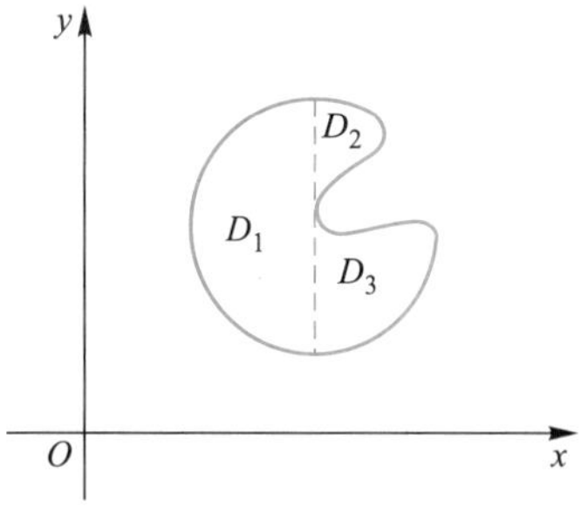


**图 12.23**

$$\iint_D f(x,y)\,\mathrm{d}x\mathrm{d}y=\iint_{D_1}f(x,y)\,\mathrm{d}x\mathrm{d}y+\iint_{D_2}f(x,y)\,\mathrm{d}x\mathrm{d}y+\iint_{D_3}f(x,y)\,\mathrm{d}x\mathrm{d}y.$$

### 12.7.2 $D$ 为 $Y$-型区域

设区域 $D$ 是由两条直线 $y=c,y=d$ 及两条曲线 $x=\psi_1(y)$，$x=\psi_2(y)$ 所围成，即

$$D:\psi_1(y)\leqslant x\leqslant\psi_2(y),c\leqslant y\leqslant d,$$

其中，函数 $\psi_1(y)$、$\psi_2(y)$ 在 $[c,d]$ 上连续，如图 12.24 所示. 此时 $D$ 称为 $Y$-型区域. 类似

于 $X$-型区域的讨论,可把二重积分化为先对 $x$ 积分再对 $y$ 积分的累次积分,公式为:

$$\iint_D f(x,y)\,\mathrm{d}x\mathrm{d}y=\int_c^d \mathrm{d}y\int_{\psi_1(y)}^{\psi_2(y)} f(x,y)\,\mathrm{d}x.$$

注 (1) 一般而言,区域 $D$ 既可视为 $X$-型又可视为 $Y$-型区域,且两种不同顺序的累次积分相等,即

$$\iint_D f(x,y)\,\mathrm{d}x\mathrm{d}y=\int_a^b \mathrm{d}x\int_{\varphi_1(x)}^{\varphi_2(x)} f(x,y)\,\mathrm{d}y=\int_c^d \mathrm{d}y\int_{\psi_1(x)}^{\psi_2(x)} f(x,y)\,\mathrm{d}x.$$

直角坐标系下二重积分的计算(二)

对区域 $D$ 的类型定位不同,会导致计算累次积分的难易程度不一样,甚至可能出现"积不出来"的结果,所以选择积分次序至关重要.

(2) 若 $D$ 是由四条直线 $x=a,x=b,y=c,y=d$ 所围成的矩形区域(如图 12.25),即

$$D:a\leqslant x\leqslant b,c\leqslant y\leqslant d,$$

则

$$\iint_D f(x,y)\,\mathrm{d}x\mathrm{d}y=\int_a^b \mathrm{d}x\int_c^d f(x,y)\,\mathrm{d}y=\int_c^d \mathrm{d}y\int_a^b f(x,y)\,\mathrm{d}x.$$

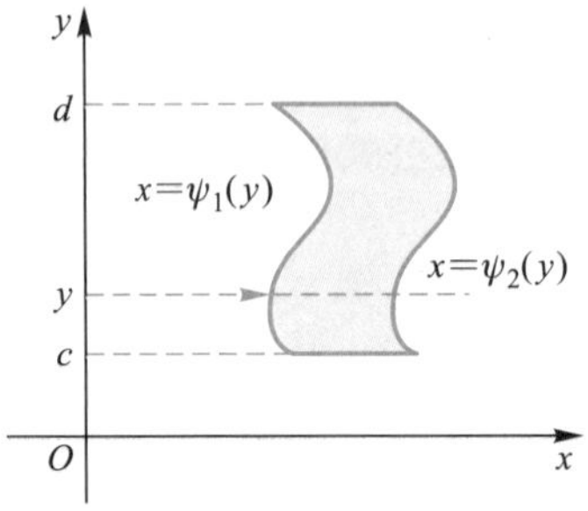


图 12.24

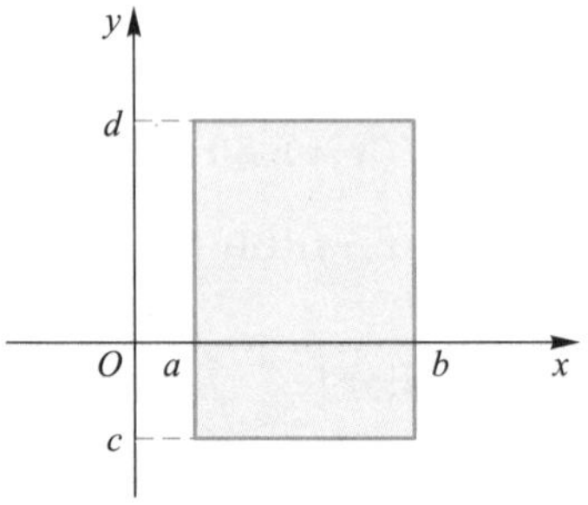


图 12.25

此式说明,$D$ 为矩形域时积分限均是常数,且可直接交换积分次序.

(3) 将二重积分化为累次积分时,确定积分限是关键. 确定积分限的方法如下:

若 $D$ 为 $X$-型区域,即选择先对 $y$ 积分再对 $x$ 积分,则先确定 $x$ 的变化区间 $[a,b]$:将 $D$ 投影到 $x$ 轴上,得区间 $[a,b]$;再确定 $y$ 的变化区间 $[\varphi_1(x),\varphi_2(x)]$:在 $[a,b]$ 中任一点 $x$ 处作垂直于 $x$ 轴的直线,并令其由下而上穿过 $D$,则穿入点所在曲线即 $y=\varphi_1(x)$,穿出点所在曲线即 $y=\varphi_2(x)$(如图 12.21).

若 $D$ 为 $Y$-型区域,如图 12.24 所示,方法类似于 $X$-型区域,从略.

综上所述,给出在直角坐标系下计算 $I=\iint\limits_D f(x,y)\,\mathrm{d}x\mathrm{d}y$ 的方法步骤:

① 画出 $D$ 的简图,求出边界线的交点;

② 选择积分次序,确定积分限,将 $D$ 用不等式组表示成 $X$-型或 $Y$-型区域;

③ 将 $I=\iint\limits_D f(x,y)\,\mathrm{d}x\mathrm{d}y$ 化成累次积分,并计算.

例 1 将二重积分 $\iint\limits_D f(x,y)\,\mathrm{d}x\mathrm{d}y$ 化为两种次序不同的累次积分,其中区域 $D$ 是由 $y=0,x^2+y^2=1$ 所围在第一、二象限内的区域.

解 积分区域 $D$ 为半径为 1、圆心在原点的上半圆域.

若先对 $y$ 积分再对 $x$ 积分，则 $D:0\leqslant y\leqslant\sqrt{1-x^2}$，$-1\leqslant x\leqslant 1$（如图 12.26），所以

$$\iint\limits_D f(x,y)\,\mathrm{d}x\mathrm{d}y=\int_{-1}^{1}\mathrm{d}x\int_0^{\sqrt{1-x^2}}f(x,y)\,\mathrm{d}y.$$

若先对 $x$ 积分再对 $y$ 积分，则 $D:-\sqrt{1-y^2}\leqslant x\leqslant\sqrt{1-y^2}$，$0\leqslant y\leqslant 1$（如图 12.27），所以

$$\iint\limits_D f(x,y)\,\mathrm{d}x\mathrm{d}y=\int_0^1\mathrm{d}y\int_{-\sqrt{1-x^2}}^{\sqrt{1-x^2}}f(x,y)\,\mathrm{d}x.$$

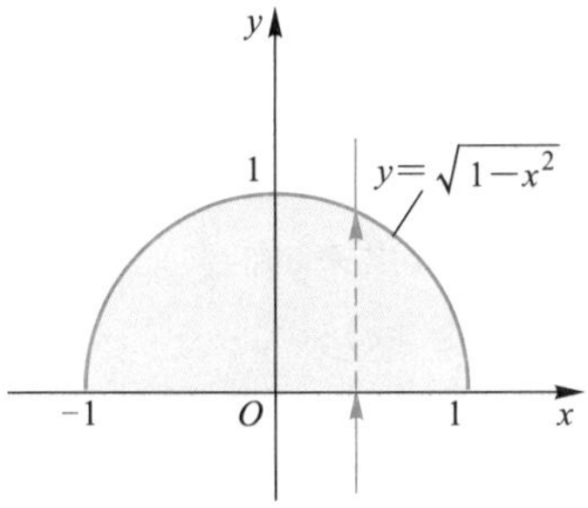


图 12.26

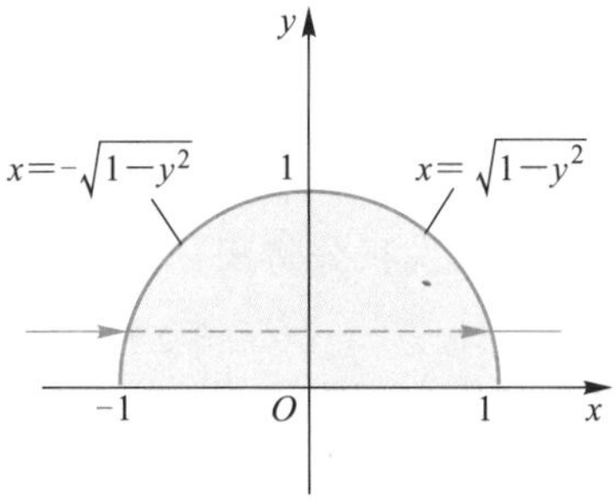


图 12.27

例 2 计算 $\iint\limits_D (x+y)^2\,\mathrm{d}x\mathrm{d}y$，其中 $D$ 是由直线 $x=0$，$x=1$，$y=0$，$y=1$ 所围成的矩形区域.

解 积分区域 $D$ 如图 12.28，两种积分次序均可.

选择先对 $y$ 积分再对 $x$ 积分，则 $D:0\leqslant y\leqslant 1$，$0\leqslant x\leqslant 1$，所以

$$\begin{aligned}\iint\limits_D (x+y)^2\,\mathrm{d}x\mathrm{d}y&=\int_0^1\mathrm{d}x\int_0^1(x+y)^2\,\mathrm{d}y=\int_0^1\left[\frac{(x+y)^3}{3}\right]\Bigg|_0^1\mathrm{d}x\\&=\int_0^1\left[\frac{(x+1)^3}{3}-\frac{x^3}{3}\right]\mathrm{d}x=\left[\frac{1}{12}(x+1)^4-\frac{x^4}{12}\right]\Bigg|_0^1=\frac{7}{6}.\end{aligned}$$

例 3 计算 $\iint\limits_D\left(\frac{x}{y}\right)^2\mathrm{d}x\mathrm{d}y$，其中 $D$ 为 $xy=1$，$y=x$，$x=2$ 所围成的区域.

解 积分区域 $D$ 如图 12.29，选择先对 $y$ 积分再对 $x$ 求积分，则

$$D:\frac{1}{x}\leqslant y\leqslant x,\ 1\leqslant x\leqslant 2,$$

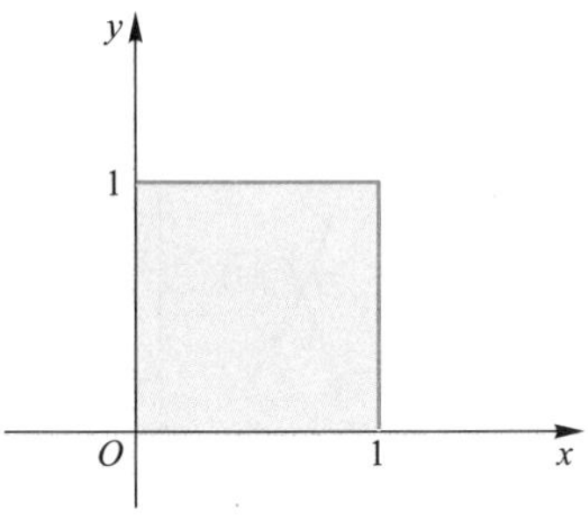


图 12.28

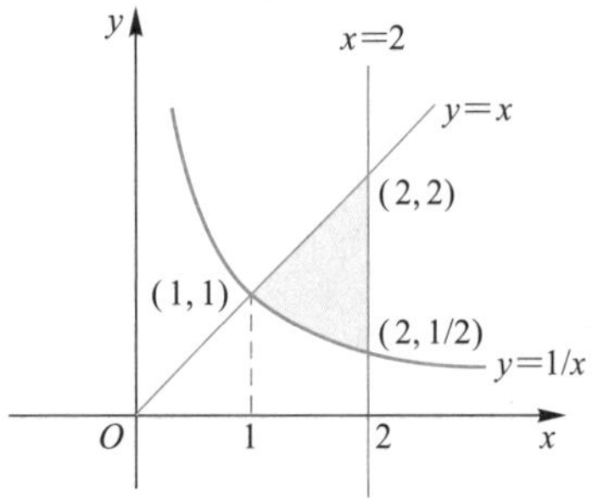


图 12.29

所以

$$\iint\limits_D \left(\frac{x}{y}\right)^2 \mathrm{d}x\mathrm{d}y = \int_1^2 x^2\mathrm{d}x\int_{\frac{1}{x}}^{x} y^{-2}\mathrm{d}y = \int_1^2 x^2\left[-\frac{1}{y}\right]_{\frac{1}{x}}^{x}\mathrm{d}x = \int_1^2 (x^3-x)\mathrm{d}x = \left[\frac{x^4}{4}-\frac{x^2}{2}\right]_1^2 = \frac{9}{4}.$$

注 如先对 $x$ 积分，需将 $D$ 分成 $D_1, D_2$ 两部分，即 $D=D_1+D_2$（如图 12.30），且

$$D_1: \frac{1}{y}\leqslant x\leqslant 2, \frac{1}{2}\leqslant y\leqslant 1; D_2: y\leqslant x\leqslant 2, 1\leqslant y\leqslant 2.$$

由二重积分性质 3 得

$$\iint\limits_D \left(\frac{x}{y}\right)^2 \mathrm{d}x\mathrm{d}y = \iint\limits_{D_1} \left(\frac{x}{y}\right)^2 \mathrm{d}x\mathrm{d}y + \iint\limits_{D_2} \left(\frac{x}{y}\right)^2 \mathrm{d}x\mathrm{d}y.$$

此题说明选择积分次序的重要性.

例 4 交换累次积分 $\int_0^2 \mathrm{d}x\int_x^{2x} f(x,y)\mathrm{d}y$ 的积分次序.

解 由所给累次积分将积分区域 $D$ 用不等式组表示出来，即

$$D: x\leqslant y\leqslant 2x, 0\leqslant x\leqslant 2 (X\text{-型区域}),$$

由此作出 $D$ 的简图（如图 12.31）.

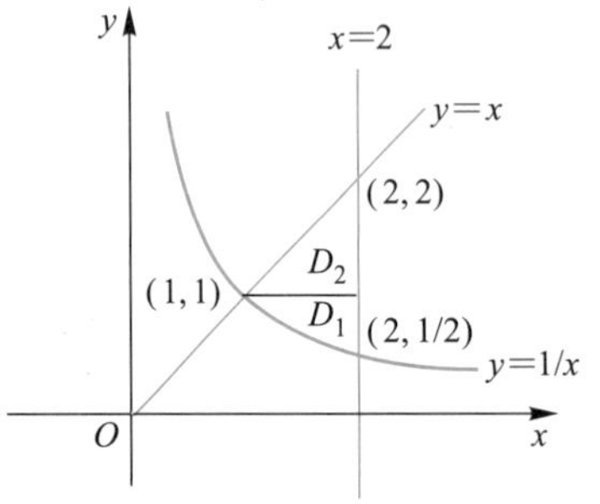


图 12.30

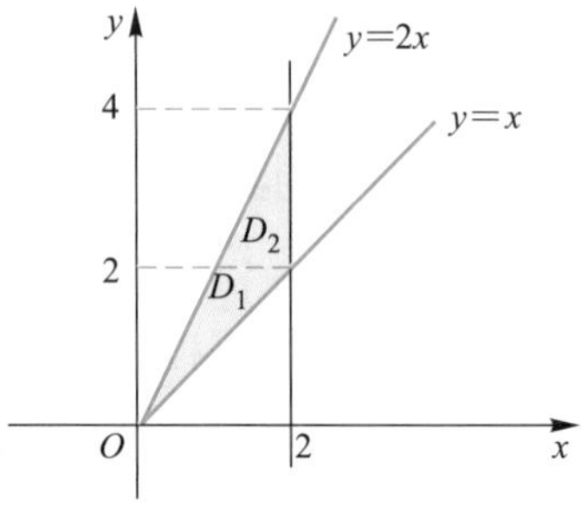


图 12.31

将 $D$ 表示成 $Y$-型区域，由图知，$D=D_1+D_2$，其中

$$D_1: \frac{y}{2}\leqslant x\leqslant y, 0\leqslant y\leqslant 2;$$

$$D_2: \frac{y}{2}\leqslant x\leqslant 2, 2\leqslant y\leqslant 4.$$

所以

$$\int_0^2 \mathrm{d}x\int_x^{2x} f(x,y)\mathrm{d}y = \int_0^2 \mathrm{d}y\int_{\frac{y}{2}}^{y} f(x,y)\mathrm{d}x + \int_2^4 \mathrm{d}y\int_{\frac{y}{2}}^{2} f(x,y)\mathrm{d}x.$$

例 5 计算 $\iint\limits_D x\mathrm{d}x\mathrm{d}y$，其中 $D$ 由 $y\geqslant x^2, y\leqslant 4-x^2$ 所确定.

解 积分区域 $D$ 如图 12.32，选择先对 $y$ 积分再对 $x$ 积分，则

$$D: x^2\leqslant y\leqslant 4-x^2,\quad -\sqrt{2}\leqslant x\leqslant \sqrt{2},$$

于是

$$\iint\limits_D x\mathrm{d}x\mathrm{d}y = \int_{-\sqrt{2}}^{\sqrt{2}}\mathrm{d}x\int_{x^2}^{4-x^2} x\mathrm{d}y = 2\int_{-\sqrt{2}}^{\sqrt{2}} (2x-x^3)\mathrm{d}x = 0.$$

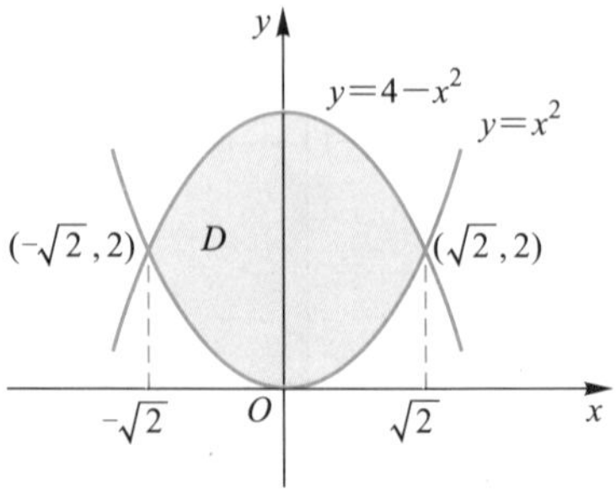


图 12.32

注 此题最后一步中,因为被积函数 $2x-x^3$ 在对称区间 $[-\sqrt{2},\sqrt{2}]$ 上为奇函数,故定积分 $\int_{-\sqrt{2}}^{\sqrt{2}}(2x-x^3)\mathrm{d}x=0$. 事实上,对于二重积分也有类似的结论:若被积函数 $f(x,y)$ 为关于 $x$(或 $y$)的奇函数,且区域 $D$ 关于 $y$(或 $x$)轴对称,则二重积分 $\iint\limits_D f(x,y)\mathrm{d}x\mathrm{d}y=0$;若被积函数 $f(x,y)$ 为关于 $x$(或 $y$)的偶函数,积分区域 $D$ 关于 $y$(或 $x$)轴对称,则

$$\iint\limits_D f(x,y)\mathrm{d}x\mathrm{d}y=2\iint\limits_{D_1} f(x,y)\mathrm{d}x\mathrm{d}y\text{(此时 }D=2D_1\text{)}.$$

在计算二重积分时,要善于利用对称性以简化计算.

例 6 计算二重积分 $I=\iint\limits_D x^2\mathrm{e}^{-y^2}\mathrm{d}x\mathrm{d}y$,其中 $D$ 是由直线 $x=0,y=1$ 及 $y=x$ 所围成的区域.

解 $D$ 如图 12.33,若先对 $y$ 积分再对 $x$ 求积分,则

$$D: x\leqslant y\leqslant 1, 0\leqslant x\leqslant 1,$$

所以

$$I=\int_0^1\mathrm{d}x\int_x^1 x^2\mathrm{e}^{-y^2}\mathrm{d}y=\int_0^1 x^2\mathrm{d}x\int_x^1\mathrm{e}^{-y^2}\mathrm{d}y.$$

应注意到,由于积分 $\int_x^1\mathrm{e}^{-y^2}\mathrm{d}y$ 中的被积函数 $\mathrm{e}^{-y^2}$ 的原函数不能用初等函数表示,故此时二重积分 $\iint\limits_D x^2\mathrm{e}^{-y^2}\mathrm{d}x\mathrm{d}y$"积不出来". 因此应选择先对 $x$ 积分再对 $y$ 求积分,则

$$D: 0\leqslant x\leqslant y, 0\leqslant y\leqslant 1\text{(如图 12.34)},$$

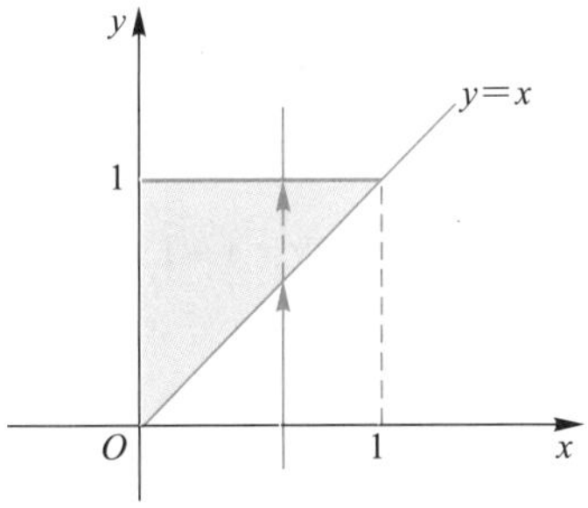

图 12.33

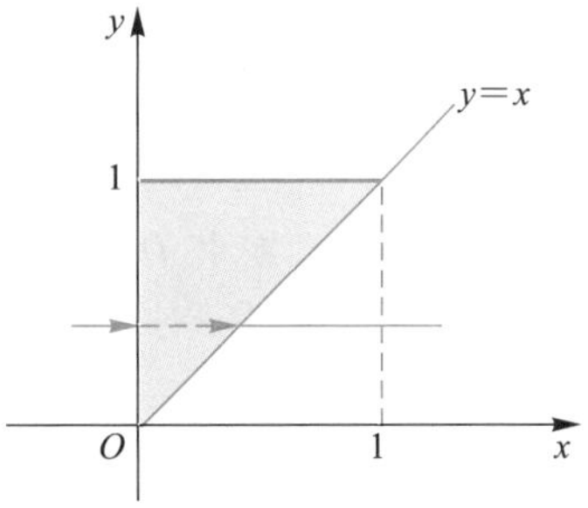

图 12.34

所以

$$\begin{aligned}I&=\int_0^1\mathrm{d}y\int_0^y x^2\mathrm{e}^{-y^2}\mathrm{d}x=\int_0^1\mathrm{e}^{-y^2}\mathrm{d}y\int_0^y x^2\mathrm{d}x=\frac{1}{3}\int_0^1 y^3\mathrm{e}^{-y^2}\mathrm{d}y=\frac{1}{6}\int_0^1 y^2\mathrm{e}^{-y^2}\mathrm{d}y^2\\&\xlongequal{u=y^2}\frac{1}{6}\int_0^1 u\mathrm{e}^{-u}\mathrm{d}u=-\frac{1}{6}\int_0^1 u\mathrm{d}\mathrm{e}^{-u}\\&=-\frac{1}{6}\left[(u\mathrm{e}^{-u})\Big|_0^1-\int_0^1\mathrm{e}^{-u}\mathrm{d}u\right]=-\frac{1}{6}\mathrm{e}^{-1}-\frac{1}{6}\mathrm{e}^{-u}\Big|_0^1=\frac{1}{6}-\frac{1}{3\mathrm{e}}.\end{aligned}$$

## 思考题 12.7

1. 若 $D$ 是矩形区域 $c\leqslant y\leqslant d, a\leqslant x\leqslant b$,被积函数为 $f(x,y)=f_1(x)f_2(y)$,此时二重

积分 $\iint\limits_D f(x,y)\mathrm{d}x\mathrm{d}y$ 的两种累次积分如何表示？由此可得出什么规律性结论？

2. 设 $D$ 为 $\{(x,y)\mid |x|+|y|\leqslant 1\}$，能否由对称性直接求出 $\iint\limits_D x^2yf(x^2+y^2)\mathrm{d}x\mathrm{d}y$ 的值？其值为多少？说明理由.

3. 由曲线 $y=\mathrm{e}^x$ 与直线 $x=0,y=x$ 及 $x=1$ 所围成的平面区域 $D$ 的面积用二重积分如何表达？用定积分如何表达？

## 练习题 12.7

1. 将二重积分 $\iint\limits_D f(x,y)\mathrm{d}x\mathrm{d}y$ 化为指定次序的累次积分.

(1) $D$ 是由直线 $y=1,x=2,y=x$ 所围成的闭区域，先对 $y$ 后对 $x$ 积分；

(2) $D$ 是由 $x$ 轴及半圆周 $x^2+y^2=r^2(y\geqslant 0)$ 所围成的闭区域，先对 $y$ 后对 $x$ 积分；

(3) $D$ 是由直线 $y=x,x=2$ 及双曲线 $y=\dfrac{1}{x}(x>0)$ 所围成的闭区域，先对 $x$ 后对 $y$ 积分.

2. 画出积分区域，并交换积分次序.

(1) $\int_0^1\mathrm{d}y\int_{y^2}^{y}f(x,y)\mathrm{d}x$；　　(2) $\int_1^2\mathrm{d}x\int_{2-x}^{\sqrt{2x-x^2}}f(x,y)\mathrm{d}y$；

(3) $\int_1^{\mathrm{e}}\mathrm{d}x\int_0^{\ln x}f(x,y)\mathrm{d}y$.

3. 在直角坐标系下计算二重积分.

(1) $\iint\limits_D\dfrac{1}{(x-y)^2}\mathrm{d}x\mathrm{d}y$，其中 $D=\{(x,y)\mid 3\leqslant x\leqslant 4,1\leqslant y\leqslant 2\}$；

(2) $\iint\limits_D(x^2+y^2)\mathrm{d}x\mathrm{d}y$，其中 $D$ 是由直线 $y=1,y=x,y=x+1,y=3$ 所围成的闭区域；

(3) $\iint\limits_D(x^2+y^2-x)\mathrm{d}x\mathrm{d}y$，其中 $D$ 是由直线 $y=2,y=x,y=2x$ 所围成的闭区域；

(4) $\iint\limits_D xy\mathrm{d}x\mathrm{d}y$，其中 $D$ 是由直线 $y=x-2$ 及抛物线 $y^2=x$ 所围成的闭区域.

# 12.8 应用案例

例1[级数和的证明] 早在18世纪时，数学家欧拉就知道无穷级数 $\sum\limits_{n=1}^{\infty}\dfrac{1}{n^2}=\dfrac{\pi^2}{6}$. 现在我们利用微积分的方法得到此级数的和，用到的观念只是变量变换：考虑在 $D:0\leqslant x\leqslant 1,0\leqslant y\leqslant 1$ 上积分

$$\iint\frac{1}{1-xy}\mathrm{d}x\mathrm{d}y=\iint(1+xy+x^2y^2+\cdots)\mathrm{d}x\mathrm{d}y=1+\frac{1}{2^2}+\frac{1}{3^2}+\cdots.$$

另外作变量变换，令 $x=u+v, y=u-v$，得到

$$|J|=\begin{vmatrix}\frac{\partial x}{\partial u} & \frac{\partial x}{\partial v}\\ \frac{\partial y}{\partial u} & \frac{\partial y}{\partial v}\end{vmatrix}=|-2|=2,$$

所以

$$\iint_D \frac{1}{1-xy}\mathrm{d}x\mathrm{d}y=\iint_D \frac{2\mathrm{d}u\mathrm{d}v}{1-u^2+v^2}.$$

积分范围如图 12.35.

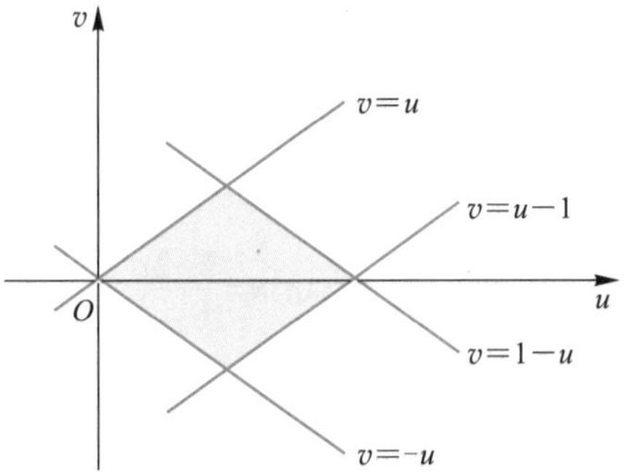


**图 12.35**

因此

$$\iint_D \frac{2\mathrm{d}u\mathrm{d}v}{1-u^2+v^2}=\int_0^{\frac{1}{2}}\int_{-u}^{u}\frac{2\mathrm{d}v\mathrm{d}u}{1-u^2+v^2}+\int_{\frac{1}{2}}^{1}\int_{u-1}^{1-u}\frac{2\mathrm{d}v}{1-u^2+v^2}\mathrm{d}u=A+B,$$

其中

$$\mathrm{A}=2\int_0^{\frac{1}{2}}\left(\frac{1}{\sqrt{1-u^2}}\arctan\frac{v}{\sqrt{1-u^2}}\right)\Bigg|_{-u}^{u}\mathrm{d}u=4\int_0^{\frac{1}{2}}\frac{1}{\sqrt{1-u^2}}\arctan\frac{u}{\sqrt{1-u^2}}\mathrm{d}u,$$

令

$$\theta=\arctan\frac{u}{\sqrt{1-u^2}},$$

得

$$\tan\theta=\frac{u}{\sqrt{1-u^2}}, \sec^2\theta\mathrm{d}\theta=\mathrm{d}\left(\frac{u}{\sqrt{1-u^2}}\right)=\frac{1}{(1-u^2)^{\frac{3}{2}}}\mathrm{d}u.$$

又因

$$\sec^2\theta=1+\tan^2\theta=1+\frac{u^2}{1-u^2}=\frac{1}{1-u^2},$$

故

$$\mathrm{d}\theta=\frac{1}{(1-u^2)^{\frac{1}{2}}}\mathrm{d}u,$$

于是

$$A=4\int_0^{\frac{\pi}{6}}\theta\mathrm{d}\theta=4\cdot\frac{1}{2}\cdot\left(\frac{\pi}{6}\right)^2=2\left(\frac{\pi}{6}\right)^2.$$

而

$$B=2\int_{\frac{1}{2}}^{1}\int_{u-1}^{1-u}\frac{2\mathrm{d}v}{1-u^2+v^2}\mathrm{d}u=2\int_{\frac{1}{2}}^{1}\left(\frac{1}{\sqrt{1-u^2}}\arctan\frac{v}{\sqrt{1-u^2}}\right)\Bigg|_{u-1}^{1-u}\mathrm{d}u$$

$$=4\int_{\frac{1}{2}}^{1}\frac{1}{\sqrt{1-u^2}}\arctan\frac{1-u}{\sqrt{1-u^2}}\mathrm{d}u,$$

令

$$\theta=\arctan\frac{1-u}{\sqrt{1-u^2}},$$

得

$$\tan\theta=\frac{1-u}{\sqrt{1-u^2}},\quad \sec^2\theta\mathrm{d}\theta=\mathrm{d}\left(\frac{1-u}{\sqrt{1-u^2}}\right)=\frac{u-1}{(1-u^2)^{\frac{3}{2}}}\mathrm{d}u,$$

又因

$$\sec^2\theta=1+\tan^2\theta=\frac{2-2u}{1-u^2},$$

故

$$\mathrm{d}\theta=-\frac{1}{2\sqrt{1-u^2}}\mathrm{d}u,$$

于是

$$B=-8\int_{\frac{\pi}{6}}^{0}\theta\mathrm{d}\theta=4\left(\frac{\pi}{6}\right)^2,$$

故

$$\iint\limits_D\frac{1}{1-xy}\mathrm{d}x\mathrm{d}y=A+B=\frac{\pi^2}{6}=\sum_{n=1}^{\infty}\frac{1}{n^2}.$$

例 2[最优化的产出水平] 假设某厂生产两种产品，在生产过程中，两种产品在产量 $x_1,x_2$ 是不相关的，但两种产品在生产技术上是相关的，这样总成本 $C$ 为产量 $x_1,x_2$ 的函数：$C=C(x_1,x_2)$，且两种产品的边际成本（总成本的偏导）也是 $x_1,x_2$ 的函数：

$$C_1=\frac{\partial C}{\partial x_1}=C_1(x_1,x_2),$$

$$C_2=\frac{\partial C}{\partial x_2}=C_2(x_1,x_2).$$

经济学中一般总认为产出和销售是一致的，从而总收益 $R$ 也是 $x_1,x_2$ 的函数：$R=R(x_1,x_2)$. 现在的问题是如何确定每种产品的产量以使厂家获得最大的利润？

解 厂家的利润函数 $L=R-C=R(x_1,x_2)-C(x_1,x_2)$，由极值的必要条件有：

$$\begin{cases}\dfrac{\partial L}{\partial x_1}=\dfrac{\partial R}{\partial x_1}-\dfrac{\partial C}{\partial x_1}=R_1-C_1=0,\\[2ex]\dfrac{\partial L}{\partial x_2}=\dfrac{\partial R}{\partial x_2}-\dfrac{\partial C}{\partial x_2}=R_2-C_2=0\end{cases}\Rightarrow R_1=C_1,R_2=C_2.$$

这里，$R_1,R_2$ 称为边际收益（总收益的偏导）.

上式说明:厂家要获得最大利润,每种产品的产出水平应使得其边际收益等于边际成本.

## 练习题 12.8

一工厂生产两种产品,其总成本函数 $C=x_1^2+2x_1x_2+x_2^2+5$,两种产品的需求函数分别为

$$x_1=26-p_1,\quad x_2=10-\frac{1}{4}p_2,$$

其中 $p_1,p_2$ 分别为两种产品的价格.为使工厂获得最大利润,试确定两种产品的产出水平.当两种产品的产量分别为 5 和 3 时,工厂获利最大是多少?

# 12.9 用 MATLAB 计算重积分

### 一、MATLAB 二重积分运算函数 dblquad( )

MATLAB 求解多元函数微积分

在 MATLAB 中,实现函数 $f(x,y)$ 的二重积分运算函数 dblquad( ),注意:积分区间一般为矩形区域.dblquad( )函数格式说明如下:

**dblquad ('被积函数 (',x 积分下限,x 积分上限,y 积分下限,y 积分上限)**

### 二、二重积分运算函数 dblquad( )应用举例

**例 1** $\iint\limits_D (x^2+y^2)\mathrm{d}\sigma$,其中 $D$ 是矩形区域:$|x|\leqslant 1,|y|\leqslant 1$.

**解**

```
>> syms x y
>> f=inline('x.^2+y.^2');
>> dblquad(f,-1,1,-1,1)
ans =
    2.6667
```

**例 2** 求 $\iint\limits_D \mathrm{e}^{-x^2-y^2}\mathrm{d}\sigma$,其中 $D$ 是矩形区域:$0\leqslant x\leqslant 1,0\leqslant y\leqslant 1$.

**解**

```
>> syms x y
>> f=inline('exp(-x.^2-y.^2)')
>> dblquad(f,0,1,0,1)
ans =
    0.5577
```

## 练习题 12.9

1. 求 $\iint\limits_D \left(1-\frac{x}{4}-\frac{y}{3}\right)\mathrm{d}\sigma$,其中 $D$ 是矩形区域:$-2\leqslant x\leqslant 2,-1\leqslant y\leqslant 1$.

2. 求 $\iint\limits_D \mathrm{e}^{-\frac{x^2}{2}}\sin(x^2+y)\mathrm{d}\sigma$,其中 $D$ 是矩形区域:$-2\leqslant x\leqslant 2,-1\leqslant y\leqslant 1$.

# 本章小结

本章介绍了多元函数微分学和积分学的基本内容.包括二元函数的极限与连续、偏导数、全微分概念及其计算方法,二元函数的极值与最值,二重积分的基本概念与计算,二元函数微(积)分法的应用等.

## 一、知识与技能的基本要求

1. 理解多元函数的概念与二元函数的几何意义;会求二元函数的定义域,在具体应用问题中,能够建立二元函数关系.

2. 理解偏导数与全微分的概念,掌握可微分的必要条件和充分条件,了解二元函数连续、偏导存在、可微分之间的关系;熟练计算多元函数的偏导数和全微分.

3. 掌握多元复合函数与隐函数的求导法则;会求复合函数和隐函数的偏导数,会求高阶偏导数.

4. 掌握二元函数极值的理论及其求法;会求多元函数的极值.

5. 理解二重积分的概念、几何意义和主要性质;熟练掌握二重积分的计算和二重积分化为二次积分的方法.

## 二、基本概念与知识要点

1. 二元函数的概念:定义,几何意义,定义域,多元函数,多元函数的两要素.

2. 二元函数的连续性:二元函数的连续性,初等函数的连续性.

3. 偏导数与全微分:偏导数的定义,高阶偏导数,二阶混合偏导数,全微分的定义,可微分条件,函数连续、偏导存在、可微分之间的关系.

4. 复合函数与隐函数的求导法则:多元复合函数的链锁法则,隐函数的求导法则.

5. 二元函数的极值:定义,极值的必要条件,极值的充分条件.

6. 二重积分:定义,二重积分的几何意义,二重积分的性质,二重积分化为累次积分的计算方法(直角坐标系下).

## 三、基本技能与方法归纳

1. 求二元函数的定义域.与一元函数相同,即求使函数的解析式有意义的 $\mathbf{R}^2$ 上点的全体.

2. 求二元函数的函数值.

3. 求函数在给定点处的偏导数.先求偏导函数,再代入给定点求函数值.

4. 运用链锁法则求二元复合函数的偏导数.

5. 求全微分.先求其偏导数,然后写出全微分的表达式.

6. 用公式法或直接求导法求隐函数的导数.

7. 求二元函数的极值.利用二阶偏导数,按步骤进行即可.但若 $B^2-AC=0$ 时,需用定义来完成判断.

8. 交换二重积分的积分顺序.先将所给定累次积分的积分限转化成不等式组,再画出积分区域的草图,定出新的累次积分的积分限,然后写出新的累次积分.

9. 计算二重积分(在直角坐标系下).化成先对 $y(x)$ 后对 $x(y)$ 的累次积分.

# 综合练习题十二

一、单项选择题.

1. 函数 $z=\ln(x^2+y^2-2)+\sqrt{4-x^2-y^2}$ 的定义域是(　　).

A. $\{(x,y)\mid x^2+y^2\neq 2\}$　　B. $\{(x,y)\mid x^2+y^2\neq 4\}$

C. $\{(x,y)\mid x^2+y^2\geqslant 2\}$　　D. $\{(x,y)\mid 2<x^2+y^2\leqslant 4\}$

2. 设 $u(x,y)=\arctan\dfrac{y}{x}$,$v(x,y)=\ln\sqrt{x^2+y^2}$,则下列等式成立的是(　　).

A. $\dfrac{\partial u}{\partial x}=\dfrac{\partial v}{\partial x}$　　B. $\dfrac{\partial u}{\partial x}=\dfrac{\partial v}{\partial y}$　　C. $\dfrac{\partial u}{\partial y}=\dfrac{\partial v}{\partial x}$　　D. $\dfrac{\partial u}{\partial y}=\dfrac{\partial v}{\partial y}$

3. 设 $z=f(x,y)$ 在点 $(x,y)$ 的邻域内连续,且有连续偏导数 $\dfrac{\partial z}{\partial x},\dfrac{\partial z}{\partial y}$,则 $\mathrm{d}z=$(　　).

A. $\dfrac{\partial z}{\partial x}\mathrm{d}x+\dfrac{\partial z}{\partial y}\mathrm{d}y$　　B. $\dfrac{\partial z}{\partial x}\mathrm{d}y+\dfrac{\partial z}{\partial y}\mathrm{d}x$　　C. $\dfrac{\partial z}{\partial x}\mathrm{d}x-\dfrac{\partial z}{\partial y}\mathrm{d}y$　　D. $\dfrac{\partial z}{\partial x}\mathrm{d}y-\dfrac{\partial z}{\partial y}\mathrm{d}x$

4. 如果 $f(x,y)$ 有连续二阶偏导数,则 $\dfrac{\partial^2 f(x,y)}{\partial x\partial y}=$(　　).

A. 0　　B. $\dfrac{\partial^2 f(x,y)}{\partial x^2}$　　C. $\dfrac{\partial^2 f(x,y)}{\partial y^2}$　　D. $\dfrac{\partial^2 f(x,y)}{\partial y\partial x}$

5. 如果点 $(x_0,y_0)$ 为 $f(x,y)$ 的极值点,且 $f(x,y)$ 在 $(x_0,y_0)$ 处的两个一阶偏导数存在,则 $(x_0,y_0)$ 点必为 $f(x,y)$ 的(　　).

A. 最大值点　　B. 驻点　　C. 连续点　　D. 最小值点

6. 设函数 $z=f(x,y)$ 在点 $(x_0,y_0)$ 处可微,且导数 $f'_x(x_0,y_0)=f'_y(x_0,y_0)=0$,则 $z=f(x,y)$ 在点 $(x_0,y_0)$ 处(　　).

A. 必有极值　　B. 可能有极值　　C. 必有极大值　　D. 必有极小值

7. 设函数 $z=f(x,y)$ 在点 $(x_0,y_0)$ 处的某邻域内有连续的二阶偏导数,且

$$f'_x(x_0,y_0)=f'_y(x_0,y_0)=0,f''_{xx}(x_0,y_0)>0,f''_{xy}(x_0,y_0)=0,f''_{yy}(x_0,y_0)>0,$$

则点 $(x_0,\ y_0)$(　　).

A. 是极小值点　　B. 是极大值点

C. 不是极值点　　D. 不确定,需进一步判定

8. 设二重积分 $\iint\limits_D f(x,y)\,\mathrm{d}x\mathrm{d}y$ 的积分区域由直线 $x=2$,$y=x$ 及曲线 $xy=1$ 所围成,则 $\iint\limits_D f(x,y)\,\mathrm{d}x\mathrm{d}y=$(　　).

A. $\int_1^2\mathrm{d}x\int_{\frac{1}{x}}^{x}f(x,y)\,\mathrm{d}y$　　B. $\int_1^2\mathrm{d}x\int_{x}^{\frac{1}{x}}f(x,y)\,\mathrm{d}y$

C. $\int_0^1\mathrm{d}x\int_0^{x}f(x,y)\,\mathrm{d}y+\int_1^2\mathrm{d}x\int_0^{\frac{1}{x}}f(x,y)\,\mathrm{d}y$　　D. $\int_0^1\mathrm{d}x\int_0^{x}f(x,y)\,\mathrm{d}y+\int_1^2\mathrm{d}x\int_0^{x}f(x,y)\,\mathrm{d}y$

9. 设 $D$ 是由 $y=kx(k>0)$，$y=0$ 和 $x=1$ 所围成的三角形域，且 $\iint\limits_D xy^2\mathrm{d}x\mathrm{d}y=\frac{1}{15}$，则 $k=$（　　）.

A. 1　　B. $\sqrt[3]{\frac{4}{5}}$　　C. $\sqrt[3]{\frac{1}{15}}$　　D. $\sqrt[3]{\frac{2}{5}}$

10. 交换二重积分 $I=\int_0^1\mathrm{d}y\int_0^y f(x,y)\mathrm{d}x$ 的积分次序，则 $I=$（　　）.

A. $\int_0^y\mathrm{d}x\int_0^1 f(x,y)\mathrm{d}y$　　B. $\int_0^1\mathrm{d}x\int_x^1 f(x,y)\mathrm{d}y$

C. $\int_0^1\mathrm{d}x\int_0^x f(x,y)\mathrm{d}y$　　D. $\int_0^1\mathrm{d}x\int_0^y f(x,y)\mathrm{d}y$

二、判断题.

1. 函数 $z=\arcsin(1-y)+\ln(x-y)$ 的定义域为 $\{(x,y)\mid |1-y|\leqslant 1, x-y\geqslant 0\}$.（　　）

2. 若 $f(x,y)$ 在点 $(x_0,y_0)$ 有定义，则 $f(x,y)$ 在 $(x_0,y_0)$ 处连续.（　　）

3. $f(x,y)$ 的偏导数 $\frac{\partial f}{\partial x}$ 及 $\frac{\partial f}{\partial y}$ 在点 $(x,y)$ 处存在且连续是 $f(x,y)$ 在该点可微的充要条件.（　　）

4. $f(x,y)$ 的偏导数 $\frac{\partial^2 z}{\partial x\partial y}$ 及 $\frac{\partial^2 z}{\partial y\partial x}$ 在区域 $D$ 内连续是 $\frac{\partial^2 z}{\partial x\partial y}=\frac{\partial^2 z}{\partial y\partial x}$ 的充分条件.（　　）

5. 若 $f(x,y)$ 在点 $(x_0,y_0)$ 的某邻域内有定义，且在点 $(x_0,y_0)$ 处连续，则函数 $f(x,y_0)$ 在 $x_0$ 处连续.（　　）

6. 设函数 $f(x,y)=\frac{x+y}{x-y}$，则 $f\left(\frac{1}{y},\frac{1}{x}\right)=\frac{x+y}{y-x}$.（　　）

7. 设 $z=f(x,y)$ 在点 $(0,0)$ 处对 $x$ 的偏导数存在，且 $f(0,0)=0$，则 $\lim\limits_{x\to 0}\frac{f(x,0)}{x}=f'_x(0,0)$.（　　）

8. 点 $(0,0)$ 是函数 $z=xy$ 的极小值点.（　　）

9. 设区域 $D$ 是由直线 $y=2x$，$y=3x$ 及 $x=1$ 所围成，则二重积分 $\iint\limits_D\mathrm{d}x\mathrm{d}y=\frac{1}{2}$.（　　）

10. $g(x,y)=\begin{cases}\frac{xy}{x^2+y^2}, & x^2+y^2\neq 0,\\ 0, & x^2+y^2=0\end{cases}$ 在 $(0,0)$ 点连续.（　　）

三、填空题.

1. $f(x,y)$ 在点 $(x,y)$ 处可微分是其在该点连续的________条件，$f(x,y)$ 在点 $(x,y)$ 连续是其在该点可微分的________条件.

2. $z=f(x,y)$ 在点 $(x,y)$ 处的偏导数 $\frac{\partial z}{\partial x}$，$\frac{\partial z}{\partial y}$ 存在是其在该点可微的________条件，$z=f(x,y)$ 在点 $(x,y)$ 处可微分是其在该点的偏导 $\frac{\partial z}{\partial x}$ 及 $\frac{\partial z}{\partial y}$ 都存在的________条件.

3. 设 $f(x,y)=\mathrm{e}^{-x}\sin(x+2y)$，则 $f'_x\left(0,\frac{\pi}{4}\right)=$________.

4. 设 $z=e^{y(x^2+y^2)}$，则 $z$ 的全微分 $dz=$________.

5. 设 $z=e^{x^2y}$，则 $\dfrac{\partial^2 z}{\partial x\partial y}=$________.

6. 设 $z=x^2+\sin y, x=\cos t, y=t^3$，则 $\dfrac{dz}{dt}=$________.

7. 设方程 $x^2+2y^2+3z^2-yz=0$ 确定了函数 $z=z(x,y)$，则 $\dfrac{\partial z}{\partial y}=$________.

8. 设 $D$ 为矩形域：$0\leqslant x\leqslant 1, -1\leqslant y\leqslant 0$，则二重积分 $\iint\limits_D ye^{xy}dxdy=$________.

9. 设 $D$ 是由直线 $x=y$，$y$ 轴，直线 $y=1$ 所围成的平面区域，则二重积分 $\iint\limits_D y^2e^{xy}dxdy=$________.

10. 改变二次积分的积分顺序：$\int_0^1 dx\int_x^{\sqrt{x}} f(x,y)dy=$________.

四、计算题.

1. 求偏导数或导数.

(1) $z=e^{-y}\sin(2x+y)$，求 $\dfrac{\partial z}{\partial x},\dfrac{\partial z}{\partial y}$；

(2) $z=\arctan(x\sqrt{y})$，求 $\dfrac{\partial z}{\partial x},\dfrac{\partial z}{\partial y}$；

(3) $u=x^{\frac{y}{z}}$，求 $\dfrac{\partial u}{\partial x},\dfrac{\partial u}{\partial y},\dfrac{\partial u}{\partial z}$；

(4) 设 $\dfrac{x}{z}=\ln\dfrac{z}{y}$，求 $\dfrac{\partial z}{\partial x},\dfrac{\partial z}{\partial y}$；

(5) 设 $z^3-3xyz=a^3$，求 $\dfrac{\partial^2 z}{\partial x\partial y}$.

2. 求全微分 $dz$.

(1) $z=\dfrac{x+y}{x-y}$；

(2) $z=\arcsin\dfrac{x}{y}$.

3. 计算二重积分 $\iint\limits_D xydxdy$，其中 $D$ 由曲线 $y=x^3$，$y=x$ 所围成的区域.

4. 变换积分次序.

(1) $\int_0^{\frac{1}{2}} dx\int_x^{1-x} f(x,y)dy$；

(2) $\int_0^{\frac{\sqrt{2}}{2}} dy\int_y^{\sqrt{1-y^2}} f(x,y)dx$.

5. 计算 $\iint\limits_D xdxdy$，其中 $D$ 是由 $O(0,0)$，$A(1,2)$，$B(2,1)$ 为顶点的三角形所围成的区域.

6. 计算二重积分 $\iint\limits_D \sqrt{y^2-xy}\,dxdy$，其中 $D$ 是由 $y=x$，$y=1$，$x=0$ 所围成的区域.

7. 计算二重积分.

(1) $\int_0^2 dx\int_x^2 e^{-y^2}dy$；

(2) $\int_0^1 dx\int_x^{\sqrt{x}} \dfrac{\sin y}{y}dy$.

# 附录　数学文化阅读

## 一、数学大师丘成桐的数学强国梦

当代数学大师丘成桐,是美国哈佛大学讲座教授,浙江大学数学中心主任,中科院晨兴数学中心主任,香港中文大学数学科学研究所所长. 1976 年,年仅 27 岁的丘成桐证明了卡拉比猜想,在世界上引起轰动. 1983 年,他获得世界最高数学奖——菲尔兹奖,这是世界数学领域的诺贝尔奖,直到今天,他和陶哲轩(2006 年获奖)还是仅有的两位华人获奖者. 1994 年,他获得瑞典皇家科学院为弥补诺贝尔奖没有设数学奖的“缺憾”而专门设立的国际大奖“克雷福特奖”,这是 7 年颁发一次的世界级大奖,有人称该奖“比诺贝尔奖还难拿”. 1997 年,他获得美国总统亲自颁发的美国国家科学奖.

有人动情地说,丘成桐与其他数学家不同,他把数学推向中国,推向整个华人世界,这是他的伟大之处. 丘成桐培养的 50 位博士大部分是中国人,其中许多人已成为国际上知名的学者,或成为我国科研院校的教学和研究的领军人物.

在事业臻于峰巅时,他却把大量时间和精力放到影响自己研究的行政和社交活动上. 这些举动源于他的一个梦——让中国成为数学强国. 他说:“我一生的最大愿望是帮中国强大起来!”虽然说科学没有国界,但科学家却有自己的民族. 作为一个华夏子孙,丘成桐有着强烈的民族自尊心和爱国心.

经历数十年的海外生活,丘成桐痛感民族落后受歧视,迫切希望祖国强盛起来. 科技强则国强,而数学是科技之母. 发达国家都是数学大国,中国想要成为经济强国,首先必须是数学强国. 而要数学强,必须有第一流的人才.

多年来,丘成桐为了振兴中华数学研究事业,利用自己的学术地位和世界性影响,创立国际数学研究机构,培养年轻数学家和战略科学家,挑战世界性数学难题,设立全球性的大奖以激励年轻数学家,创办世界华人数学家大会,以帮助年轻数学家了解国际学术动态,交流研究成果,号召一大批国际杰出青年数学家回国服务. 他促进了国内外数学家的融合和团结,而他所创立的数学中心则促进了数学学科和其他学科的融合.

“陈省身教授提出的中国成为世界数学大国的愿望已实现,中华数学事业已进入丘成桐时代,中国将成为世界数学强国!”英国数学大师约翰 · 科茨动情地说.

1994 年,丘成桐当选中科院首批外籍院士. 2003 年,他获得中国政府授予的国际科技合作奖. 江泽民曾高度称赞他:“先生心念中华,胸怀报国之志……”

丘成桐把全球华人数学家团结在一起,提携后辈,培养人才. 他以一颗华夏子孙的赤子之心,为了中华民族数学事业的崛起,为了中国成为数学强国,无私奉献. 在他的统帅下,外邦俊彦,九州豪士,个个怀瑾握瑜,这支海内外交融的世界级数学兵团正气势浩荡地向着世界数学的高峰挺进.

## 二、地震与对数

科学家为了测量地震强度的大小,将地震与数学中的对数联系在一起.里氏震级是释放能量的对数.里氏度数上升 1 级,地震仪曲线的振幅增大 10 倍,而地震能量的释放大约增加 30 倍.其实用数学方式描述自然现象一直都是人类揭示大自然的需要,人们希望从大量的检测数据中发现一些规律,以便能够事先作出预报.

地震的震级是怎么确定的?

里氏地震规模最早是在 1935 年由两位来自美国加州理工学院的地震学家里克特和古腾堡共同制定的.它由地震的震中释放出的能量来描述.为了使结果不为负数,里克特定义在距离震中 100 km 处之观测点地震仪记录到的最大水平位移(地震波振幅)为 1 微米时的地震作为 0 级地震.我们把这样的地震叫作一次"标准"地震,把它的里氏地震规模记作 $S$.假定一次地震在距离震中 100 km 处的最大水平位移(地震波振幅)为 $I$,那么这次地震的里氏地震规模就定义为 $M=\lg(I/S)$,这里,lg 函数是以 10 为底的对数函数.显然,如果 $I=S$,那么,$M=\lg(S/S)=\lg 1=0$,也就是说我们又得到了一次"标准"地震的里氏地震规模为零的结论.

里氏地震规模不是唯一的测量地震的办法,也不是最好的.但是现在采用的几个测量办法所得的数值基本一致.现在我们就用这个定义来回答前面提出来的问题.

让我们换个提法重新问我们的问题:一个里氏地震规模为 8 级的地震比一个里氏地震规模为 7 级的地震强多少倍?让我们分别记这两次地震的里氏地震规模为 $M_8$ 和 $M_7$,它们的强度分别记为 $I_8$ 和 $I_7$.于是 $M_8=\lg(I_8/S)=8$,$M_7=\lg(I_7/S)=7$.让我们利用对数的基本性质来做如下计算

$$\lg(I_8/I_7)=\lg[(I_8/S)/(I_7/S)]=\lg(I_8/S)-\lg(I_7/S)=M_8-M_7=8-7=1.$$

在上式中把对数转换成以 10 为底的指数,我们有 $I_8/I_7=10^1=10$,从而 $I_8$ 正好是 $I_7$ 的 10 倍.以此类推,8 级地震的强度就是 6 级地震的 100 倍,是 5 级地震的 1 000 倍,是 4 级地震的 10 000 倍.里氏震度从 0 到 9 分为十级.但从理论上讲,它并没有上限.大于 4.5 级的地震便会造成损害.强烈地震的震级大于 7.如 1964 年阿拉斯加地震为里氏 8.4 级;而 1906 年旧金山地震为里氏 7.8 级.

2008 年 5 月 12 日发生的四川汶川地震就是里氏 8 级的特大地震,震中许多的道路交通和房屋建筑都被震塌了,损毁了,有很多的人在地震中失去了生命.这次地震给我们提出了许多新的课题,在地震还无法预报的时候,各种房屋建筑的设计、建筑材料与工程质量,还有应急系统的规划部署等都需要很好地进行研究.

## 三、微积分符号史漫谈

### 1. 函数符号

约翰·伯努利于 1694 年首次提出函数概念,并以字母 $n$ 表示变量 $z$ 的一个函数.1734 年,欧拉以 $f\left(\frac{x}{a}+c\right)$ 表示 $\frac{x}{a}+c$ 的函数,在数学史上首次以"$f$"表示函数.

1797 年,拉格朗日大力推荐以 $f$、$F$、$\Phi$ 及 $\psi$ 表示函数,对后世影响深远. 1820 年,赫谢尔以 $f(x)$ 表示 $x$ 的函数. 1893 年,皮亚诺开始采用符号 $y=f(x)$ 及 $x=f^{-1}(y)$,成为现今通用的符号.

**2. 和式号**

以"$\sum$"来表示和式号是欧拉于 1775 年首先使用的,这个符号源于希腊文 $\sigma o\gamma\mu\alpha\rho\omega$(增加)的字头,"$\sum$"正是 $\sigma$ 的大写.

**3. 极限符号**

1786 年,瑞士的吕利埃首次以"Lim."来简化极限(Limit).

1841 年,魏尔斯特拉斯以 lim 代替 Lim,并于 1854 年采用符号 $\lim\limits_{n=\infty} p_n=\infty$. 1905 年,里斯引入了表示趋向的符号"→",而哈代于 1908 年采用了 $\lim\limits_{n\to\infty}\left(\frac{1}{n}\right)=0$,并指出可写作 $\lim\limits_{n\to\infty}$,$\lim\limits_{x\to a}$.

**4. 微分和导数符号**

牛顿是最早以点号来表示导数的,他以 $v,x,y$ 及 $z$ 等表示变量,在其上加一点表示对时间的导数,如以 $\dot{x}$ 表示 $x$ 对时间的导数. 此用法最早见于牛顿 1665 年的手稿.

1675 年,莱布尼茨分别引入 $\mathrm{d}x$ 及 $\mathrm{d}y$ 以表示 $x$ 和 $y$ 的微分,并把导数记作$\frac{\mathrm{d}x}{\mathrm{d}y}$,当时以 $x$ 表示纵坐标,而以 $y$ 表示横坐标. 除了坐标轴符号的变化外,这一符号一直沿用至今. 莱布尼茨还以 $\mathrm{dd}v$ 表示二阶微分. 1694 年,约翰 · 伯努利以 $\mathrm{dddd}z$ 表示四阶微分,一度流行于 18 世纪. 第一个以撇点表示导数的人是拉格朗日,1797 年他以 $y'$表示一阶导数,$y''$及 $y'''$分别表示二阶和三阶导数;1823 年,柯西同时以 $y'$及$\frac{\mathrm{d}y}{\mathrm{d}x}$表示 $y$ 对 $x$ 的一阶导数,这一用法也为人所接受,且沿用至今.

**5. 积分符号**

莱布尼茨于 1675 年以"omn. $l$"表示 $l$ 的总和,而 omn 为"omnia"(意即所有、全部)之缩写,其后又改写为"$\int$",以"$\int l$"表示所有 $l$ 的总和(Sum). $\int$ 为字母 $s$ 的拉长,此符号沿用至今.

傅里叶是最先采用定积分符号的人,1822 年,他在其名著《热的分析理论》中用了 $\frac{\pi}{2}\varphi(x)=\frac{1}{2}\int_0^{\pi}\varphi(x)\mathrm{d}x+etc$,同时 G. 普兰纳用了符号 $\int_0^1 a^u\mathrm{d}u=\frac{a-1}{\mathrm{Log}\ a}$,并很快为数学界所接受.

**6. 向量符号**

1806 年,瑞士人阿尔冈以 $\overline{AB}$ 表示一个有向线段或向量.

1896 年,沃依洛特区分了"极向量"及"轴向量". 1912 年,兰格文以 $\vec{a}$ 表示极向量,其后于字母上加箭头以表示向量的方法逐渐流行,尤其在手写稿中. 一些作者为了方便印刷,以粗黑体小写字母 $\boldsymbol{a},\boldsymbol{b}$ 等表示向量,这两种符号一直沿用至今.

1853 年,柯西把向径记作 $\bar{r}$,而它在坐标轴上的分量分别记为 $\bar{x}$,$\bar{y}$ 及 $\bar{z}$,且记 $\bar{r}=\bar{x}+\bar{y}+\bar{z}$.

1878 年,格拉斯曼以 $p=v_1e_1+v_2e_2+v_3e_3$ 表示一个具有坐标 $x,y$ 及 $z$ 的点,其中 $e_1,e_2$ 及 $e_3$ 分别为三个坐标轴方向的单位长度. 哈密顿把向量记作 $\rho=ix+jy+kz$,其中 $i,j,k$ 为两两垂直的单位向量. 这种记法后来与上述向量记法相结合;印刷时把 $i,j,k$ 印成小写粗黑体字母,手写时于字母上加箭头,并把系数(坐标)写于前面,即 $\rho=x\boldsymbol{i}+y\boldsymbol{j}+z\boldsymbol{k}$ 或 $\vec{\rho}=x\vec{i}+y\vec{j}+z\vec{k}$,这就是现在的用法.

## 四、什么是罗素悖论

罗素悖论:设性质 $P(x)$ 表示"$x\notin x$",现假设由性质 $P$ 确定了一个类 $A$——也就是说"$A=\{x\mid x\notin x\}$". 那么现在的问题是:$A\in A$ 是否成立? 首先,若 $A\in A$,则 $A$ 是 $A$ 的元素,那么 $A$ 具有性质 $P$,由性质 $P$ 知 $A\notin A$;其次,若 $A\notin A$,也就是说 $A$ 具有性质 $P$,而 $A$ 是由所有具有性质 $P$ 的类组成的,所以 $A\in A$.

罗素悖论还有一些更为通俗的描述,如理发师悖论、书目悖论.

罗素悖论在类的理论中通过内涵公理而得到解决.

### 1. 罗素悖论的例子

世界文学名著《唐·吉诃德》中有这样一个故事:

唐·吉诃德的仆人桑乔·潘萨跑到一个小岛上,成了这个岛的国王. 他颁布了一条奇怪的法律:每一个到达这个岛的人都必须回答一个问题:"你到这里来做什么?"如果回答对了,就允许他在岛上游玩,而如果答错了,就要把他绞死. 对于每一个到岛上来的人,或者是尽兴地玩,或者是被吊上绞架. 有多少人敢冒死到这岛上去玩呢? 一天,有一个胆大包天的人来了,他照例被问了这个问题,而这个人的回答是:"我到这里来是要被绞死的."请问桑乔·潘萨是让他在岛上玩,还是把他绞死呢? 如果应该让他在岛上游玩,那就与他说"要被绞死"的话不相符合,这就是说,他说"要被绞死"是错话. 既然他说错了,就应该被处绞刑. 但如果桑乔·潘萨要把他绞死呢? 这时他说的"要被绞死"就与事实相符,从而就是对的,既然他答对了,就不该被绞死,而应该让他在岛上玩. 小岛的国王发现,他的法律无法执行,因为不管怎么执行,都使法律受到破坏. 他思索再三,最后让卫兵把他放了,并且宣布这条法律作废. 这又是一条悖论.

在某个城市中有一位理发师,他的广告词是这样写的:"本人的理发技艺十分高超,誉满全城. 我将为本城所有不给自己刮脸的人刮脸,我也只给这些人刮脸. 我对各位表示热忱欢迎!"来找他刮脸的人络绎不绝,自然都是那些不给自己刮脸的人. 可是,有一天,这位理发师从镜子里看见自己的胡子长了,他本能地抓起了剃刀,你们看他能不能给他自己刮脸呢? 如果他不给自己刮脸,他就属于"不给自己刮脸的人",他就要给自己刮脸,而如果他给自己刮脸呢? 他又属于"给自己刮脸的人",他就不该给自己刮脸.

理发师悖论与罗素悖论是等价的:

因为,如果把每个人看成一个集合,这个集合的元素被定义成这个人刮脸的对象. 那么,理发师宣称,他的元素,都是城里不属于自身的那些集合,并且城里所有不属于自身的集合都属于他. 那么他是否属于他自己? 这样就由理发师悖论得到了罗素悖论. 反过来的变换也是成立的.

### 2. 罗素悖论的影响

19 世纪下半叶,康托尔创立了著名的集合论,在集合论刚产生时,遭到许多人的猛烈攻击.但不久这一开创性成果就为广大数学家所接受了,并且获得广泛而高度的赞誉.数学家们发现,从自然数与康托尔集合论出发可建立起整个数学大厦.因而集合论成为现代数学的基石."一切数学成果可建立在集合论基础上"这一发现使数学家们为之陶醉.1900 年,国际数学家大会上,法国著名数学家庞加莱就曾兴高采烈地宣称:"……借助集合论概念,我们可以建造整个数学大厦……今天,我们可以说绝对的严格性已经达到了……"

可是,好景不长.1903 年,一个震惊数学界的消息传出:集合论是有漏洞的!这就是英国数学家罗素提出的著名的罗素悖论.罗素的这条悖论使集合理论产生了危机.它非常浅显易懂,而且所涉及的只是集合论中最基本的东西.所以,罗素悖论一提出就在当时的数学界与逻辑学界引起了极大震动.德国的著名逻辑学家弗里兹在他的关于集合的基础理论完稿付印时,收到了罗素关于这一悖论的信.他立刻发现,自己忙了很久得出的一系列结果却被这条悖论搅得一团糟.他只能在自己著作的末尾写道:"一个科学家所碰到的最倒霉的事,莫过于是在他的工作即将完成时却发现所干的工作的基础崩溃了."

1874 年,德国数学家康托尔创立了集合论,很快渗透到大部分数学分支,成为它们的基础.到 19 世纪末,全部数学几乎都建立在集合论的基础之上了.就在这时,集合论中接连出现了一些自相矛盾的结果,特别是罗素提出的理发师悖论,它极为简单、明确、通俗.于是,数学的基础被动摇了,这就是所谓的第三次"数学危机".

### 3. 罗素悖论的解决

罗素悖论提出,危机产生后,数学家纷纷提出自己的解决方案.人们希望能够通过对康托尔的集合论进行改造,通过对集合定义加以限制来排除悖论,这就需要建立新的原则."这些原则必须足够狭窄,以保证排除一切矛盾;另一方面又必须充分广阔,使康托尔集合论中一切有价值的内容得以保存."

1908 年,策梅洛 (Zermelo)在自己这一原则基础上提出第一个公理化集合论体系,后来这一公理化集合系统很大程度上弥补了康托尔朴素集合论的缺陷.这一公理系统在通过弗兰克尔(Frankel)的改进后被称为策梅洛-弗兰克尔(ZF)公理.在该公理系统中,由于限制公理:$P(x)$是 $x$ 的一个性质,对任意已知集合 $A$,存在一个集合 $B$ 使得对所有元素 $x\in B$ 当且仅当 $x\in A$ 且 $P(x)$;因此$\{x|x$ 是一个集合$\}$并不能在该系统中写成一个集合,由于它并不是任何已知集合的子集;并且通过该公理,存在集合 $A=\{x|x$ 是一个集合$\}$在 ZF 系统中能被证明是矛盾的.因此罗素悖论在该系统中被避免了.

除 ZF 系统外,集合论的公理系统还有多种,如诺伊曼(von Neumann)等人提出的 NBG 系统等.

公理化集合系统的建立,成功排除了集合论中出现的悖论,从而比较圆满地解决了第三次数学危机.但在另一方面,罗素悖论对数学而言有着更为深刻的影响.它使得数学基础问题第一次以最迫切的需要的姿态摆到数学家面前,导致了数学家对数学基础的研究.而这方面的进一步发展又极其深刻地影响了整个数学.如围绕着数学基础之争,形成了现代数学史上著名的三大数学流派,而各派的工作又都促进了数学的大发展,等等.

以上简单介绍了数学史上由于悖论而导致的第三次数学危机及危机的解决，从中我们不难看到悖论在推动数学发展中起着巨大作用. 有人说：“提出问题就是解决问题的一半”，而悖论提出的正是让数学家无法回避的问题. 它对数学家说：“解决我，不然我将吞掉你的体系！”正如希尔伯特在《论无限》一文中所指出的那样：“必须承认，在这些悖论面前，我们目前所处的情况是不能长期忍受下去的. 人们试想：在数学这个号称可靠性和真理性的模范里，每一个人所学的、教的和应用的那些概念结构和推理方法竟会导致不合理的结果. 如果甚至于数学思考也失灵的话，那么应该到哪里去寻找可靠性和真理性呢？”悖论的出现逼迫数学家投入最大的热情去解决它. 而在解决悖论的过程中，各种理论应运而生了：第一次数学危机（$\sqrt{2}$、$\sqrt{3}$、$\pi$ 等不可通约的无理数出现，当时人们只知道整数和分数，产生困惑）促成了公理几何与逻辑的诞生；第二次数学危机$\left(\text{导数}\frac{0}{0}\text{，且 0 为除数不可理解}\right)$促成了分析基础理论的完善与集合论的创立；第三次数学危机（$A\in A$，$A$ 既是集合又是该集合的元素）促成了数理逻辑的发展与一批现代数学的产生，数学由此获得了蓬勃发展. 这或许就是数学悖论重要意义之所在吧，而罗素悖论在其中起到了重要的作用.

## 五、费马大定理

如果一个直角三角形的两条直角边分别是 $a$ 和 $b$，斜边是 $c$，那么 $a^2+b^2=c^2$ 这就是著名的“勾股定理”. 如果 $a$、$b$、$c$ 都是正整数，就说它们是一组勾股数. 一般地说，勾股数就是不定方程 $x^2+y^2=z^2$ 的正整数解.

在公元前 1600 年的一块巴比伦泥板中，记载了 15 组勾股数，包括（119，120，169），（3367，3456，4825），（12709，13500，18541）这样一些数值很大的勾股数，说明当时已经有了求勾股数的某种公式.

于是人们进一步设想：在上述不定方程中，如果未知数的次数比 2 大，还有没有正整数解呢？大约在 1637 年，费马认真地研究了这个问题，他在《算术》这本书靠近问题 8 的页边处，写了下面一段话：“一个立方数不可能表示为两个立方数之和，一个四次方也不可能表示为两个四次方之和. 一般说来，指数大于 2 的任何次幂不可能表为两个同样方幂之和. 我已找到了一个奇妙的证明，但书边空白太窄，写不下. ”也就是说，当 $n>2$ 时，$n$ 次方的不定方程 $x^n+y^n=z^n$ 没有正整数解. 这就是通常人们所说的费马大定理，也叫费马最后定理.

后来，一直没有发现费马的证明. 300 多年来，大批数学家，其中包括欧拉、高斯、阿贝尔、柯西等许多最杰出的数学家都试图加以证明，但都没有成功，使这个大定理成了数学中最著名的未解决问题之一.

费马大定理也吸引了无数业余爱好者. 当 1908 年德国哥廷根科学院宣布将发给第一个证明它的人 10 万马克奖金时，据说有些商人也加入了研究的行列. 但由于费马大定理不可能有初等证明，因而那些连初等数论的基本内容都不熟悉的人，对此只能“望洋兴叹”了. 这说明攻克世界难题，不仅需要勇气和毅力，还需要具备扎实的基础知识.

这个难题，一直到 1994 年，才被英国的数学家安德鲁・怀尔斯证明. 其长文“模椭圆曲线和费马大定理”1995 年 5 月发表在美国《数学年刊》第 142 卷，实际占满了全卷，共五章，130 页．怀尔斯的证明获得了世界的公认．

## 六、矩阵密码问题

矩阵密码法是信息编码与解码的技巧，其中的一种是利用可逆矩阵的方法．先在 26 个英文字母与数字间建立起一一对应．例如可以是

$$\begin{matrix} \mathrm{A} & \mathrm{B} & \cdots & \mathrm{Y} & \mathrm{Z} \\ \updownarrow & \updownarrow & & \updownarrow & \updownarrow \\ 1 & 2 & \cdots & 25 & 26 \end{matrix}$$

若要发出信息“SEND MONEY”，使用上述代码，则此信息的编码是 19，5，14，4，13，15，14，5，25，其中 5 表示字母 E．不幸的是，这种编码很容易被别人破译．在一个较长的信息编码中，人们会根据出现频率最高的数值而猜出它代表的是哪个字母，比如上述编码中出现最多次的数值是 5，人们自然会想到它代表的是字母 E，因为统计规律告诉我们，字母 E 是英文单词中出现频率最高的．

我们可以利用矩阵乘法来对“明文”“SEND MONEY”进行加密，让其变成“密文”后再行传递，以增加非法用户破译的难度，而让合法用户轻松解密．如果一个矩阵 $\boldsymbol{A}$ 的元素均为整数，而且其行列式 $|\boldsymbol{A}|=\pm1$，那么由 $\boldsymbol{A}^{-1}=\frac{1}{|\boldsymbol{A}|}\boldsymbol{A}^{*}$ 即知，$\boldsymbol{A}^{-1}$ 的元素均为整数．我们可以利用这样的矩阵 $\boldsymbol{A}$ 来对明文加密，使加密之后的密文很难破译．现在取

$$\boldsymbol{A}=\begin{bmatrix} 1 & 2 & 1 \\ 2 & 5 & 3 \\ 2 & 3 & 2 \end{bmatrix},$$

明文“SEND MONEY”对应的 9 个数值按 3 列被排成以下的矩阵

$$\boldsymbol{B}=\begin{bmatrix} 19 & 4 & 14 \\ 5 & 13 & 5 \\ 14 & 15 & 25 \end{bmatrix},$$

矩阵乘积

$$\boldsymbol{AB}=\begin{bmatrix} 1 & 2 & 1 \\ 2 & 5 & 3 \\ 2 & 3 & 2 \end{bmatrix}\begin{bmatrix} 19 & 4 & 14 \\ 5 & 13 & 5 \\ 14 & 15 & 25 \end{bmatrix}=\begin{bmatrix} 43 & 45 & 49 \\ 105 & 118 & 128 \\ 81 & 77 & 93 \end{bmatrix}.$$

对应着将发出去的密文编码：

$$43,105,81,45,118,77,49,128,93$$

合法用户用 $\boldsymbol{A}^{-1}$ 去左乘上述矩阵即可解密得到明文．

$$\boldsymbol{A}^{-1}\begin{bmatrix} 43 & 45 & 49 \\ 105 & 118 & 128 \\ 81 & 77 & 93 \end{bmatrix}=\begin{bmatrix} 1 & -1 & 1 \\ 2 & 0 & -1 \\ -4 & 1 & 1 \end{bmatrix}\begin{bmatrix} 43 & 45 & 49 \\ 105 & 118 & 128 \\ 81 & 77 & 93 \end{bmatrix}=\begin{bmatrix} 19 & 4 & 14 \\ 5 & 13 & 5 \\ 14 & 15 & 25 \end{bmatrix}.$$

为了构造“密钥”矩阵 $\boldsymbol{A}$，我们可以从单位矩阵 $\boldsymbol{E}$ 开始，有限次地使用第三类初等行变换，而且只用某行的整数倍加到另一行，当然，第一类初等行变换也能使用. 这样得到的矩阵 $\boldsymbol{A}$，其元素均为整数，而且由于 $|\boldsymbol{A}|=\pm 1$ 可知，$\boldsymbol{A}^{-1}$ 的元素必然均为整数.

## 七、解析几何的创立

17 世纪欧洲科学技术的发展向人们提出了许许多多用常量数学难以解决的问题，天体运动和物理运动也提出了用运动的观点来研究圆锥曲线和其他曲线的问题，为此人们寻求解决变量问题的新方法，从而使笛卡儿创立了解析几何学. 解析几何的诞生是数学的伟大转折，正如恩格斯所说：“数学中的转折点是笛卡儿的变数. 有了变数，运动进入了数学，有了变数，辩证法进入了数学，有了变数，微分和积分立刻成为必要的了. ”

### 1. 早期的坐标概念

在没有把坐标的概念引进数学之前，人们对坐标思想的认识和运用早就有过. 我国最早用“井”字表示井周围的土地就是取自坐标的形态.

古希腊的托勒密曾讨论过球面上的经纬度，我国 13、14 世纪解多元高次方程组使用的“四元术”，这些都是坐标概念的早期示例. 以后出现的棋盘、算盘、街道门牌号等，实际上也是一种坐标系统.

16 世纪末，法国数学家韦达在代数中首先系统地使用字母，他所研究的代数问题，大多数是为解决几何问题而提出来的. 之后韦达的学生格塔拉底对几何问题的代数解法作了系统地研究，于 1607 年和 1630 年分别发表了《阿波罗尼斯著作的现代阐释》《数学的分析与综合》的著作. 1631 年，英国数学家哈里奥特把韦达和格塔拉底的思想加以引申和系统化. 这些都为几何学和代数学的结合，形和数的结合，铺平了道路.

### 2. 费马的坐标法

1629 年法国数学家费马在对前人几何研究的反思中，产生了一个想法，认为古人对于轨迹的研究感到困难，其原因只有一个，就是由于他们对轨迹没有给予充分而又一般的表示. 他认为，要将轨迹作一般的表示，只能借助于代数. 他了解到韦达用代数解决几何问题的做法后，决定把阿波罗尼斯关于圆锥曲线的结果，直接翻译成代数的形式.

费马所用的一般方法，实质上就是坐标法. 他考虑任意曲线和它上面的任意点 $K$，$K$ 的位置用 $A$、$E$ 两个字母来确定. 其中 $A$ 是从点 $O$ 沿底线到点 $Z$ 的距离，$E$ 是从 $Z$ 到 $K$ 的距离. 这实际上是我们现代的斜坐标. 但 $y$ 轴没有明显标出，而且不用负数. 他的 $A$、$E$ 就相当于我们现在的坐标 $x$、$y$.

费马通过建立坐标，把平面上的点和一对未知数联系起来. 然后在点动成线的思想下，把曲线用一个方程表示出来. 他想，未知数 $A$ 和 $E$ 实际上是变数，因而联系 $A$ 和 $E$ 的方程是不确定的. 他便用不同字母代表不同类的数，然后写出联系 $A$ 和 $E$ 的各种方程，并指明它们所描绘的各种曲线. 费马肯定，方程如果是一次的，就代表直线，如果是二次的，就代表圆锥曲线，并给出了

直线、圆、椭圆、双曲线、抛物线的方程.

费马通过坐标法把几何曲线和代数方程联系起来，从而把几何学和代数学联系起来，这已经接近解析几何的核心思想. 他冲破几何学研究的古典形式的束缚，使几何学向前迈出了一大步.

### 3. 笛卡儿解析几何的诞生

几乎是费马研究解析几何的同时，法国数学家笛卡儿也在独立地研究着.

1596 年 3 月，笛卡儿出生在法国图伦省一个贵族之家. 他从小丧母，父亲是地方议会议员，保姆抚养他成人. 笛卡儿 8 岁进入当时欧洲最负盛名的拉夫累舍公学读书，1612 年入波埃顿大学攻读法律，四年后以最优秀的成绩获得法学博士学位. 毕业后他来到巴黎当律师，其间，曾到郊区一个僻静的住所埋头研究了两年数学.

1617 年他参加了奥伦治公爵的军队，部队驻守在荷兰小城布雷达. 1618 年 11 月的一天，笛卡儿看到贴在街头海报上征解的一道数学难题，两天后他送去了正确答案，成功地解决了这一难题. 这一偶然的机会使他决心终生研究数学.

笛卡儿认真地分析了几何学与代数学的优缺点. 他认为古希腊人给后人带来的几何方法过于抽象和特殊；欧几里得几何中的每一个证明，都需要一个特殊的新方法，这既"笨拙和不必要"，而且使几何学"失去科学的形象"；又认为当时通行的代数"完全受法则和公式的控制，成为一种混杂和晦暗，阻碍思想". 他准备寻找另一种能概括这两门学科优点的新方法.

1619 年，部队驻扎在多瑙河畔的诺伊堡小镇上，笛卡儿整天沉迷在画图、计算和思考之中，探索几何与代数的本质联系，各种思路和演算常常使他夜里迟迟不能入睡. 11 月 10 日晚，他的思考达到了异常兴奋的地步，连做梦都梦到怎样把代数应用到几何中去的方法. 他后来说："第二天，我开始懂得这惊人发现的基本原理. 我终于发现了一种不可思议的科学的基础. "这就是解析几何思想的萌生.

笛卡儿在给定的轴上标出 $x$，在与该轴成固定角的线上标出 $y$，并且作出其 $x$、$y$ 的值满足给定关系的点，这实际上是引进了"坐标"的概念. 通过坐标实现了平面的"算术化"，即平面上的一个点，只要用一个数对 $(x,y)$ 来表示就行了，反之亦然. 再利用坐标方法，把平面上的曲线与一个含有两个未知数的方程联系起来. 这样一来，就能把几何问题归结为代数问题，并运用代数方法来研究几何对象. 1619 年 11 月 10 日应算作解析几何最初的诞生日.

笛卡儿和费马的解析几何在坐标观点以及用方程表示曲线的方法方面基本上是相同的. 但是在对待传统数学的态度上，两者是不同的. 笛卡儿打破了希腊数学的传统，用代数方法代替传统的几何方法，这是数学史上的一次重大变革，而费马却着眼于继承希腊人的思想，认为他自己的工作只是重新表述了阿波罗尼斯的工作.

### 4. 解析几何学的完善

当时，多数数学家受旧的观念的束缚，反对把代数和几何混在一起，因而解析几何的思想并没有很快被数学家们接受. 笛卡儿的《几何学》于 1637 年出版后，也没有引起普遍重视. 费马的著作迟至 1679 年才出版.

笛卡儿去世 5 年后的 1655 年，英国数学家沃利斯首先引进了负的纵、横坐标，使得所考虑的曲线的范围扩展到了整个平面. 沃利斯进一步完善了坐标法,其著作《论圆锥曲线》引起了数学家的普遍重视,大大传播了解析几何思想.

费马和笛卡儿提出的坐标系都是不完整的,费马没有明确 $y$ 轴,而笛卡儿只是用了一根 $x$ 轴,$y$ 轴是沿着与 $x$ 轴成斜角的方向画出的.

1691 年,雅可布·伯努利发明了另一种坐标. 他用一个固定点以及由该点发出的射线为基准,用平面上一点到固定点的连线的长度和这连线与基准的夹角的余弦为点的坐标,这实质上就是现在的极坐标.

在笛卡儿 $x$、$y$ 轴的基础上,1694 年莱布尼茨提出并正式使用纵坐标,而横坐标到 18 世纪才由沃尔夫等人引入. 坐标一词也是莱布尼茨在 1692 年首创的. 1715 年,约翰·伯努利引进了现在通用的三个坐标平面,把解析几何从平面推广到空间.

1745 年,欧拉给出了现代形式下的解析几何的系统叙述,这是解析几何发展史上的重要一步. 之后,对解析几何发展做出重要贡献的是法国数学家拉格朗日,他在 1788 年提出了向量概念,引起了数学家与物理学家的极大注意,向量分析的出现立即对解析几何产生深刻的影响,现在向量代数成了空间解析几何的重要内容.

19 世纪,经典解析几何已经发展得相当完备. 这时候,这门学科才正式定名为“解析几何”,并流传下来.

解析几何的建立在数学史上占有重要的地位,它使变量数学从此走上了历史舞台,它实现了数形关系的沟通. 作为一种有效的数学工具,它不仅广泛地被使用于物理学和其他工程技术领域,还常常渗透到各个数学分支,在整个数学中发挥作用,同时,它还可以启发人们提出新的观点. 拉普拉斯说的好:“只要代数同几何分道扬镳,它们的进展就缓慢,它们的应用就狭窄,但是当这两门科学结合成伴侣时,它们就互相吸取新鲜的活力. 从那以后,就以快速的步伐走向完善.”17 世纪以来数学的巨大发展,很大程度上归功于解析几何.

## 八、近代数学巨匠——希尔伯特

希尔伯特(Hilbert,1862—1943)是德国数学家,国际数学界的一位巨人. 生于东普鲁士首府哥尼斯堡. 母亲受过良好的教育,爱好哲学、天文学和数学. 父亲是法官,对子女的要求严格而认真. 他对儿子的早期教诲,强调培养普鲁士人的美德,即守时、守信、勤奋、节俭、遵纪、守法. 哥尼斯堡有着良好的文化传统,工商业很发达,有一所著名的大学,是伟大哲学家康德的故乡,希尔伯特的成长受到康德思想的熏陶.

希尔伯特酷爱音乐和舞蹈,尤为喜欢响亮的音乐. 他经常去听音乐会,其音乐知识和欣赏能力给人以深刻印象. 他喜欢荷马和歌德的诗,有时也喜欢读小说,但必须包含实在的情节. 正由于他对艺术的理解,他认为数论是人类智力和精神的最奇妙的创造,既是一门科学,又是最伟大的艺术. 正是他的艺术修养,才使他对数学生命有深刻的领悟力、丰富的想象力和激动人心的表达方式,从他的清澈明快的语言中可以体会到诗歌的韵律和音乐的魅力,也正由于他有这样

深厚艺术修养，才使他在数学教学和研究中“活”起来.

他有正直、真诚、严谨、谦虚的高尚品格，有勤奋、节俭、准时、守信的美德，他的信条是：“我们必须知道，我们必将知道.”他的激情和乐观精神感染着整个数学界，他一旦认准方向，就以坚强的性格，超人的毅力，无休止的进取心和克服一切困难的勇气执着地追求.

希尔伯特一生的巨大贡献是多方面的. 1888 年，他以高度的创造性发展了不变量数学，证明了不变系的基的有限性；1897 年，发表了代数数论的报告，对这一分支总结了过去，展望了未来；1899 年，出版了《几何基础》，标志着几何学的公理化处理的转折点；1900 年，在数学家大会上所作的《数学问题》报告中，列举了 23 个数学问题，总结了几乎他那个时代数学的一切方面，并对 20 世纪数学的发展产生了巨大影响；1909 年左右他的关于积分方程的工作，直接导致了泛函分析的研究，为无穷维空间奠定了基础，并把这一理论应用于数学物理，产生了重大影响；1918 年以后，他发展了早期的几何基础的工作，形成了数学基础中“形式主义”这一流派，创立了证明论或元数学，成为数理逻辑五大部分之一.

希尔伯特之所以在数学上做出多方面的巨大贡献，成为整个数学界的领袖人物 ，就在于他在良好的家庭教育和社会环境下吸取了优秀文化传统中的思想精华，形成了他自己独特的思维方式. 这种思维方式正如他的得意门生外尔对其所概括的若干思想特征，包括希尔伯特对理性的科学价值不动摇的信念，敏锐但并非怀疑主义的批判能力，提示别人的惊人能力，清晰明快的思考与表达方式. 外尔说：“数学的问题，并非真空中孤立的问题，在其中有着思想的生命在搏动. 它通过有史以来人类的努力具体地实现他们自己，并超越任何特殊科学形成一个不可分离的整体. 希尔伯特有力量唤起这个生命，通过它，他测量他个人的科学成就，并在他自己的周围感到对它的责任. 在这个意义上，而不是在依附于某一个认识论或形而上学论的意义下，他是一位哲学家.”这就是说，从哲学意义上感受并唤起数学的生命，是希尔伯特的本质的思想特征. 以上这些思想特征大体上构成希尔伯特的思维方式的主要方面，而其中对数学思想的生命的探索是起主导作用的思想.

希尔伯特从数学生命这一全新的角度来思考数学，对待数学，他最感兴趣的首先是作为认识过程的思想观念、创造活动，然后才是知识成果. 他所探索的是数学的动力、源泉，数学发展的生长点，数学思维方式的改进和已有研究规范的改进和变革. 他把数学发展看成是活生生的动态过程，力求掌握其精神实质和生长规律，掌握符合数学发展规律的思想方法. 希尔伯特对数学生命的深刻认识，与他自身的品德和价值观念是互相联系、互相渗透、互相促进的，他能够将数学的生命同自身的学术生命融为一体，在为人为学上都达到高尚的精神境界. 希尔伯特的思想观念和品德所构成的希尔伯特精神，不仅是数学界，也是全人类的宝贵精神财富.

通过希尔伯特这位数学大师的个例剖析，我们看到观念的成分在数学中占有重要地位，通过希尔伯特对数学的生命的认识与探索，我们认识到数学中各个成分不是孤立的，而是一个统一的有机整体，更为重要的是我们领悟到希尔伯特精神将有更为深远的教育意义.

# 习题参考答案

## 练习题 6.1

1. $C_1=\pm1, C_2=k\pi+\dfrac{\pi}{2}, k\in\mathbf{Z}$.

2. 不是.

3. (1) $y=\ln|x|+C$; (2) $y=e^x-x-2$.

## 练习题 6.2

1. $y=C(1+e^x)$; 2. $e^y=\dfrac{1}{2}e^{2x}+\dfrac{1}{2}$; 3. $(e^y-1)(e^x+1)=C$;

4. $y=xe^{Cx+1}$; 5. $y=x^2\left(\dfrac{1}{2}\ln x+2\right)$; 6. $y=(x+1)^2\left[\dfrac{2}{3}(x+1)^{\frac{3}{2}}+C\right]$.

## 练习题 6.3

1. (1) $y=\dfrac{1}{6}x^3-\sin x+C_1x+C_2$;

   (2) $y=-\ln|\cos(x+C_1)|+C_2$;

   (3) $y=\dfrac{1}{3}C_1x^3+C_1x+C_2$;

   (4) $y=C_2e^{C_1x}$.

2. $y=\dfrac{4}{(x-5)^2}$.

## 练习题 6.4

1. (1) $y=C_1+C_2e^{4x}$; (2) $y=(C_1+C_2x)e^x$;

   (3) $y=e^{-3x}(C_1\cos 2x+C_2\sin 2x)$.

2. (1) $y=(4+7x)e^{-\frac{x}{2}}$; (2) $y=3e^{-2x}\sin 5x$.

## 练习题 6.5

1. 3.8%.
2. 下雪从上午 7 点 22 分 55 秒开始的.
3. 略.

## 练习题 6.6

1. (1) exp(2^(1/2) * x) * C2+exp(-2^(1/2) * x) * C1-5 * x;
   (2) C1+C2 * exp(4 * x).
2. (1/2 * x^2+1) * exp(-x^2).
3. (2 * log(1+exp(x))-2 * log(1+exp(1))+1)^(1/2).

## 综合练习题六

一、1. B. 2. D. 3. D. 4. D. 5. C. 6. A. 7. B. 8. C. 9. B. 10. D. 11. A. 12. A.

二、1. √. 2. ×. 3. √. 4. √. 5. ×. 6. √. 7. ×. 8. ×. 9. ×. 10. √. 11. ×. 12. √.

三、1. $y=\sin x$;  2. 二;  3. $y=(C+x)e^{-x}$;  4. $y^2=\frac{2}{3}x^3+4$;
5. $e^y=e^x+C$;  6. $y=Ce^{-\frac{x^2}{2}}$;  7. $y=(C_1+C_2x)e^{-x}$;  8. $y=1-e^{-x}$;
9. $y''-y=0$;  10. $-1$.  11. $r^2-3r+2=0, r_1=1, r_2=2, y=C_1e^x+C_2e^{2x}$.
12. $r^2-4r+3=0, y=C_1e^x+C_2e^{3x}$.

四、1. $\cos x-\sqrt{2}\cos y=0$;  2. $y^2=2\ln(1+e^x)+1-2\ln(1+e)$;
3. $y=2e^{3x}+4e^x$;  4. $s=2e^{-t}(t+2)$.

五、1. $y=\frac{1}{2x^2}(C-e^{-x^2})$;  2. $x^2-2xy-y^2=C$;
3. $y=e^{3x}(C_1+C_2x)$;  4. $y=e^{2x}(C_1\cos 3x+C_2\sin 3x)$.

六、$x^2+y^2=2$.

## 练习题 7.1

1. (1) 必要条件;  (2) $\frac{1}{3^6+1}$;  (3) 发散.
2. (1) 收敛;  (2) 发散;  (3) 发散;  (4) 发散;  (5) 发散;  (6) 发散;

(7) 发散；　(8) 收敛；　(9) 收敛.

## 练习题 7.2

1. (1) 收敛.　(2) $\frac{5}{8}$.　(3) 绝对.　(4) 收敛.

2. (1) 收敛；(2) 发散；(3) 发散；(4) 收敛；(5) 收敛；(6) 收敛；(7) 收敛.

3. (1) 发散；(2) 收敛；(3) 收敛；(4) 收敛.

4. (1) 收敛；(2) 收敛.

5. (1) 绝对收敛；(2) 条件收敛；(3) 绝对收敛；(4) 绝对收敛；(5) 绝对收敛.

## 练习题 7.3

1. (1) $R=1,[-1,1]$；　(2) $R=\frac{1}{2},\left[-\frac{1}{2},\frac{1}{2}\right]$；　(3) $R=1,[4,6)$；

(4) $R=1,[2,4]$；　(5) $R=1,[-1,1]$；　(6) $R=0$；

(7) $R=0$；　(8) $R=\frac{e^2-1}{2e},\left(\frac{1}{e},1\right)$；　(9) $R=1,[1,3]$.

2. (1) $S(x)=\frac{1}{(1-x)^2}$；　(2) $S(x)=\frac{1}{2}\ln\frac{1+x}{1-x}$；

(3) $S(x)=\frac{1}{(1-x)^3}$；　(4) $S(x)=x+(1-x)\ln(1-x)$.

## 练习题 7.4

1. (1) $\sum_{n=0}^{\infty}\frac{x^{2n+2}}{n!},(-\infty,+\infty)$；　(2) $\sum_{n=1}^{\infty}\frac{(-1)^{n-1}x^{2n-1}}{(2n-1)!\cdot 2^{2n-1}},(-\infty,+\infty)$；

(3) $\ln 2+\sum_{n=1}^{\infty}\frac{(-1)^{n-1}x^n}{n\cdot 2^n},(-2,2]$；　(4) $1+\sum_{n=1}^{\infty}\frac{(-1)^n(2x)^{2n}}{2\cdot(2n)!},(-\infty,+\infty)$；

(5) $x+\sum_{n=2}^{\infty}\frac{(-1)^n x^n}{n(n-1)},(-1,1]$；　(6) $\sum_{n=0}^{\infty}\frac{x^n[1+(-1)^{n+1}2^n]}{3},\left(-\frac{1}{2},\frac{1}{2}\right]$.

2. (1) $\sum_{n=0}^{\infty}(-1)^{n+1}(x-2)^n,(1,3)$；(2) $\ln 3+\sum_{n=1}^{\infty}\frac{(-1)^{n-1}(x-2)^n}{n\cdot 3^n},(-1,5]$.

3. $\frac{1}{\sqrt{2}}\left[1+\left(x-\frac{\pi}{4}\right)-\frac{\left(x-\frac{\pi}{4}\right)^2}{2!}-\frac{\left(x-\frac{\pi}{4}\right)^3}{3!}+\cdots\right],(-\infty,+\infty)$.

4. $\sum\limits_{n=0}^{\infty}\left(\frac{1}{2^{n+1}}-\frac{1}{3^{n+1}}\right)(x+4)^n$, $(-6,-2)$.

## 练习题 7.5

1. (1) $f(x)=2\left(\sin x-\frac{1}{2}\sin 2x+\frac{1}{3}\sin 3x-\cdots+\frac{(-1)^{n+1}}{n}\sin nx+\cdots\right)$,

   $((-\infty,+\infty), x\neq(2k+1)\pi, k\in\mathbf{Z})$;

   (2) $f(x)=\frac{\pi}{4}-\sum\limits_{n=1}^{\infty}\left[\frac{2}{(2n-1)^2\pi}\cos(2n-1)x+\frac{(-1)^n}{n}\sin nx\right]$

   $((-\infty,+\infty), x\neq(2k+1)\pi, k\in\mathbf{Z})$;

   (3) $f(x)=\sum\limits_{n=1}^{\infty}\frac{(-1)^n 18\sqrt{3}n}{(1-9n^2)\pi}\sin nx$, $((-\infty,+\infty), x\neq(2k+1)\pi, k\in\mathbf{Z})$.

2. $f(x)=\frac{11}{12}+\frac{1}{\pi^2}\left(\cos 2\pi x-\frac{1}{2^2}\cos 4\pi x+\frac{1}{3^2}\cos 6\pi x-\frac{1}{4^2}\cos 8\pi x+\cdots\right)$, $(-\infty,+\infty)$.

## 练习题 7.7

1. 1/(x-1)^2.
2. 1/2 * log((1+x)/(1-x)).
3. 1/(1-x)^2.

## 综合练习题七

一、1. D. 2. C. 3. A. 4. D. 5. D. 6. C. 7. A. 8. B. 9. C.
10. A. 11. A. 12. D.

二、1. ×. 2. √. 3. ×. 4. √. 5. ×. 6. ×. 7. ×. 8. ×.
9. ×. 10. √. 11. √. 12. √.

三、1. 收敛. 2. 0. 3. $|q|>1$. 4. $\frac{1}{(2n-1)(2n+1)}$, $\sum\limits_{n=1}^{\infty}\frac{1}{(2n-1)(2n+1)}$.

5. $\frac{2}{2-\ln 3}$. 6. $\lim\limits_{n\to\infty}n\sin\frac{1}{n}\neq 0$. 7. 发散. 8. $\min\{R_1,R_2\}$. 9. $(-2,4)$.

10. $\frac{1}{3}$. 11. $\frac{e^x}{1-x}=\sum\limits_{n=0}^{\infty}\left(1+\frac{1}{1!}+\frac{1}{2!}+\frac{1}{3!}+\cdots+\frac{1}{n!}\right)x^n$, $(-1,1)$.

12. $\frac{1}{2}\pi^2$.

四、1. 收敛; 2. 收敛; 3. 收敛; 4. 发散; 5. 发散; 6. 发散; 7. 收敛.

五、绝对收敛.

六、1. $R=5$, $[-5,5)$; 2. $R=+\infty$, $(-\infty,+\infty)$; 3. $R=1$, $(0,2]$.

七、1. $\cos\sqrt{x}=1-\frac{x}{2!}+\frac{x^2}{4!}-\frac{x^3}{6!}+\cdots,[0,+\infty)$;

2. $\ln(2x+4)=\ln 4+\sum_{n=1}^{\infty}(-1)^{n-1}\frac{1}{2^n\cdot n}x^n,(-2,2]$.

八、$x^3=\sum_{n=1}^{\infty}(-1)^n\frac{2(6-n^2\pi^2)}{n^3}\sin nx,(-\pi\leqslant x<\pi)$.

九、$f(x)=\frac{1}{3}-\frac{4}{\pi^2}\left(\cos\pi x-\frac{1}{2^2}\cos 2\pi x+\frac{1}{3^2}\cos 3\pi x-\cdots\right),(-1\leqslant x\leqslant 1)$.

## 练习题 8.1

1. (1) 42; (2) 1; (3) 8.
2. (1) 44; (2) −5.
3. (1) −120; (2) $abcd$; (3) 0.

## 练习题 8.2

1. (1) 8; (2) 160; (3) −3; (4) 0.
2. 略.
3. (1) $x^n+(-1)^{n+1}y^n$; (2) $[x+(n-1)a](x-a)^{n-1}$.
4. $\left[1-\left(\frac{1}{2}+\frac{1}{3}+\frac{1}{4}+\cdots+\frac{1}{n}\right)\right]\times n!$.

## 练习题 8.3

1. (1) $\begin{cases}x_1=\frac{2}{3},\\ x_2=\frac{1}{3};\end{cases}$ (2) $\begin{cases}x_1=3,\\ x_2=4,\\ x_3=5;\end{cases}$ (3) $\begin{cases}x_1=3,\\ x_2=-4,\\ x_3=-1,\\ x_4=1.\end{cases}$
2. 只有零解.
3. $\lambda=-2$ 或 $\lambda=7$.

## 练习题 8.4

1. (1) $\begin{bmatrix}3&9\\-3&3\end{bmatrix}$; (2) $\begin{bmatrix}2&4\\0&-1\end{bmatrix}$.
2. (1) $\begin{bmatrix}7&3&3\\6&3&4\\3&4&7\end{bmatrix}$; (2) $\begin{bmatrix}-4&0&0\\0&0&-4\\0&-4&-4\end{bmatrix}$.

3. (1)(0)；

(2)$\begin{bmatrix} 2 & 3 & -1 \\ -2 & -3 & 1 \\ -2 & -3 & 1 \end{bmatrix}$；

(3) $\begin{bmatrix} 2 & 18 \\ 1 & 4 \end{bmatrix}$；

(4)$\begin{bmatrix} -1 & 10 \\ 0 & 7 \end{bmatrix}$.

4. (1)$\begin{bmatrix} a_1^5 & 0 & 0 \\ 0 & a_2^5 & 0 \\ 0 & 0 & a_3^5 \end{bmatrix}$；

(2)$\begin{bmatrix} 0 & 0 & 0 \\ 0 & 0 & 0 \\ 0 & 0 & 0 \end{bmatrix}$.

5. 略.

## 练习题 8.5

1. (1) 可逆，逆矩阵为$\begin{bmatrix} -2 & 1 \\ \dfrac{3}{2} & -\dfrac{1}{2} \end{bmatrix}$；

(2) 可逆，逆矩阵为$\begin{bmatrix} \cos\theta & -\sin\theta \\ \sin\theta & \cos\theta \end{bmatrix}$；

(3) 可逆，逆矩阵为$\begin{bmatrix} 1 & -2 & 7 \\ 0 & 1 & -2 \\ 0 & 0 & 1 \end{bmatrix}$；

(4) 不可逆.

2. $\begin{bmatrix} 0 & 2 & -1 \\ -1 & 2 & -1 \\ 0 & 1 & -1 \end{bmatrix}$.

3. $\begin{bmatrix} -8 & 3 \\ -10 & 4 \end{bmatrix}$.

## 练习题 8.6

1. (1) $\dfrac{1}{4}\begin{bmatrix} 1 & 1 & 1 & 1 \\ 1 & 1 & -1 & -1 \\ 1 & -1 & 1 & -1 \\ 1 & -1 & -1 & 1 \end{bmatrix}$；

(2) $\begin{bmatrix} 1 & -3 & 11 & -38 \\ 0 & 1 & -2 & 7 \\ 0 & 0 & 1 & -2 \\ 0 & 0 & 0 & 1 \end{bmatrix}$.

2. (1) $\begin{bmatrix} 2 & -23 \\ 0 & 8 \end{bmatrix}$；

(2) $\begin{bmatrix} -3 & 2 & 0 \\ -4 & 5 & -2 \\ -5 & 3 & 0 \end{bmatrix}$.

3. (1) 2；　(2) 2；　(3) 4.

## 练习题 8.7

1. $\boldsymbol{B}=(4,2,25)$.
2. 他在 A、B 项目上各投资了 32 万元和 28 万元.
3. $\begin{bmatrix} 0.462 \\ 0.2323 \end{bmatrix}\begin{matrix}\text{白天}\\ \text{夜间}\end{matrix}$

## 练习题 8.8

1. $\begin{bmatrix} 25 & -26 \\ -36 & 32 \\ -8 & 26 \end{bmatrix}$.　　2. $\begin{bmatrix} 1 & -4 & -3 \\ 1 & -5 & -3 \\ -1 & 6 & 4 \end{bmatrix}$.　　3. 2.

## 综合练习题八

一、1. B.　2. C.　3. C.　4. D.　5. D.　6. D.　7. C.　8. B.
　9. C.　10. D.　11. B.　12. B.

二、1. ×.　2. ×.　3. √.　4. ×.　5. ×.　6. ×.　7. √.　8. ×.
　9. √.　10. √.　11. √.　12. √.

三、1. 0,1.　　2. 1 或 3.　　3. $\begin{vmatrix} -1 & 2 & 3 \\ -2 & 3 & 4 \\ -3 & 4 & 5 \end{vmatrix}$.

　4. $\begin{vmatrix} a_{11} & a_{13} \\ a_{31} & a_{33} \end{vmatrix},(-1)^{3+1}\begin{vmatrix} a_{12} & a_{13} \\ a_{22} & a_{23} \end{vmatrix},a_{13}\begin{vmatrix} a_{21} & a_{22} \\ a_{31} & a_{32} \end{vmatrix}-a_{23}\begin{vmatrix} a_{11} & a_{12} \\ a_{31} & a_{32} \end{vmatrix}+a_{33}\begin{vmatrix} a_{11} & a_{12} \\ a_{21} & a_{22} \end{vmatrix}$.

　5. $1-x^2-y^2-z^2$.　　6. $3abc-a^3-b^3-c^3$.　　7. 0.

　8. $\begin{bmatrix} -3 & 2 & 5 \\ -3 & -4 & 14 \end{bmatrix}$.　9. $\begin{bmatrix} 5 & 4 & 3 \\ 4 & 5 & 6 \\ 3 & 6 & 9 \end{bmatrix}$.　10. $\begin{bmatrix} 1 & -2 & 1 \\ 0 & 1 & -2 \\ 0 & 0 & 1 \end{bmatrix}$.

　11. 3.　12. 0.

四、1. (1) $2d-4ab+(a+b-c)^2$;　(2) $-29\,400\,000$;　(3) 0;　(4) $-2(n-2)!$.

2. (1) $\begin{bmatrix} -4 & 2 & 0 \\ -2 & 1 & 0 \\ 2 & -1 & 0 \\ -6 & 3 & 0 \end{bmatrix}$;　(2) 4;　(3) $\begin{bmatrix} 2 & -1 & 1 \\ 4 & -2 & 1 \\ -\frac{3}{2} & 1 & -\frac{1}{2} \end{bmatrix}$.

## 练习题 9.1

1. $A(1,-5,3)$在第Ⅳ卦限； $B(2,4,-1)$在第Ⅴ卦限； $C(1,-5,-6)$在第Ⅷ卦限； $D(-1,-2,1)$在第Ⅲ卦限.

2. $\left(0,0,\frac{14}{9}\right)$.

3. (1) 不正确； (2) 正确； (3) 不正确.

4. 与$\overrightarrow{AB}$同方向的单位向量为$\frac{\sqrt{2}}{2}(1,-1,0)$；$\overrightarrow{AB}$的方向余弦为$\frac{\sqrt{2}}{2},-\frac{\sqrt{2}}{2},0$.

5. $\alpha=15,\gamma=-\frac{1}{5}$.　　6. $\cos\gamma=-\frac{6}{7}$.

## 练习题 9.2

1. (1) 不成立；　　(2) 不成立.

2. (1) 不能；　　(2) 不能;不满足消去律.

3. (1) $\boldsymbol{a}\cdot\boldsymbol{b}=-4$；　　(2) $\cos\langle\boldsymbol{a},\boldsymbol{b}\rangle=\frac{-2\sqrt{2}}{9}$.

4. (1) $-8\boldsymbol{j}-24\boldsymbol{k}$；　　(2) $-\boldsymbol{j}-\boldsymbol{k}$.

5. $\pm\frac{1}{\sqrt{35}}(-\boldsymbol{i}+3\boldsymbol{j}+5\boldsymbol{k})$.

6. 3.

## 练习题 9.3

1. (1) 过点$(0,2,0)$,垂直于$y$轴的平面； (2) 过原点的平面；
   (3) 平行于$z$轴的平面；　　(4) 过$x$轴的平面.

2. 取$\boldsymbol{n}=\boldsymbol{v}_1\times\boldsymbol{v}_2=(1,-1,-1)$,平面方程为$(x-3)-(y+1)-(z-4)=0$.

3. $x-3y-2z=0$.

4. $y+5=0$.

5. $3x+5z-14=0$.

6. (1) $\frac{\pi}{3}$；　　(2) $\frac{\pi}{2}$.

7. (1) $\frac{x-2}{-3}=\frac{y+1}{-2}=\frac{z+3}{1}$； (2) $\frac{x-3}{0}=\frac{y-4}{0}=\frac{z+2}{1}$； (3) $\frac{x-1}{0}=\frac{y-2}{2}=\frac{z-3}{-1}$.

8. $\frac{x-1}{3}=\frac{y}{-4}=\frac{z+3}{1}$.

9. $\frac{x-1}{-5}=\frac{y-2}{1}=\frac{z-1}{5}$.

10. 取 $\boldsymbol{l}=\boldsymbol{n}\times\boldsymbol{l}_1=(8,-4,8)$，$\frac{x-1}{2}=\frac{y}{-1}=\frac{z+2}{2}$.

11. (1) 平行；　(2) 垂直；　(3) 平行.

12. $n=4$.

## 练习题 9.4

1. $(x-1)^2+(y-3)^2+(z+2)^2=14$.
2. $3x^2+4y^2+4z^2=12$.
3. (1) 椭球面；(2) 在 $z=8$ 平面上的椭圆；(3) 两个平面.
4. 长半轴为 3；短半轴为 $\sqrt{3}$；顶点为 $(2,\pm3,0)$，$(2,0,\pm\sqrt{3})$.
5. $(x-1)^2+(y+3)^2+(z-2)^2=25$ 为球面方程，球心坐标 $(1,-3,2)$，半径为 5.
6. 切线方程为 $\frac{x-1}{1}=\frac{y-1}{2}=\frac{z-1}{3}$；

   法平面方程为 $x+2y+3z=4$.
7. 法线方程为 $\frac{x-1}{1}=\frac{y+2}{-4}=\frac{z-2}{6}$.

## 练习题 9.5

在三城市间选一点，使得此点与三城市的夹角均为 $120°$.

## 练习题 9.6

1. 略.
2. 略.

## 综合练习题九

一、1. A.　2. B.　3. C.　4. D.　5. C.　6. A.　7. D.　8. B.　9. A.　10. C.　11. A.　12. C.

二、1. ×.　2. ×.　3. ×.　4. ×.　5. ×.　6. ×.　7. ×.　8. ×.　9. ×.　10. ×.　11. √.　12. √.

三、1. $x=1,-5$.　2. $-8\boldsymbol{a}+9\boldsymbol{b}-7\boldsymbol{c}$.　3. 不平行；$m=-\frac{4}{3}$.

4. $\pm\frac{1}{7}(6,3,-2)$.　5. $2x-10y+2z-11=0$.　6. $x-y-4=0$.

7. $\frac{x-2}{1}=\frac{y+8}{2}=\frac{z-3}{-3}$.　8. 椭球面.　9. $k=\pm 2$.

10. 椭球柱曲面.　11. $\pm\frac{\sqrt{3}}{3}$.　12. 垂直.

四、1. 略.　2. $(0,-3,0)$.　3. $\frac{1}{2}(\overrightarrow{AB}+\overrightarrow{AC})$.　4. 合力为$(2,1,4)$，大小为$\sqrt{21}$.

5. $\arccos\sqrt{\frac{35}{41}}$；$\arccos\sqrt{\frac{6}{41}}$；$\frac{\pi}{2}$.

6. (1) $x+3y=0$；(2) $7y+z-5=0$；(3) $z+5=0$；(4) $3x+2y-5=0$.

7. $\left(\frac{17}{12},\frac{5}{4},-\frac{1}{12}\right)$.

8. $\frac{x-1}{4}=\frac{y-2}{-5}=\frac{z-1}{7}$.

9. (1) $\frac{x-2}{-3}=\frac{y+1}{-2}=\frac{z+3}{1}$；(2) $\frac{x}{3}=\frac{y}{-1}=\frac{z}{2}$.

10. 是球面方程；球心坐标为$(2,1,-1)$；半径为5.

## 练习题 10.1

1. (1) $\frac{1}{s+4}$；　(2) $\frac{6}{s^4}+\frac{2}{s^2}-\frac{2}{s}$；　(3) $\frac{10-3s}{s^2+4}$；　(4) $\frac{s^2-4s+5}{(s-1)^3}$；

(5) $\frac{s^2-9}{(s^2+9)^2}$；　(6) $\ln\frac{s-1}{s}$；　(7) $\frac{-2(s-1)}{[(s-1)^2+1]^2}$；　(8) $\frac{1}{s}(2e^{-4s}-1)$.

2. $\frac{2as}{(s^2+a^2)^2}$.

## 练习题 10.2

1. $2e^{3t}$；　2. $\delta(t)+2e^{2t}$；　3. $\frac{1}{4}t\sin 2t$；

4. $2\cos 4t$.　5. $-\frac{3}{2}e^{-3t}+\frac{5}{2}e^{-5t}$；　6. $2\cos 6t-\frac{4}{3}\sin 6t$；

7. $\frac{4}{\sqrt{6}}e^{-2t}\sin\sqrt{6}t$；　8. $2te^{t}+2e^{t}-1$；　9. $2t^2+\frac{2}{3}t^3+\frac{1}{24}t^4$.

## 练习题 10.3

1. (1) $i(t)=6(e^{-3t}-e^{-5t})$；　(2) $y(t)=\frac{1}{4}[(7+2t)e^{-t}-3e^{-3t}]$；

(3) $x(t)=e^{-t}(\cos 2t+3\sin 2t)$；　(4) $y(t)=-2\sin t-\cos 2t$.

2. (1) $\begin{cases} x=e^{t}, \\ y=e^{t}; \end{cases}$　　(2) $\begin{cases} x=e^{-t}\sin t, \\ y=e^{-t}\cos t. \end{cases}$

## 练习题 10.5

1. 6/(p^2+1)/(p^2+9).　　2. 1/p+1/(p-1)^2.　　3. (1+t) * exp(t).

## 综合练习题十

一、1. B.　2. C.　3. B.　4. B.　5. B.　6. B.　7. D.　8. A.　9. C.　10. C.

二、1. ×.　2. √.　3. ×.　4. √.　5. √.　6. ×.　7. ×.　8. √.　9. √.　10. ×.

三、1. $\frac{n!}{s}$; $\frac{\omega}{s^2+\omega^2}$; $\frac{1}{s-a}$.　　2. $\delta(t)$; $t$.　　3. $u(t)=\begin{cases} 0, & t<0, \\ 1, & t\geqslant 0, \end{cases}$ $\frac{1}{s}$.

4. $\delta(t)=\begin{cases} 0, & t\neq 0, \\ \infty, & t=0. \end{cases}$　　5. 作平移 $a$; $F(s-a)$; $x$ 轴向右平移 $a$ 个单位; $f(t-a)$.

四、1. $\frac{1}{2}\left[\frac{s-4}{(s-4)^2+49}+\frac{s-4}{(s-4)^2+1}\right]$;　　2. $\frac{1}{2}\left[\frac{b}{(s-a)^2+b^2}+\frac{b}{(s+a)^2+b^2}\right]$.

五、1. $1-e^{t}+te^{t}$;　　2. $e^{2t}+e^{3t}$;　　3. $\left(1+3t+\frac{3}{2}t^2+\frac{1}{6}t^3\right)e^{t}$.

六、1. $(3t^2+4t-2)e^{-2t}$;　　2. $\begin{cases} x=\frac{1}{5}\cos 2t, \\ y=\frac{3}{5}\sin 2t, \end{cases}$

## 练习题 11.1

1. (1) $\{2,3,5,7\}$;　　(2) $\{(x,y)\mid x^2+y^2<1\}$.

2. $\rho(A)=\{\varnothing,\{1\},\{2\},\{3\},\{1,2\},\{1,\{3\}\},\{2,\{3\}\},\{1,2,\{3\}\}\}$.

3. 略.

4. (1) $A\times B=\{<0,1>,<0,2>,<1,1><1,2>\}$;

(2) $B^2\times A=\{<1,1,0>,<1,1,1>,<1,2,0>,<1,2,1>,<2,1,0>,<2,1,1>,<2,2,0>,<2,2,1>\}$.

## 练习题 11.2

1. (1),(2),(5),(6),(7)是命题;　　(3),(4),(8)不是命题.

2. (1) $(\neg Q\wedge R)\to P$;　　(2) $P\to R$;　　(3) $\neg Q$;　　(4) $Q\to\neg P$.

3. (1) $(P\vee R)\wedge(Q\vee R)$的真值表:

| $P$ | $Q$ | $R$ | $P\vee R$ | $Q\vee R$ | $(P\vee R)\wedge(Q\vee R)$ |
|---|---|---|---|---|---|
| 0 | 0 | 0 | 0 | 0 | 0 |
| 1 | 0 | 0 | 1 | 0 | 0 |
| 0 | 1 | 0 | 0 | 1 | 0 |
| 0 | 0 | 1 | 1 | 1 | 1 |
| 1 | 1 | 0 | 1 | 1 | 1 |
| 1 | 0 | 1 | 1 | 1 | 1 |
| 0 | 1 | 1 | 1 | 1 | 1 |
| 1 | 1 | 1 | 1 | 1 | 1 |

(2) $(P\vee R)\to(P\to Q)$的真值表：

| $P$ | $Q$ | $R$ | $P\vee R$ | $P\to Q$ | $(P\vee R)\to(P\to Q)$ |
|---|---|---|---|---|---|
| 0 | 0 | 0 | 0 | 1 | 1 |
| 1 | 0 | 0 | 1 | 0 | 0 |
| 0 | 1 | 0 | 0 | 1 | 1 |
| 0 | 0 | 1 | 1 | 1 | 1 |
| 1 | 1 | 0 | 1 | 1 | 1 |
| 1 | 0 | 1 | 1 | 0 | 0 |
| 0 | 1 | 1 | 1 | 1 | 1 |
| 1 | 1 | 1 | 1 | 1 | 1 |

4. (1) $A\to(B\to A)\Leftrightarrow\neg A\vee(B\to A)\Leftrightarrow\neg A\vee(\neg B\vee A)\Leftrightarrow A\vee(\neg A\vee\neg B)$

$\Leftrightarrow A\vee(A\to\neg B)\Leftrightarrow\neg A\to(A\to\neg B)$；

(2) $A\to(B\vee C)\Leftrightarrow\neg A\vee(B\vee C)\Leftrightarrow\neg A\vee B\vee C$

$\Leftrightarrow\neg(A\wedge\neg B)\vee C\Leftrightarrow(A\wedge\neg B)\to C.$

5. 证 设 $P$:我学习,$Q$:我的数学不及格, $R$:我热衷于玩游戏.

前提:$P\to\neg Q,\neg R\to P,Q$;结论:$R$.

(1)$Q$; (2)$P\to\neg Q$; (3)$\neg P$; (4)$\neg R\to P$; (5)$R$.

## 练习题 11.3

1.

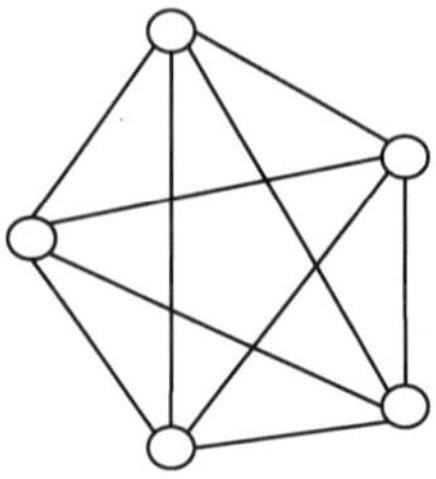

2. $\boldsymbol{P}=\begin{pmatrix}1&0&1&1&0&0\\1&1&1&1&1&1\\1&1&1&1&1&1\\1&1&1&1&1&1\\1&1&1&1&1&1\\1&1&1&1&1&1\end{pmatrix}$,图 $G$ 不连通.

3. 9 个度数为 1 的结点.

## 练习题 11.4

1. 能. 设上面交点为 $a,b,c,d$,下面为 $e,f,g,h$,可一笔画成的顺序为 $d\to c\to b\to a\to e\to a\to e\to f\to b\to f\to g\to c\to g\to h\to d\to h$.

2. 略.

## 综合练习题十一

一、1. ×. 2. ×. 3. √. 4. ×. 5. √. 6. ×. 7. ×. 8. ×. 9. √.

二、1. D. 2. D. 3. C. 4. A. 5. C. 6. B. 7. B. 8. C. 9. A. 10. C.

三、1. $P\to\neg Q$. 2. $P\wedge\neg Q$. 3. 简单命题,复合命题. 4. (1)(3). 5. 真.
6. $\wedge$, $\leftrightarrow$. 7. $\{\varnothing,\{0\},\{1\},\{3\},\{0,1\},\{0,3\},\{1,3\},\{0,1,3\}\}$.
8. 2. 9. 3,2. 10. 2.

四、1. 命题 $P\leftrightarrow(Q\vee\neg R)$ 的真值表:

| $P$ | $Q$ | $R$ | $\neg R$ | $Q\vee\neg R$ | $P\leftrightarrow(Q\vee\neg R)$ |
|---|---|---|---|---|---|
| 0 | 0 | 0 | 1 | 1 | 0 |
| 1 | 0 | 0 | 1 | 1 | 1 |
| 0 | 1 | 0 | 1 | 1 | 0 |
| 0 | 0 | 1 | 0 | 0 | 1 |
| 1 | 1 | 0 | 1 | 1 | 1 |
| 1 | 0 | 1 | 0 | 0 | 0 |
| 0 | 1 | 1 | 0 | 1 | 0 |
| 1 | 1 | 1 | 0 | 1 | 1 |

2. (1) $P\vee(\neg P\vee(Q\wedge\neg Q))\Leftrightarrow 1$; (2) $((P\to Q)\leftrightarrow(\neg Q\to\neg P))\wedge R\Leftrightarrow R$.

3. $(P\to Q)\wedge(R\to Q)\Leftrightarrow(\neg P\vee Q)\wedge(\neg R\vee Q)\Leftrightarrow(\neg P\wedge\neg R)\vee Q$
$\Leftrightarrow\neg(P\vee R)\vee Q\Leftrightarrow(P\vee R)\to Q$.

4. 证 设 $A$:甲获胜,$B$:乙获胜;$C$:丙获胜,$D$:丁获胜.

前提：$A\to\neg B, C\to B, \neg A\to D$，结论：$C\to D$.

(1) $A\to\neg B$； (2) $B\to\neg A$； (3) $\neg A\to D$； (4) $B\to D$；

(5) $C\to B$； (6) $C\to D$.

5. 邻接矩阵 $\boldsymbol{A}=\begin{pmatrix}0&1&0&0\\0&0&1&0\\1&0&0&1\\1&0&0&0\end{pmatrix}$，可达矩阵 $\boldsymbol{P}=\begin{pmatrix}1&1&1&1\\1&1&1&1\\1&1&1&1\\1&1&1&1\end{pmatrix}$.

## 练习题 12.1

1. $t^2f(x,y)$.

2. $(x^2-y^2)^{2x}$.

3. 换元法，$\dfrac{x^2(y-1)}{1+y}$.

4. (1) $\{(x,y)\mid x\neq y\}$； (2) $\{(x,y)\mid xy>0\}$； (3) $\left\{(x,y)\,\middle|\,\dfrac{x^2}{a^2}+\dfrac{y^2}{b^2}\leqslant 1\right\}$；

(4) $\{(x,y)\mid x^2+y^2\leqslant 4$ 且 $y^2>2x-1\}$； (5) $\{(x,y)\mid x>0,y>0,z>0\}$.

## 练习题 12.2

1. (1) $\dfrac{\partial z}{\partial x}=2x\ln(x^2+y^2)+\dfrac{2x^3}{x^2+y^2}$，$\dfrac{\partial z}{\partial y}=\dfrac{2x^2y}{x^2+y^2}$；

(2) $\dfrac{\partial z}{\partial x}=-\dfrac{y}{x^2+y^2}$，$\dfrac{\partial z}{\partial y}=\dfrac{x}{x^2+y^2}$；

(3) $\dfrac{\partial z}{\partial x}=\dfrac{y(y^2-x^2)}{(x^2+y^2)^2}$，$\dfrac{\partial z}{\partial y}=\dfrac{x(x^2-y^2)}{(x^2+y^2)^2}$；

(4) $\dfrac{\partial z}{\partial x}=y^2(1+xy)^{y-1}$，$\dfrac{\partial z}{\partial y}=(1+xy)^y\left[\ln(1+xy)+\dfrac{xy}{1+xy}\right]$；

(5) $\dfrac{\partial u}{\partial x}=\dfrac{x}{u}$，$\dfrac{\partial u}{\partial y}=\dfrac{y}{u}$，$\dfrac{\partial u}{\partial z}=\dfrac{z}{u}$.

2. $f'_x(1,0)=1$，$f'_y(1,0)=\dfrac{1}{2}$.

3. 略.

4. (1) $\dfrac{\partial^2 u}{\partial x^2}=\dfrac{y^2-x^2}{(x^2+y^2)^2}$，$\dfrac{\partial^2 u}{\partial y^2}=\dfrac{x^2-y^2}{(x^2+y^2)^2}$，

$\dfrac{\partial^2 u}{\partial x\partial y}=-\dfrac{2xy}{(x^2+y^2)^2}$，$\dfrac{\partial^2 u}{\partial y\partial x}=-\dfrac{2xy}{(x^2+y^2)^2}$；

(2) $\dfrac{\partial^2 z}{\partial x^2}=\dfrac{2xy}{(x^2+y^2)^2}$，$\dfrac{\partial^2 z}{\partial y^2}=\dfrac{-2xy}{(x^2+y^2)^2}$； $\dfrac{\partial^2 z}{\partial x\partial y}=\dfrac{y^2-x^2}{(x^2+y^2)^2}=\dfrac{\partial^2 z}{\partial y\partial x}$.

5. $\dfrac{\partial^3 z}{\partial x^2 \partial y}=0,\dfrac{\partial^3 z}{\partial x\partial y^2}=-\dfrac{1}{y^2}$.

6. 略.

## 练习题 12.3

1. (1) $\dfrac{y^2\mathrm{d}x-xy\mathrm{d}y}{(x^2+y^2)^{3/2}}$;　(2) $yx^{y-1}\mathrm{d}x+x^y\ln x\mathrm{d}y$;　(3) $\mathrm{e}^{xy}(y\mathrm{d}x+x\mathrm{d}y)$;

(4) $\dfrac{y\mathrm{d}x-x\mathrm{d}y}{x^2+y^2}$;　(5) $\mathrm{e}^x[(x^2+y^2+z^2+2x)\mathrm{d}x+2y\mathrm{d}y+2z\mathrm{d}z]$

(6) $-yz\csc^2(xy)\mathrm{d}x-xz\csc^2(xy)\mathrm{d}y+\cot(xy)\mathrm{d}z$.

2. $\dfrac{1}{3}\mathrm{d}x+\dfrac{2}{3}\mathrm{d}y$.　3. $\mathrm{d}z=14.8$.　4. $\dfrac{1}{2}\mathrm{d}x-\dfrac{1}{2}\mathrm{d}y+\mathrm{d}z$.

## 练习题 12.4

1. $\dfrac{\mathrm{d}z}{\mathrm{d}t}=\mathrm{e}^{\sin t-2t^3}(\cos t-6t^2)$.

2. $\dfrac{\partial u}{\partial x}=2xf_1'+y\mathrm{e}^{xy}f_2',\dfrac{\partial u}{\partial y}=-2yf_1'+x\mathrm{e}^{xy}f_2'$.

3. $\dfrac{\partial^2 z}{\partial x^2}=f_{11}''+\dfrac{2}{y}f_{12}''+\dfrac{1}{y^2}f_{22}'',\dfrac{\partial^2 z}{\partial y^2}=\dfrac{x^2}{y^4}f_{22}''+\dfrac{2x}{y^3}f_2'$,

$\dfrac{\partial^2 z}{\partial x\partial y}=-\dfrac{x}{y^2}\left(f_{12}''+\dfrac{1}{y}f_{22}''\right)-\dfrac{1}{y^2}f_2'$.

4. (1) $\dfrac{\mathrm{d}y}{\mathrm{d}x}=\dfrac{2x^3-xy^2}{x^2y-2y^3}$;　(2) $\dfrac{\partial z}{\partial x}=\dfrac{y\mathrm{e}^{-xy}}{\mathrm{e}^z-2},\dfrac{\partial z}{\partial y}=\dfrac{x\mathrm{e}^{-xy}}{\mathrm{e}^z-2}$.

5. 略.

## 练习题 12.5

1. 极大值 $f(2,-2)=8$;

2. 极小值 $f\left(\dfrac{1}{2},-1\right)=-\dfrac{\mathrm{e}}{2}$;

3. 极大值 $f(3,2)=36$.

## 练习题 12.6

1. 0.

2. (1) $36\pi\leqslant$ 积分值 $\leqslant 100\pi$;　(2) $\dfrac{1}{\mathrm{e}}\pi\leqslant$ 积分值 $\leqslant\pi$.

3. $\iint\limits_{D}\left(1-\frac{x}{4}-\frac{y}{3}\right)\mathrm{d}\sigma$，其中 $D=\{(x,y)\mid x^2+y^2\leqslant 1\}$.

4. $\iint\limits_{D}(x+y)^3\mathrm{d}x\mathrm{d}y\leqslant\iint\limits_{D}(x+y)^2\mathrm{d}x\mathrm{d}y$

## 练习题 12.7

1. (1) $\int_1^2\mathrm{d}x\int_1^x f(x,y)\mathrm{d}y$; (2) $\int_{-r}^{r}\mathrm{d}x\int_0^{\sqrt{r^2-x^2}}f(x,y)\mathrm{d}y$;

(3) $\int_{\frac{1}{2}}^{1}\mathrm{d}y\int_{\frac{1}{y}}^{2}f(x,y)\mathrm{d}x+\int_1^2\mathrm{d}y\int_y^2 f(x,y)\mathrm{d}x$.

2. (1) $\int_0^1\mathrm{d}x\int_x^{\sqrt{x}}f(x,y)\mathrm{d}y$; (2) $\int_0^1\mathrm{d}y\int_{2-y}^{1+\sqrt{1-y^2}}f(x,y)\mathrm{d}x$;

(3) $\int_0^1\mathrm{d}y\int_{\mathrm{e}^y}^{\mathrm{e}}f(x,y)\mathrm{d}x$.

3. (1) $\ln\frac{4}{3}$; (2) 14; (3) $\frac{13}{6}$; (4) $5\frac{5}{8}$.

## 练习题 12.8

当两种产品的产量分别为 5 和 3 时，工厂最大利润 $L=R-C=120$.

## 练习题 12.9

1. 8. 2. 1.574 5.

## 综合练习题十二

一、1. D. 2. C. 3. A. 4. D. 5. B. 6. B. 7. A. 8. A. 9. A. 10. B.

二、1. ×. 2. ×. 3. ×. 4. √. 5. √. 6. ×. 7. √. 8. ×. 9. √. 10. ×.

三、1. 充分；必要. 2. 必要；充分. 3. $-1$.

4. $\mathrm{e}^{y(x^2+y^2)}[2xy\mathrm{d}x+(x^2+3y^2)\mathrm{d}y]$. 5. $2x\mathrm{e}^{x^2y}(1+x^2y)$.

6. $-\sin 2t+3t^2\cos t^3$. 7. $\frac{z-4y}{6z-y}$. 8. $-\frac{1}{\mathrm{e}}$.

9. $\frac{\mathrm{e}}{2}-1$. 10. $\int_0^1\mathrm{d}y\int_{y^2}^{y}f(x,y)\mathrm{d}x$.

四、1. (1) $\frac{\partial z}{\partial x}=2\mathrm{e}^{-y}\cdot\cos(2x+y)$，$\frac{\partial z}{\partial y}=\mathrm{e}^{-y}[\cos(2x+y)-\sin(2x+y)]$；

(2) $\frac{\partial z}{\partial x}=\frac{\sqrt{y}}{1+x^2y},\frac{\partial z}{\partial y}=\frac{x}{2\sqrt{y}(1+x^2y)}$;

(3) $\frac{\partial u}{\partial x}=\frac{y}{z}x^{\frac{y}{z}-1},\frac{\partial u}{\partial y}=\frac{1}{z}x^{\frac{y}{z}}\ln x,\frac{\partial u}{\partial z}=-\frac{y}{z^2}x^{\frac{y}{z}}\ln x$;

(4) $\frac{\partial z}{\partial x}=\frac{z}{z+x},\frac{\partial z}{\partial y}=\frac{z^2}{y(x+z)}$;

(5) $\frac{\partial^2 z}{\partial x\partial y}=\frac{z(z^4-2xyz^2-x^2y^2)}{(z^2-xy)^3}$.

2. (1) $\mathrm{d}z=\frac{2(x\mathrm{d}y-y\mathrm{d}x)}{(x-y)^2}$; (2) $\mathrm{d}z=\frac{(y\mathrm{d}x-x\mathrm{d}y)|y|}{y^2\sqrt{y^2-x^2}}$.

3. $\frac{1}{8}$.

4. (1) $\int_0^{\frac{1}{2}}\mathrm{d}x\int_x^{1-x}f(x,y)\mathrm{d}y=\int_0^{\frac{1}{2}}\mathrm{d}y\int_0^y f(x,y)\mathrm{d}x+\int_{\frac{1}{2}}^1\mathrm{d}y\int_0^{1-y}f(x,y)\mathrm{d}x$;

(2) $\int_0^{\frac{\sqrt{2}}{2}}\mathrm{d}y\int_y^{\sqrt{1-y^2}}f(x,y)\mathrm{d}x=\int_0^{\frac{\sqrt{2}}{2}}\mathrm{d}x\int_0^x f(x,y)\mathrm{d}y+\int_{\frac{\sqrt{2}}{2}}^1\mathrm{d}x\int_0^{\sqrt{1-x^2}}f(x,y)\mathrm{d}y$.

5. $\frac{3}{2}$.

6. $\frac{2}{9}$.

7. (1) $\frac{1}{2}(1-\mathrm{e}^{-4})$; (2) $1-\sin 1$.

# 主要参考文献


[1] 同济大学数学系. 高等数学(上/下册)[M].7 版. 北京:高等教育出版社,2014.

[2] 徐森林,姜云义. 应用高等数学[M]. 南京:东南大学出版社,2005.

[3] 李润英,薛真. 经济应用数学(一)[M]. 济南:山东人民出版社,2009.

[4] 刘继杰,赵红革. 经济应用数学(二)[M]. 济南:山东人民出版社,2009.

[5] 侯风波. 工科高等数学[M] . 沈阳:辽宁大学出版社,2006.

[6] 李少文. 财经数学[M]. 北京:对外经济贸易大学出版社,2006.

[7] 谭杰锋,郑爱武. 高等数学[M] . 北京:北京交通大学出版社,2006.

[8] 李辉来,等. 微积分[M]. 北京:清华大学出版社,2005.